21世纪高等学校规划教材｜计算机科学与技术

Java Web应用开发与实践（第2版）

梁胜彬 乔保军 主编
李小丽 王金科 渠慎明 史蕊 王龙葛 编著

清华大学出版社
北京

内 容 简 介

本书作者结合多年的教学与软件开发经验，依据教学大纲，面向技术发展方向，讨论主流的 Java Web 开发技术和开发工具，内容涵盖了 JSP 基础、JDBC、Servlet、Filter、Listener、MVC 和 DAO 等设计模式，以及 Struts2、Spring 和 Hibernate 框架技术。书中全面而又系统地介绍了 Java Web 应用开发所需的各种技术和应用实践技能，案例丰富、实用性强；通过本书的学习，力求使读者快速地掌握运用 Java 及 SSH 框架技术开发 Web 应用程序的方法，并达到融会贯通、灵活运用的目的。

本书可作为普通高校、应用型高校、部分高职院校计算机及相关专业课程的教材，也可作为 Java 编程爱好者及开发人员的参考用书。

本书封面贴有清华大学出版社防伪标签，无标签者不得销售。
版权所有，侵权必究。举报：010-62782989，beiqinquan@tup.tsinghua.edu.cn。

图书在版编目(CIP)数据

Java Web 应用开发与实践/梁胜彬，乔保军主编. --2 版. --北京：清华大学出版社，2016(2023.9重印)
21 世纪高等学校规划教材. 计算机科学与技术
ISBN 978-7-302-43809-0

Ⅰ. ①J… Ⅱ. ①梁… ②乔… Ⅲ. ①JAVA 语言－程序设计－高等学校－教材 Ⅳ. ①TP312

中国版本图书馆 CIP 数据核字(2016)第 100198 号

责任编辑：付弘宇　王冰飞
封面设计：傅瑞学
责任校对：徐俊伟
责任印制：杨　艳

出版发行：清华大学出版社
　　　　网　　址：http://www.tup.com.cn，http://www.wqbook.com
　　　　地　　址：北京清华大学学研大厦 A 座　　　　邮　编：100084
　　　　社 总 机：010-83470000　　　　邮　购：010-62786544
　　　　投稿与读者服务：010-62776969，c-service@tup.tsinghua.edu.cn
　　　　质量反馈：010-62772015，zhiliang@tup.tsinghua.edu.cn
　　　　课件下载：http://www.tup.com.cn, 010-83470236

印 装 者：大厂回族自治县彩虹印刷有限公司
经　　销：全国新华书店
开　　本：185mm×260mm　　印　张：27　　字　数：674 千字
版　　次：2012 年 8 月第 1 版　　2016 年 9 月第 2 版　　印　次：2023 年 9 月第 9 次印刷
印　　数：12501～13000
定　　价：69.00 元

产品编号：069770-04

出版说明

随着我国改革开放的进一步深化,高等教育也得到了快速发展,各地高校紧密结合地方经济建设发展需要,科学运用市场调节机制,加大了使用信息科学等现代科学技术提升、改造传统学科专业的投入力度,通过教育改革合理调整和配置了教育资源,优化了传统学科专业,积极为地方经济建设输送人才,为我国经济社会的快速、健康和可持续发展以及高等教育自身的改革发展做出了巨大贡献。但是,高等教育质量还需要进一步提高以适应经济社会发展的需要,不少高校的专业设置和结构不尽合理,教师队伍整体素质亟待提高,人才培养模式、教学内容和方法需要进一步转变,学生的实践能力和创新精神亟待加强。

教育部一直十分重视高等教育质量工作。2007年1月,教育部下发了《关于实施高等学校本科教学质量与教学改革工程的意见》,计划实施"高等学校本科教学质量与教学改革工程"(简称"质量工程"),通过专业结构调整、课程教材建设、实践教学改革、教学团队建设等多项内容,进一步深化高等学校教学改革,提高人才培养的能力和水平,更好地满足经济社会发展对高素质人才的需要。在贯彻和落实教育部"质量工程"的过程中,各地高校发挥师资力量强、办学经验丰富、教学资源充裕等优势,对其特色专业及特色课程(群)加以规划、整理和总结,更新教学内容、改革课程体系,建设了一大批内容新、体系新、方法新、手段新的特色课程。在此基础上,经教育部相关教学指导委员会专家的指导和建议,清华大学出版社在多个领域精选各高校的特色课程,分别规划出版系列教材,以配合"质量工程"的实施,满足各高校教学质量和教学改革的需要。

为了深入贯彻落实教育部《关于加强高等学校本科教学工作,提高教学质量的若干意见》精神,紧密配合教育部已经启动的"高等学校教学质量与教学改革工程精品课程建设工作",在有关专家、教授的倡议和有关部门的大力支持下,我们组织并成立了"清华大学出版社教材编审委员会"(以下简称"编委会"),旨在配合教育部制定精品课程教材的出版规划,讨论并实施精品课程教材的编写与出版工作。"编委会"成员皆来自全国各类高等学校教学与科研第一线的骨干教师,其中许多教师为各校相关院、系主管教学的院长或系主任。

按照教育部的要求,"编委会"一致认为,精品课程的建设工作从开始就要坚持高标准、严要求,处于一个比较高的起点上。精品课程教材应该能够反映各高校教学改革与课程建设的需要,要有特色风格、有创新性(新体系、新内容、新手段、新思路,教材的内容体系有较高的科学创新、技术创新和理念创新的含量)、先进性(对原有的学科体系有实质性的改革和发展,顺应并符合21世纪教学发展的规律,代表并引领课程发展的趋势和方向)、示范性(教材所体现的课程体系具有较广泛的辐射性和示范性)和一定的前瞻性。教材由个人申报或各校推荐(通过所在高校的"编委会"成员推荐),经"编委会"认真评审,最后由清华大学出版社审定出版。

目前,针对计算机类和电子信息类相关专业成立了两个"编委会",即"清华大学出版社计算机教材编审委员会"和"清华大学出版社电子信息教材编审委员会"。推出的特色精品教材包括:

(1) 21世纪高等学校规划教材·计算机应用——高等学校各类专业,特别是非计算机专业的计算机应用类教材。

(2) 21世纪高等学校规划教材·计算机科学与技术——高等学校计算机相关专业的教材。

(3) 21世纪高等学校规划教材·电子信息——高等学校电子信息相关专业的教材。

(4) 21世纪高等学校规划教材·软件工程——高等学校软件工程相关专业的教材。

(5) 21世纪高等学校规划教材·信息管理与信息系统。

(6) 21世纪高等学校规划教材·财经管理与应用。

(7) 21世纪高等学校规划教材·电子商务。

(8) 21世纪高等学校规划教材·物联网。

清华大学出版社经过三十多年的努力,在教材尤其是计算机和电子信息类专业教材出版方面树立了权威品牌,为我国的高等教育事业做出了重要贡献。清华版教材形成了技术准确、内容严谨的独特风格,这种风格将延续并反映在特色精品教材的建设中。

清华大学出版社教材编审委员会

联系人:魏江江

E-mail:weijj@tup.tsinghua.edu.cn

第2版前言

Java 语言以其简单易学、开源跨平台等诸多特点吸引了众多软件开发人员的关注与实践。近年来,Java 语言已经成为软件开发人员开发软件的首选语言,尤其在 Web 开发方面,Java EE 技术已经成为企业信息化开发平台的首选技术。目前主流的 Java Web 开发技术不仅包括 JSP、JDBC、Servlet 等基本技术,还融入了 Struts、Spring 和 Hibernate 等基于 Java EE 平台的轻量级框架技术。

本书作者结合多年的教学与软件开发经验,依据教学大纲,面向技术发展方向,讨论主流的 Java Web 开发技术和开发工具,内容涵盖了 JSP 基础、JDBC、Servlet、Filter、Listener、MVC 和 DAO 等设计模式,以及 Struts2、Spring 和 Hibernate 框架技术。书中全面而又系统地介绍了 Java Web 应用开发所需的各种技术和应用实践技能,案例丰富、实用性强;通过本书的学习,力求使读者快速地掌握运用 Java 及 SSH 框架技术开发 Web 应用程序的方法,并达到融会贯通、灵活运用的目的。

内容结构

全书共 12 章,主要分两个部分介绍,即 Java Web 开发基本技术以及 Struts 2.3、Spring 4.2 和 Hibernate 4.3 框架技术,具体内容框架如下所示。

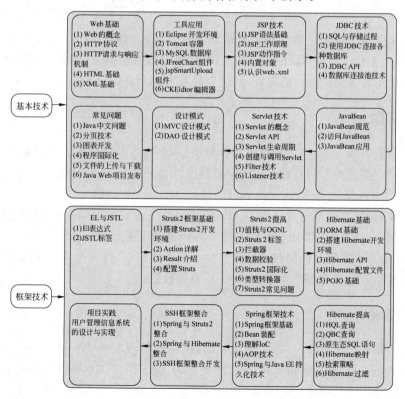

本书特色

1. 知识新颖,内容翔实

本书在知识体系结构的选择上强调系统性和实用性,选取目前Java Web开发的主流技术;运用最新版本的开发工具作为开发与实践环境,保证读者学习的知识不落伍。

2. 重点突出,结构合理

本书提供了"本章要点"、"注意"、"动手实践"、"小结"等模块,从不同角度说明各知识环节的应用技巧和注意事项,重点、难点突出,使读者能够快速抓住问题关键。

3. 循序渐进,重视方法

本书在叙述上强调循序渐进、由浅入深、从表及里。对于有关操作给出了系统的总结,分步解决,便于读者学习和理解。现在信息技术日新月异,新技术、新方法不断涌现,因此本书特别强调学习方法的重要性,力求使读者掌握一种高效、快速的自学方法。

4. 面向工程,注重实践

本书并不是一味地讲解理论,而是试图让读者理解如何将所讲知识应用到实际开发中,思考这些技术的特殊之处,了解为什么在工程中应用它们。本书注重读者在学习理论的过程中如何实践理论,并在应用实践过程中选取合适的技术。

技术支持

本书的示例和项目的完整代码可从清华大学出版社网站(http://www.tup.com.cn)下载。此外,为了便于教学,本书还提供了PPT、案例等教学资源,读者均可从该网站下载。对于本书的使用和课件下载中的问题,请读者联系fuhy@tup.tsinghua.edu.cn。

特别鸣谢

本书为河南大学2016年度校级规划教材项目,本书的出版得到了河南大学教材建设基金的资助支持。同时编者所在的河南大学软件学院也对本书的出版给予了大力支持,在此表示感谢。

本书由梁胜彬、乔保军负责统稿,具体分工如下:王金科编写第1章,史蕊编写第2章,乔保军编写第3~5章,渠慎明编写第6章,李小丽编写第12章,其余章节由梁胜彬编写。此外,编者在编写本书第2版时收到了很多热心读者的建议,特别是北京的冯尚德读者对本书的第1版反馈了很多有益的意见,在此一并表示感谢。

适用读者

本书主要面向已具备Java基本语法基础,进一步学习Java Web应用开发的读者。如果读者还不具备Java的基本知识,推荐读者先学习Java语言。本书可作为普通高校、应用型高校、部分高职院校计算机及相关专业课程的教材,也可作为 Java 编程爱好者及开发人员的参考用书。

由于编者水平有限,在编写本书过程中难免出现差错,恳请广大读者和同行给予批评指正,批评和建议请发至:liangsbin@126.com。

编 者
2016 年 5 月

第1版前言

  Java 语言以其简单易学、开源跨平台等诸多特性，吸引了众多软件开发人员的关注与实践。近年来，Java 语言已经成为软件开发人员开发软件的首选语言，尤其在 Web 开发方面，Java EE 技术已经成为企业信息化开发平台的首选技术。目前主流的 Java Web 开发技术既包括 JSP、JDBC、Servlet 等基本技术，还包括 Struts、Spring 和 Hibernate 等基于 Java EE 平台的轻量级框架技术。

  本书结合作者多年的教学与软件开发经验，依据教学大纲，面向技术发展方向，选取主流的 Java Web 开发技术和开发工具，内容涵盖了 JSP 基础、JDBC、Servlet、Filter、Listener、MVC 和 DAO 等设计模式、Struts2、Spring 以及 Hibernate 框架技术。书中全面而又系统地介绍了 Java Web 应用开发所需的各种技术和应用实践技能，案例丰富，实用性强。通过本书的学习，力求使读者快速地掌握运用 Java 及 SSH 框架技术开发 Web 应用程序的方法，并达到融会贯通、灵活运用的目的。

1. 内容结构

  全书共分为 13 章，可分为两大部分：一是 Java Web 开发基本技术和 Struts 2.2，二是 Spring 3.0 及 Hibernate 3.6 框架技术。

2. 本书特色

  1）知识新颖，内容翔实

  本书在知识体系结构的选择上强调系统性和实用性，选取目前 Java Web 开发的主流技术；运用最新版本的开发工具作为开发与实践环境，保证读者学习的知识不落伍。

  2）重点突出，结构合理

  本书提供了"本章重点""注意""动手实践""小结"等模块，从不同角度说明各知识环节的应用技巧和注意事项，重点、难点突出，使读者能够快速抓住问题关键。

  3）循序渐进，重视方法

  本书在语言叙述上强调循序渐进，由浅入深，从表及里。对于有关操作给出了系统的总结，分步解决，便于读者学习和理解。在本书的写作过程中，Tomcat 的版本已经由 6.0 升级到 7.0，Eclipse 由 3.6 升级至 3.7，而 4.0 的测试版已经发布！因此本书特别强调学习方法的重要性，力求使读者掌握一种高效、快速的自学方法。

  4）面向工程，注重实践

  本书并不是一味地讲解理论，而是试图让读者理解所讲知识如何应用到实际开发中，思考这些技术特殊之处，为什么在工程中应用它们；注重读者在学习理论的过程中如何实践理论，在应用实践过程中选取合适的技术。

3. 技术支持

本书中的示例和项目完整代码均可在清华大学出版社网站（http://www.tup.com.cn）下载。此外，为了便于教学，本书还附带了 PPT 等教学资源，读者也可在该网站下载。

4. 特别鸣谢

本书为河南大学 2011 年度校级规划教材项目，本书的出版得到了河南大学教材建设基金的资助支持。作者所在河南大学软件学院亦对本书的出版给予了大力支持，在此表示感谢。

本书由梁胜彬、乔保军负责统稿，马玉军编写了本书的第 1、2 章，张文鹏编写了第 3、4、9 章，乔保军编写了第 5、6、7、13 章，梁胜彬编写了第 8、10、11 章，李小丽编写了第 12 章。河南大学软件学院 08 级软件工程专业李江平、邓海柱，09 级软件测试专业丁长青、刘红星等同学对本书亦做出了重要贡献，他们在资料收集、程序测试过程中付出了辛勤劳动，在此一并表示感谢。

5. 适用读者

本书主要面向已具备 Java 基本语法基础，进一步学习 Java Web 应用开发的读者。如果读者还不具备 Java 的基本知识，推荐读者先学习 Java 语言。本书可作为普通高校、应用型高校、部分高职院校计算机及相关专业课程的教材，同时也可作为 Java 编程爱好者及开发人员的参考用书。

由于作者水平有限，在编写过程中难免出现疏漏，恳请广大读者和同行给予批评指正，任何批评和建议请发至 liangsbin@126.com。

作者
2011 年 12 月

目 录

第 1 章 Java Web 开发快速入门 ... 1
1.1 Web 的概念与 JSP 介绍 ... 1
1.1.1 Web 的概念 ... 1
1.1.2 Web 技术沿革 ... 2
1.1.3 Java Web 应用开发技术简介 ... 5
1.2 Java Web 开发工具 ... 7
1.2.1 安装 Tomcat ... 8
1.2.2 启动并测试 Tomcat ... 10
1.2.3 配置 Tomcat ... 13
1.3 Eclipse 的 Java Web 开发环境配置 ... 14
1.3.1 在 Eclipse 中创建 Java Web 项目 ... 15
1.3.2 在 Eclipse 的 Web 项目中创建并运行 JSP 页面 ... 18
1.4 JSP 运行机制 ... 21
本章小结 ... 22

第 2 章 Web 前端技术 ... 23
2.1 HTTP 协议 ... 23
2.1.1 HTTP 协议介绍 ... 23
2.1.2 HTTP 请求响应机制 ... 24
2.2 HTML5 基础 ... 24
2.2.1 HTML5 页面结构 ... 24
2.2.2 HTML 标签 ... 25
2.2.3 HTML 常用标签 ... 27
2.2.4 HTML 注释 ... 32
2.3 CSS 样式表 ... 32
2.3.1 CSS 样式表的定义与引用 ... 33
2.3.2 CSS 常用选择器 ... 34
2.3.3 CSS 常用属性 ... 36
2.4 JavaScript 概述 ... 37
2.4.1 JavaScript 语法基础 ... 37
2.4.2 JavaScript 事件 ... 38
2.4.3 JavaScript 函数 ... 39

| 2.4.4 DOM 对象 ……………………………………………………………… 41
| 2.4.5 实践：使用 JavaScript 完成表单验证功能 ……………………………… 43
| 2.5 jQuery 与 AJAX 技术 ……………………………………………………… 48
| 2.5.1 下载与部署 jQuery ………………………………………………… 48
| 2.5.2 jQuery 选择器 …………………………………………………… 49
| 2.5.3 使用 jQuery 操作 HTML ………………………………………… 54
| 2.5.4 jQuery 事件 ……………………………………………………… 55
| 2.5.5 AJAX 技术 ……………………………………………………… 56
| 2.6 JSON …………………………………………………………………… 60
| 2.6.1 JSON 数据语法格式 ……………………………………………… 60
| 2.6.2 JSON 对象 ……………………………………………………… 60
| 2.6.3 JSON 数组 ……………………………………………………… 61
| 2.6.4 JSON 文本转换为 JavaScript 对象 ………………………………… 62
| 2.6.5 使用 jQuery 操作 JSON ………………………………………… 62
| 本章小结 ……………………………………………………………………… 64

第 3 章 JSP 语法基础 ……………………………………………………… 65

| 3.1 JSP 页面的基本结构 ……………………………………………………… 65
| 3.1.1 JSP 注释 ………………………………………………………… 65
| 3.1.2 脚本元素 ………………………………………………………… 65
| 3.1.3 JSP 页面中的表达式 ……………………………………………… 66
| 3.1.4 JSP 页面中的 Java 程序段 ……………………………………… 67
| 3.1.5 JSP 指令 ………………………………………………………… 67
| 3.1.6 JSP 动作 ………………………………………………………… 71
| 3.2 JSP 内置对象 ……………………………………………………………… 77
| 3.3 request 对象 ……………………………………………………………… 78
| 3.4 response 对象 …………………………………………………………… 81
| 3.4.1 请求状态行 ……………………………………………………… 81
| 3.4.2 response 内置对象的常用方法 …………………………………… 82
| 3.5 page 对象 ………………………………………………………………… 84
| 3.6 pageContext 对象 ………………………………………………………… 85
| 3.7 out 对象 ………………………………………………………………… 86
| 3.8 session 对象 ……………………………………………………………… 87
| 3.9 application 对象 ………………………………………………………… 89
| 3.10 config 对象 ……………………………………………………………… 90
| 3.10.1 web.xml 配置文件 ……………………………………………… 90
| 3.10.2 config 对象的主要方法 ………………………………………… 93
| 3.11 exception 对象 ………………………………………………………… 94
| 本章小结 ……………………………………………………………………… 96

第 4 章　JDBC 技术 …… 97

4.1　安装和配置 MySQL 数据库 …… 97
4.1.1　MySQL 数据库简介 …… 97
4.1.2　在 Eclipse 中连接 MySQL 数据库 …… 98
4.1.3　使用 MySQL 数据库 …… 101

4.2　JDBC 简介 …… 105
4.2.1　JDBC 技术介绍 …… 105
4.2.2　JDBC API …… 106

4.3　使用 JDBC API 访问数据库 …… 109
4.3.1　使用 JDBC API 访问数据库的基本步骤 …… 109
4.3.2　实践：开发用户信息管理系统 …… 114

4.4　其他常见数据库的连接 …… 127
4.4.1　连接 SQL Server 2008 数据库 …… 127
4.4.2　连接 Oracle 数据库 …… 127

4.5　数据库连接池 …… 128
4.5.1　数据库连接池简介 …… 129
4.5.2　使用连接池技术访问数据库 …… 129

本章小结 …… 133

第 5 章　JavaBean …… 134

5.1　JavaBean 介绍 …… 134
5.1.1　JavaBean 的特点 …… 134
5.1.2　JavaBean 的应用范围 …… 135
5.1.3　JavaBean 开发注意事项 …… 135

5.2　设计 JavaBean …… 136
5.3　访问 JavaBean …… 138
本章小结 …… 142

第 6 章　Servlet、Filter 与 Listener …… 143

6.1　Servlet 简介 …… 143
6.2　Servlet 的作用 …… 144
6.3　Servlet 的生命周期 …… 144
6.4　Java Servlet API …… 146
6.5　创建 Servlet …… 148
6.6　调用 Servlet …… 154
6.7　Filter 过滤器 …… 155
6.7.1　Filter 简介 …… 155
6.7.2　Filter API …… 155

　　　　6.7.3　Filter 的应用 ································· 156
6.8　Listener 监听器 ····································· 159
　　　　6.8.1　Listener 简介 ································· 159
　　　　6.8.2　Listener 的应用 ······························· 161
本章小结 ··· 164

第 7 章　MVC 与 DAO 模式 ··························· 166

7.1　MVC 框架模式简介 ·································· 166
　　　　7.1.1　MVC 框架模式介绍 ···························· 166
　　　　7.1.2　MVC 框架模式的优势 ·························· 167
7.2　在 JSP 中实现 MVC 框架模式 ························ 169
　　　　7.2.1　视图层的实现 ································· 170
　　　　7.2.2　模型层的实现 ································· 170
　　　　7.2.3　控制器层的实现 ······························· 171
7.3　请求转发与重定向 ·································· 173
　　　　7.3.1　请求转发 ····································· 173
　　　　7.3.2　重定向 ······································· 174
7.4　页面间数据的共享方式 ······························ 174
　　　　7.4.1　重写 URL ···································· 174
　　　　7.4.2　共享会话 ····································· 175
　　　　7.4.3　使用 Cookie ·································· 175
7.5　DAO 模式 ·· 177
　　　　7.5.1　DAO 模式介绍 ································ 177
　　　　7.5.2　实现 DAO 模式的步骤 ························· 178
7.6　使用 Apache DbUtils 访问数据库 ····················· 184
　　　　7.6.1　Apache DbUtils 概述 ··························· 184
　　　　7.6.2　Apache DbUtils API ···························· 184
　　　　7.6.3　使用 Apache DbUtils 访问数据库的方法 ·········· 185
本章小结 ··· 187

第 8 章　Web 应用开发中的常见问题 ················· 188

8.1　中文问题 ··· 188
　　　　8.1.1　出现中文问题的原因 ·························· 188
　　　　8.1.2　常见字符集 ··································· 189
　　　　8.1.3　中文问题的解决方法 ·························· 190
8.2　文件的上传与下载 ·································· 193
　　　　8.2.1　jspSmartUpload 简介 ··························· 193
　　　　8.2.2　文件的上传 ··································· 196
　　　　8.2.3　文件的下载 ··································· 198

8.3 图表的开发 ……………………………………………………… 199
　　8.3.1 JFreeChart 的下载与配置 ……………………………… 200
　　8.3.2 使用 JFreeChart 开发图表 ……………………………… 200
8.4 分页显示 ………………………………………………………… 203
　　8.4.1 分页显示的设计思路 …………………………………… 204
　　8.4.2 在不同的数据库中实现分页显示 ……………………… 204
8.5 程序国际化 ……………………………………………………… 205
　　8.5.1 实现程序国际化 ………………………………………… 206
　　8.5.2 格式化数字和日期 ……………………………………… 208
8.6 部署 Java Web 应用 …………………………………………… 212
　　8.6.1 静态部署 ………………………………………………… 212
　　8.6.2 动态部署 ………………………………………………… 213
本章小结 ……………………………………………………………… 215

第 9 章 EL 与 JSTL …………………………………………………… 216

9.1 EL 表达式语言 ………………………………………………… 216
　　9.1.1 EL 简介 ………………………………………………… 216
　　9.1.2 EL 语法 ………………………………………………… 217
　　9.1.3 EL 运算符 ……………………………………………… 218
　　9.1.4 使用 EL 访问 JavaBean 对象 ………………………… 220
　　9.1.5 使用 EL 访问隐式对象 ………………………………… 222
9.2 JSTL ……………………………………………………………… 224
　　9.2.1 JSTL 简介 ……………………………………………… 224
　　9.2.2 JSTL 核心标签库 ……………………………………… 225
本章小结 ……………………………………………………………… 236

第 10 章 Struts2 框架技术 …………………………………………… 237

10.1 Struts2 快速入门 ……………………………………………… 237
　　10.1.1 Struts2 的安装与配置 ………………………………… 237
　　10.1.2 Struts2 简单示例 ……………………………………… 239
　　10.1.3 Struts2 的工作流程 …………………………………… 242
10.2 Struts2 核心概念 ……………………………………………… 243
　　10.2.1 struts.xml 文件配置 …………………………………… 244
　　10.2.2 Action 详解 …………………………………………… 250
　　10.2.3 Result 介绍 …………………………………………… 259
　　10.2.4 Struts2 常量配置 ……………………………………… 262
10.3 值栈与 OGNL ………………………………………………… 263
　　10.3.1 值栈 …………………………………………………… 263
　　10.3.2 OGNL ………………………………………………… 263

10.4　Struts2 标签 …… 267
　　10.4.1　表单标签 …… 267
　　10.4.2　控制标签 …… 270
　　10.4.3　数据标签 …… 272
10.5　拦截器 …… 275
　　10.5.1　拦截器的作用与工作机制 …… 275
　　10.5.2　Struts2 内置的拦截器 …… 276
　　10.5.3　使用拦截器 …… 278
　　10.5.4　自定义拦截器 …… 279
10.6　Struts2 输入校验 …… 282
　　10.6.1　使用手动方式校验 …… 283
　　10.6.2　使用 Struts2 的校验框架校验 …… 286
10.7　Struts2 国际化 …… 289
　　10.7.1　国际化资源文件浅析 …… 289
　　10.7.2　页面的国际化 …… 291
　　10.7.3　Action 的国际化 …… 292
　　10.7.4　验证信息的国际化 …… 293
10.8　Struts2 类型转换 …… 296
　　10.8.1　Struts2 内置的类型转换器 …… 297
　　10.8.2　自定义类型转换器 …… 299
　　10.8.3　配置自定义类型转换器 …… 300
10.9　Struts2 其他常见功能的实现 …… 301
　　10.9.1　访问 Servlet API …… 301
　　10.9.2　防止重复提交 …… 304
　　10.9.3　上传与下载 …… 305
本章小结 …… 312

第 11 章　Hibernate 框架 …… 313

11.1　ORM 概述 …… 313
　　11.1.1　认识 ORM …… 313
　　11.1.2　主流 ORM 框架介绍 …… 314
11.2　Hibernate 框架快速入门 …… 315
　　11.2.1　Hibernate 的下载与安装 …… 315
　　11.2.2　在 Eclipse 中配置 Hibernate 开发环境 …… 315
　　11.2.3　理解配置文件 hibernate.cfg.xml …… 319
　　11.2.4　初步认识 Hibernate 映射文件 …… 321
　　11.2.5　深入理解持久化类 POJO …… 322
　　11.2.6　Hibernate 的工作过程 …… 323
11.3　Hibernate 核心 API …… 324

11.3.1 认识 Hibernate 的框架结构 ……………… 324
11.3.2 SessionFactory ……………… 324
11.3.3 Session ……………… 325
11.3.4 Configuration ……………… 327
11.3.5 Transaction ……………… 327
11.4 Hibernate 查询 ……………… 328
11.4.1 Hibernate 查询相关的 API ……………… 328
11.4.2 HQL 查询 ……………… 330
11.4.3 QBC 查询 ……………… 334
11.4.4 原生态 SQL 查询 ……………… 335
11.5 Hibernate 映射 ……………… 336
11.5.1 深入研究 Hibernate 映射文件 ……………… 336
11.5.2 了解 Hibernate 的关联关系 ……………… 343
11.6 Hibernate 过滤 ……………… 352
本章小结 ……………… 354

第 12 章 Spring 框架技术 ……………… 355

12.1 Spring 框架基础 ……………… 355
12.1.1 Spring 核心架构 ……………… 355
12.1.2 下载和配置 Spring 开发环境 ……………… 357
12.2 Spring 核心机制——IoC ……………… 358
12.2.1 理解 IoC ……………… 358
12.2.2 使用 Spring 的 IoC ……………… 361
12.2.3 Spring 中的 Bean ……………… 362
12.2.4 Spring 依赖注入 ……………… 366
12.2.5 基于注解的 IoC ……………… 373
12.3 AOP ……………… 380
12.3.1 什么是 AOP ……………… 380
12.3.2 AOP 的实现原理 ……………… 383
12.3.3 基于注解的 AOP 配置 ……………… 385
12.3.4 基于 XML 的 AOP 配置 ……………… 389
12.4 Spring 与 Java EE 持久化数据访问 ……………… 390
12.4.1 Spring 支持 DAO 模式 ……………… 390
12.4.2 Spring 的声明式事务管理 ……………… 391
12.4.3 事务的传播属性 ……………… 397
12.5 Spring 与 Struts2、Hibernate 集成 ……………… 398
12.5.1 Spring 集成 Struts2 ……………… 398
12.5.2 Spring 集成 Hibernate ……………… 399
本章小结 ……………… 409

参考文献 ……………… 410

第1章 Java Web开发快速入门

本章要点：
- Web 的概念与 JSP 介绍；
- Tomcat 服务器的安装与配置；
- Eclipse 的 Java Web 开发环境配置；
- JSP 运行机制。

JSP 页面由 HTML 代码和嵌入其中的 Java 程序段组成，JSP 是一种服务器端的脚本语言，同时也是一种以 Java 和 Servlet 为基础的动态网页生成技术，JSP 的底层技术实现是 Java Servlet。本章将介绍 Web 和 JSP 的基本概念，并说明 Java Web 开发环境的配置。

1.1 Web 的概念与 JSP 介绍

1.1.1 Web 的概念

Web 是一种分布式的应用框架，基于 Web 的应用是典型的浏览器/服务器(Browser/Server,B/S)架构。Web 技术最早可追溯到 1980 年蒂姆·伯纳斯-李(Tim Berners Lee)构建的 ENQUIRE 项目，这是一个类似现在的维基百科的超文本在线编辑数据库。目前，Web 已经是网络上应用最广泛的分布式应用架构，它可共享分布在网络上的各个 Web 服务器上的所有互相链接的信息。Web 采用客户机/服务器(Client/Server,C/S)通信模式，客户机与服务器之间使用超文本传输协议(Hyper Text Transfer Protocol,HTTP)通信，Web 使用超文本标记语言(Hyper Text Markup Language,HTML)链接网络中各个 Web 服务器的信息资源，任何一台联网的计算机通过浏览器就可以查看网络中 Web 服务器的丰富资源。

如图 1.1 所示，在 Web 服务器上存放了 HTML 文档、图片、声音、视频等 Web 资源，这些资源通过超文本技术就能相互链接起来，而浏览器使用 HTTP 协议与 Web 服务器通信，并且通过超文本技术实现了 Web 服务器之间资源的互联。

谈到 Web 的概念，会涉及以下几个名词。

- 超文本(Hyper Text)：一种全局性的信息结构，它将文档中的不同部分通过关键字建立链接，使信息得以用交互方式搜索，它是超级文本的简称。
- 超媒体(Hyper Media)：超媒体是超文本和多媒体在信息浏览环境下的结合。它是

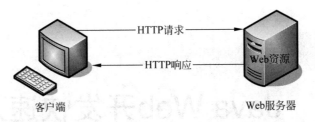

图 1.1 Web 的运行原理

超级媒体的简称。用户不仅能从一个文本跳转到另一个文本,而且可以激活一段声音,显示一个图片,甚至可以播放动画和视频。

- 万维网(Wide World Web,WWW):又称为全球网,它以 Internet 为网络平台,Internet 是来自世界各地的众多相互连接的计算机以及其他网络设备的集合,而 WWW 则是 Internet 上的一种分布式应用架构,也是 Internet 的典型应用。
- 超文本传输协议(HyperText Transfer Protocol,HTTP):它是超文本在互联网上的传输协议,HTTP 协议规定了 Web 的基本运作过程以及浏览器与 Web 服务器之间的通信细节。HTTP 协议采用客户机/服务器通信模式,服务器端称为 HTTP 服务器,也就是我们常说的 Web 服务器,客户端为 HTTP 客户程序,浏览器(例如 IE、Firefox)是最典型的 HTTP 客户程序。

Internet 采用超文本和超媒体的信息组织方式,将信息的链接扩展到整个 Internet 上。Web 是一种超文本信息系统,Web 的一个主要概念就是超文本链接,它使得文本不再像一本书那样是固定的线性结构,而是从一个位置通过链接便可以跳转到其他位置的网状结构,正是由于这种多链接性,我们把它形象地称为 Web。归纳起来,Web 具有以下 3 个特征:

(1) Web 使用超文本技术的 HTML 来表示信息资源以及建立资源与资源之间的链接。

(2) Web 使用统一资源定位器(Uniform Resource Locator,URL)定位 Web 服务器中信息资源的位置。

(3) Web 使用 HTTP 协议定义客户端与 Web 服务器之间的通信。

1.1.2 Web 技术沿革

按照 Web 提供的功能,其技术发展可分为以下几个阶段。

1. 静态页面阶段

最初,所有的 Web 页面都是静态的,Web 服务器上的资源以 HTML 网页(*.html、*.htm)的形式存在。当用户根据 URL 向 Web 服务器请求某一个资源时,Web 服务器接受该请求后即返回这个资源,此工作过程如图 1.2 所示。

静态页面的 Web 技术只提供有限的静态 Web 页面,每个 Web 页面的内容是保持不变的。如果网站需要提供更多的信息,则只能重新编写 HTML 页面并提供链接。使用静态页面的 Web 技术存在以下不足。

- 不能提供及时的信息。

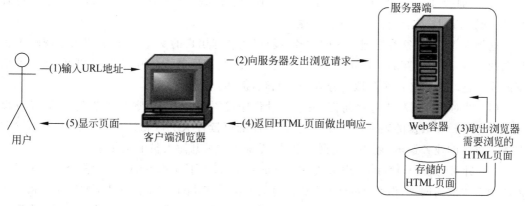

图 1.2 使用静态页面的 Web 服务器工作过程

- 更新与维护 Web 页面任务繁重：当需要添加新的信息时必须重新编写 HTML 文件，页面更新工作极其繁重。
- 缺乏人机交互：由于 HTML 页面是静态的，并不能根据用户的需求提供不同的信息(包括显示格式和内容)，无法满足多样性的需求，更致命的问题是客户端与 Web 服务器不能交互，用户在客户端只能被动地查看来自服务器端的静态信息。

2．浏览器端与用户交互阶段

正因为静态页面存在着很多弊端，技术人员试图对静态页面进行改进，在静态 HTML 页面中嵌入了 GIF 动画、使用 JavaScript 等脚本语言以及 Java Applet 等技术来提高交互性能。这些技术主要归功于浏览器技术的不断成熟与完善。

在这个阶段，Web 服务器并没有进行改进，执行用脚本语言编写的小程序的任务由浏览器来完成。这些客户端技术的改进只能算是对静态页面技术缺陷的弥补，在技术上算不上质的飞跃。因为它仍存在以下问题：

（1）客户端加载过多的类库和程序，造成胖客户端，使程序的运行效率下降。

（2）不同的浏览器对客户端脚本的支持不同，同样的脚本在不同的浏览器上可能会有不同的表现。

（3）任何一个客户端均能够看到程序的脚本代码，加上一些固有的安全漏洞，使得程序的安全性不高。

3．服务器端与用户交互阶段

由于浏览器端交互技术不能从根本上解决用户交互问题，所以 Web 技术的发展方向开始从客户端向 Web 服务器端侧重。Web 服务器端在此阶段增加了动态执行特定程序的功能，这使得 Web 服务器能利用特定程序代码动态地生成 HTML 页面。归纳起来，Web 服务器能够执行的程序可分为以下两类：

（1）服务器端脚本程序：例如 ASP、PHP、JSP 等，可以把用这些脚本语言编写的程序嵌入到 HTML 页面中，并在 Web 服务器上执行。

（2）纯编程语言实现形式：例如 CGI、Java Servlet 等，用户无须把程序代码嵌入到

HTML页面中,而是使用这些纯编程语言,由使用它们编写的程序在Web服务器上运行时自动生成HTML文档,然后送到客户端。

这种在Web服务器处理程序的业务逻辑以实现与用户的交互为目的,极大地减轻了客户端的负载,使得交互的手段丰富多样,同时开发人员只需要关注服务器端即可,提高了系统的安全性。但是在这个阶段也存在一些问题,例如:

(1) 针对服务器脚本程序而言,由于大量程序代码与HTML脚本掺杂在一起,导致程序的业务逻辑与数据的表现混杂在一起,使程序的可读性大大降低。同时开发人员不仅需要解决程序的业务逻辑,还要关注页面设计,无疑增加了开发人员的工作量。

(2) 针对纯编程语言的实现形式,以Java Servlet(以下简称Servlet)为例,Servlet可以创建动态生成的网页,但是Servlet生成网页的方法是在Java类中嵌入HTML标签和表达式,也就是说当对页面HTML脚本做一个小小的改动时都需要修改和重新编译整个Servlet源文件,然后重新部署到Servlet容器。由此可见,使用Servlet生成HTML页面是相当繁重的工作,特别是当设计HTML页面和编写Servlet代码由不同人员承担时修改Servlet将变得更加麻烦。

4. 基于Web的应用阶段

随着互联网不断发展,它被广泛地应用在电子商务和电子政务等各个领域,对Web技术的要求也与时俱进,不仅要能动态地生成HTML页面,还要处理各种应用领域里的业务逻辑。目前,基于Web的应用已经趋于成熟并且得到广泛应用。所谓Web应用,就是通过编程整合Web站点。在Web应用中不仅包括HTML静态页面,还包括在Web服务器和应用服务器端动态执行的程序,例如Web Service、EJB等。与传统的C/S应用程序相比,Web应用具有以下优点。

(1) 表现更丰富:改变了C/S模式应用程序表现不够丰富的状况,Web应用以浏览器作为客户端,表现形式丰富多样,例如HTML页面、多媒体、Flash动画等。

(2) 运行更广泛:改变了C/S模式应用程序受地域等地理因素的限制,Web应用可以跨地域、跨平台运行。

(3) 维护更方便:Web应用通过Web服务器发布,程序的更新与维护工作主要集中在Web服务器端,极大地降低了程序的开发与维护成本。

5. Web 2.0阶段

Web 2.0是由O'Reilly公司在2003年提出的一个概念,指基于Web的下一代社区和托管服务。Web 2.0是一种新的互联网方式,一般通过网络应用程序(Web Applications)促进网络上人与人之间的信息交换和协同合作,其模式更加以用户为中心。典型的Web 2.0站点有网络社区、网络应用程序、社交网站、博客、维基百科等。

Web 2.0只是Web的一个发展阶段,它还在发展完善当中,不过Web的发展是连续的,人们现在已经开始谈论Web 3.0,也就是如何将互联网转化为一个以3D为基础的虚拟世界,如何利用人工智能,如何将互联网转化为真正的语义网。这些发展都是非常激动人心的,它们的发展成果将和Web 2.0一样给社会、技术和经济带来深远的影响。

1.1.3 Java Web 应用开发技术简介

Java Web 应用程序是一种典型的 B/S 结构的应用，用户通过浏览器发送请求，服务器端通过 Web 容器运行 Web 应用，动态地生成 Web 页面并传递给客户机的浏览器，浏览器解析 Web 页面呈现给用户。一般而言，为了解耦，提高 Web 应用的灵活性，一个 Web 应用通常由多层组件组成，例如由表示层、控制层、业务逻辑层和数据访问层（或持久层）等组成，并且每一层都有相应的技术作为支撑。

- 表示层：主要是 Web 前端技术，例如 HTML、CSS、JavaScript、AJAX、JSP、jQuery 等，随着越来越多 JavaScript 类库的产生，Web 前端技术目前又焕发出新的生机。
- 控制层：主要有 Servlet、Struts 的 Action 等技术。
- 业务逻辑层：JavaBean 和 EJB 等技术是该层最为常见的技术。
- 持久层：JDBC、Hibernate、MyBatis 等是目前比较流行的持久层技术。

在 Java Web 应用程序中需要一些配置文件，以设置程序运行的参数，例如 web.xml、Struts 框架中的 struts.xml、Hibernate 框架中的映射文件 *.hbm.xml、Spring 框架中的 Bean 配置文件等，这些文件都是 XML 格式的，XML 也是 Java Web 开发人员必备的技术之一。

下面简单介绍 HTML、CSS、JavaScript、AJAX、JSP、Servlet、JDBC、Struts、Spring、Hibernate、XML 等技术，后面还会重点介绍这些技术。

1. HTML

HTML（Hyper Text Markup Language）即超文本标记语言，目前 HTML 的最新版本为 HTML 5，HTML 是 WWW 的核心技术之一，特别是 HTML5 为桌面和移动平台带来无缝衔接的、丰富的表示方法。

2. CSS

CSS（Cascading Style Sheet）即层叠样式表，CSS 目前的最新版本为 CSS 3。CSS 是一种能够做到对网页表现与内容分离的样式设计语言，能够提高程序的可读性和灵活性。相对于传统 HTML 的表现而言，CSS 能够对网页中对象的布局、字体、颜色等方面进行设置，并能够进行初步的交互设计，是目前基于文本展示的表现优秀的设计语言。

3. JavaScript

JavaScript 是基于浏览器端运行的脚本语言，无须服务器端支持。JavaScript 是一种基于事件运行的编程语言，用 JavaScript 编写的程序既可以内嵌在 HTML 代码中，也可以独立地以".js"格式的文件存在。JavaScript 代码可以提高浏览器与用户的交互设计能力和用户体验，并且目前基于 JavaScript 的各种类库（例如 jQuery、Ext JS 等技术）如雨后春笋般出现，使得 JavaScript 语言又焕发出勃勃生机。

4. AJAX

AJAX 即异步的 JavaScript 和 XML，它并不是一种全新的编程语言，而是一种基于现有标准的新方法，通过使用 AJAX 技术可以实现 Web 页面的局部刷新和异步提交等功能，减少页面请求和响应的时间，以达到提高用户体验的目的。

5. JSP

JSP(Java Server Page)是 Java Web 应用开发中的 Web 后台开发中的最为常用的一种技术，JSP 是在 HTML 页面中加入 JSP 的标记、Java 脚本、指令和动作等元素，并通过 Web 容器运行的一种表示层技术。JSP 从根本上讲是简化的 Servlet，JSP 在编译时会转化为一个 Servlet 程序执行。在 JSP 2.0 中引入了表达式语言 EL 和 JSTL 标签库，代替了以前只有使用 Java 脚本才能完成的功能。

6. JDBC

JDBC(Java Data Base Connectivity)是一种用于执行 SQL 语句的 Java API，可以为多种关系数据库提供统一访问，它由一组用 Java 语言编写的类和接口组成。JDBC 提供了一种基准，据此可以构建更高级的工具和接口，使 Java 应用程序可以便捷地访问各种关系型数据库。

7. Servlet

Servlet 和 Java Applet 相比而言，它是运行在服务器端的 Java 小程序，Servlet 通常用于处理客户端发送过来的请求，并根据请求内容返回相应的响应。Servlet 具有安全、可移植性好、与 JSP 无缝衔接等优点。

8. JavaBean

JavaBean 是一种特殊的 Java 类，并且具有独特的设计规范。JavaBean 是 Java Web 开发应用非常广泛的组件技术，可以被 JSP、Servlet 引用，并且在 Struts、Spring 和 Hibernate 框架中的应用也非常频繁。

9. Struts

Struts 是一种典型的基于 MVC 模式的框架，使用 Struts 开发应用程序具有快捷、灵活、可复用等优势。Struts 有 1.0 和 2.0 两个版本，并且这两个版本的差别比较大，本书以 Struts2 为例进行介绍。

10. Spring

Spring 是一个开源框架，它是为了解决企业级应用开发的复杂性而创建的。Spring 具有两大核心功能，即控制反转(IoC)和切面编程(AOP)。使用 Spring 可以用简单的 JavaBean 实现之前只能用 EJB 才能完成的工作。Spring 框架完美地诠释了设计模式的思想，使程序更加灵活、复用性更强。

11. Hibernate

Hibernate 是一个面向 Java 环境的对象/关系数据库映射工具(ORM)，其底层对 JDBC

API进行了封装,实现在Java语言中以面向对象的方式操作关系型数据库,在分层的软件体系结构中处于持久化层,封装了所有访问数据库的细节。

12．XML

XML(eXtensible Markup Language)为可扩展标记语言,它是一种跨平台的文本表示语言。在Java Web开发中经常使用XML来存储Web应用的配置信息。

1.2　Java Web 开发工具

如果要进行Java Web应用开发,在计算机上必须安装相应的开发工具,本节将介绍一些必需的主流开发工具。

1．JDK

JDK是编译Java应用程序的工具,目前最新版本为JDK 1.8,读者可以到Oracle的官方下载网站"http://www.oracle.com/technetwork/java/javase/downloads/index.html"下载。JDK具有Windows/Linux、32位/64位等版本之分,请读者根据实际情况下载合适的版本安装。

2．Web 容器

学习Java Web应用开发需要安装一个支持JSP、Servlet等技术的Web服务软件,这样的软件称为Web容器(Web Container),而将安装Web容器的计算机称为Web服务器。支持JSP的Web容器负责运行JSP程序,并将运行结果以网页的形式返回给客户端。

支持JSP、Servlet等技术的Web服务软件非常多,例如Tomcat、JBoss等,面向企业级应用的还有WebLogic、WebSphere等。而Tomcat是其中应用最为广泛的Web容器,原因在于它开源、免费而且性能卓越,运行稳定、可靠并且效率高,既可以运行在Unix/Linux上,又可以运行在Windows操作系统上。Tomcat由Apache软件基金会和Sun公司共同开发,在本书完稿之际,Tomcat 9.0已经面市。用户可以到Tomcat的官方网站(http://tomcat.apache.org)下载相应版本,本书将以Tomcat 8.0作为Java Web应用开发的Web容器。

3．数据库

任何应用程序都离不开数据库系统,从理论上讲可以选择任何一种数据库系统作为程序的数据管理平台。本书将以MySQL数据库为例介绍Java Web应用程序的开发。MySQL同样也是开源、免费的数据库,读者可以到www.mysql.com下载最新的MySQL数据库。

4．集成开发环境 Eclipse

Java的集成开发环境很多,例如Eclipse、IntelliJ IDEA、NetBeans等,Eclipse是最受欢迎的IDE之一,本书将以Eclipse为工具介绍Java Web开发技术。读者可以到Eclipse的官方网站 www.eclipse.org 免费下载 Eclipse。目前 Eclipse 的最新版本为 4.5（即 Mars 版）。Eclipse 有 Java EE 版、Java 基本版等版本，开发 Java Web 应用程序推荐使用 Java EE 版。Eclipse 在下载后是一个压缩包文件，解压后不需要安装，直接双击 eclipse.exe 文件即可启动 Eclipse。

1.2.1 安装 Tomcat

针对 Windows 操作系统，Tomcat 提供了两个可下载版本，即安装版和解压版。其中，前者是可执行程序，需要按照向导安装；后者在解压后即可直接使用。下面主要介绍前者的安装方法。

注意：

在安装 Tomcat 之前，用户必须确保计算机上安装了 JDK 并设置了 Java 环境变量，否则 Tomcat 无法安装。假设 JDK 的安装目录为"C:\Program Files\Java\jdk1.8"，那么 Java 环境变量的具体设置如下。

（1）在系统变量中的 Path 变量后追加变量值"C:\Program Files\Java\jdk1.8\bin"，注意该值和其他变量值之间需要用英文分号(;)隔开。

（2）新建 classpath 变量，并设置值为"C:\Program Files\Java\jdk1.8\lib;"，切记不要省略分号后面的圆点(.)。

第一步： 双击 Tomcat 的安装程序，在安装过程中会出现如图 1.3 所示的界面。该步需要配置 HTTP 端口号和管理 Tomcat 的用户名及密码。Tomcat 容器需要占用 3 个端口号，其中 Tomcat 容器默认的 HTTP 端口号为 8080，也可以将其改为其他端口号。

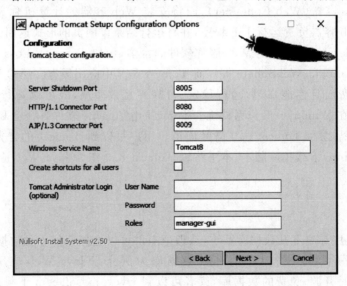

图 1.3 设置 Tomcat 端口号、管理员账号及密码

注意：

由于 1~1024 区间的端口号是为系统保留的，例如 Web 服务默认的端口号为 80，因此用户在自定义 Tomcat 容器的端口时最好不要使用该区间的端口号，而使用 1024 以上的端口号，以免和其他网络程序冲突。假如 Tomcat 的 Web 服务端口号为 8080，该 Tomcat 容器

的域名为 www.webapp.com，那么在访问该 Tomcat 容器首页时，其 URL 为"www.webapp.com:8080"。如果 Tomcat 容器采用的是默认端口号 80，则其 URL 为"www.webapp.com:80"，但经常采用其简化形式，省略后面的":80"，即 www.webapp.com。

设置 Tomcat 容器的管理员及密码主要是为了提高管理和配置 Tomcat 容器中的 Web 站点的安全性。

第二步：出现选择安装目录界面，默认安装目录为系统的程序组目录。为了以后使用方便，此处选择的安装目录为"D:\Tomcat 8.0"，如图 1.4 所示。然后单击 Install 按钮，开始安装 Tomcat。

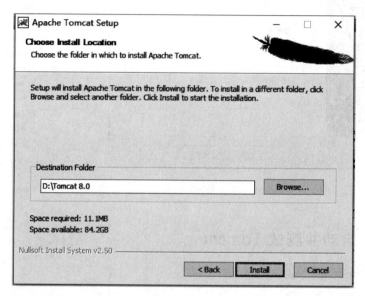

图 1.4　设置 Tomcat 的安装目录

第三步：单击 Finish 按钮完成安装，可同时选择 Run Apache Tomcat 复选框直接启动 Tomcat 容器，如图 1.5 所示。

至此，Tomcat 安装完毕，图 1.6 展示了 Tomcat 安装目录内包括的文件夹，每个文件夹的作用如下。

- bin：此文件夹下存放了启动和关闭 Tomcat 的可执行文件，例如 tomcat8.exe、tomcat8w.exe 等。双击 tomcat8.exe 即可启动 Tomcat 服务器。
- conf：保存着 Tomcat 的各种配置文件，例如 Tomcat 的主要配置文件 server.xml、安全策略文件 catalina.policy、Tomcat 管理员配置文件 tomcat-users.xml 以及 web.xml、context.xml 等文件。Tomcat 启动时会根据需要读取这些文件，如果修改了其中的某个文件，需要重启 Tomcat 才能生效。
- lib：存放了 Tomcat 以及 Web 应用的库文件，以.jar 格式存在。
- logs：存放 Tomcat 服务器的日志文件。
- temp：临时文件夹，Tomcat 运行时在此存放一些临时文件。
- webapps：Web 应用的发布目录，把 Java 开发的 Web 站点或者.war 格式的文件放入此文件夹下，就可以通过 Tomcat 服务器访问相应的 Web 应用了。该文件夹下还包含了 Tomcat 的文档和例子等。
- work：Tomcat 的工作目录，Tomcat 把 JSP 页面、Java 类编译生成的字节码文件（即 .class 文件和配置文件）放在此文件夹下。

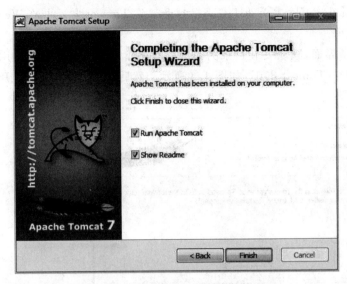

图 1.5　Tomcat 完成安装　　　　　　　图 1.6　Tomcat 的安装目录结构

1.2.2　启动并测试 Tomcat

1. 启动 Tomcat 的方式

启动 Tomcat 的方式有很多，下面列出几种常用方式。

方式一：进入 Tomcat 的安装目录\bin 下，双击 tomcat8.exe 即可启动 Tomcat。

方式二：通过选择开始菜单中的"所有程序"→Apache Tomcat 8.0→Configure Tomcat 命令，打开"Apache Tomcat 8.0 Tomcat 8 Properties"对话框，如图 1.7 所示。单击该对话框中的 Start 按钮可启动 Tomcat，单击 Stop 按钮可关闭 Tomcat，单击 Restart 按钮可重启 Tomcat，单击 Pause 按钮可暂停 Tomcat 服务等。用户还可以在"Startup type"（即启动类型）中选择 Automatic、Manual 或 Disabled 选项，使得计算机在开机时自动、手动或者禁止启动 Tomcat。

方式三：在控制面板中双击"管理工具"→"服务"，然后右击列表中的"Apache Tomcat 8"（服务名视 Tomcat 安装时定义的 Windows 服务名而定），在所弹出菜单的"所有任务"中选择启动、停止、暂停、恢复、重启等选项，如图 1.8 所示。

2. 测试 JSP 页面

在 Tomcat 安装成功之后，需要测试它是否可以正常运行。启动 Tomcat 服务器，然后打开浏览器并访问以下网址：

　　http://localhost:8080

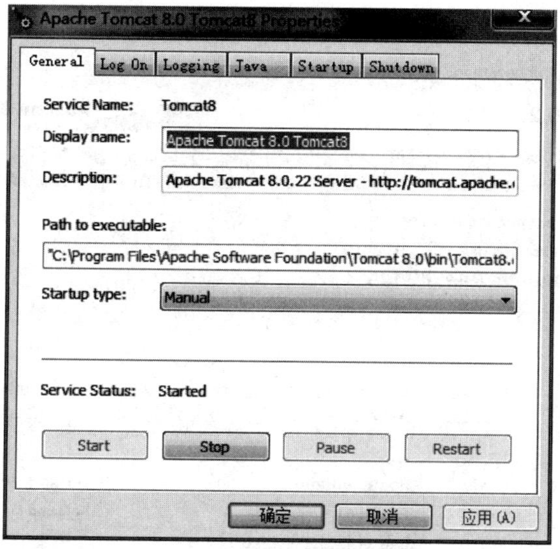

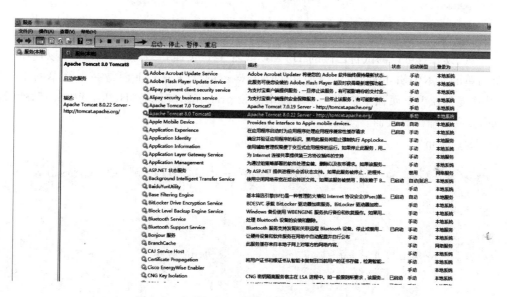

图 1.7　Tomcat 的配置对话框

图 1.8　在 Windows 服务中管理 Tomcat 服务

或：

```
http://127.0.0.1:8080
```

如果 Tomcat 安装正确,会出现如图 1.9 所示的网页,否则读者可按照前面介绍的安装 Tomcat 的步骤进行检查。

注意：

若测试本机上的 Tomcat 服务器,可使用 localhost 或者 127.0.0.1 的地址访问,它们均代表本机。若是访问外部的 Tomcat 服务器,需要使用该 Tomcat 服务器的具体 IP 地址。

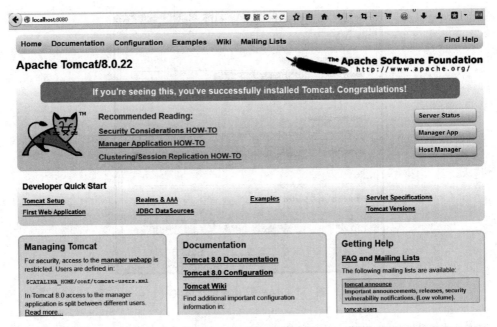

图 1.9 Tomcat 验证页面

当然,读者也可以测试自己做的 HTML 或者 JSP 页面。编写 JSP 程序可以使用记事本等简单的文本编辑工具,也可以使用 Dreamweaver 等工具。下面是一个简单的 JSP 程序,其功能是在 JSP 页面中声明一个字符串变量 greeting,其值为"Hello,World!",然后将 greeting 变量输出到页面。

example1_1.jsp

```jsp
<%@ page language="java" contentType="text/html; charset=UTF-8" pageEncoding="UTF-8"%>
<!DOCTYPE html>
<html>
<head>
<meta http-equiv="Content-Type" content="text/html; charset=UTF-8">
<title>第一个 JSP 程序</title>
</head>
<body>
<%
String greeting = "Hello, World!";
out.println(greeting);
%>
</body>
</html>
```

使用记事本将上述编写好的 JSP 页面保存到 Tomcat 服务器的一个 Web 服务目录中。假设 Tomcat 的安装目录为"D:\Tomcat8",那么 Tomcat 服务器的 Web 服务目录的根目录为"D:\Tomcat8\webapps\ROOT"。为了便于测试该页面,可以直接将该页面保存至此目录,文件名为 example1_1.jsp。

注意：

JSP 页面的名字不像 Java 源程序那样名字和类名必须保持一致，需要注意的是 JSP 页面文件的扩展名为"jsp"，其文件名可以由字母、下划线、美元符号和数字等组成，并且字母区分大小写。

在保存完毕之后启动 Tomcat 服务器，然后打开浏览器并在地址栏中输入"http://localhost:8080/example1_1.jsp"，若无错误则会出现如图 1.10 所示的页面。

图 1.10　example1_1.jsp 的运行结果

动手实践：

从 Tomcat 官方网站下载 Tomcat 8.0 的 Windows 版安装程序，依照上述介绍的步骤安装并测试 Tomcat 安装是否正确？了解 Tomcat 的目录结构，尝试自己做一个简单网页并保存到 Tomcat 安装目录的 webapps\ROOT 下，请思考如何访问该页面。

1.2.3　配置 Tomcat

为了让用户通过浏览器访问 Tomcat 服务器上的 JSP 页面，必须将编写好的 JSP 页面文件保存到 Tomcat 服务器的某个 Web 服务目录中。例如 example1_1.jsp 是保存到 Tomcat 服务器的根目录中的，即 Tomcat 安装目录的 webapps\ROOT 中。假设该 Tomcat 服务器的 IP 地址为 192.168.203.1，其端口号为 8080，那么用户在其他计算机上访问该 Tomcat 服务器上的页面 example1_1.jsp，只需要在浏览器地址栏中输入"http://192.168.203.1:8080/example1_1.jsp"即可。

注意：

在实际开发时不推荐把所有的 JSP 页面都存放到 Tomcat 服务器的根目录，因为这样不便于管理，Tomcat 也可以像 IIS 那样，建立若干个 Web 服务目录（虚拟目录）。在实际开发过程中，往往是以项目为单位，因此按照项目名称建立若干个 Web 服务目录，以方便用户对各个文件分门别类地进行管理。

1. 创建 Web 服务目录

在 Tomcat 安装目录的 webapps 子目录下，任何一个文件夹都可以作为一个 Web 服务目录。假设在 webapps 目录下新建一个文件夹 JSPTest，那么 JSPTest 也是一个 Web 服务目录；如果将 JSP 页面文件 test.jsp 保存到 JSPTest 目录下，那么用户在此 Tomcat 服务器上使用以下 URL 即可访问 test.jsp：

```
http://localhost:8080/JSPTest/test.jsp
```

当然，也可以将其他目录作为 Web 服务目录，只需要设置此目录为虚拟目录即可。假设要将 Tomcat 服务器所在计算机的"D:\WebPages"目录设为虚拟目录，并且虚拟目录名称为 web，下面是具体的操作步骤。

第一步：使用记事本等文本编辑工具打开 Tomcat 安装目录的 conf 中的 server.xml。

第二步：修改＜Host＞元素。在 server.xml 中找到＜Host＞元素并为其增加＜Context＞子元素，具体如下。

```
<Context path = "web" docBase = "D:/WebPages" debug = "0" reloadable = "true" />
```

第三步：保存 server.xml，并且重启 Tomcat 服务器，然后在 Tomcat 服务器所在的计算机中用浏览器访问"http://localhost:8080/web"即可访问指定的虚拟目录。

注意：

XML 文件是区分大小写的，请用户注意字母大小写，否则将无法正常访问指定的文件或目录。

2. 设置端口号

Tomcat 在安装时指定的默认端口号为 8080，当然该端口号是可以修改的，和修改虚拟目录一样，只需要修改 conf 文件夹下的主配置文件 server.xml 即可。下面是 server.xml 文件中的部分内容。

```
<Connector port = "8080" protocol = "HTTP/1.1"
          connectionTimeout = "20000"
          redirectPort = "8443" />
```

在修改端口号时，只需要修改上述 Connector 元素的 port 属性的值即可，例如将默认的 8080 端口号修改为 8000 等。当然，如果 Web 服务器默认的 80 端口没有被其他程序占用，也可将 Tomcat 的端口号设置为 80。若仍访问 test.jsp，则 URL 应为"http://localhost/JSPTest/test.jsp"。

注意：

一般情况下，Web 应用的 URL 组成格式为"http://Web 服务器的域名:端口号/虚拟目录/页面名称"。如果端口为默认的 80 端口，可以省略不写。

动手实践：

请读者将计算机上的某一目录（例如 C:\app）设置为名称为 ch1 的虚拟目录，并将 Tomcat 的默认端口号设置为 80。

1.3 Eclipse 的 Java Web 开发环境配置

一般而言，使用记事本＋JDK＋Tomcat 就可以开发 Java Web 应用程序了，但是这种方式的开发效率很低，在实际开发中往往借助 Eclipse 等集成开发环境。本节将介绍如何配置 Eclipse 环境的 Java Web 应用开发。在 Eclipse 中配置 Java Web 开发环境之前，同样需要先安装 Tomcat，Tomcat 的具体安装步骤见 1.2 节。

1.3.1 在 Eclipse 中创建 Java Web 项目

在 Eclipse 中创建 Java Web 项目的具体步骤如下。

第一步：打开 Eclipse，选择 File→New→Dynamic Web Project 命令，出现如图 1.11 所示的对话框。

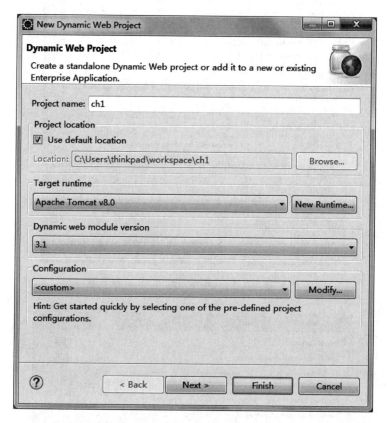

图 1.11 在 Eclipse 中新建动态 Web 项目

第二步：在 Project name 栏输入项目名，例如 ch1。在 Target runtime 下拉列表框中可以选择 Web 服务器，如无选项，则单击 New Runtime 按钮新建一个 Web 服务器，出现如图 1.12 所示的对话框。

第三步：由于本书采用 Tomcat 8.0 作为 Web 服务器，故此处选择 Apache Tomcat v8.0，单击 Next 按钮进入如图 1.13 所示的对话框。

在"Name"文本框中给 Tomcat 服务器命名，在"Tomcat installation directory"文本框中指定本地 Tomcat 的安装目录，在"JRE"下拉列表框中可以指定此项目采用 JRE 版本。

注意：

如果本地计算机中没有安装 Tomcat，则在联网的情况下单击 Download and Install 按钮，Eclipse 会自动下载并且安装 Tomcat。

第四步：在指定了 Tomcat 的安装目录之后，单击图 1.13 中的 Finish 按钮，完成 Eclipse 中 Tomcat 服务器的配置。

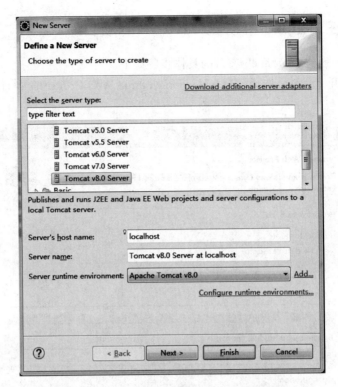

图 1.12　在 Eclipse 中新建 Tomcat 服务器

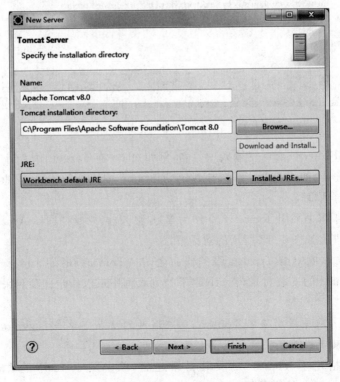

图 1.13　在 Eclipse 中添加 Tomcat 服务器

第五步：单击 Next 按钮，进入下一步设置项目中 Java 源文件的存储目录，如图 1.14 所示。

图 1.14　设置 Java 源文件的存储目录

第六步：设置项目的 Web 模块信息，如图 1.15 所示。此步骤主要定义项目的上下文根目录，例如此处为 ch1，存储 Web 页面及其资源的目录为 WebContent。此外，推荐选择"Generate web.xml deployment descriptor"复选框，这样开发人员就不必在项目中自定义 web.xml 文件了。

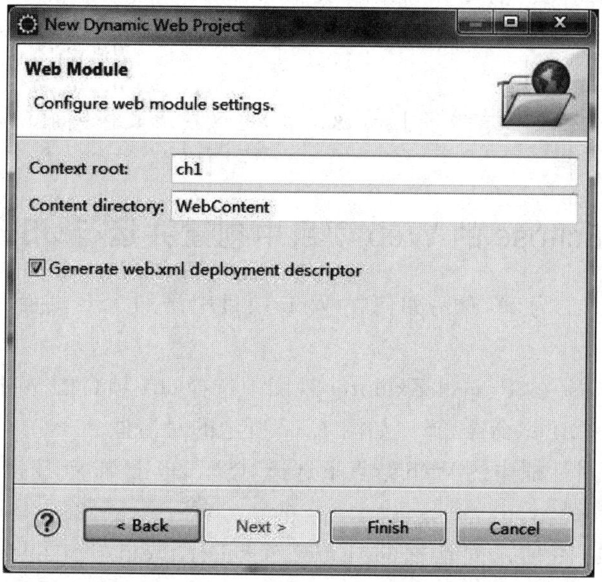

图 1.15　定义 Web 模块信息

完成上述 6 步操作后，就在 Eclipse 中新建了一个名称为 ch1 的 Java Web 项目，在 Eclipse 的 Project Explorer 视图中可以看到该项目的目录结构，如图 1.16 所示。在 Java Web 项目中可以包含 HTML 页面、JSP 页面、CSS、图片等网页资源，还可以包含 Servlet、Filter、Java 源文件等。

从图 1.16 可以看出，Java Web 项目中包含了以下几个文件夹。

- src：此文件夹内主要存放 Java 源文件和配置文件，项目中的 JavaBean、Servlet 等 Java 源文件应该保存到此文件夹。
- build：此文件夹存放 JSP 页面文件编译之后的中间字节码文件，即 .class 文件。
- WebContent：此文件夹用于存放 Web 资源，例如 JSP 页面、HTML 页面，以及图片、CSS 等文件。WebContent 文件夹内还包括 WEB-INF 和 META-INF 两个子文件夹。其中，WEB-INF 中放置 3 种类型的文件，即 Web 应用使用到的库文件（存放在 WEB-INF 的 lib 子文件夹内）、Web 应用中的 JavaBean 和 Servlet 在编译之后生成的中间字节码文件（存放在 WEB-INF 的 classes 子文件夹内）以及 Web 应用配置文件 web.xml，外部 Web 用户是无权访问 WEB-INF 文件夹的。META-INF 文件夹下包含一个文件——MANIFEST.MF，主要用于 JAR 打包。

图 1.16　Eclipse Java Web 项目的目录结构

注意：

由于 WebContent 文件夹内可能放置很多不同类型的文件，建议在 WebContent 文件夹内创建若干个子文件夹，将不同用途及类型的文件放置在不同的子文件夹内，例如在 WebContent 文件夹下创建一个 image 子文件夹，专门存放 JSP 和 HTML 页面中用到的图片，从而便于管理。

同样，如果 src 文件夹下有很多 Java 源文件，建议在此文件夹内创建若干个包，以存放不同功能的 Java 源文件。

1.3.2　在 Eclipse 的 Web 项目中创建并运行 JSP 页面

下面仍以项目 ch1 为例，介绍如何在 Web 项目中添加 JSP 页面并运行，具体的步骤如下。

第一步： 在 Eclipse 的 Project Explorer 视图中选择 ch1 项目的 WebContent 文件夹，然后执行 File→New→Other 命令，弹出如图 1.17 所示的对话框。

在图 1.17 所示对话框中的 Web 结点下选择"JSP"，单击 Next 按钮进入下一步，出现如图 1.18 所示的对话框。

第二步： 在图 1.18 所示对话框的"Enter or select the parent folder"项中选取新建的 JSP 页面的存储目录，并在"File name"项中设定 JSP 页面名称，例如为 example1_2.jsp。然后单击 Next 按钮进入下一步选择 JSP 页面模板，或者直接单击 Finish 按钮完成该向导。

图 1.17　新建 JSP 页面

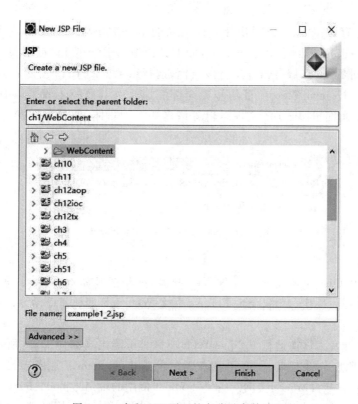

图 1.18　定义 JSP 页面的名称及存储路径

注意：

JSP 页面的扩展名为"jsp"，注意文件名要有实际意义，并且不要包含中文字符，否则可能导致页面无法正常运行。

第三步：完成上述操作后，在 ch1 项目中将增加一个 JSP 页面 example1_2.jsp。Eclipse 已给出该页面的部分代码，编辑该页面代码，输入以下代码。

example1_2.jsp

```jsp
<%@ page language="java" contentType="text/html; charset=UTF-8"
    pageEncoding="UTF-8"%>
<!DOCTYPE html>
<html>
<head>
<meta http-equiv="Content-Type" content="text/html; charset=UTF-8">
<title>example1_2.jsp</title>
</head>
<body>
<%
int i = 100, j = 200;
%>
100 + 200 的和为：<%= i+j %>
</body>
</html>
```

第四步：保存该文件，可以看出该页面的功能是求 100 与 200 的和。最后，在 Project Explorer 视图中选择该页面，并单击 Eclipse 工具栏中的 Run 按钮（或者按 Ctrl + F11 组合键），即可启动 Tomcat 服务器并运行该页面，运行结果如图 1.19 所示。至此，在 Eclipse 环境下创建并运行 Java Web 项目的步骤全部完成。由上面的步骤可以看出，Eclipse 集 Web 服务器、页面编辑、Java 源文件编辑等诸多功能于一体，使项目开发的效率得到显著提高。

图 1.19　example1_2.jsp 的运行结果

动手实践：

请读者在 Eclipse 中新建一个动态 Web 项目，并给项目添加 Tomcat 8.0 运行环境支持，然后尝试运行该项目。比较使用 Eclipse 创建 Web 项目和使用手动方式创建 Web 项目有什么区别？

注意，有些开发人员在运行 Eclipse Web 项目时可能出现如图 1.20 所示的错误提示，原因在于当在 Eclipse 中启动 Tomcat 服务器之前本机的 Tomcat 服务器已经运行，即相当于用户试图运行两个 Tomcat 实例。由于 Tomcat 使用的端口号 8005、8080、8009 已经被之前打开的 Tomcat 实例占用，故在 Eclipse 中无法再启动 Tomcat 服务器。用户可通过关闭已运行的 Tomcat 实例解决该问题。

图 1.20　运行 Eclipse Web 项目时的错误提示

1.4　JSP 运行机制

　　JSP 是如何运行的呢？这里以 example1_2.jsp 为例进行说明，当客户向 Tomcat 服务器发送请求访问 example1_2.jsp 页面时，Tomcat 服务器将启动一个线程，该线程首先将该 JSP 页面直接转换成一个 Servlet，然后将此 Servlet 编译为中间字节码文件并加载运行。一旦客户请求完成，线程即进入死亡状态，但是该中间字节码文件却一直常驻 Tomcat 服务器内存，直到 Tomcat 服务器终止运行。当又有客户端请求该页面时，Tomcat 服务器将再启动一个线程，直接执行常驻内存的中间字节码文件响应客户。由此可以看出，仅仅当 JSP 页面第一次被请求时被编译，以后再次被请求时将直接运行。其运行过程如图 1.21 所示。

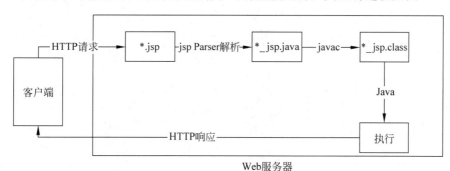

图 1.21　JSP 页面首次运行的过程

　　从图 1.21 可以看出，当客户端向服务器发送请求运行 example1_2.jsp 页面时，Tomcat 服务器的 JSP 解析器将 example1_2.jsp 转换为 Servlet，即 example1_2_jsp.java，然后通过 Java 编译器（即 javac）将 example1_2_jsp.java 编译为中间字节码文件 example1_2_jsp.class，最后 Tomcat 服务器加载 example1_2_jsp.class，并将执行的结果以 HTML 页面的形式发送至客户端。

　　注意：

　　example1_2_jsp.java 保存在 Tomcat 安装目录下的 work 文件夹内，感兴趣的读者可以查看该 Servlet 的具体内容。

本章小结

　　本章首先介绍了 Web 的基本概念及其发展沿革，并对 JSP 技术做了简要说明；然后重点介绍 Tomcat 的安装与配置以及 Eclipse 中 Java Web 开发环境的配置；最后以一个简单的 JSP 页面为例说明了 JSP 的运行过程。JSP 页面首次运行时被直接转换为 Servlet，然后将 Servlet 编译为中间字节码文件并加载至服务器内存，此字节码文件常驻 Web 服务器内存，直到 Tomcat 服务器停止运行；当客户端再次请求该 JSP 页面时则不再被编译，从而提高了 JSP 页面的执行速度。

第 2 章 Web前端技术

本章要点：
- HTTP 运行机制；
- HTML5 基础；
- CSS 样式表；
- JavaScript 概述；
- jQuery 与 AJAX 技术；
- JSON。

HTTP 协议是 Web 服务的基石，Java Web 开发离不开 HTML、CSS、JavaScript 等 Web 前端技术以及非常流行的前端框架（如 jQuery 等）。Web 前端技术提高了用户体验，使交互变得更加容易。

2.1 HTTP 协议

HTTP 协议是基于 TCP/IP 协议的应用层协议，它是 Web 应用的主要协议，而 HTML （即超文本标记语言）是构成网页文档的基础。

2.1.1 HTTP 协议介绍

HTTP 协议是一个属于应用层的面向对象的协议，由于其简洁、快速，适用于分布式超媒体信息系统而闻名。它于 1990 年被提出，经过不断完善和扩展，现在已经成为 WWW 服务的主要实现形式。目前在 WWW 服务中使用的是 HTTP/1.0 的第六版，HTTP/1.1 的规范化工作正在进行之中，HTTP-NG（Next Generation of HTTP）的建议也已经提出，HTTP 协议的主要特点可概括如下。

- 支持客户/服务器模式。
- 简单快速：当客户向服务器请求服务时只需传送请求方法和路径，常用的请求方法有 GET、PUT、HEAD、POST 等。每种方法规定了客户与服务器联系的类型，由于 HTTP 协议简单，使得 HTTP 服务器的程序规模较小，因而通信速度很快。
- 灵活：HTTP 允许传输任意类型的数据对象，正在传输的类型由 Content-Type 加以标记。
- 面向无连接：无连接的含义是限制每次连接只处理一个请求。服务器处理完客户的请求,并收到客户的应答后,即断开连接。采用这种方式可以节省传输时间。
- 无状态:HTTP 协议是无状态协议,所谓无状态是指协议对于事务处理没有记忆能力。缺少状态意味着如果后续处理需要前面的信息,则它必须重传,这样可能导致每次连接传送的数据量增大。另一方面,在服务器不需要先前的信息时,HTTP 的应答还是比较快的。

2.1.2 HTTP 请求响应机制

HTTP 协议是基于一种请求(Request)/响应(Response)式的工作机制,下面以用户访问河南大学网站(http://www.henu.edu.cn)为例说明 HTTP 的请求响应机制。

第一步:客户端请求服务。当用户在浏览器地址栏中输入"http://www.henu.edu.cn"时,表示客户端与河南大学 Web 服务器建立了通信连接请求(Web 服务的默认端口号为 80)。一般来说,一个 HTTP 请求包括 4 个部分,即请求行、请求头标、空行和请求数据。

第二步:服务器接受请求并响应。河南大学的 Web 服务器接收到请求后,对该请求进行解析并定位请求的资源(即河南大学主页 index.htm),然后将河南大学主页的副本以响应的形式发送给客户,一个响应也由 4 个部分组成,即状态行、响应头标、空行和响应数据。其中,响应数据主要以 HTML 的形式表现数据。

第三步:河南大学 Web 服务器关闭本次连接,客户端的浏览器解析响应。河南大学 Web 服务器发送完数据之后,关闭本次连接以释放资源;而客户端的浏览器对接收到的响应数据进行解析,并最终以 HTML 页面的形式呈现给用户。

通过这个请求响应过程,用户可以发现 HTTP 请求响应机制是无状态的、面向无连接的。一旦连接结束,服务器端不会保存本次连接的任何信息。

2.2 HTML5 基础

HTML 目前最新的版本为 HTML5,HTML5 被设计成取代 1999 年制定的 HTML 4.01 和 XHTML 1.0 的新标准。HTML5 为桌面和移动平台带来了无缝衔接的丰富内容,相对 HTML4 而言,它在多媒体支持和绘图方面得到了极大的提升,同时增加了新的 Web 表单元素和内容元素,对本地离线存储和地理定位技术进行了完善。

2014 年 10 月 29 日,经过近 8 年的艰辛努力,W3C 宣布 HTML5 标准规范制定完成并公开发布。在此之前已经有很多开发者陆续使用了 HTML5 的部分技术,Firefox、Google Chrome、Opera、Safari 4+、Internet Explorer 9+都已支持 HTML5。可以说,HTML5 将成为未来几年内 Web 前端的主流技术。

2.2.1 HTML5 页面结构

HTML5 与 HTML4 相比,一个重要的区别在于 HTML5 取消了 HTML4 繁杂的文档类型声明,一个标准的 HTML5 页面的基本结构如下:

```
<!DOCTYPE html>
<html>
    <head>
        头部信息
    </head>
    <body>
        文档主体,正文部分
    </body>
</html>
```

其中,<html>标签组在最外层,表示这对标记间的内容是 HTML 文档,文档最后以</html>闭合标签结尾。<html>标签组之间包括两对标签组,即<head>标签组和<body>标签组。<head>标签组主要包括文档的头部信息,例如文档标题等,若不需要头部信息可省略此标记。<body>标签组一般不能省略,HTML 文档的正文内容部分放在<body>标签组内。

<!DOCTYPE>声明必须是 HTML 文档的第一行,位于<html>标签之前。<!DOCTYPE>声明并不是 HTML 标签,它指示浏览器针对该页面使用哪个 HTML 版本进行编码。在 HTML4 中,<!DOCTYPE>声明引用 DTD,因为 HTML4 基于 SGML。DTD 规定了标记语言的规则,这样浏览器才能正确地呈现内容。因为 HTML5 不基于 SGML,所以不需要引用 DTD。

注意:

用户对 HTML 的声明和标签要注意以下细节。

(1) 尽管文档声明并不是必须的,但强烈建议给 HTML 文档添加<!DOCTYPE>声明,这样浏览器才能获知文档类型。

(2) HTML 中的标签和属性名称对大小写并不敏感,但在代码中推荐使用小写,因为在 XHTML 中标签必须使用小写。

2.2.2　HTML 标签

上一节介绍了 HTML 页面的结构,其中一些用<和>括起来的标识称为标签,它是用来分割和标记文本的元素,以形成文本的布局、文字的格式以及五彩缤纷的页面。

1. 单标签

某些标签称为"单标签",因为它只需要单独使用就能完整地表达意思,这类标签的语法如下:

```
<标签名称>
```

最常用的单标签有
、<img>、<hr>、<link>、<meta>等。

2. 双标签

另一类标签称为"双标签",它由"开始标签"和"闭合标签"两个部分构成,必须成对使用,其中开始标签告诉浏览器从此处开始执行该标记所表示的功能,而闭合标签告诉浏览器在这里结束该功能。在开始标签前加一个斜线(/)即使其成为闭合标签。有时,我们把由开始标签和闭合标签组成的标签组也称为元素。它的基本语法如下:

```
<标签> 内容 </标签>
```

其中,"内容"部分就是要被这对标记施加作用的部分。例如若要突出对某段文字的显示,可将此段文字放在标签<em>与</em>之间。

```
<em>要突出显示的文字</em>
```

除了上述几个单标签之外,其他 HTML 标签均是双标签,例如<form>、<pre>、<span>等。

3. 标签的属性

在 HTML 标签中,许多单标签和双标签的始标记内还可以包含一些属性,其语法格式如下:

```
<标签名字 属性1 属性2 属性3 ……>
```

属性以"属性名称=值"格式定义,各属性之间无先后次序,属性值用引号包括。例如标签<img src="logo.jpg" width="100" height="100">表示在网页中插入一个图片,其源图片为 logo.jpg,宽度和高度均为 100px。下面是一个简单的 HTML 网页示例。example2_1.html

```
<!DOCTYPE html>
<html>
<head>
<meta charset="utf-8">
<title>网页标题</title>
</head>
<body>
<img src="logo.jpg" width="100" height="100">
<br>
<p align="center">
这是我的第一个 HTML 页面!
</p>
</body>
</html>
```

使用记事本或者 Dreamweaver 等编辑器编辑并保存(文件名可任意,但文件扩展名应为.html 或.htm),然后直接双击该文件运行,运行结果如图 2.1 所示。

在本例中,对各个标签的具体作用的解释如下:
- DOCTYPE 声明元素:即文档类型(Document Type 的简写),在页面中用来指定页面所使用的 HTML 版本,在 HTML5 中固定格式为<!DOCTYPE html>。

图 2.1　example2_1.html 的运行结果

- <html>标签：表明此文档为 HTML 文档，并且该文档从此处开始，最后以</html>闭合标签结束。
- <head>标签：表明此部分内容为该 HTML 文档的头部内容，并以</head>闭合标签结束该部分内容。
- <meta>标签：META 标签是用来在 HTML 文档中模拟 HTTP 协议的响应头报文。META 标签用在网页的<head>与</head>中，META 标签的用处很多，其属性有 content、name 和 http-equiv 等。其中 name 属性主要用于描述网页，对应 content(网页内容)，以便于搜索引擎查找、分类。这其中最重要的是 description(该 HTML 文档在搜索引擎上的描述)和 keywords(分类关键词)，所以应该给每个 HTML 文档加一个 META 值。
- <title>标签：设置该 HTML 文档的标题，并以</title>结束该部分内容。
- <body>标签：HTML 文档的主体部分，此部分放置 HTML 文档的内容，并且最后以</body>结束。<body>与</body>之间还可以嵌套其他 HTML 标签。
- <img>标签：此标签包含 src、width、length 等属性，引用页面外部的图片资源，并可以设置图片在页面中显示的高度和宽度等。
-
标签：实现换行功能，它是单标签。
- <p>标签：段落标志，并且有一些属性，例如 align 等。

2.2.3　HTML 常用标签

1. 表格标签<table>

在 HTML 页面中，表格由<table>标签定义。每个表格均有若干行(由<tr>标签定义)，每行被分割为若干单元格(由<td>标签定义)，其中表格的第一行还可以使用<th>标签定义为标题行。字符串"td"指表格数据(Table Data)，即数据单元格的内容。数据单元格可以包含文本、图片、列表、段落、表单、水平线、表格等。其语法格式如下：

```
< table border = "1">
< tr >
< th >标题 1</th>
< th >标题 2</th>
  ⋮
< th >标题 n </th>
</tr>
```

```
<tr>
<td>第 1 行,第 1 列</td>
<td>第 1 行,第 2 列</td>
 ⋮
<td>第 1 行,第 n 列</td>
</tr>
<tr>
<td>第 2 行,第 1 列</td>
<td>第 2 行,第 2 列</td>
 ⋮
<td>第 2 行,第 n 列</td>
</tr>
 ⋮
</table>
```

2. 表单标签＜form＞

表单标签是允许用户在表单中(例如文本域、下拉列表、单选框、复选框等)输入信息的元素,表单使用表单标签(＜form＞)定义。其语法格式如下:

```
< form action = "跳转页面" method = "get"|"post" name = "表单名称" target = "打开方式" enctype = "multipart/form - data">
表单数据项部分
</form>
```

其中,action 属性是提交表单后跳转的目标页面,method 属性的取值为 get 或 post,默认为 get。get 和 post 的主要区别在于使用 get 方式提交的信息会在提交过程中显示到浏览器的地址栏,而以 post 方式提交的信息不会显示到地址栏。target 属性指定打开目标页面的方式,其值可以为_blank、_parent 等。对于 enctype 属性,主要用于表单具有上传功能时,并且该属性的值为"multipart/form-data",该属性为可选属性。位于＜form＞和＜/form＞之间的输入域可以是文本域、下拉列表、单选框、复选框等。

3. 输入域标签＜input＞

在表单中使用输入域标签(＜input＞)指定表单中数据的输入方式以及表单的提交按钮。输入标签的 type 属性用于指定输入方式,name 属性指定此输入标签的名称,其语法格式如下:

```
< input type = "类型" name = "输入项名称" value = "输入项值" />
```

其中 type 属性可取下列值之一。
- text:表示为单行文本框;
- radio:表示为单选框,还可以使用 checked 属性等;
- hidden:表示输入界面不可见,表单直接将＜input＞中 value 属性的值提交给服务器;

- password：密码输入框，输入时以"*"回显；
- file：文件上传，若 type 是 file，<form>标签还要设置 enctype 属性的值为 "multipart/form-data"；
- checkbox：表示为复选框，支持多选；
- email：HTML5 新增，表示 Email 地址的输入域，提交表单时进行 Email 合法性校验；
- url：HTML5 新增，表示 URL 的输入域，提交表单时进行 URL 合法性校验；
- number：HTML5 新增，表示数值的输入域，可以通过 min 和 max 属性设定数值的接受范围；
- range：HTML5 新增，表示一定范围内数字值的输入域，外观显示为滑动条，可以通过 min 和 max 属性设定数值的接受范围；
- date pickers（date、month、week、time、datetime、datetime-local）：HTML5 新增，其中 input 属性的值可以为括号中的任意一个，表示日期或时间输入域；
- search：HTML5 新增，搜索域，例如站点搜索或 Google 搜索；
- submit：提交按钮，单击提交按钮后，服务器就可以获取表单提交的各个数据项；
- reset：重置键按钮，用于清空表单中的各数据项。

注意：

不同的浏览器对 HTML5 的支持并不同，读者可以访问"http://html5test.com"网站测试使用的浏览器是否支持 HTML5 的特性。相对而言，Google Chrome 和 Opera 浏览器对 HTML5 的支持最好，建议用户测试时使用这些浏览器。

4. 下拉列表标签<select>和选项标签<option>

在表单中可以使用下拉列表选择要提交的数据，下拉列表使用<select>标签表示，而下拉列表中的选项使用<option>标签表示。其语法格式如下：

```
<select name = "名称">
<option value = "value1">选项 1</option>
<option value = "value2">选项 2</option>
⋮
</select>
```

5. 文本域标签<textarea>

文本域标签用于输入多行文本，在表单中使用<textarea>标签作为子标签可以向服务器提交多行文本，其语法格式如下：

```
<textarea rows = "行数" cols = "列数" name = "名称">文本内容</textarea>
```

6. 块标签<div>

<div>标签用于把文档分割为独立的、不同的部分。它可以作为严格的组织工具，并

且不使用任何格式与其关联。<div>标签的作用类似于表格标签,那么<div>与<table>比起来有哪些优点呢?首先,<table>标签不是一个标准的 HTML 标签,从兼容性角度而言,<div>标签的兼容性更好;其次,<div>标签更加灵活,它使网页从设计的角度由平面变成了三维;此外,使用<div>标签可以节省网络带宽。<div>的语法格式如下:

```
<div position = absolute|relative visibility = visible|hidden|inherit top = "像素"right = "像素" bottom = "像素" left = "像素" margin = "像素" height = "像素" width = "像素">
文本块
<div>
```

需要注意的是,浏览器通常会在<div>元素的后面与前面加上换行符。

7. 超链接标签<a>

超链接是 Web 的精华之一,通过使用<a>标签可以让用户从一个页面链接到另一个页面。其语法格式如下:

```
<a href = "目标页面"target = "打开方式">超链接名称或图片</a>
```

其中,href 属性表示链接的目标页面;target 属性指打开目标页面的方式,共有_blank、_self、_parent、_top、framename 5 种取值,默认为_self。_blank 表示在一个新浏览器窗口中打开目标页面;_self 表示在当前浏览器窗口中打开目标页面,_parent、_top 和 framename 主要用于框架中,分别表示在父窗体、整个页面以及指定页面 framename 中打开目标页面。

下面是一个利用上述 HTML 标签实现用户注册的例子。

example2_2.html

```
<!DOCTYPE html>
<html>
<head>
<meta charset = "utf-8">
<title>用户注册</title>
</head>
<body>
<form>
<table align = "center" width = "500">
<tr>
<td>用户名</td>
<td>
    <input name = "username" type = "text"></input>
</td>
</tr>
<tr>
<td>密码</td>
<td><input name = "password" type = "password"></input></td>
</tr>
<tr>
```

```html
<td>确认密码</td>
<td><input name="pwdrepeat" type="password"></input></td>
</tr>
<tr>
<td>用户类型</td>
<td><select name="usertype">
<option value="1">管理员</option>
<option value="2">普通用户</option>
</select></td>
</tr>
<tr>
<td>性别</td>
<td>
<input name="sex" type="radio" value="male" />男
<input name="sex" type="radio" value="female" />女</td>
</tr>
<tr>
<td>出生日期</td>
<td>
<input name="birthdate" type="date" /></td>
</tr>
<tr>
<td>兴趣爱好</td>
<td>
<input name="hobby" type="checkbox" value="reading" />阅读
<input name="hobby" type="checkbox" value="music" />音乐
<input name="hobby" type="checkbox" value="sports" />运动
</td>
</tr>
<tr>
<td>电子邮件</td>
<td><input name="email" type="email"></input></td>
</tr>
<tr>
<td>自我介绍</td>
<td>
  <textarea name="introduction" cols="40" rows="5"></textarea>
</td>
</tr>
<tr>
<td colspan="2" align="center">
  <input type="submit" name="submit" value="提交"/>
  <input type="reset" name="reset" value="重置" />
</td>
</tr>
</table>
</form>
</body>
</html>
```

运行结果如图 2.2 所示。

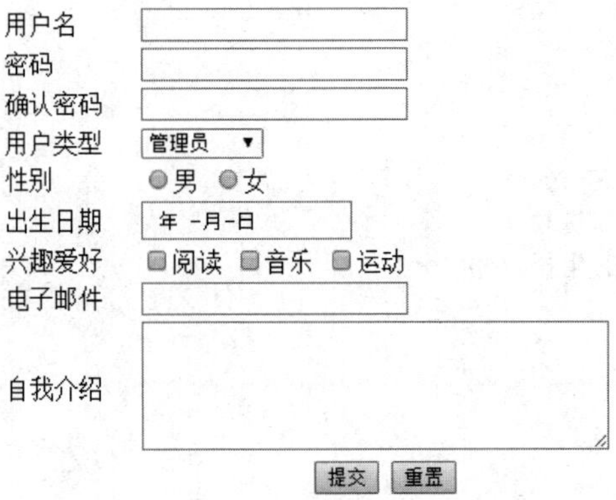

图 2.2　example2_2.html 的运行结果

动手实践：

请读者查看 126 信箱（www.126.com）页面的源代码，并尝试自己设计一个类似于该页面的 HTML 页面。

2.2.4　HTML 注释

和 Java 语言一样，HTML 也有注释，它可以添加在 HTML 文档的任何位置。HTML 注释的语法格式如下：

```
<!-- 这是 HTML 注释 -->
```

需要注意的是，HTML 注释内容尽管不会显示到 HTML 页面上，但客户端可以通过查看 HTML 页面的源代码看到 HTML 注释。

注意：

按 Ctrl ＋ U 快捷键即可查看到浏览器当前显示 HTML 页面的源代码，并且此时 HTML 注释是可见的。

2.3　CSS 样式表

在 Web 前端开发中，HTML 负责内容的展示，CSS 负责内容样式的定义。通过在 HTML 代码中引用独立的 CSS 样式表，可以使内容和样式分离。CSS（Cascading Style Sheets）是一种能够真正做到网页表现与内容分离的样式设计语言。相对于传统 HTML 的表现而言，CSS 对网页中对象的排版可以达到像素级的精确控制，它支持几乎所有的字体、字号样式，拥有对网页对象和模型样式的编辑能力，并能够进行初步交互设计。CSS 是目前基于文本展示最优秀的表现设计语言，CSS 能够根据不同使用者的理解能力简化或者优化写法，其针对各类人群，有较强的易读性，目前 CSS 的最新版本为 CSS3。

2.3.1 CSS 样式表的定义与引用

1. CSS 样式表的定义形式

CSS 样式表是针对指定对象进行样式修饰的：

```
div{
    margin:10px;
    background:#FFF;
    text-align:center;
}
```

在该段代码中修饰的对象是<div>元素，而 margin、background、text-align 表示属性，每个属性对应一个属性值，例如 margin 属性值为 10px。由此可见，CSS 由 3 个基本部分组成，即对象、属性和属性值。在这 3 个组成部分中对象是最重要的，它指定了对哪些网页元素进行设置，因此有一个专门名称——选择器(Selector)来指定对象。定义选择器的语法格式如下：

```
selector{
属性 1: 属性 1 值;
属性 2: 属性 2 值;
⋮
}
```

2. CSS 样式表的引用

CSS 提供了 4 种在 HTML 页面中插入 CSS 样式表的方法，即链接外部样式表、内部样式表、导入外部样式表和内嵌样式。

1) 外部样式表

当同一种样式需要应用于很多页面时，外部样式表是理想的选择。使用外部样式表可以通过改变一个文件来改变整个站点的外观，具有良好的全局性。在页面中使用<link>标签链接外部样式表，具体方法如下：

```
<head>
<link rel="stylesheet" type="text/css" href="style.css" />
</head>
```

浏览器会从 style.css 中读到样式声明，并根据它格式化文档。外部样式表可以在任何文本编辑器中进行编辑，样式表文件可以由多个样式组成，但文件中不能包含任何 HTML 标签，并且样式表文件应该以"css"为扩展名进行保存。

2) 内部样式表

内部样式表是把样式表放到页面的<head>区域内，这样定义的样式只能应用到该页面中，内部样式表使用<style>标签插入，其语法格式如下：

```
<style>
    样式声明(如 p{margin-left:10px;})
    body{ background-image:url("images/bg1.png");}
    ⋮
</style>
```

3)导入外部样式表

导入外部样式表是指在内部样式表的<style>标签区域内使用@import命令导入一个外部样式表,其语法格式如下:

```
<style>
    @import "外部样式表.css";
</style>
```

使用这种方法的运行结果和直接使用外部样式表的结果是一样的。

4)内嵌样式

内嵌样式由于要将表现和内容混杂在一起,所以会损失掉样式表的许多优势,请用户慎用这种方法,当样式仅需要在一个元素上应用一次时一般选用此方法。

```
<p style="margin-left:20px; color:red">This is a paragraph.</p>
```

上面的例子展示了如何改变段落的颜色和左外边距。在使用内嵌样式时要在相关的标签内使用样式(style)属性。style 属性可以包含任何 CSS 属性。

2.3.2 CSS 常用选择器

CSS 样式表的定义实际上就是灵活地使用相关选择器定义样式。常用的 CSS 选择器有元素选择器、ID 选择器和类选择器和群组选择器等,如表 2.1 所示。

表 2.1 CSS 选择器

选择器	类型	描述
*	通配选择器	选择文档中所有的 HTML 元素
E	元素选择器	选择指定类型的 HTML 元素
#id	ID 选择器	选择指定 ID 属性值为"id"的任意类型的元素
.class	类选择器	选择指定 class 属性值为"class"的任意类型的任意多个元素
selector1,selectorN	群组选择器	将每一个选择器匹配的元素集合并

下面是一个综合运用上述 CSS 选择器的例子。

example2_3.html

```
<!DOCTYPE html>
<html>
<head>
    <meta charset="utf-8" />
```

```
        <title>CSS 选择器</title>
        <style type = "text/css">
                /* 元素选择器 */
                p{
                    color:red;
                    font-size:18px;
                    text-align:left;
                }
                /* 类选择器 */
                .p2
                {
                    color:green;                    /* 绿色 */
                }
                /* ID 选择器 */
                #p3
                {
                    color:blue;                     /* 蓝色 */
                }
                /* 群组选择器 */
                h2,h5
                {
                    font-weight: bold;
                    color: red;
                }
        </style>
</head>
<body>
<h2>静夜思</h2>
<h5>——李白</h5>
<p>床前明月光,</p>
<p class = "p2">疑是地上霜;</p>
<p id = "p3">举头望明月,</p>
<p>低头思故乡.</p>
</body></html>
```

在本例中,第 1 个选择器为元素选择器,其作用对象为该页面中所有的<p>元素;第 2 个选择器为类选择器,其作用对象为该页面中 class 属性值为 p2 的对象;第 3 个选择器为 ID 选择器,其作用对象为页面中 id 属性为 p3 的对象;第 4 个选择器是群组选择器,其作用对象为页面中所有的<h2>、<h5>元素。本例的运行结果如图 2.3 所示。

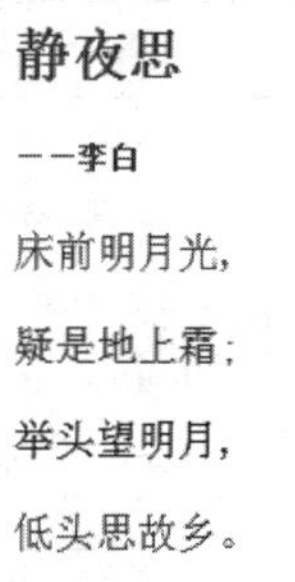

注意:

对于 ID 选择器,用户在使用时需要注意以下细节。

(1) id 属性只能在每个页面中出现一次。

(2) ID 选择器不能结合使用,因为 id 属性不允许有以空格分隔的词列表。例如,<p id="one two">这样的写法是完全错误的。

静夜思

——李白

床前明月光,

疑是地上霜;

举头望明月,

低头思故乡。

图 2.3 example2_3.html 的运行结果

2.3.3 CSS 常用属性

用户从前面的例子可以看出，CSS 定义样式是通过设置对象的属性来实现的。CSS 的主要属性有文本属性、字体属性、背景属性等。

1. 文本属性

CSS 文本属性用于定义文本的外观。通过使用文本属性可以改变文本的颜色、字符间距，对齐文本，装饰文本，对文本进行缩进等，如表 2.2 所示。

表 2.2 CSS 文本属性

属 性	描 述
color	设置文本颜色，可使用英文名称或十六进制 RGB，例如 red 或 #ff0000
direction	设置文本方向，取值为 ltr 和 rtl，默认为 ltr
line-height	设置行高，以百分比设置
letter-spacing	设置字符间距，以像素为单位设置，正常为 normal，即 0px
text-align	对齐元素中的文本，可以取值为 left、right、center、justify 等
text-decoration	给文本添加修饰，默认为 none，也可以是 underline、overline、line-through、blink 等
text-indent	缩进元素中文本的首行，以像素为单位进行设置
text-shadow	设置文本阴影，CSS2 包含该属性，但是 CSS2.1 没有保留该属性
text-transform	控制元素中的字母，可以取值为 lowercase、uppercase 或 capitalize
unicode-bidi	设置文本方向
white-space	设置元素中空白的处理方式，可以取值为 normal、pre、nowrap 等
word-spacing	设置字间距，以像素为单位进行设置

2. 字体属性

CSS 字体属性定义文本的字体系列、大小、加粗、风格（如斜体）和变形（如小型大写字母），如表 2.3 所示。

表 2.3 CSS 字体属性

属 性	描 述
font	简写属性，作用是把针对字体的所有属性设置在一个声明中
font-family	设置字体系列，例如宋体
font-size	设置字体的尺寸，以像素为单位
font-style	设置字体风格，可取值为 normal（默认）、italic、oblique 等
font-weight	设置字体的粗细，可取值为 normal（默认）、bold、bolder、lighter 等

3. 背景属性

CSS 允许用纯色作为背景，也允许使用背景图像创建复杂的背景效果。CSS 背景属性如表 2.4 所示。

表 2.4 CSS 背景属性

属　　性	描　　述
background	简写属性,作用是将背景属性设置在一个声明中
background-attachment	背景图像是否固定或者随着页面的其余部分滚动
background-color	设置元素的背景颜色
background-image	把图像设置为背景
background-position	设置背景图像的起始位置
background-repeat	设置背景图像是否以及如何重复

2.4 JavaScript 概述

JavaScript 是一种基于浏览器运行的脚本语言,无须编译即可在浏览器中直接运行。JavaScript 主要用于浏览器端的人机交互,另外,目前基于 JavaScript 的第三方函数库也很多,例如 jQuery、Ext JS 等,使 JavaScript 语言迸发出勃勃生机。

JavaScript 可以直接嵌入到网页中,也可以单独创建一个扩展名为 js 的文本文件编写 JavaScript 函数。JavaScript 代码基于 JavaScript 的事件响应执行,即当一个 JavaScript 的函数响应动作发生时浏览器就开始执行相应的 JavaScript 代码。本节快速介绍 JavaScript 的基本语法、事件和对象等。

2.4.1 JavaScript 语法基础

JavaScript 语法简单易学,其语法包括数据类型、变量常量、运算符与表达式、控制语句、函数和事件等。

1. 数据类型

JavaScript 是一种弱数据类型的语言,对数据类型没有严格的要求。JavaScript 的数据类型有字符串、数字、布尔、数组、对象、null、undefined 等。

2. 变量常量

JavaScript 拥有动态类型,这意味着同一个变量可用作不同的类型,参见下面的代码:

```
var x;                  //声明变量 x
x = 100;                //x 的值为 100
x = "JavaScript";       //x 的值为字符串 JavaScript
```

从上面的代码可知,在 JavaScript 语言中使用 var 声明变量时不需要指明变量的数据类型,而变量的数据类型将依据变量赋值确定。

注意:

在 JavaScript 语言中变量也可以不用声明直接使用。

```
y = 200;
```

此时 y 没有使用 var 声明就可以直接使用,但不推荐以此方式使用变量。

此外,在 JavaScript 语言中也支持使用数组,数组的声明与 Java 类似,有静态声明和动态声明两种方式,动态声明需要使用 new 运算符。

```
//静态声明数组 array,其包含 3 个字符串类型的元素
var array = ["a","b","c"];
//动态声明数组 array1,元素个数为 0
var array1 = new Array();
//动态声明数组 array2,元素个数为 5
var array2 = new Array(5);
//动态声明数组 array3,其元素的数据类型可以不同
var array3 = new Array("Java", 'Web', true, 100, null);
```

3. 运算符与表达式

JavaScript 提供了算术运算符、赋值运算符、逻辑运算符和条件运算符,这些运算符的使用与 Java 语言中的相应运算符基本一致,此处不再赘述。

4. 控制语句

在 JavaScript 中语句除了顺序语句以外,还有分支语句和循环语句。其中,分支语句有 if/else 语句和 switch/case 语句;循环语句有 while、do/while、for 语句,以及 break 和 continue 语句。它们都与 Java 语言中相应语句的用法一致。

2.4.2 JavaScript 事件

事件是指文档或者浏览器窗口在与用户交互的过程中发生的一些特定动作,例如鼠标的单击、输入域焦点的获取等。在 JavaScript 中对事件进行了分类,表 2.5 列出了 JavaScript 中常见的事件。

表 2.5 JavaScript 常用的事件和事件处理程序

事件	事件处理程序	说明
blur	onBlur	当元素或窗口失去焦点时触发该事件
change	onChange	当表单元素获取焦点并且内容发生改变时触发该事件
click	onClick	当单击鼠标时触发该事件
focus	onFocus	当元素或窗口获得焦点时触发该事件
keydown	onKeydown	当键盘按键被按下时触发该事件
load	onLoad	当页面载入后触发该事件
select	onSelect	当选中文本时触发
submit	onSubmit	当单击提交按钮时触发表单提交
unload	onUnload	当页面完全卸载后在 window 对象上触发

JavaScript 是基于事件的处理语言，当事件发生后，JavaScript 通过事件处理程序来处理相应的事件，即当某个事件发生后，通过事件处理程序调用所要执行的代码以实现某种功能。在 JavaScript 中事件处理程序是以"on＋事件名"命名的，例如对于 load 事件，其事件处理程序为 onLoad。

通常，事件处理程序调用的是 JavaScript 函数，其语法格式如下：

```
<标签 事件处理程序＝"函数名称(参数)">
```

2.4.3 JavaScript 函数

正如前一节所讲，函数是由事件驱动执行的，函数是可重复使用的代码块。在 JavaScript 中，声明函数的语法格式如下：

```
function 函数名称(参数列表)
{
    函数体
}
```

其中参数列表可以由 0 个或多个参数组成，参数之间用逗号隔开。声明函数的位置有两种方式，即内嵌式和外部链接式。

1．内嵌式

内嵌式声明函数是直接在页面的＜head＞标签中内嵌一对＜script＞标签，在＜script＞标签内声明函数即可。内嵌式声明函数只能在当前页面中调用，因此函数的复用性不高。内嵌式声明函数的方式如下：

```
<head>
    <script type="text/javascript">
        function 函数名称(参数列表)
        {
            函数体
        }
    </script>
</head>
```

其中 type 属性标识＜script＞和＜/script＞标签之间的内容，即规定脚本的 MIME 类型。MIME 类型由两个部分组成，即媒介类型和子类型。对于 JavaScript 而言，其 MIME 类型是"text/javascript"。

注意：

在早期的 JavaScript 中还可以使用 language 属性，该属性的作用与 type 属性基本一样。但由于 language 属性在 HTML 和 XHTML 标准中受到了非议，这两个标准提倡使用 type 属性。

下面的例子是使用内嵌式定义并调用函数 calc()，功能是从表单中获取被除数和除数，以计算两个数的商。

example2_4.html

```html
<!DOCTYPE html>
<html>
<head>
<meta charset = "utf-8" />
<title>example2_4.html</title>
<script type = "text/javascript">
    //使用内嵌式定义函数 calc()
    function calc()
    {
        //获取 id 为 input1 输入域的值,并赋给变量 dividend
        var dividend = document.getElementById("input1").value;
        //获取 id 为 input2 输入域的值,并赋给变量 divisor
        var divisor = document.getElementById("input2").value;
        var result = 0;
        result = dividend / divisor;
        //弹出对话框,显示计算结果
        alert("运行结果: " + dividend + " / " + divisor + " = " + result );
    }
</script>
</head>
<body>
<!-- 在 form 标签中使用 onSubmit 事件处理程序调用 calc()函数 -->
<form id = "calc" name = "calcForm" action = "#"
      method = "post" onSubmit = "calc()">
    被除数:
    <input type = "text" name = "dividend" id = "input1"><br/><br/>
    除 数:
    <input type = "text" name = "divisor" id = "input2"><br/><br/>
    <input type = "submit" id = "btn" value = "计算">
</form>
</body>
</html>
```

本例的运行结果如图 2.4 所示。

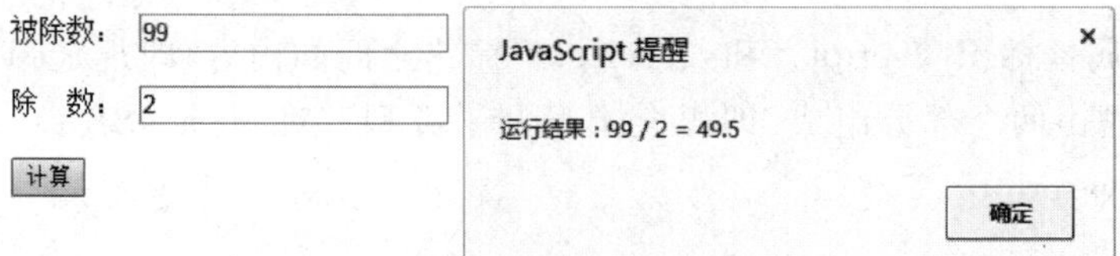

图 2.4　example2_4.html 的运行结果

2. 外部链接式

外部链接式声明函数是指专门创建一个文件,文件的扩展名为".js",在 JS 文件中声明函数,在 JS 文件中声明的函数可以被多个页面重复调用执行。采用外部链接式调用外部 JS 文件需要在页面的<head>标签内使用<script>标签调用,其语法格式如下:

```
<head>
    <script type = "text/javascript" src = "url"></script>
</head>
```

src 属性值为 url,即引用的外部 JS 文件的路径和文件名。

对于 example2_4.html,若使用外部链接式调用 JavaScript 函数,可以把 calc()函数的声明放在一个 JS 文件中,例如:
fun.js

```
function calc()
    {
        //获取 id 为 input1 输入域的值,并赋给变量 dividend
        var dividend = document.getElementById("input1").value;
        //获取 id 为 input2 输入域的值,并赋给变量 divisor
        var divisor = document.getElementById("input2").value;
        var result = 0;
        result = dividend / divisor;
        //弹出对话框,显示计算结果
        alert("运行结果:" + dividend + " / " + divisor + " = " + result );
    }
```

然后在 example2_4.html 页面的<head>区域内使用<script>标签引用 fun.js 文件,假设 fun.js 和 example2_4.html 在同一目录下,具体代码如下:

```
<head>
    <script type = "text/javascript" src = "fun.js"></script>
</head
```

最后,仍然是在<form>标签中通过 onSubmit 调用 calc()函数,此时即实现功能。

2.4.4 DOM 对象

DOM 即 Document Object Model,也就是文档对象模型。DOM 把整个页面规划成由结点层级构成的树状模型,用户通过相应的方法可以访问页面中的任何一个结点。

根据 DOM 模型,HTML 文档中的每个成分都是一个结点。DOM 是这样规定的:
- 整个文档是一个文档结点;
- 每个 HTML 标签是一个元素结点;
- 包含在 HTML 元素中的文本是文本结点;
- 每一个 HTML 属性是一个属性结点;

- 注释属于注释结点。

HTML 文档中的所有结点组成了一个文档树。HTML 文档中的每个元素、属性、文本等都代表着树中的一个结点。树起始于文档结点,并由此继续伸出枝条,直到处于这棵树最低级别的所有文本结点为止。图 2.5 表示一个文档树(结点树)。

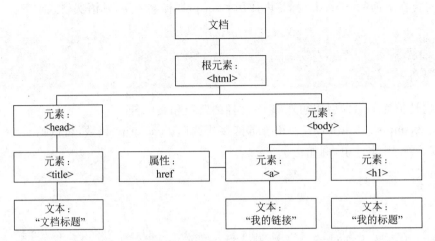

图 2.5　DOM 文档结点树

用户可通过若干种方法来查找元素:
- 通过使用 getElementById()和 getElementsByTagName()方法;
- 通过使用一个元素结点的 parentNode、firstChild 以及 lastChild 属性。

假设有以下表单:

```
<form id="form1" name="myform" method="post" action="#">
    <input type="text" id="txt" name="book" />
</form>
```

用户可以通过以下方式获取输入域对象:

1．通过表单访问

```
//myform 为表单的 name 属性值、book 为 input 的 name 属性值
var objBook = document.myform.book;
//或者获取文档树中第 0 个表单元素中的 book 对象
var objBook = document.forms[0].book;
//或者获取文档树中名称为 myform 的表单中的 book 元素
var objBook = document.myform.elements["book"];
```

2．直接访问

```
/* 使用 getElementById()函数,依据元素的 id 属性获取该对象,文档中的 id 属性值唯一。*/
var objBook = document.getElementById("txt");
```

```
/*或者使用getElementByTagName,依据标签名称获取该对象,返回的是所有<input>对象,因此是数
组形式。*/
var objBook = document.getElementByTagName("input")[0];
```

注意上述两种方式均是获取输入域对象,若要获取输入域的值,则需要使用 value
属性。

```
//objBook 为输入域对象
var val = objBook.value;
//或者
var val = document.getElementById("txt").value;
```

当然,除了使用 DOM 方式访问文档中的各结点以外,还可以使用 jQuery 的选择器
获取。

2.4.5 实践：使用 JavaScript 完成表单验证功能

表单验证是 Web 应用中应用非常广泛的功能,通过数据验证保证用户输入数据的合法
性。下面通过一个具体实例说明如何使用 JavaScript 实现表单验证。

【需求】

图 2.6 是本例的效果图,需要使用 JavaScript 设计函数验证表单中用户输入的数据是
否合法,对于格式不符合要求的表单数据禁止提交并给出提示。

图 2.6 用户注册

【分析】

首先设计 HTML 页面,将表单中的输入域使用表格定位各行,每行由 3 列组成,分别
是列名文本、输入域<input>标签和<span>标签,其中<span>标签用于显示校验提示
信息。

其次在页面的<head>标签区域内通过使用<script>标签定义 JavaScript 函数,本例
中定义了 3 个 JavaScript 函数,分别为 checkGender()(校验性别)、checkHobby()(检验爱
好)、checkForm()(用于其他的输入域)。

最后确定相应输入域在何种事件触发执行 JavaScript 函数,对于本例而言,可在输入域
失去焦点时调用相应的 JavaScript 函数,即在<input>标签中通过 onBlur 属性调用

JavaScript 函数。当然,对于 radio 和 checkbox 等输入域,可采用 onChange 属性调用 JavaScript 函数。

【实现】

由于本程序较长,此处仅给出页面的结构和 JavaScript 函数,具体可见本书所附的源代码。

example2_5.html 的页面结构

```html
   ︙
<!-- 表单中的某一行 -->
<tr>
<!-- 第1列,显示标题 -->
<td>用 户 名</td>
<!-- 第2列,显示输入域 -->
<td>
   <!-- 在失去焦点时调用 JS 函数 -->
   <input name = "username" type = "text" id = "txtUser" onBlur = "return checkForm()"></input>
</td>
<!-- 第3列,显示提示信息 -->
<td><span id = "tips_username">* 用户名由 6 - 18 位字符组成</span></td>
</tr>
   ︙
```

example2_5.html 的自定义 JavaScript 函数

```html
<script type = "text/javascript">
   /*
   校验用户性别是否已选
   */
   function checkGender()
   {
       //获取所有名称为 gender 的 input 标签
       var genderNum = document.getElementsByName("gender");
       var gender = "";
       //遍历这些名称为 gender 的标签
       for(var i = 0;i < genderNum.length;++i)
       {
           //如果某个 gender 被选中,则记录
           if(genderNum[i].checked)
               gender = genderNum[i].value;
       }
       if( gender == "")
       {
           document.getElementById("tips_gender").innerHTML
 = "<em style = 'color:#FF0000'>至少选择其中一项</em>";
           return false;
       }
       else
```

```javascript
            {
                document.getElementById("tips_gender").innerHTML = "OK!";
            }
        }
        function checkForm()
        {
            /*使用document.getElementById()获取id为txtUser(即用户名)的输入域的值,判断其长
              度是否合法*/
            if(document.getElementById("txtUser").value.length<6
||document.getElementById("txtUser").value.length>18 )
            {
                //设置id为tips_username的<span>的HTML,显示错误信息
                document.getElementById("tips_username").innerHTML
= "<em style = 'color:#FF0000'>用户名由6-18位字符组成</em>";
                document.getElementById("txtUser").focus();
                return false;
            }
            else
            {
                document.getElementById("tips_username").innerHTML = "OK!";
            }
            //正则表达式,由字母、数字和下划线组成
            var reg = /[^A-Za-z0-9_]+/;
            var regs =    /^[a-zA-Z0-9_\u4e00-\u9fa5]+$/;
            //判断密码长度是否符合规则
            if(document.getElementById("txtPwd").value.length<6 ||
document.getElementById("txtPwd").value.length>18 ||
                regs.test(document.getElementById("txtPwd").value) )
            {
                document.getElementById("tips_password").innerHTML
= "<em style = 'color:#FF0000'>密码由6-18位字符组成,且必须包含字母、数字和标点符号
</em>"
                document.getElementById("txtPwd").focus();
                return false;
            }
            else
            {
                document.getElementById("tips_password").innerHTML = "OK!";
            }
            //校验两次密码输入是否一致
            if(document.getElementById("txtRpt").value
!= document.getElementById("txtPwd").value)
            {
                document.getElementById("tips_repeat").innerHTML
= "<em style = 'color:#FF0000'>两次输入的密码不一致</em>";
                document.getElementById("txtRpt").focus();
                return false;
            }
```

```javascript
        else
        {
            document.getElementById("tips_repeat").innerHTML = "OK!";
        }
        //校验用户类别,如果选择的是第0项,表示未选择
        if(document.getElementById("selUser").selectedIndex == 0)
        {
            document.getElementById("tips_usertype").innerHTML = "<em style = 'color:#FF0000'>没有选择用户类型</em>";
            document.getElementById("selUser").focus();
            return false;
        }
        else
        {
            document.getElementById("tips_usertype").innerHTML = "OK!";
        }

        if(document.getElementById("txtDate").value == "")
        {
            document.getElementById("tips_birthdate").innerHTML = "<em style = 'color:#FF0000'>没有填写出生日期</em>";
            document.getElementById("txtDate").focus();
            return false;
        }
        else
        {
            document.getElementById("tips_birthdate").innerHTML = "OK!";
        }

        //获取Email输入域的值
        var email = document.getElementById("txtMail").value;
        //电子邮件的正则表达式
        var pattern = /^[a-zA-Z0-9#_\^\$\.\*\+\-\?\=\!\:\|\\\/\(\)\[\]\{\}]+@[a-zA-Z0-9]+((\.[a-zA-Z0-9_-]{2,3}){1,2})$/;
        if(email.length == 0)
        {
            document.getElementById("tips_email").innerHTML = "<em style = 'color:#FF0000'>电子邮箱不能为空</em>";
            document.getElementById("txtMail").focus();
            return false;
        }
        else if(!pattern.test(email))
        {
            document.getElementById("tips_email").innerHTML = "<em style = 'color:#FF0000'>Email不合法</em>";
            document.getElementById("txtMail").focus();
            return false;
```

```javascript
        }
        else
        {
          document.getElementById("tips_email").innerHTML = "OK!";
        }
        //判断自我介绍的长度是否超过 100 个字符
        if(document.getElementById("txtIntro").value.length > 100)
        {

            document.getElementById("tips_introduction").innerHTML
 = "<em style = 'color:#FF0000'>长度不能超过 100 个字符</em>";
            document.getElementById("txtIntro").focus();
            return false;
        }
        else
        {
          document.getElementById("tips_introduction").innerHTML = "OK!";
        }
    }
    /*
    校验爱好是否合法
    */
    function changeHobby()
    {
        var hobby = 0;
        //objNum 为所有名称为 hobby 的 input 标签
        var objNum = document.getElementsByName("hobby");
        //遍历所有的 hobby 标签
        for(var i = 0;i < objNum.length;++i)
        {
            //判断某个 hobby 标签是否被选中
            if(objNum[i].checked == true)
                hobby++;
        }
        //如果有选中的 hobby 标签
        if( hobby >= 1)
        {
            document.getElementById("tips_hobby").innerHTML = "OK!";
        }
        else
        {
            document.getElementById("tips_hobby").innerHTML
                = "<em style = 'color:#FF0000'>至少选择其中一项</em>";
            return false;
        }
    }
</script>
```

至此程序设计完毕,example2_5.html 的运行结果如图 2.7 所示。

图 2.7　example2_5.html 的运行结果

2.5　jQuery 与 AJAX 技术

jQuery 是一个目前非常流行的 Web 前端框架,它是基于 JavaScript 的类库。在 Web 开发中,通过使用 jQuery 可以非常容易地选择并操作 HTML 元素。由于 jQuery 是基于 JavaScript 的类库,它和 JavaScript 可以无痕衔接,事件模型也与 JavaScript 趋于一致。 JavaScript 还封装了 XMLHttpRequest 对象,jQuery 提供了对 AJAX 的良好支持。同时, jQuery 是一个开源框架,支持开发者编写自己的 jQuery 插件,目前 jQuery 的第三方插件非常丰富,开发人员借助于这些插件可以大大提高开发效率、节省开发成本。本节将围绕 jQuery 的这些特性对 jQuery 进行介绍。

2.5.1　下载与部署 jQuery

读者可以到"http://jquery.com/download"下载最新版本的 jQuery,jQuery 提供了两个版本,即压缩版(jquery.min.js)和开发版(jquery.js)。压缩版经过了压缩处理,主要应用于产品和项目;开发版完整、无压缩,主要用于测试、学习和开发。

jQuery 无须安装,只需将下载后的 jQuery 库文件(.js 文件)放到网站的一个公共目录,若要在某个 Web 页面使用 jQuery,只需要在该页面的<head>标签内使用<script>标签引用 jQuery 库文件即可,其方法与外部链接式引用 JavaScript 函数相同。

```
<!-- head 标签内使用 script 标签引用 jQuery 的库文件,其中 jquery-2.1.4.js 为 jQuery 的库文件名,该文件存放在一个名为 jquery 的目录下 -->
<script src = "jquery/jquery-2.1.4.js" type = "text/javascript"></script>
```

下面给出了一个 jQuery 程序,用户通过该程序先来了解一下 jQuery 程序的结构和特点。 example2_6.html

```
<!DOCTYPE html>
<html>
<head>
```

```html
<meta http-equiv="Content-Type" content="text/html; charset=utf-8" />
<script src="jquery-2.1.4.js" type="text/javascript"></script>
<!-- 以下是 jQuery 程序段 -->
<script type="text/javascript">
$(document).ready(function(){
    $("p").click(function(){
        $(this).hide();
    });
});
</script>
<title>第一个 jQuery 程序</title>
</head>
<body>
<p>如果你单击我,我便会消失。</p>
</body>
</html>
```

本例的功能是当用户单击<p>元素内的字符串时该字符串便会隐藏起来。对于本例,有以下几点说明:

(1) jQuery 程序像 JavaScript 代码一样,也必须放在<script>标签内。

(2) $(document)是 jQuery 的一个常用对象,表示 HTML 文档对象。$(document).ready()方法表示指定$(document)的 ready 事件处理函数。ready 事件在文档对象就绪时被触发。

(3) $()是 jQuery()方法的缩写,该方法可以在 DOM 中搜索指定的选择器匹配的元素,并创建一个引用该元素的 jQuery 对象。例如$("p")表示选择文档中的<p>元素。$("p").click()方法表示指定<p>元素的 click 事件处理函数,click 事件在用户单击指定元素(这里指<p>元素)时触发。

(4) $(this)是一个 jQuery 对象,this 相当于一个代词,指当前引用的 HTML 元素对象(这里指<p>元素)。hide()方法的功能是隐藏指定的元素对象。

2.5.2 jQuery 选择器

前面介绍了使用 HTML DOM 可以遍历 HTML 文档中的元素,jQuery 选择器则为开发人员提供了更为灵活的访问和设置 HTML 元素的方式,即通过多种多样的元素选择器或属性选择器对 HTML 单个元素或元素集合进行选择。

和 CSS 一样,jQuery 的选择器可以根据元素名称、ID、类名以及属性选择 HTML 文档中的对象,表 2.6 列出了 jQuery 常用选择器的语法格式。

表 2.6　jQuery 选择器

选择器名称	语法格式	说明	返回类型
ID 选择器	$("#id")	选择 ID 为"id"的元素	单个元素
元素选择器	$("element")	选择文档中所有的<element>元素	集合元素
类选择器	$(".class")	选择 class 属性为"class"的元素	集合元素
属性选择器	$("[property]")	选择所有属性名为"property"的元素	集合元素

续表

选择器名称	语法格式	说明	返回类型
全局选择器	$("*")	选择所有的元素	集合元素
多项选择器	$("selector1,selector2,selectorN.class")	选择多个元素	集合元素

下面通过一个综合例子说明上述选择器的使用方法。

example2_7.html

```html
    ⋮
<script type="text/javascript" src="jquery-2.1.4.js"></script>
<script type="text/javascript">
 $(document).ready(function(){
     //使用类选择器,选择class="left"的对象,设置该对象中的字体为12px
     $(".left").css("box-shadow","inset");
     //使用元素选择器,选择<input>对象,设置这些对象的CSS样式的边框
     $("input").css("border","dashed 1px #000000");
     //使用ID选择器,选择id="message"的对象,设置该对象的CSS样式的边框
     $("#message").css("border","dotted 1px #0cff00");
     //选择所有的对象
     $("*").css("font-size","12px");
     //使用$("span,legend")选择<span>和<legend>两个元素
     $("span,legend").css("color","#F33");
     //属性选择器,选择name属性值为hobby的复选框,并设置为checked状态
     $("input[name='hobby']").attr("checked", true);
 });
</script>
    ⋮
 <form action="#" method="post" id="myform">
  <fieldset>
     <legend>个人基本信息</legend>
     <div>
         <label for="username" class="left">名称:</label>
         <input type="text" name="username" id="username"/>
         <span id="tips_user">*</span>
     </div>
     <div>
         <label for="password" class="left">密码:</label>
         <input type="password" name="password" id="password" />
         <span id="tips_pass">*</span>
     </div>
     <div>
         <label for="requiredpass" class="left">确认密码:</label>
         <input type="password" name="requiredpass" id="requiredpass" />
         <span id="tips_requiredpass">*</span>
     </div>
     <div>
         <label for="usertype" class="left">用户类型:</label>
         <select name="usertype" id="usertype">
             <option value="1">管理员</option>
             <option value="2">普通用户</option>
```

```html
        </select>
    </div>
    <div>
        <label for = "gender" class = "left">性别: </label>
        <input type = "radio" name = "gender" id = "gender" value = "男"/>男
        <input type = "radio" name = "gender" id = "gender" value = "女"/>女
        <span id = "tips_gender">*</span>
    </div>
    <div>
        <label for = "hobby" class = "left">爱好: </label>
        <input type = "checkbox" name = "hobby" id = "hobby" value = "reading"/>阅读
        <input type = "checkbox" name = "hobby" id = "hobby" value = "music"/>音乐
        <input type = "checkbox" name = "hobby" id = "hobby" value = "sports"/>运动
        <input type = "checkbox" name = "hobby" id = "hobby" value = "travell"/>旅行
        <span id = "tips_hobby">*</span>
    </div>
    <div>
        <label for = "email" class = "left">电子邮件: </label>
        <input type = "text" name = "email" id = "email"/>
        <span id = "tips_email">*</span>
    </div>
    <div>
        <label for = "message" class = "left">自我介绍: </label>
        <textarea name = "message" id = "message"></textarea>
    </div>
    <div><button type = "submit" id = "submit">提交</button>
    <button type = "reset">重置</button>
    </div>
    ⋮
```

在上述代码中使用到 jQuery 的两个方法 css()和 attr()，其中 css()方法的功能为访问或设置选择元素的 CSS 样式，例如代码"$("*").css("font-size","12px")"为设置所有对象的字体大小为 12px；attr()方法的功能为设置或返回被选元素的属性值，例如代码"$("input[name='hobby']").attr("checked"，true)"为选择 name 属性为 hobby 的所有 input 元素，其 checked 属性被设置为 true,本例的运行结果如图 2.8 所示。

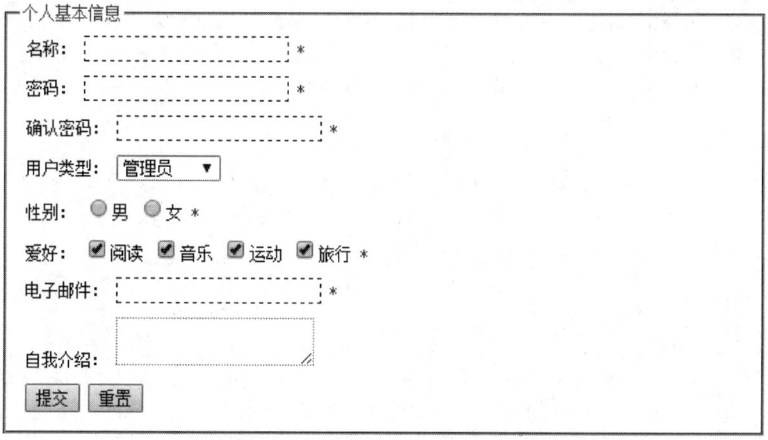

图 2.8　example2_7.html 的运行结果

前面已介绍表单是网页中应用非常广泛的一种对象，表 2.7 中列出了 jQuery 选择表单中各种输入域的方法。通过 jQuery 的表单选择器可以轻松地选择表单中的各种输入域。

表 2.7 jQuery 表单选择器

表单选择器	说 明
:input	匹配所有＜input＞、＜textarea＞、＜select＞和＜button＞元素
:text	匹配所有单行文本框
:password	匹配所有密码框
:radio	匹配所有单选按钮
:checkbox	匹配所有复选框
:submit	匹配所有提交按钮
:image	匹配所有图像按钮
:reset	匹配所有重置按钮
:button	匹配所有按钮
:file	匹配所有文件域
:hidden	匹配所有不可见元素或者 type 为 hidden 的元素
:enabled	匹配所有可用元素
:disabled	匹配所有不可用元素
:checked	匹配所有选中的选项元素（复选框、单选框等，不包括＜select＞中的＜option＞）
:selected	匹配所有选中的＜option＞元素

在 Web 开发中复选框、下拉列表框的应用非常广泛，example2_8.html 演示了获取复选框选中项的信息及选中项的个数等；针对下拉列表框主要演示了获取选择项的文本和值。

example2_8.html

```
 ⋮
<script type = "text/javascript" src = "jquery - 2.1.4.js"></script>
<script type = "text/javascript">
    $(document).ready(function() {
     $("#btn").click(function(){
    //num1 为复选框选项的个数
    var num1 = $("input:checkbox").length;
    //num2 为复选框选中的项目数
    var num2 = $("#form1 input:checked").length;

    var val = "";
    //遍历选中复选框的选项,val 为选中项的值,中间用逗号隔开
     $("input[name = 'hobby']:checked").each(function(index, element) {
        val = val + $(this).val() + ",";
    });

    if(val.length > 1)
    {
        //因为字符串 val 的尾部有一个逗号,去掉尾部的逗号
        val = val.substring(0,val.length - 1);
```

```
            }
            val = "复选框的项目总数为: " + num1 + "<br/>选中的个数: " + num2 +
"<br/>选中的项目: " + val;
            //获取下拉列表框的选择项的文本
            var selected = $("select :selected").text();
            //获取选择项的值
            var items = $("select :selected").val();
            val = val + "<br>下拉列表框选择项的文本: " + selected;
            val = val + "<br>下拉列表框选择项的值: " + items;
            //在<span>标签内输出结果
            $("#data").html(val);
        });
    });
</script>
⋮
<form id="form1">
爱好: <input type="checkbox" name="hobby" value="足球" />足球
<input type="checkbox" name="hobby" value="篮球" />篮球
<input type="checkbox" name="hobby" value="网球" />网球
<input type="checkbox" name="hobby" value="排球" />排球
<input type="checkbox" name="hobby" value="乒乓球" />乒乓球
<br/>
用户类别: <select id="type" name="type">
<option value="1">本科生</option>
<option value="2">硕士生</option>
<option value="3">博士生</option>
<option value="4">教师</option>
</select>
<br/>
<input type="button" id="btn" value="单击" />
<br/>
<span id="data"></span>
</form>
⋮
```

本例的运行结果如图 2.9 所示。

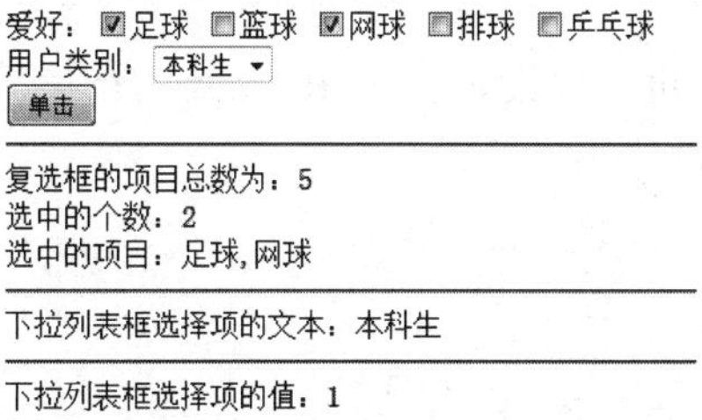

图 2.9　example2_8.html 的运行结果

表单的选择器使用非常灵活，本例中复选框选中项 $("input[name='hobby']:checked") 与 $("#form1 input:checked") 是等价的。另外，请读者区分 val() 方法和 text() 方法针对复选框和下拉列表框获取内容的差别。

动手实践：

请读者使用 jQuery 选择器改写 example2_5.html 的表单校验程序，并对比 jQuery 程序与 JavaScript 使用 DOM 访问表单元素的异同。

2.5.3 使用 jQuery 操作 HTML

前面介绍了使用 JavaScript 访问 DOM 对象的方法，例如使用 document.getElementById（对象的 id 属性值）可以获取 HTML 元素对应的 DOM 对象。jQuery 也提供了相应的方法来访问 HTML 元素，表 2.8 列出了使用 jQuery 访问 HTML 元素的相关方法。

表 2.8 使用 jQuery 访问 HTML 元素的相关方法

方 法	说 明
attr(name|properties|key,value|fn)	设置或返回匹配元素的属性值
removeAttr(name)	从每一个匹配元素中删除一个属性
prop(name|properties|key,value|fn)	获取匹配元素集中第一个元素的属性值
removeProp(name)	删除由 prop() 方法设置的属性集
addClass(class|fn)	为每个匹配元素添加指定的类名
removeClass([class|fn])	从所有匹配元素中删除全部或者指定的类
toggleClass(class|fn[,sw])	如果存在（不存在）就删除（添加）一个
html([val|fn])	获取第一个匹配元素的 html 内容
text([val|fn])	获取所有匹配元素的内容
val([val|fn|arr])	获得匹配元素的当前值

其中 attr() 方法、prop() 方法和 val() 方法在访问文本框的 value 属性时用以下 3 种方式是等价的，使用这 3 个方法均可以获取到文本框的内容，即 <input> 元素的 value 属性。

```
<input type="text" id="txt" name="data" value="jQuery"/>
//使用 attr() 方法获取文本框的内容
$("#txt").attr("value");
//使用 val() 方法获取文本框的内容
$("#txt").val();
//使用 prop() 方法获取文本框的内容
$("#txt").prop("value");
```

同样，使用上述 3 个方法也可以设置 HTML 元素的相关属性，例如使用以下代码设置文本框的内容。

```
//为文本框的内容赋值
$("#txt").val("Hello, jQuery");
$("#txt").attr("value","Hello, jQuery");
$("#txt").prop("value","Hello, jQuery");
```

attr() 和 prop() 方法有无区别呢？二者在很多情况下功能相似，attr() 方法自 jQuery 1.0 就提供了，而 prop() 方法在 jQuery 1.6 之后的版本才出现。prop() 方法主要弥补 attr() 操作（例如 selected、checked 属性方面）的不足之处。建议用户在操作这些属性时使用 prop()

方法,访问其他属性时使用 attr()方法。

2.5.4 jQuery 事件

jQuery 的事件处理方法是 jQuery 程序运行的核心方法,jQuery 通过使用 Event 对象对触发的元素事件进行处理,jQuery 支持的事件包括键盘事件、鼠标事件、表单事件、文档加载事件和浏览器事件等。

1. ready()方法

ready()是 jQuery 事件模块中最重要的一个方法。这个方法可以看作是对 window.onload 注册事件的替代方法。通过使用这个方法可以在 DOM 载入就绪时立刻调用所绑定的方法,而几乎所有的 JavaScript 函数都需要在那一刻执行。ready()方法的基本语法格式如下:

```
$(document).ready(function() {
    业务代码
});
```

也可以简写为:

```
$().ready(function(){业务代码});
```

或:

```
$(function(){业务代码});
```

2. bind()方法

bind(type,[data],fn)方法为每个匹配元素的特定事件绑定事件处理方法,其中参数的具体作用如下。
- type:必选,含有一个或多个事件类型的字符串,由空格分隔多个事件。例如"click"或"submit",还可以是自定义事件名。
- data:可选,作为 event.data 属性值传递给事件对象的额外数据对象。
- fn:必选,绑定到每个匹配元素的事件上面的处理函数。

example2_9.html

```
⋮
<script type="text/javascript">
$(document).ready(function() {
    $("#Text").bind("click mouseover",{first:"1",second:"2"},function(event){
        if(event.data.first == "1"){ $(this).val("jQuery事件");}
        if(event.data.second == "1"){ $(this).val("");}
    });
});
```

```
</script>
  ⋮
<body>
<input id="Text" type="text" />
</body>
```

在本例中,功能是当用户单击文本框时根据 bind()方法的第 2 个参数为文本框赋不同的文本内容。其中,bind()方法的第 1 个参数值为"click mouseover",表明为 Text 元素绑定了 click 和 mouseover 事件;第 2 个参数是一个映射对象,该映射对象可以传递给 bind()方法的第 3 个参数,即匿名方法。第 3 个参数用到第 2 个参数及 event.data 属性为匿名方法传递数值。

2.5.5 AJAX 技术

AJAX 是目前 Web 前端非常流行的技术,通过使用 AJAX 技术,可以局部地刷新 Web 页面,从而减少请求和响应时间,以达到提高用户体验的目的。

AJAX 一词源于 Jesse James Garrett 在 2005 年 2 月出版的《AJAX:A New Approach to Web Applications XML》一书,在此书中首次提出 AJAX 一词,然后 Google 于 2005 年率先在 Google Suggest 中应用了 AJAX 技术。自此,AJAX 走进了人们的视野并在实际开发中得到了广泛应用。AJAX 有助于用户创建更好、更快以及更友好的 Web 应用程序,AJAX 技术的核心是 XMLHttpRequest。

1. XMLHttpRequest 对象

XMLHttpRequest(简称 XHR)是 AJAX 中一个非常重要的概念,XMLHttpRequest 是 JavaScript 的一个对象,能够使用 HTTP 连接一个服务器,从而可以方便地访问服务器上的数据,而不用每次都刷新页面。这样既减轻了服务器的负担,又加快了页面的响应速度,增强了用户体验。

在使用 XMLHttpRequest 对象访问服务器时需要先实例化一个 XMLHttpRequest 对象,然后使用该对象发送请求和处理响应。由于 XMLHttpRequest 并不是一个 W3C 标准,所以对于不同的浏览器,实例化方式也不相同。对于 Mozilla、Firefox、Safari 等浏览器使用下面的代码实例化 XMLHttpRequest 对象:

```
<script type="text/javasciprt">
    //IE7+、Firefox、Chrome、Safari 等浏览器支持方式
    var xmlhttp = new XMLHttpRequest();
</script>
```

XMLHttpRequest 对象提供的方法较少,下面是该对象的主要方法。
- open()方法:设置进行异步请求目标的 URL、请求方法以及其他参数信息;
- send()方法:向服务器发送请求,如果请求声明为异步,该方法将立即返回,否则等到接收到响应为止;
- setRequestHeader()方法:为请求的 HTTP 报头设置值,该方法必须在调用 open()

方法之后调用；
- abort()方法：停止当前异步请求；
- getAllResponseHeaders()方法：以字符串形式返回完整的 HTTP 报头信息，当存在参数时，表示以字符串形式返回由该参数指定的 HTTP 报头信息。

XMLHttpRequest 常用的属性见表 2.9。

表 2.9 XMLHttpRequest 常用的属性

属 性	说 明
onreadystatechange	状态发生改变时触发该属性，通常用来调用一个 JavaScript 函数
readyState	请求的状态，有以下 5 种取值。 0：未初始化；1：正在加载；2：已加载；3：交互中；4：完成
responseText	服务器的响应，数据格式为字符串
responseXML	服务器的响应，数据格式为 XML，该对象可解析为一个 DOM 对象
status	返回服务器的 HTTP 状态码，例如 200：成功；400：错误的请求；404：文件未找到；500：服务器内部错误

一旦创建了 XMLHttpRequest 对象，就可以使用该对象的 open()方法和 send()方法向服务器发送请求，具体步骤如下：

```
//xmlhttp 为一个 XMLHttpRequest 对象
xmlhttp.open("GET","page.htm",true);
xmlhttp.send();
```

其中，xmlhttp.open("GET", "page.htm", true)表示向 page.htm 页面以 GET 方式发送一个异步请求。当第 3 个参数为 true 时表示为异步请求，若为 false 表示为同步请求，一般来说使用 AJAX 最好为异步方式。xmlhttp.send()用于发送请求的内容，该方法的参数为一个字符串，也可以为空。

注意：

在实际应用中，open()方法使用 GET 方式还是 POST 方式呢？一般认为 GET 方式要比 POST 方式简单、快速，适用性也比较强。然而，以下情况最好使用 POST 方式。

(1) 无法使用缓存文件(更新服务器上的文件或数据库)；

(2) 向服务器发送大量数据(POST 方式没有数据量限制)；

(3) 在发送包含未知字符的用户输入时，POST 比 GET 更稳定也更可靠。

一旦向服务器发送请求成功，就可以接收来自服务器端的响应了。在 AJAX 中使用 XMLHttpRequest 对象的 responseText 或 responseXML 属性接收响应。

- responseText 属性：接收服务器端文本格式的响应；
- responseXML 属性：接收服务器端 XML 格式的响应。

下面请看一个完整的 AJAX 示例，即使用 XMLHttpRequest 对象获取服务器端响应。example2_10.html

```
<!DOCTYPE html>
<html>
<head>
```

```
<meta charset="utf-8">
<title>example2_10</title>
<script type="text/javascript">
function loadXMLDoc()
{
  var xmlhttp;
  //实例化 XMLHttpRequest 对象
  if(window.XMLHttpRequest)
    {   //针对IE7+、Firefox、Chrome、Opera、Safari等浏览器
        xmlhttp = new XMLHttpRequest();
    }
  else
    {   //针对IE5、IE6浏览器
        xmlhttp = new ActiveXObject("Microsoft.XMLHTTP");
    }
  xmlhttp.onreadystatechange = function()
  {
  //readyState 状态为4(服务器请求完成)并且 HTTP 的状态码为 200(成功)时
  if (xmlhttp.readyState == 4 && xmlhttp.status == 200)
  {
     document.getElementById("txtDiv").innerHTML = "显示服务器端 doc.txt 内容：" + xmlhttp.responseText;
  }
  }
  //以 POST 方式请求打开与 ajax.htm 在相同目录下的 doc.txt 文档
  xmlhttp.open("POST","doc.txt",true);
  //发送请求内容
  xmlhttp.send();
}
</script>
</head>
<body>
<div id="txtDiv"><h2>显示服务器端 doc.txt 内容：</h2></div>
<button type="button" onclick="loadXMLDoc()">通过 AJAX 读取服务器端内容</button>
</body>
</html>
```

其中,doc.txt 文件的内容如下：

```
Hello, jQuery!
```

把 example2_10.html 和 doc.txt 部署在 Web 服务器的同一目录下,然后在浏览器的地址栏中输入"http://localhost:8080/example2_10.html"运行本程序,如图 2.10 所示。

单击"通过 AJAX 读取服务器端内容"按钮,调用 loadXMLDoc()函数执行 AJAX 的异步调用,运行结果如图 2.11 所示。通过该示例演示了 AJAX XMLHttpRequest 对象的创建与读取服务器端数据的完整过程。可以看到,在调用 AJAX 的过程中,example2_10.html 页面只有 txtDiv 的内容进行了局部更新,页面中的其他部分则保持不变。

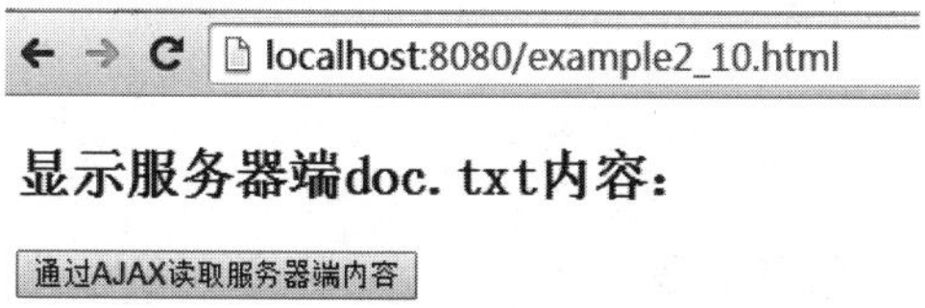

图 2.10 调用 AJAX 之前的页面效果 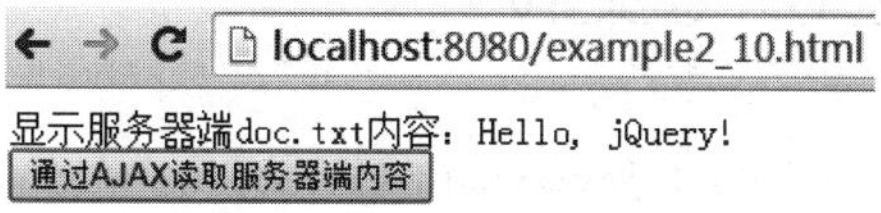　　　　图 2.11 执行之后的页面效果

2. jQuery 封装 AJAX

XMLHttpRequest 在使用时比较烦琐，从创建到状态判定，再到方法调用，特别是状态判定及其后续处理对开发人员来讲非常耗费精力。jQuery 对 XMLHttpRequest 进行了良好的封装，开发人员不用再进行创建和状态判定，省去了不少环节，大大提高了开发效率。表 2.10 列出了 jQuery 中的相关 AJAX 方法。

表 2.10　jQuery 中的相关 AJAX 方法

方　　法	说　　明
$.AJAX(url,[settings])	通过 HTTP 请求加载远程数据，这是 jQuery 底层 AJAX 实现方法
load(url,[data, fn])	载入远程 HTML 文件代码并插入至 DOM 中
$.get(url,[data, fn])	通过远程 HTTP GET 方式请求载入信息
$.post(url,[data, fn])	通过远程 HTTP POST 方式请求载入信息

jQuery 对 AJAX 操作进行了封装，在上述所有的方法中 $.AJAX()方法属于最底层的方法，该方法的参数最复杂，同时功能也最强大；load()、$.get()和 $.post()方法属于第二层方法，使用起来相对较简单、轻便，使用频率也最高。

下面使用 jQuery 中的 load()方法实现 example2_10.html 的功能，通过对比可以看到 jQuery 封装了 AJAX 底层 XMLHttpRequest 对象声明、创建和调用的细节，使得调用 AJAX 更加简单、方便，并且支持各种浏览器，兼容性更好。
example2_11.html

```
︙
<script src = "jquery - 2.1.4.js" type = "text/javascript"></script>
<script type = "text/javascript">
$(document).ready( function() {
    $("button").click(function() {
        $("#txtDiv").load("doc.txt");
    });
});
</script>
</head>
<body>
<div id = "txtDiv"><h2>显示服务器端 doc.txt 内容：</h2></div>
<button type = "button">通过 AJAX 读取服务器端内容</button>
</body>
︙
```

2.6 JSON

JSON(JavaScript Object Notation)是一种轻量级的数据交换格式,在功能上有些类似 XML 文档,但 JSON 格式的数据更容易解析。JSON 是基于 JavaScript 的一个子集,JSON 采用完全独立于编程语言的文本格式,因此 JSON 格式的数据可以在不同语言之间共享使用,例如 Web 前端生成的 JSON 格式的数据可以被用 Java、C♯等语言编写的 Web 服务器端程序使用,从而方便地进行 Web 前端和 Web 服务器端的数据交互。这些特性使得 JSON 成为理想的数据交换语言,它易于开发人员阅读和编写,同时也易于机器解析和生成。另外,JSON 格式的文件是纯文本文件,占用的空间很小,也更有利于网络传输。

2.6.1 JSON 数据语法格式

JSON 语法非常简单,JSON 数据的书写格式是"名称/值对"。名称/值对包括字段名称(在双引号中),后面写一个冒号,然后是值。其具体的语法格式要求如下:
- 数据在"名称/值对"中;
- 数据由逗号分隔;
- 花括号保存对象;
- 方括号保存数组。

例如,一个 JSON 数值可以写成以下形式:

```
"school":"河南大学"
```

其等价于以下 JavaScript 代码:

```
school ="河南大学"
```

JSON 数值的名称必须使用双引号括起来,JSON 的值对可以是以下几种类型:
- 数字(整数或浮点数);
- 字符串(在双引号中);
- 逻辑值(true 或 false);
- 数组(在方括号中);
- 对象(在花括号中);
- null。

2.6.2 JSON 对象

JSON 对象必须包含在花括号中,在一个 JSON 对象中可以有多组 JSON 数值,JSON 数值之间使用逗号隔开。

```
{ "school":"河南大学",
  "address":"河南省开封市明伦街 85 号",
```

```
    "zip":"475001"
}
```

该 JSON 对象相当于定义了 3 个变量,并分别为这 3 个变量进行了赋值。

2.6.3　JSON 数组

JSON 数组在方括号中书写,在 JSON 数组中可以包含多个 JSON 对象。例如定义一个 JSON 文件 test.json,该文件是一个 JSON 数组,具体如下:

test.json

```
[ {
        "school": "河南大学",
        "address": "河南省开封市明伦街 85 号",
        "zip": "475001"
    },
    {
        "school": "北京大学",
        "address": "北京市海淀区颐和园路 5 号",
        "zip": "100871"
    },
    {
        "school": "清华大学",
        "address": "北京市海淀区清华大学",
        "zip": "100871"
    }
]
```

在该数组中包含了 3 个元素,每个元素代表一个学校的信息(例如学校名称、地址和邮编),JSON 数组的树状结构如图 2.12 所示。

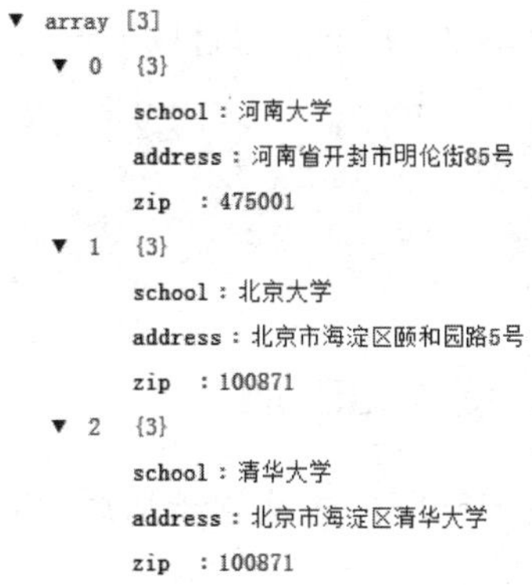

```
▼ array [3]
    ▼ 0  {3}
         school : 河南大学
         address : 河南省开封市明伦街85号
         zip    : 475001
    ▼ 1  {3}
         school : 北京大学
         address : 北京市海淀区颐和园路5号
         zip    : 100871
    ▼ 2  {3}
         school : 清华大学
         address : 北京市海淀区清华大学
         zip    : 100871
```

图 2.12　JSON 的结构

上面的代码相当于以下 JavaScript 形式的定义:

```
var schools = '[
{"school":"河南大学", "address":"河南省开封市明伦街 85 号","zip":"475001"},
```

```
{"school":"北京大学", "address":"北京市海淀区颐和园路 5 号","zip":"100871"},
{"school":"清华大学", "address":"北京市海淀区清华大学","zip":"100871"}]';
```

注意：

用户可以使用 EditPlus、Dreamweaver 之类的软件编辑 JSON 文件。注意，如果 JSON 文件中含有中文字符，JSON 文件和 Web 页面必须采取一致的中文字符编码，例如均采用 UTF-8，否则当页面读取 JSON 文件时可能产生乱码。

2.6.4　JSON 文本转换为 JavaScript 对象

使用 JSON 存储的数据也可以永久地以文件形式保存下来，JSON 文件的文件类型是".json"，JSON 文本的 MIME 类型必须是"application/json"。

JSON 最常见的用法是从 Web 服务器上读取 JSON 数据，并将 JSON 数据转换为 JavaScript 对象，然后在网页中使用该数据。

在 JavaScript 程序中，如果要创建包含 JSON 语法的 JavaScript 字符串，需要使用单引号将 JSON 对象包括起来，例如：

```
var schools = '{"school":"河南大学","address":"河南省开封市明伦街 85 号","zip":"475001"}';
```

由于 JSON 语法是 JavaScript 语法的子集，JavaScript 的 eval()方法可用于将 JSON 文本转换为 JavaScript 对象。

eval()方法使用的是 JavaScript 编译器，可解析为 JSON 文本，然后生成 JavaScript 对象。注意必须把文本包围在括号中，这样才能避免产生语法错误。

```
var obj = eval("(" + schools + ")");
```

因此，对于一个含有 JSON 语法格式的 JavaScript 字符串，通过使用 eval()方法可再次将 JavaScript 字符串转换为 JSON 对象，然后通过以下方式访问 JSON 对象中的数据。

```
JSON 对象.属性名称
//访问 JSON 对象的 school 属性
alert(obj.school);
```

2.6.5　使用 jQuery 操作 JSON

jQuery 中专门提供了 $.getJSON()方法用于加载 JSON 文件，$.getJSON()方法的语法格式如下：

```
$.getJSON(url, [data], [fn]);
```

该方法的 3 个参数的含义如下。
- url：发送请求地址。
- data：待发送 Key/value 参数。

- fn：载入成功时执行的回调方法。

example2_12.html 页面请求加载 JSON 文件 test.json，并将读取的 JSON 数组元素在表格中展现出来，每个数组元素占一行。

example2_12.html

```
⋮
<script type = "text/javascript">
$(document).ready(function() {
    $("#btn").click(function() {
    $.getJSON("test.json",
    function(data){
    //定义一个字符串变量 html,动态生成表格,初始化表格的标题行
    var html = '<table><tr><td>学校</td><td>地址</td><td>邮编</td></tr>';
    /*使用 $.each()方法遍历 JSON 数组,数组中的每个元素作为表格的一行,回调方法的参数 i
        为迭代变量。*/
    $.each(data,function(i){
    html += '<tr><td>' + data[i].school + '</td><td>' + data[i].address +
            '</td><td>' + data[i].zip + '</td></tr>';
    });
    //为 html 变量追加字符串,添加表格的闭合标签
    html += '</table>';
    //将字符串变量 html 显示到 resData 元素中
    $('#resData').html(html);
    });
    });
});
</script>
⋮
<button id = "btn">获取数据</button>
<div id = "resData"></div>
<div id = "status"></div>
⋮
```

将 example2_12.html 和 test.json 等文件部署到 Web 服务器，运行结果如图 2.13 所示。

图 2.13 example2_12.html 的运行结果

在本例中，由于读取的 test.json 数组中包含 3 个元素，因此需要对数组元素进行遍历，而 $.each()方法实现对数组等集合对象的遍历。$.each(data,fn)方法有两个参数，其中参数 data 表示要遍历的集合对象；fn 为回调方法。在回调方法 fn 中还有两个可选参数，分别表示迭代元素的键名和迭代元素的值。例如：

```
$.each(
    //第1个参数：表示要遍历的集合对象,此处为一个映射对象(键/值对)
    { name: "John", lang: "JS" },
    //第2个参数：回调方法,参数 i 表示迭代元素的键名,参数 n 表示迭代元素的值
    function(i, n){
        alert( "Name: " + i + ", Value: " + n );
    });
```

本章小结

本章介绍了 Web 前端技术，HTTP 协议是一种面向无连接的、无状态的协议，其工作方式为请求响应式。通过 HTTP 协议实现了浏览器与服务器之间的应用服务。HTML5 经过了多年的标准制定，已经成为 Web 页面的主流技术，HTML5 为桌面和移动平台带来了无缝衔接的丰富内容，相对 HTML4 而言，它在多媒体支持和绘图方面得到了极大提升，同时增加了新的 Web 表单元素和内容元素。HTML 负责页面内容的展示，CSS 负责内容样式的定义。通过在 HTML 中引用独立的 CSS 样式表，使内容和样式分离，提高了程序的复用性和灵活性。JavaScript 作为一种浏览器端的脚本语言，可以更加方便地达到人机交互的目标，且第三方类库非常丰富，例如 jQuery，为用户提供了快捷、强大的 Web 前端开发体验。JSON 作为一种跨语言的数据表示方法，使得 Web 前端程序与服务器端程序之间能够方便地共享数据。

第 3 章 JSP语法基础

本章要点：
- JSP 页面结构；
- JSP 语法基础；
- JSP 内置对象。

JSP 是一种运行在服务器端的脚本语言，JSP 页面又是基于 HTML 网页的程序，它是 Java Web 开发技术的基础。本章介绍 JSP 页面的结构，包括 JSP 指令、脚本元素、注释和动作以及 JSP 内置对象等内容。

3.1 JSP 页面的基本结构

在传统的 HTML 页面中加入 Java 的程序段和 JSP 标签就构成了一个 JSP 页面。一个 JSP 页面可以由以下 5 个部分组成。
- HTML 元素；
- 注释：包括 JSP 注释和 HTML 注释；
- 脚本元素：声明、表达式、脚本片段等；
- 指令：包括 page 指令、taglib 指令、include 指令等；
- 动作：包括<jsp:useBean>、<jsp:forward>、<jsp:include>等动作标记。

3.1.1 JSP 注释

JSP 的注释内容放在"<%--"与"--%>"中间，其语法格式如下：

```
<%-- 此处为注释内容 --%>
```

与 HTML 注释不同的是，JSP 引擎忽略 JSP 注释，用户在客户端看不到 JSP 注释，因此又把 JSP 注释称为隐藏注释。

由于 HTML 注释在客户端是可见的，因此也把 HTML 注释称为输出注释。

3.1.2 脚本元素

在 JSP 页面中可以加入一些 Java 程序段，还可以声明变量、表达式等。

1．声明变量

在 JSP 页面中，把要声明的变量放置在标记符"<%!"与"%>"之间即可，变量的类型可以是 Java 允许的任何类型。其语法格式如下：

```
<%! 声明语句; %>
```

例如下面的代码声明一个整型变量 *i* 和一个 Date 类型的变量。

```
<%!
    int i = 0;
    java.util.Date date = new java.util.Date();
%>
```

在"<%!"与"%>"之间声明的变量相当于 Java 类中的成员变量。

2．声明方法

同理，在 JSP 页面中也可以把声明方法的语句放在"<%!"与"%>"之间，例如下面是一个声明求两个整数之和的方法。

```
<%!
int add(int opt1, int opt2)
{
    return opt1 + opt2;
}
%>
```

注意：

使用标记符"<%!"与"%>"声明的变量和方法是页面级的，即它们在声明语句所在的页面有效。因为 Tomcat 服务器将 JSP 页面转换为 Java 类时，声明的变量将作为类的成员变量，而声明的方法即为类的方法。成员变量在执行过程中是被所有用户共享使用的，即多个用户访问该 JSP 页面，当用户改变该页面中成员变量的值时将影响其他用户使用此成员变量。

3.1.3 JSP 页面中的表达式

在 JSP 页面中可以将一个 Java 表达式放在<%=与%>之间，表达式在 Tomcat 服务器运算后将结果转换为字符串，并且输出到 JSP 页面中，其语法格式如下：

```
<%= 表达式 %>
```

需要注意的是，在表达式后面不需要加分号（;），而且"<%="是一个整体，各字符之间不能有空格。

3.1.4 JSP 页面中的 Java 程序段

用户可以在"<%"与"%>"之间插入 Java 程序段,其语法格式如下:

```
<%     Java 程序段    %>
```

当 JSP 页面被客户请求时,该 JSP 页面中的 Java 程序段就会被执行。JSP 页面会被转换为 Java 类(即 Servlet),而 Java 程序段将被放置在 Servlet 的 service() 方法中。Java 程序段可以包含多个 JSP 语句,也可以声明变量等。一个 JSP 页面可以有多个 Java 程序段,这些程序段按先后顺序执行。

注意:

Java 程序段中声明的变量是局部变量,该局部变量在 JSP 页面后继的所有程序段及表达式中均有效。另外,不同用户在访问 JSP 页面中相同名称的局部变量时,这些局部变量互不影响,即一个用户改变 Java 程序段中的局部变量值不会影响其他用户的 Java 程序段中的局部变量。

下面的程序段是一个 for 循环。

```
<%
    for(int i = 1; i < 6; i++)
    {
        out.println("打印了" + i + "次<br>");
    }
%>
```

3.1.5 JSP 指令

JSP 指令主要有 page、include 和 taglib,JSP 指令负责提供 JSP 页面的相关信息以及设置 JSP 页面的属性等。

1. page 指令

page 指令用来设置 JSP 页面的属性,其语法格式如下:

```
<%@ page language = "java"
    contentType = "MIMETpye; charset = characterSet"
    pageEncoding = "characterSet"
    import = "package.class"
    extends = "package.class"
    buffer = "none|size kb|8kb"
    errorPage = "URL"
    autoFlush = "false|true"
    session = "false|true"
    isThreadSafe = "false|true"
    isErrorPage = "true|false"
    isELIgnored = "true|false"
%>
```

page 指令设置的 JSP 页面属性如表 3.1 所示。

表 3.1 page 指令设置的 JSP 页面属性

属性名称	说明
language	声明该 JSP 页面脚本语言的名称，目前只能为 java
contentType	声明该 JSP 页面的 MIME 类型和字符编码集，默认值为"text/html;charset=iso-8859-1"
pageEncoding	设定 JSP 页面的字符编码，默认值为 iso-8859-1
import	导入该 JSP 页面所使用的 Java API，若用到多个 Java API，中间用逗号隔开
extends	定义此 JSP 页面产生的 Servlet 继承自哪个父类，该父类必须为实现 javax.servlet.jsp.HttpJspPage 接口的类，在一般情况下不需要进行设置，默认父类为 HttpJspBase
buffer	设定输出流缓存的大小，默认为 8kb
errorPage	指定该 JSP 页面发生错误时网页被重定向指向的错误处理页面
autoFlush	指定输出流缓存区的内容是否自动清除，默认为 true
session	指定该 JSP 页面是否需要一个 HTTP 会话，默认为 true
isThreadSafe	指定该 JSP 页面是否支持多个用户同时请求（即多线程同步请求），默认为 true
isErrorPage	指定该 JSP 页面是否为错误处理页面，默认为 false
isELIgnored	指定是否忽略 EL 表达式，默认为 false
info	该属性可设置为任意字符串，例如当前页面的作者或其他有关的页面信息，可通过 Servlet.getServletInfo()方法获取设置的字符串

无论 page 指令出现在 JSP 页面的哪个位置，page 指令出现多少次都没有限制，但是一般把 page 指令放在 JSP 页面的顶部，而且 page 指令中的诸多属性最多只能出现一次（import 属性除外），否则程序将报错。

注意：

当 JSP 页面中包含中文时，需要把 contentType 和 pageEncoding 属性中的字符集设定为中文字符集编码，例如 GB2312、GB18030、GBK、UTF-8 等，推荐使用 UTF-8。字符集名称中的字母是不区分大小写的，例如 gbk 和 GBK 具有相同的效果。

example3_1.jsp

```jsp
<%@ page language="java" contentType="text/html; charset=UTF-8"
    pageEncoding="UTF-8" import="java.util.Date" %>
<!DOCTYPE html>
<html>
<head>
<meta charset="UTF-8">
<title>example3_1</title>
</head>
<body>
<% Date date = new Date(); %>
当前的系统日期为：<%= date %>
<br>
<%
for(int i=1;i<6;i++)
    out.print("打印了" + i + "次<br>");
%>
</body>
</html>
```

运行结果如图 3.1 所示。

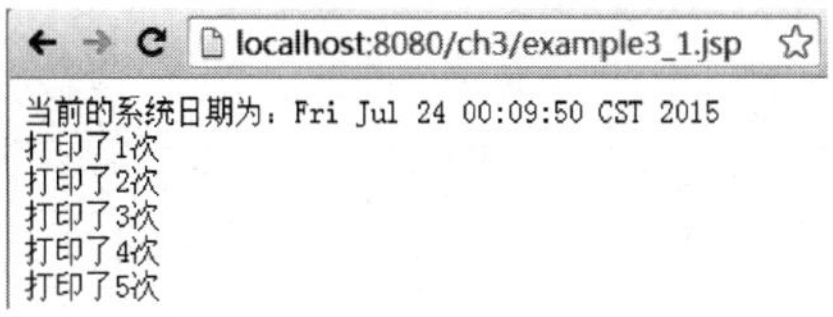

图 3.1 example3_1.jsp 的运行结果

2. include 指令

include 指令是页面包含指令,在 JSP 页面中可以使用 include 指令包含另一个文件。包含的文件可以是 HTML 页面,也可以是 JSP 页面甚至是普通文本文件,其语法格式如下:

```
<%@ include file = "url" %>
```

include 指令只有一个属性,即 file 属性,file 属性值是一个包含文件的 URL。include 指令将会在 JSP 页面编译时插入包含的文件,它是静态的。

下面的例子是将文件 sub.jsp 包含在 JSP 页面 example3_2.jsp 中。

主页面 example3_2.jsp

```
<%@ page language = "java" contentType = "text/html; charset = UTF-8"
    pageEncoding = "UTF-8" %>
<!DOCTYPE html>
<html>
<head>
<meta charset = "UTF-8">
<title>example3_2</title>
</head>
<body>
<%@ include file = "sub.jsp" %>
----------------------------------------<br>
这是主文件
</body>
</html>
```

包含文件 sub.jsp

```
<%@ page language = "java" contentType = "text/html; charset = UTF-8"
    pageEncoding = "UTF-8" %>
<!DOCTYPE html>
<html>
<head>
<meta charset = "UTF-8">
<title>包含页面 sub</title>
```

```
</head>
<body>
这是包含文件<br>
</body>
</html>
```

运行 example3_2.jsp，结果如图 3.2 所示。

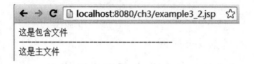

图 3.2　example3_2.jsp 的运行结果

从本例中可以看出，在运行 example3_2.jsp 页面后，sub.jsp 页面被插入到 example3_2.jsp 的 include 指令代码处。注意这两个 JSP 页面 page 指令的 contentType 属性值务必一致，否则将导致错误。

注意：

如果主页面与包含文件不在同一个目录，包含文件中引用的图片等资源位置要以主页面的相对路径为依据，否则包含文件中的这些引用资源在主页面上无法正常显示。

3. taglib 指令

taglib 指令的作用是指定该 JSP 页面使用自定义标签，使 JSP 页面更加个性化，其语法格式如下：

```
<%@ taglib uri="tagURI" prefix="prefix" %>
```

可以看到，taglib 指令只有两个属性，具体说明如下。

- uri：指定自定义标签文件的路径，可以是绝对路径或者相对路径，也可以是标签库的描述文件；
- prefix：指定自定义标签的前缀，注意前缀名称不能使用保留字，例如 java、javax、jsp、servlet、sun 等。

在使用 taglib 指令时，首先应该定义标签文件，或者使用第三方标签库（确认第三方标签库的 URI），然后在 JSP 页面中使用 taglib 指令引用该标签文件，这样就可以在该 JSP 页面中使用自定义标签了。

```
<!-- 使用 taglib 指令引用 Struts2 标签库,前缀为 s -->
<%@ taglib uri="/struts-tags" prefix="s" %>
<!-- 使用 property 标签 -->
<s:property value="user.name" />
```

上面的代码使用了 Struts 2 标签库中的＜s:property＞标签，Struts2 标签前缀为 "s"，同时指定了该标签库文件的路径为 "/struts-tags"。

3.1.6 JSP 动作

JSP 动作标记有 20 多种,本节重点介绍<jsp:include>、<jsp:param>、<jsp:forward>、<jsp:useBean>、<jsp:setProperty>和<jsp:getProperty>6 种动作标记。

1. <jsp:include>动作标记

<jsp:include>动作标记的作用是将一个指定的页面包含到使用此动作标记的 JSP 页面中,<jsp:include>动作标记的语法格式有下面两种。

方式一:

```
< jsp:include page = "文件的 URL | <% = 表达式 %>"  flush = "true" />
```

方式二:

```
< jsp:include page = "文件的 URL | <% = 表达式 %>"  flush = "true">
嵌套的子标记
</jsp:include>
```

该动作标记各属性的含义如下。
- page:指定包含页面的相对路径(URL),或者是表示相对路径的表达式;
- flush:如果使用 flush 属性,若该属性值为 true,表示缓存将会被清空。在 JSP 1.2 中,flush 的默认值为 false。

如果需要传递参数,可以使用<jsp:param>动作标记作为子标记嵌套在<jsp:include>标记中,此时应该使用上述的第二种语法形式;否则,当<jsp:include>不需要子标记时必须使用上述的第一种形式。

注意:

<jsp:include>动作标记和 include 指令标记的作用非常类似,它们的主要区别如下。

include 指令是静态包含,执行时间是在编译阶段,引入的内容为静态文件,在编译为 Servlet 时和主页面融合在一起(注意只是将两个页面按照 include 指令的位置简单地合并在一起),而且 file 属性值不能是一个变量,也不能传递参数。

<jsp:include>动作标记是动态包含的,执行时间是在请求处理阶段,引入的内容在执行页面被请求时动态生成后再包含到页面中。另外读者要注意,在书写此标记时"jsp"":"和"include"之间不能有空格。

主页面 example3_3.jsp

```
 ⋮
<body>
以下是包含文件 include.jsp 中的内容:<br>
----------------------------------------<br>
<jsp:include page = "include.jsp" flush = "true"/>
<br>
```

```
以下为主文件:<br>
-------------------------------------------<br>
测试include动作标记的用法
<!-- 我们在这里用include的两种不同形式来引入date.jsp这个文件. -->
</body>
 ⋮
```

包含文件 include.jsp

```
<%@ page language = "java" import = "java.util.*"
contentType = "text/html;charset = utf-8" %>
<%
Date date = new Date();
Calendar cal = Calendar.getInstance();
cal.setTime(date);
String date_cn = "";
String dateStr = "";
switch(cal.get(Calendar.DAY_OF_WEEK))
{
case 1:date_cn = "日";break;
case 2:date_cn = "一";break;
case 3:date_cn = "二";break;
case 4:date_cn = "三";break;
case 5:date_cn = "四";break;
case 6:date_cn = "五";break;
case 7:date_cn = "六";break;
}
dateStr = cal.get(Calendar.YEAR) + "年" + (cal.get(Calendar.MONTH) + 1) + "月" + cal.get(Calendar.DAY_OF_MONTH) +
"日(星期" + date_cn + ")";
out.print(dateStr);
%>
```

运行结果如图 3.3 所示。

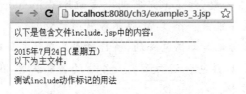

图 3.3　example3.3.jsp 的运行结果

2. <jsp:param>动作标记

<jsp:param>动作标记主要用来传递参数,其语法格式如下:

```
<jsp:param name = "参数名称" value = "参数值"/>
```

其中参数的作用如下。
- name：表示传递参数的名称；
- value：表示传递参数的值。

<jsp:param>动作标记不能单独使用，一般嵌套在<jsp:include>、<jsp:forward>等动作标记内，用于向这些动作标记传递参数。

主页面 example3_4.jsp

```jsp
...
<body>
测试 param 动作标记的用法,以下是包含 calculate 的内容:<br>
<!-- 向 calculate.jsp 传递两个参数 opt1,opt2 -->
<jsp:include page = "calculate.jsp">
    <jsp:param name = "opt1" value = "50" />
    <jsp:param name = "opt2" value = "100" />
</jsp:include>
</body>
...
```

包含文件 calculate.jsp

```jsp
...
<body>
<%!
int sum(int opt1,int opt2)
{
    return opt1 + opt2;
}
int sumVal = 0;
%>
<%
    //使用 request 对象的 getparameter()方法获取<jsp:param>参数值
    int opt1 = Integer.parseInt(request.getParameter("opt1"));
    int opt2 = Integer.parseInt(request.getParameter("opt2"));
    sumVal = sum(opt1 , opt2);
    out.print(opt1 + " + " +  opt2 + " = " + sumVal);
%>
</body>
```

运行结果如图 3.4 所示。

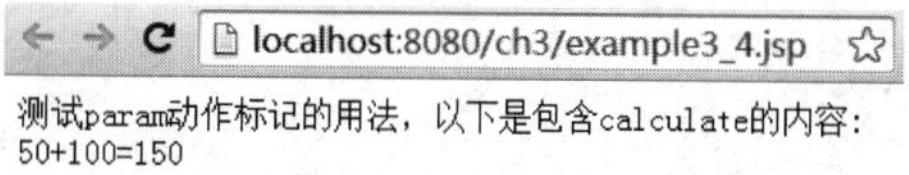

测试param动作标记的用法，以下是包含calculate的内容：
50+100=150

图 3.4　example3_4.jsp 的运行结果

3. <jsp:forward>动作标记

<jsp:forward>动作标记的作用是页面重定向,即跳转至 page 属性指定的页面,该页面可以是一个 HTML 页面、JSP 页面,甚至是一个程序段,其语法格式有下面两种。

方式一:

```
<jsp:forward page = "跳转页面的URL|<% = 表达式 %>" />
```

方式二:

```
<jsp:forward page = "跳转页面的URL|<% = 表达式 %>">
    <jsp:param value = "参数值" name = "参数名" />
</jsp:forward>
```

<jsp:forward>只有一个 page 属性,用于设定跳转页面的 URL,也可以是一个表达式。如果要向跳转页面传递参数,可以使用第二种形式,利用<jsp:param>作为子标记传递参数。在下面的例子中,客户端请求 example3_5.jsp 页面后重定向到另一个 JSP 页面 forward.jsp。

example3_5.jsp

```
⋮
<body>
随机产生一个成绩(0~100),判断其结果是否及格。
<%
request.setCharacterEncoding("utf-8");
int r = (int)(Math.random() * 100);
if(r >= 60)
{
%>
<jsp:forward page = "forward.jsp">
    <jsp:param value = "<% = r %>" name = "score" />
    <jsp:param value = "恭喜,你及格了!" name = "result" />
</jsp:forward>
<%
}
else
{
%>
<jsp:forward page = "forward.jsp">
    <jsp:param value = "<% = r %>" name = "score" />
    <jsp:param value = "再接再励哦!" name = "result" />
</jsp:forward>
</jsp:forward>
<%
}
out.println("本页面结束,但是看不到此行代码");
%>
</body>
⋮
```

跳转页面 forward.jsp

```
  ⋮
<body>
你的成绩为：<% = request.getParameter("score") %>
</body>
  ⋮
```

该程序的某次运行结果如图 3.5 所示。

```
← → C  localhost:8080/ch3/example3_5.jsp  ☆
你的成绩为：99
恭喜，你及格了！
```

图 3.5　example3_5.jsp 的运行结果

在本例中，使用 Math 类的 random()方法产生一个 0～100 的随机数成绩，使用<jsp：forward>动作标记跳转到 forward.jsp 页面，并且根据成绩是否及格传递不同的参数。

注意：

在使用<jsp：forward>动作标记跳转页面时，其 URL 并不会随之改变为跳转后的页面地址，仍是跳转前的 URL。此外，一旦执行了<jsp：forward>动作标记，那么当前页面的后续代码将停止执行，例如 example3_5.jsp 页面中<jsp：forward>标记后的代码将不会被执行，并且当刷新页面的时候会导致重复提交。

4. <jsp：useBean>动作标记

<jsp：useBean>、<jsp：setProperty>和<jsp：getProperty>这 3 个动作标记均与 JavaBean 有关。JavaBean 是一个可重复使用的软件组件，实际上 JavaBean 是一种特殊的类，通过封装属性和方法成为具有某种功能或者处理某个业务的对象。JavaBean 可以实现代码复用，具有易用、平台无关等特性，从而实现业务逻辑与表现层的分离。对于 JavaBean 将在本书第 5 章介绍，本小节仅介绍<jsp：useBean>动作标记。<jsp：useBean>的语法格式也有两种。

方式一：

```
<jsp:useBean id = "bean 的名字" class = "引用bean 的类" scope = "bean 的作用域">
</jsp:useBean>
```

方式二：

```
<jsp:useBean id = "bean 的名字" class = "引用bean 的类" scope = "bean 的作用域" />
```

其中各属性的含义如下。

(1) id：引用的 JavaBean 在所定义的作用域内的名称，在此作用域内使用该 id 就代表所引用的 JavaBean。注意 id 值的大小写，Java 是严格区分大小写的。

(2) class：所引用 JavaBean 的完整包路径，一般格式为"package.class"。

(3) scope：指定该 JavaBean 的作用域以及 id 变量名的有效范围，其取值可以为 page、

request、session、application，默认值为 page。

- page：其作用在当前页面有效，当用户离开此页面时 JavaBean 无效。不同用户访问同一个页面且作用域为 page 的 JavaBean 时，两个用户的 JavaBean 的取值是互不影响的，即一个用户改变自己的 JavaBean 属性不会影响其他用户。
- request：作用在用户的请求期间有效，用户在访问 Web 网站期间可能会请求多个页面，如果这些页面有取值范围为 request 的 JavaBean 引用，那么在每个页面分配的 JavaBean 也是互不影响的；当 Web 服务器对该请求做出响应之后，该 JavaBean 无效。
- session：其作用在用户的会话期间有效，即用户在多个页面间相互连接，每个页面都含有一个<jsp:useBean>动作标记，而且各个页面间的 id 值和 scope 值均相同，那么用户在这些页面得到的 JavaBean 实际上是同一个。如果用户在某个页面改变了 JavaBean 的属性，会影响到其他页面的 JavaBean。
- application：其作用范围是整个 Web 应用，对于同一 id 名称的 JavaBean，此时在 Web 应用的每一个页面都共享使用同一个 JavaBean，不同用户访问的也是同一个 JavaBean。当某个用户改变 JavaBean 的属性时也会影响其他用户对该 JavaBean 的使用。

5. <jsp:setProperty>动作标记

<jsp:setProperty>动作标记通常与<jsp:useBean>动作标记一起使用，使用<jsp:setProperty>动作标记设置 JavaBean 属性的值，其语法格式如下：

```
< jsp:setProperty name = "useBean 标记中属性id 的值" property = "* | JavaBean 的属性名" value = "JavaBean 属性值 | <% = 表达式 %>" />
```

其属性的含义如下。

- name：其值应为该页面中的<jsp:useBean>动作标记中引用 JavaBean 的 id 值。
- property：当值为"*"时，表示存储用户在 JSP 页面中输入的所有值，并自动匹配 JavaBean 的属性；当值为某一具体的属性时，表示 JavaBean 中的一个具体的属性名。
- value：为 JavaBean 中某一个具体的属性赋值，可以是一个字符串，或者是一个表达式。

6. <jsp:getProperty>动作标记

<jsp:getProperty>动作标记也与<jsp:useBean>动作标记一起使用，使用<jsp:getProperty>动作标记获取 JavaBean 中指定属性的值，其语法格式如下：

```
< jsp:getProperty name = "useBean 标记中属性id 的值" property = "JavaBean 的属性名" />
```

其属性的含义如下。

- name：其值应为该页面中的<jsp:useBean>动作标记中引用 JavaBean 的 id 值。

- property：指定要获取的 JavaBean 的某一具体属性名。

动手实践 3-1

现有 3 个页面，即 top.jsp、main.jsp 和 foot.jsp。其中 main.jsp 为主页面，在其顶部将 top.jsp 包含到该页面中，在其底部将 foot.jsp 包含到该页面中，根据前面介绍的 JSP 指令和动作标记应该如何实现？

3.2 JSP 内置对象

所谓 JSP 内置对象，就是不需要声明就可以在 JSP 页面中直接使用的对象。JSP 提供了 9 种内置对象，如表 3.2 所示。

表 3.2 JSP 的内置对象

内置对象	类型	作用域
request	javax.servlet.HttpServletRequest	request
response	javax.servlet.HttpServletResponse	page
page	java.lang.Object（相当于 this 关键字）	page
pageContext	javax.servlet.jsp.PageContext	page
session	javax.servlet.http.HttpSession	session
application	javax.servlet.ServletContext	application
out	javax.servlet.jsp.JspWriter	page
config	javax.servlet.ServletConfig	page
exception	java.lang.Throwable	page

从该表中可以看到，内置对象有 4 种作用域，分别是 page、request、session 和 application，且作用范围依次增大。

学习内置对象，关键在于掌握这些内置对象的方法和属性以及这些内置对象的作用。

- request：表示 HTTP 协议的请求，提供对请求数据的访问，JSP 页面可以在请求范围内共享数据。
- response：表示 HTTP 协议的响应，提供了访问响应报文的相关方法。
- page：代表 JSP 页面对应的 Servlet 实例。
- pageContext：表示 JSP 页面本身的上下文，它提供了一组方法用于管理具有不同作用域的属性。
- session：表示 HTTP 协议的会话，可以共享服务器与浏览器之间的会话数据，一旦关闭了浏览器，会话数据将自动销毁。
- application：代表应用程序上下文，允许 JSP 页面与同一应用程序中的 Web 组件共享数据。
- out：提供对输出流的访问。
- config：提供了一组方法访问 Web 应用程序的配置文件 web.xml。
- exception：表示异常对象，该对象含有特定 JSP 异常处理页面访问的异常信息。

3.3 request 对象

当客户端向 Web 服务器发送请求获取某种资源时，相当于向 Web 服务器发送了一个 HTTP 请求(request)。一个 HTTP 请求报文一般包括 4 部分，即请求行(Request Line)、请求首部(Header)、空行(Blank Line)和请求数据(Body)等。其中请求行由请求方法字段、URL 字段和 HTTP 协议版本字段 3 个字段组成，它们用空格分隔。请求方式可以是 GET、POST、PUT、TRACE、HEAD、OPTIONS 和 CONNECT。HTTP 请求首部是指客户端传递请求的附加信息和客户端把自己的附加信息给服务器的内容，一个 HTTP 请求首部可以包括 Accept、Accept-Language、Accept-Encoding、Authorization、From、Host、Range、Referer、User-Agent、TE 等。下面是一个请求方式为 GET 的 HTTP 请求报文。

```
GET / HTTP/1.1
Accept: */*
Accept-Language: zh-cn
Accept-Encoding: gzip, deflate
User-Agent: Mozilla/4.0 (compatible; MSIE 6.0; Windows NT 5.1; SV1; .NET CLR 2.0.50727; .NET CLR 3.0.04506.648; .NET CLR 3.5.21022)
Host: www.henu.edu.cn
Connection: Keep-Alive
```

该 GET 请求报文的第一部分说明了该请求是一个 GET 请求，之后是一个斜线(/)，用来说明请求的是该域名的根目录，该行的最后说明使用的是 HTTP1.1 版本(也可选为 HTTP1.0)。

第二部分是请求的第一个首部，Host 指出请求的目的地为 www.henu.edu.cn。User-Agent 表示服务器端和客户端脚本都能访问它，它是浏览器类型检测逻辑的重要基础，该信息由客户端的浏览器来定义，并且在每个请求中自动发送。Connection 通常将浏览器操作设置为 Keep-Alive。

第三部分是空行，即使不存在请求主体此空行也是必需的。

request 对象主要用来获取客户端的请求信息，以获取通过 HTTP 协议传送给服务器端的数据，其中包括头信息(Header)、请求方式(get 或 post)以及客户端的其他信息。request 对象的主要方法如表 3.3 所示。

表 3.3 request 对象的主要方法

方　　法	说　　明
Object getAttribute(String name)	获得 name 的属性值，若不存在，则返回 null
Enumeration getAttributeNames()	返回一个枚举类型的包含 request 对象所有属性名称的集合
String getCharacterEncoding()	返回 request 请求体的字符编码
int getContentLength()	获得 HTTP 请求的长度
String getContentType()	获得客户端请求的 MIME 类型
String getContextPath()	获得上下文的路径，即当前 Web 应用的根目录
String getHeader(String name)	获得 HTTP 协议的文件头信息

续表

方　法	说　明
ServletInputStream getInputStream()	得到请求体中一行的二进制流
String getMethod()	获得客户端请求的方法类型，一般为 GET、POST 等
String getParameter(String name)	获得指定参数 name 的参数值
Enumeration getParameterNames()	返回一个枚举类型的所有参数名称的集合
String[] getParameterValues(String name)	返回包含参数 name 的所有值的数组
String getProtocol()	返回请求所使用的协议及其版本
String getQueryString()	获得查询字符串，该字符串在客户端以 GET 方式向服务器传送
BufferedReader getReader()	以字符码的形式返回请求体
String getRemoteAddr()	返回客户端的 IP 地址
String getRemoteHost()	返回客户端的主机名
String getScheme()	返回请求所用的协议名称，例如 HTTP、HTTPS、FTP 等
String getServerName()	获得服务器的名称，若没有设定服务器域名，则返回其 IP 地址
int getServerPort()	返回服务器的端口号
String getServletPath()	获得请求 JSP 页面的名称
boolean getSession()	返回和当前客户端请求相关联的 HttpSession 对象
boolean isSecure()	判断客户机是否以安全的访问方式访问服务器
void removeAttribute(String name)	删除名称为 name 的 request 参数
void setAttribute(String name,Object obj)	设置一个名称为 name 的参数，并且其值为 obj
void setCharacterEncoding(String enc)	设置请求信息的字符编码为 enc

下面的例子演示 request 内置对象的一些方法的使用，本例包含两个页面，即 example3_6.jsp 和 result.jsp。

第一步：创建 example3_6.jsp 页面，并添加一个表单，表单的 action 属性值为 result.jsp。

example3_6.jsp

```
<form action = "result.jsp" method = "post">
请输入内容：<input type = "text" name = "param"/><br>
<input type = "submit" value = "确定"/></form>
```

第二步：创建 result.jsp。

result.jsp

```
<body>
<%
    //设置请求报文的字符编码为 UTF-8,避免中文字符发生乱码
    request.setCharacterEncoding("utf-8");
%>
从 example3_6.jsp 页面中传过来的值为：
<% = request.getParameter("param") %><br>
客户端的 IP 地址为：<% = request.getRemoteAddr() %><br>
```

```
客户端的主机名为：<% = request.getRemoteHost() %><br>
客户端的端口号为：<% = request.getRemotePort() %><br>
服务器的名称为：<% = request.getServerName() %><br>
服务器的端口号为：<% = request.getServerPort() %><br>
客户请求使用的协议为：<% = request.getScheme() %><br>
客户端提交信息的页面为：<% = request.getServletPath() %><br>
客户端提交信息的长度为：<% = request.getContentLength() %><br>
采用的信息编码为：<% = request.getCharacterEncoding() %><br>
HTTP 文件头中的 User-Agent 值为：<% = request.getHeader("User-Agent") %><br>
HTTP 文件头中的 accept 值为：<% = request.getHeader("accept") %><br>
HTTP 文件头中的 Host 值为：<% = request.getHeader("Host") %><br>
Web 应用的目录为：<% = request.getContextPath() %>
</body>
```

运行本例的 example3_6.jsp 页面，结果如图 3.6 所示。

图 3.6　example3_6.jsp 的运行结果

假设在该页面中输入"Java Web 应用开发与实践"并单击"确定"按钮，程序将跳转到 result.jsp 页面，运行结果如图 3.7 所示。

图 3.7　result.jsp 的运行结果

注意：

使用 request 内置对象的诸多方法能够获得客户端及服务器的运行环境，还可以利用 getParameter()、setAttribute()、getAttribute() 等方法实现在两个页面间传递数据。如果请求报文中含有中文字符会出现乱码的情况，原因在于请求报文的默认字符编码不支持中文。

动手实践 3-2

编写一个页面，尝试使用 request 对象的相关方法获取客户端和服务器的相关信息，例如 Web 应用的上下文、端口号、请求页面的名称等，并了解这些方法的使用和作用。

3.4 response 对象

当客户端向 Web 服务器发送请求后,Web 服务器接受请求并进行相应的响应(response),一个 HTTP 响应报文包括状态行(Status Line)、响应头(Header)、空行(Blank Line)和可选实体内容(Body)。下面是一个 HTTP 响应报文的例子。

```
HTTP/1.1 200 OK
Date: Fri, 24 Jul 2015 08:07:21 GMT
Content-Type: text/html; charset = UTF-8
<html>
    <head></head>
    <body>
        <!-- 网页主体内容,此处省略不再给出。 -->
    </body>
</html>
```

在该响应报文中,HTTP 状态码为 200 表示找到资源且一切正常;Date 表示生成响应的日期和时间;Content-Type 指定了 MIME 类型为 text/html,编码类型是 UTF-8;最后为 HTML 源文件。

3.4.1 请求状态行

从 HTTP 响应报文可以看到,报文的第 1 行是状态行。状态行由协议版本、状态码和相关的文本短语组成,其中状态码由 3 位数字组成,状态码的第 1 位数字定义响应类表,后两位数字没有任何分类角色,第 1 位数字有 5 种取值,具体如下。

- 1XX:请求被接收到,继续处理;
- 2XX:被成功地接收;
- 3XX:重发,为了完成请求必须采取下一步动作;
- 4XX:客户端出错;
- 5XX:服务器端出错。

HTTP 响应状态码如表 3.4 所示。

表 3.4 HTTP 响应状态码

状态码	说明	状态码	说明
100	继续	206	部分内容
101	转换协议	300	多个选择
200	OK,成功	301	永久移动
201	已创建	302	发现
202	接受	303	见其他
203	非权威消息	304	没有被改变
204	无内容	305	使用代理
205	重置内容	400	坏请求

续表

状态码	说 明	状态码	说 明
401	未授权的	412	先决条件失败
402	必要的支付	413	请求实体太长
403	禁用	414	请求URI太大
404	资源未找到	415	不被支持的媒体类型
405	方式不被允许	500	服务器内部错误
406	不接受的	501	不能实现
407	需要代理验证	502	坏网关
408	请求超时	503	服务不能获得
409	冲突	504	网关超时
410	不存在	505	HTTP版本不支持
411	长度必需		

3.4.2 response 内置对象的常用方法

response 内置对象的常用方法如表 3.5 所示。

表 3.5 response 内置对象的常用方法

方 法	说 明
void addCookie(Cookie cookie)	给客户端添加一个 Cookie 对象,以保存客户端的信息
void addDateHeader(String name,long value)	添加一个日期类型的 HTTP 首部信息,覆盖同名的 HTTP 首部
void addIntHeader(String name,int value)	添加一个整型的 HTTP 首部,并覆盖旧的 HTTP 首部
String encodeRedirectURL(String url)	对使用的 URL 进行编译
String encodeURL(String url)	封装 URL 并返回到客户端,实现 URL 重写
void flushBuffer()	清空缓冲区
int getBufferSize()	取得缓冲区的大小
String getCharacterEncoding()	取得字符编码类型
String getContentType()	取得 MIME 类型
Locale getLocale()	取得本地化信息
ServletOutputStream getOutputStream()	返回一个二进制输出字节流
PrintWriter getWriter()	返回一个输出字符流
void reset()	重设 response 对象
void resetBuffer()	重设缓冲区
void sendError(int sc)	向客户端发送 HTTP 状态码的出错信息
void sendRedirect()	重定向客户的请求到指定页面
void setBufferSize(int size)	设置缓冲区的大小为 size
void setCharacterEncoding(String encoding)	设置字符编码类型为 encoding
void setContentLength(int length)	设置响应数据的大小为 length
void setContentType(String type)	设置 MIME 类型
void setDateHeader(String s1,long l)	设置日期类型的 HTTP 首部信息
void setHeader(String s1,String s2)	设置 HTTP 首部信息
void setLocale(Locale locale)	设置本地化为 locale
void setStatus(int status)	设置状态码为 status

在上述方法中，使用 setHeader() 方法可以设置页面自动刷新。

```
//设置页面每隔 1 秒自动刷新一次
response.setHeader("Refresh","1");
```

使用 response 对象的 setHeader() 方法设置页面自动跳转。

```
//设置 10 秒后自动跳转到 anotherPage.jsp
response.setHeader("Refresh","10;URL = anotherPage.jsp");
```

使用 response 对象的 sendRedirect() 方法可以实现页面直接跳转。

```
response.sendRedirect("anotherPage.jsp");
```

另外，还可以使用 response 对象禁用页面缓存。

```
//禁用页面缓存
response.setHeader("Cache - Control","no - cache");
response.setHeader("Pragma","no - cache");
response.setDateHeader ("Expires", 0);
```

下面是一个关于 response 内置对象设置 Cookie 的例子。

example3_7.jsp

```
<body>
  <%
      Cookie c1 = new Cookie("name","Java") ;
      Cookie c2 = new Cookie("password","123456") ;
      //最大保存时间为 180 秒
      c1.setMaxAge(180) ;
      c2.setMaxAge(180) ;
      //通过 response 对象将 Cookie 设置到客户端
      response.addCookie(c1) ;
      response.addCookie(c2) ;
  %>
</body>
```

cookie.jsp

```
<body>
    <%
      //通过 request 对象取得客户端设置的全部 Cookie
      //实际上客户端的 Cookie 是通过 HTTP 头信息发送到服务器端
      Cookie c[] = request.getCookies() ;
      for(int i = 0;i<c.length;i++)
      {
```

```
                Cookie temp = c[i];
        %>
                <%=temp.getName()%>:<%=temp.getValue()%><br>
        <%
           }
        %>
</body>
```

Cookie 是保存在客户端某个目录下的文本数据,由服务器生成该数据。当客户端下次请求该数据时,无须再从服务器端下载,而是从本地获取 Cookie 保存的信息(前提条件是浏览器启用 Cookie)。Cookie 是一组由 key 和 value 组成的键/值对。key 和 value 由开发者自定义,例如本例中定义了两组 Cookie,key 分别为 name 和 password,value 分别为 Java 和 123456。先后执行 example3_7.jsp 和 cookie.jsp 页面,客户端所保存的 Cookie 就会被 cookie.jsp 读取出来,具体如图 3.8 所示。

图 3.8　cookie.jsp 的运行结果

动手实践 3-3

新建一个 JSP 页面 from.jsp,在该页面中编写代码,使该页面跳转至 to.jsp。如果使 from.jsp 页面跳转至一个响应状态码为 404 的错误提示页面,将如何实现?

3.5　page 对象

page 对象代表当前正在运行的 JSP 页面,或者可以认为 page 代表的是 JSP 页面被编译后的 Servlet,相当于 Java 语言中的 Object 类。page 对象的主要方法如表 3.6 所示。

表 3.6　page 对象的主要方法

方法	说明
class getClass()	获取 page 对象的类
int hashCode()	获取 page 对象的 hash 码

example3_8.jsp

```
<body>
本页面对应的 Servlet 为:<%=page.getClass()%><br>
本页面对应的 Servlet hash 码为:<%=page.hashCode()%><br>
本页面使用的 JSP 引擎为:<%=((HttpJspPage)page).getServletInfo()%><br>
</body>
```

运行结果如图 3.9 所示。

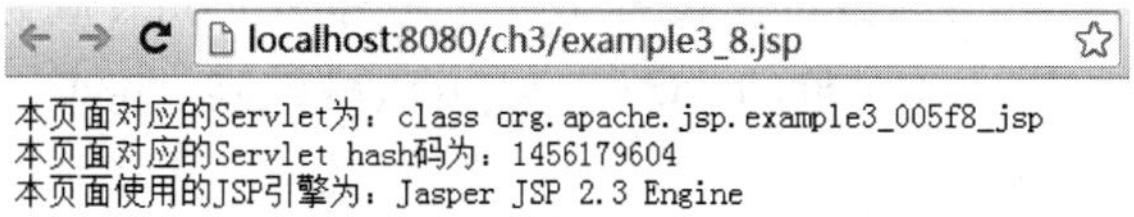

本页面对应的Servlet为：class org.apache.jsp.example3_005f8_jsp
本页面对应的Servlet hash码为：1456179604
本页面使用的JSP引擎为：Jasper JSP 2.3 Engine

图 3.9　example3_8.jsp 的运行结果

3.6　pageContext 对象

pageContext 对象代表当前页面的上下文，即当前页面的所有属性和对象。pageContext 对象提供的方法可以获取当前页面的其他内置对象如 request、page、response 等。pageContext 对象的主要方法如表 3.7 所示。

表 3.7　pageContext 对象的主要方法

方　　法	说　　明
JspWriter getOut()	返回当前客户端响应使用的 JspWriter 流，即 out 对象
HttpSession getSession()	返回当前页中的 HttpSession 对象，即 session 对象
Object getPage()	返回当前页中的 Object 对象，即 page 对象
ServletRequest getRequest()	返回当前页中的 request 对象
ServletResponse getResponse()	返回当前页中的 response 对象
ServletConfig getServletConfig()	返回当前页中的 ServletConfig 对象
ServletContext getServletContext()	获取 ServletContext 对象，该对象在所有页面都是共享的
void setAttribute(String name, Object obj)	设置默认页面范围或特定对象范围内的属性 name，其值为 obj
void removeAttribute(String name)	删除默认页面范围或特定对象范围内的属性 name
Object getAttribute(String name)	获取默认页面范围或特定对象范围内的属性 name
void forward(String url)	将当前页面重定向到另一个页面或 Servlet 对象
Exception getException()	获取当前网页的异常对象
Object findAttribute(String name)	查找在所有范围内属性名称为 name 的属性

下面的例子通过使用 pageContext 对象保存并获取属性信息。

example3_9.jsp

```
<body>
<%
    //设置一个属性 name,其值为 PageContext,取值范围为 request
    pageContext.setAttribute("name","PageContext 对象"
                                   ,pageContext.REQUEST_SCOPE);
    pageContext.forward("PageContext.jsp");
%>
```

pageContext.jsp

```
<body>
pageContent 对象的属性值为：<% = request.getAttribute("name") %>
</body>
```

运行 example3_9.jsp 页面,该页面设置了一个名称为 name、值为"PageContext 对象"的属性,并且使用 pageContext 对象的 forward()方法跳转到 pageContext.jsp 页面。程序的运行结果如图 3.10 所示。

图 3.10 example3_9.jsp 的运行结果

3.7 out 对象

out 对象的主要作用是向 JSP 页面输出各种类型的数据,并且管理 Web 服务器上的输出缓冲区。out 对象可以向 JSP 页面中输出文本内容,也可以输出 HTML 标签和 JavaScript 脚本。out 对象的主要方法如表 3.8 所示。

表 3.8 out 对象的主要方法

方法	说明
void print(DateType p)	向 JSP 页面中输出数据,但不结束当前行,下一个输出仍将在本行输出
void println(DateType p)	向 JSP 页面中输出数据,并且会结束当前行,下一个输出将在下一行输出
voidnewline()	换行
void close()	关闭输出流
void clear()	清空缓冲区的数据,但不把数据写到客户端
void clearBuffer()	清空缓冲区的数据,并将数据写到客户端
boolean isAutoFlush()	是否自动清空缓冲区,autoFlush 是通过 page 指令的 isAutoFlush 属性设置的
void flush()	清空缓冲区的数据
int getBufferSize()	返回缓冲区的大小,缓冲区的大小是通过 page 指令的 buffer 属性设置的
int getRemaining()	返回缓冲区的剩余空间大小

example3_10.jsp

```
<body>
<%
    //向 JSP 页面中输出文本
    out.print("明德新民,至于至善");
    //输出 HTML 标签,相当于换行
    out.print("<br>");
%>
缓冲区的大小为:<%=out.getBufferSize() %><br>
缓冲区的可用大小为:<%=out.getRemaining() %><br>
是否为自动清空缓冲区<%=out.isAutoFlush() %><br>
<%
    //输出 JavaScript 脚本
    out.println("<SCRIPT type=\"text/javascript\">alert(\"测试 out 对象的使用!\");</SCRIPT>");
%>
</body>
```

运行结果如图 3.11 所示。

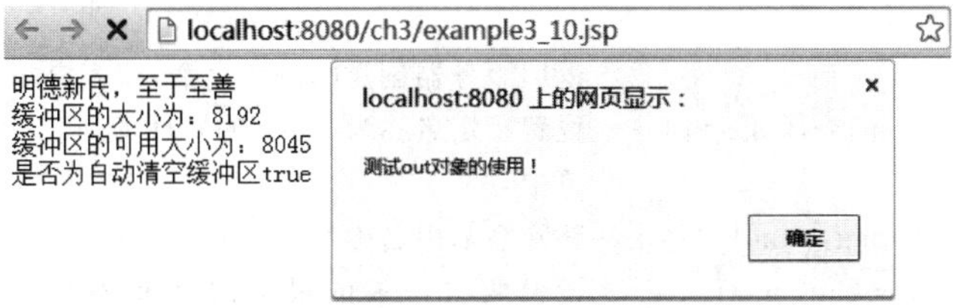

图 3.11 example3_10.jsp 的运行结果

注意：

out.print()方法和 System.out.print()方法的区别在于 out.print()方法是向 JSP 页面中输出数据，而 System.out.print()方法是向控制台(Console)输出数据。

3.8 session 对象

由于 HTTP 是一种无状态的协议，因此在 Web 应用开发中会话(session)是跟踪用户状态的一种重要手段。会话是指在一段时间内每个用户与 Web 应用的一连串相关的交互过程。在一个会话中，用户可以多次请求访问 Web 应用的页面。JSP 通过使用 session 对象保存每个用户的用户信息和会话状态。session 对象由 Web 容器自动创建，可以跟踪每个用户的操作状态。当用户首次登录 Web 应用时，Web 服务器自动给用户分配一个唯一的标识(即 session id)，以此来区分各个用户。session 对象采用 Map 类型保存数据，即每个用户都可以有若干个键/值对。

注意：

在 Web 应用中，Web 容器跟踪用户状态的方法通常有以下 4 种。

(1) 使用会话(session)；

(2) 在 HTML 表单中加入隐藏字段，它包含用于跟踪用户状态的数据；

(3) 重写 URL，使它包含用于跟踪用户状态的数据；

(4) 使用 Cookie 传送用于跟踪用户状态的数据。

session 对象的主要方法如表 3.9 所示。

表 3.9 session 对象的主要方法

方　　法	说　　明
long getCreationTime()	返回 session 的创建时间
String getId()	返回用户的 session id
long getLastAccessedTime()	返回 session 最后一次被操作的时间，单位为毫秒
Object getAttribute(String name)	返回会话属性名为 name 的值
Enumeration getAttributeNames()	返回一个枚举类型，即用户会话的所有属性
int getMaxInactiveInterval()	返回会话两次操作的最大时间间隔，超过此间隔该会话被取消
ServletContext getServletContext()	返回 session 所属的 ServletContext 对象
void invalidate()	取消会话

续表

方　法	说　明
boolean isNew()	返回服务器创建的一个会话,即客户端是否已经加入
void setAttribute(String name,Object obj)	设置指定名称为 name 的属性值为 obj,并存储在 session 对象中
void removeAttribute(String name)	移除会话中名称为 name 的属性
void setMaxInativeInterval(int time)	设置两次请求的最大时间间隔为 time,如超过 time 则 session 取消,时间以秒为单位

example3_11.jsp 是一个模拟用户登录的程序,客户端通过输入用户名与密码登录,如登录成功,使用 session 对象的 setAttribute()和 getAttribute()方法存取用户名。
example3_11.jsp

```jsp
<form action = "success.jsp" method = "post">
用户名:<input type = "text" name = "username"/><br>
密　码:<input type = "password" name = "password"/><br>
<input type = "submit" value = "登录"/>
</form>
```

success.jsp

```jsp
<body>
<%
    //取得输入的用户名和密码
    String name = request.getParameter("username");
    String pwd = request.getParameter("password");
    //判断用户名与密码是否正确,默认用户为 root,密码为 123456
    if(name.equals("root")&&pwd.equals("123456"))
    {
        //设置 session 属性 username,值为 name
        session.setAttribute("username",name);
        //通过 getAttribute()方法获取会话的 username 属性值,即 name 的值
        String user = (String)session.getAttribute("username");
        out.print(user + "欢迎你!");
    }
    else
    {
        out.print("<script type = \"text/javascript\">alert('对不起,用户名或密码错误!');history.go( - 1);</script>");
    }
%>
</body>
```

运行 example3_11.jsp,输入用户名和密码,如图 3.12 所示,登录成功后出现如图 3.13 所示的页面。

注意:

在使用 session 对象时要注意,即使是多个用户同时访问同一个 Web 应用的同一个页

面,各个用户的 session 的属性值也是相互独立的,各用户之间的 session 是不共享的。

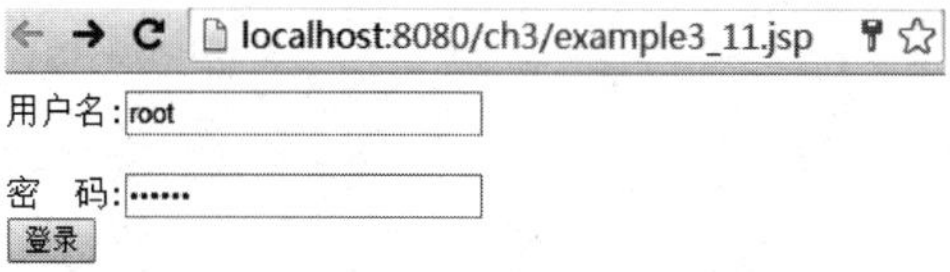

图 3.12 example3_11.jsp 的运行结果

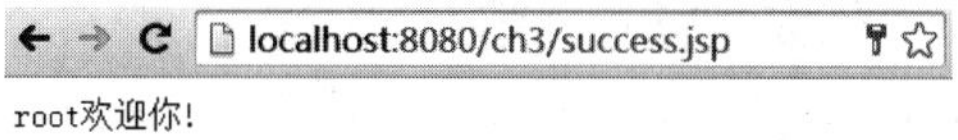

图 3.13 登录成功页面

动手实践 3-4

本节介绍了将 username 放入 session 的例子,那么如何实现用户注销呢?即如何清除 session 中相应的信息。请读者在上例的基础上实现用户注销功能。

3.9 application 对象

application 对象用于保存 Web 应用中的共享数据,与 session 对象不同的是, application 对象中的属性值是各个用户共享使用的,而各个用户之间的 session 对象没有任何必然联系;另外,application 对象的生存期要比 session 对象长,session 只在当前的会话期内有效,而 application 对象在 Web 服务器启动之后即产生,直至 Web 服务器关闭之前将一直存在。application 对象的主要方法如表 3.10 所示。

表 3.10 application 对象的主要方法

方 法	说 明
Object getAttribute(String name)	获得 application 对象的 name 属性值
Enumeration getAttributeNames()	获得所有属性的名称,返回类型为枚举类型
String getInitParameter(String name)	获得 name 属性的初始值
String getServerInfo()	获得当前 JSP 引擎名及版本信息等
String getRealPath(String path)	返回该 Web 应用的实际路径
ServletContext getContext(String path)	返回指定 Web 应用的 application 对象
int getMajorVersion()	返回服务器支持的 Servlet API 主版本号
int getMinorVersion()	返回服务器支持的 Servlet API 次版本号
String getMimeType(String file)	返回指定文件的 MIME 类型
URL getResource(String path)	返回指定资源(例如文件、目录)的 URL
Servlet getServlet(String name)	返回指定名称的 Servlet
Enumeration getServlets()	返回所有 Servlet 的枚举
Enumeration getServletNames()	返回所有 Servlet 名的枚举
void setAttribute(Stirng name,value k)	设置 application 范围内的属性 name 的值为 k

下面是一个使用 application 对象实现计数器功能的例子。

example3_12.jsp

```
<body>
<%
    Object number = application.getAttribute("count");
    int num = 0;
```

```jsp
        if(number == null)
        {
            application.setAttribute("count",1);
        }
        else
        {
            num = (Integer)number;
            num++;
            application.setAttribute("count",num);
        }
        out.print("当前访问本页面的次数为：" + num);
%>
<br>
以下是 application 对象信息<br>
--------------------------------------------------------------
<br>
支持 Servlet API 主版本号：<%= application.getMajorVersion() %><br>
支持 Servlet API 次版本号：<%= application.getMinorVersion() %><br>
Web 应用的实际路径：<%= application.getRealPath("/") %><br>
Web 服务器的版本信息：<%= application.getServerInfo() %><br>
</body>
```

运行结果如图 3.14 所示。

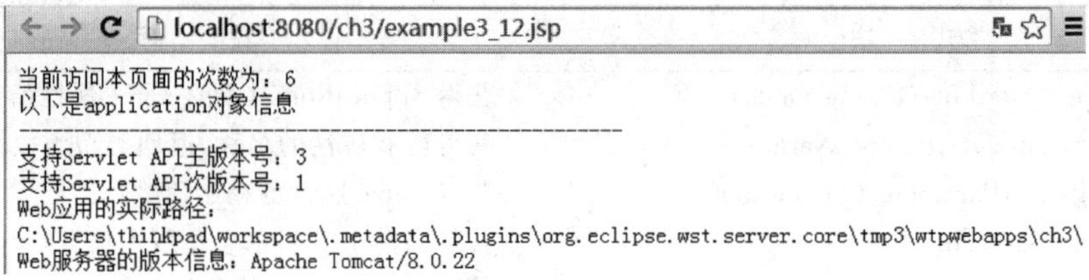

图 3.14　example3_12.jsp 的运行结果

动手实践 3-5

request、session 和 application 对象中都有 setAttribute()和 getAttribute()方法，其主要区别在于它们的作用域不同，请读者编写一个程序测试这些对象的相应方法的区别。

3.10　config 对象

config 对象主要用于读取 Web 应用的初始化参数，在 Java Web 应用中一般使用 web.xml 配置文件存储 Web 应用的配置信息。首先来认识 web.xml 配置文件和各元素的作用。

3.10.1　web.xml 配置文件

web.xml 配置文件是一个 XML 文件，保存在 Web 应用的 WEB-INF 文件夹下，主要作用是配置 Web 应用程序的欢迎页、Servlet、Filter 等。当 Web 应用没有使用到这些功能时，

web.xml 配置文件也是可以省略的。

在 web.xml 配置文件中定义了多种元素,下面是一个基本的 web.xml 配置文件:

```xml
<?xml version="1.0" encoding="UTF-8"?>
<web-app xmlns:xsi="http://www.w3.org/2001/XMLSchema-instance" xmlns="http://xmlns.jcp.org/xml/ns/javaee" xsi:schemaLocation="http://xmlns.jcp.org/xml/ns/javaee http://xmlns.jcp.org/xml/ns/javaee/web-app_3_1.xsd" id="WebApp_ID" version="3.1">
    <display-name>Project Name</display-name>
    <welcome-file-list>
        <welcome-file>index.jsp</welcome-file>
    </welcome-file-list>
</web-app>
```

web.xml 配置文件中的元素名称及其顺序有严格规定,但需要哪些元素因具体项目有所变化。每个 web.xml 配置文件的根元素＜web-app＞中定义的子元素并不是固定不变的,模式文件也是可以改变的,一般来说,随着 web.xml 文件的版本升级,其中定义的功能会越来越复杂,子元素的种类会越来越多。下面列出 web.xml 常用的元素以及这些元素的功能。

(1) 设置欢迎页面。也就是为 Web 应用设置首页,具体语法如下:

```xml
<welcome-file-list>
        <welcome-file>index.jsp</welcome-file>
        <welcome-file>index.htm</welcome-file>
</welcome-file-list>
```

＜welcome-file-list＞元素定义 Web 应用系统的首页,该元素下面又嵌套了＜welcome-file＞子元素并指定了两个欢迎页面,显示时按顺序首先从第一个查找,如果第一个页面存在,即设置第一个页面为首页面,后面的不起作用;否则继续查找第二个,以此类推。

(2) 命名与定制 URL。用户可以为 Servlet 和 JSP 文件命名并定制 URL,其中定制 URL 依赖命名,命名必须在定制 URL 前面定义。

第一步:为 Servlet 命名。

```xml
<servlet>
    <description>用户管理</description>
    <display-name>UserService</display-name>
    <servlet-name>UserAction</servlet-name>
    <servlet-class>com.action.UserServlet</servlet-class>
    <load-on-startup>10</load-on-startup>
</servlet>
```

其中,在＜servlet＞元素下又嵌套了几个子元素。

- ＜description＞:描述该 Servlet,为可选子元素;
- ＜display-name＞:设置显示该 Servlet 的名称,为可选子元素;
- ＜servlet-name＞:设置该 Servlet 的名称;
- ＜servlet-class＞:设置该 Servlet 具体的包路径;

- \<load-on-startup\>：指定 Servlet 加载的次序，即启动装入优先权。数值越小，其优先级越高，需要说明的是这个数值是相对于其他 Servlet 而言的。

第二步：为 Servlet 定制 URL。

```
<servlet-mapping>
    <servlet-name>UserAction</servlet-name>
    <url-pattern>/admin/UserAction</url-pattern>
</servlet-mapping>
```

其中，\<servlet-mapping\>元素下也包含两个子元素。

- \<servlet-name\>：设置 Servlet 的名称，必须与\<servlet\>元素下的\<servlet-name\>子元素的值相同；
- \<url-pattern\>：设置该 Servlet 的 URL，如本例的 Web 应用名称为 ch3，那么该 Servlet 的 URL 为"http://localhost/ch3:8080/admin/UserAction"。

（3）定制初始化参数。用户可以定制 Servlet、JSP、Context 的初始化参数，然后就可以使用 config 等内置对象在 Servlet、JSP 以及 Context 中获取这些参数值。

```
<servlet>
    <servlet-name>UserAction</servlet-name>
    <servlet-class>com.action.UserServlet</servlet-class>
    <init-param>
        <param-name>username</param-name>
        <param-value>Eric</param-value>
    </init-param>
    <init-param>
        <param-name>Email</param-name>
        <param-value>liangsbin@126.com</param-value>
    </init-param>
</servlet>
```

经过上面的配置，在 Servlet 中就可以使用 config 调用这些初始化参数了，例如使用 config.getInitParameter("Email")获得参数 Email 对应的值。

（4）指定错误处理页面。用户可以通过"异常类型"或"状态码"指定错误处理页面。

```
<error-page>
    <error-code>404</error-code>
    <location>/error/NotFound.jsp</location>
</error-page>
<error-page>
    <exception-type>java.lang.Exception</exception-type>
    <location>/exception.jsp</location>
</error-page>
```

其中，在\<error-page\>元素中可以有以下几种子元素。

- \<error-code\>：指定 HTTP 状态码；
- \<exception-type\>：指定异常类型；

- <location>：指定发生异常或者出错对应状态码时跳转到的错误处理页面。

（5）设置过滤器。例如设置一个字符编码过滤器，在访问 Web 应用的所有资源时都要执行本过滤器。

```
<filter>
    <filter-name>CharSetFilter</filter-name>
    <filter-class>com.filter.CharSetFilter</filter-class>
</filter>
<filter-mapping>
    <filter-name>CharSetFilter</filter-name>
    <url-pattern>/*</url-pattern>
</filter-mapping>
```

（6）设置监听器。

```
<listener>
    <listener-class>com.listener.MyLisenet</listener-class>
</listener>
```

（7）设置会话过期时间。其中时间以分钟为计时单位，假如设置 20 分钟超时，超过规定时间后 session 失效。

```
<session-config>
    <session-timeout>20</session-timeout>
</session-config>
```

3.10.2　config 对象的主要方法

config 对象的主要方法如表 3.11 所示。

表 3.11　config 对象的主要方法

方　　法	说　　明
String getInitParameter(String name)	返回名称为 name 的初始化参数值
Enumeration getInitParameterNames()	返回所有初始化参数名称的枚举
ServletContext getServletContext()	返回当前 Servlet 的上下文
String getServletName()	返回当前 Servlet 的名称

下面是一个使用 config 对象读取 web.xml 文件中初始化参数 parameter 的例子，以下是 web.xml 的内容。

```
<?xml version="1.0" encoding="UTF-8"?>
<web-app xmlns:xsi="http://www.w3.org/2001/XMLSchema-instance"
xmlns="http://xmlns.jcp.org/xml/ns/javaee"
xsi:schemaLocation="http://xmlns.jcp.org/xml/ns/javaee
http://xmlns.jcp.org/xml/ns/javaee/web-app_3_1.xsd" id="WebApp_ID"
version="3.1">
```

```xml
<display-name>ch3</display-name>
<servlet>
<servlet-name>config</servlet-name>
<jsp-file>/example3_13.jsp</jsp-file>
<!--定义初始化参数 data-->
<init-param>
    <param-name>data</param-name>
    <param-value>123456</param-value>
</init-param>
</servlet>
<servlet-mapping>
    <servlet-name>config</servlet-name>
    <url-pattern>/example3_13.jsp</url-pattern>
</servlet-mapping>
</web-app>
```

example3_13.jsp

```
<body>
读取web.xml中初始化参数data的值为：<%=config.getInitParameter("data") %>
</body>
```

运行结果如图 3.15 所示。

图 3.15　example3_13.jsp 的运行结果

动手实践 3-6

请读者在 web.xml 中添加一个名称为 number 的初始化参数，并设置其值为 20。然后在项目中编写一个 JSP 页面，在该页面中尝试使用 config 对象的相应方法读取 number 的数值。

3.11　exception 对象

exception 对象是 java.lang.Throwable 的实例对象，exception 对象主要用来处理 JSP 页面执行时产生的异常，从而提高 Web 应用的健壮性。需要注意的是，使用 exception 对象处理异常时需要指定错误处理页面，而错误处理页面通过使用 page 指令来设置。exception 对象的主要方法如表 3.12 所示。

表 3.12　exception 对象的主要方法

方法	说明
String getMessage()	返回异常信息
void printStackTrace()	以标准错误的形式输出错误及堆栈跟踪信息
String toString()	以字符串形式返回异常信息

下面是一个 exception 对象的例子。

第一步：首先创建异常处理页面。

example3_14.jsp

```
<%@ page language = "java" contentType = "text/html; charset = UTF-8"
    pageEncoding = "UTF-8" isErrorPage = "true" %>
…
<body>
<%
out.println("error.jsp 发生了错误,具体原因如下:<br>");
out.println("-------------------------------<br>");
out.println(exception.getMessage());
%>
</body>
```

第二步：创建业务逻辑页面。

error.jsp

```
<%@ page language = "java" contentType = "text/html; charset = utf-8"
    pageEncoding = "utf-8" errorPage = "example3_14.jsp" %>
…
<body>
<%
int[] array = {1,2,3,4,5};
//下面的代码将导致数组越界
for(int i = 0;i<6;i++)
{
    out.print("array[" + i + "] = " + array[i]);
    out.newLine();
}
%>
</body>
```

error.jsp 显然存在数据越界异常,由于 error.jsp 页面的 page 指令使用 errorPage 属性设定错误处理页面为 example3_14.jsp,并且 error.jsp 页面中没有异常处理程序,那么 error.jsp 页面执行产生异常后,它将交给 example3_14.jsp 页面处理这个异常,运行结果如图 3.16 所示。

图 3.16　error.jsp 的运行结果

注意：

在使用 exception 内置对象时需要注意以下两点。

（1）在异常处理页面中需要设定该页面 page 指令的 isErrorPage 属性值为 true。

（2）如果在产生异常的页面中使用 try-catch-finally 进行异常捕获和处理,那么将不会触发异常处理页面运行。

本章小结

本章介绍JSP的语法基础和内置对象。一个JSP页面由5个部分组成,即HTML元素、注释、脚本元素、动作和指令。脚本元素包括JSP页面变量和方法的声明、表达式和Java程序段。指令元素包括page指令、include指令和taglib指令等。动作标记包括<jsp:include>、<jsp:param>、<jsp:forward>、<jsp:useBean>、<jsp:setProperty>和<jsp:getProperty>等。

JSP提供了9种常用的内置对象,分别是request、response、session、application、config、pageContext、out、exception和page。内置对象属于某种接口或类,内置对象的优势在于使用这些内置对象时无须声明即可直接使用,从而简化了开发过程。

第 4 章 JDBC 技术

本章要点：
- MySQL 数据库的安装和配置；
- JDBC 技术；
- 使用 JDBC API 访问数据库；
- 数据库连接池技术；
- 案例：开发用户信息管理系统。

任何程序都要对涉及的数据进行各种各样的操作，并最终将数据处理的结果保存起来以备后用，常见的存储数据的方式有两种，即直接以文件的方式保存至存储设备上，或者以记录的方式存储至数据库中。在实际的应用过程中往往采用后者，特别是在处理大量的数据时。其原因在于使用数据库便于对数据进行查询、统计、分析等操作。本章将以 MySQL 数据库为例介绍在 Java Web 应用中使用 JDBC 访问数据库的方法。

4.1 安装和配置 MySQL 数据库

4.1.1 MySQL 数据库简介

MySQL 是一个优秀的关系型数据库管理系统，MySQL 被广泛地应用在 Internet 上的中小型网站系统。由于其体积小、速度快、总体拥有成本低，尤其是开放源码这一特点，许多中小型网站选择 MySQL 作为网站数据库。MySQL 数据库具有以下特点：
- 较好的可移植性；
- 支持包括 Windows、Linux、Solaris 在内的多种操作系统；
- 为 Java、PHP、.NET、C 等多种编程语言提供了 API；
- 支持多线程技术；
- 优化的 SQL 查询算法，有效地提高查询速度；
- 提供了 TCP/IP、ODBC 和 JDBC 等多种数据库连接途径；
- 提供了用于管理、检查、优化数据库操作的管理工具；
- 具有处理千万条记录的能力；
- 支持多种字符编码。

与其他大型关系型数据库（例如 Oracle、DB2）相比，MySQL 也有它的不足之处，如规模小、功能有限等，但是这丝毫并没有减少它受欢迎的程度。对于个人使用者和中小型企业来说，MySQL 提供的功能已经绰绰有余，而且由于 MySQL 开放源代码，可以大大降低总体拥有成本。

遗憾的是 MySQL 本身并没有提供图形化用户界面，用户需要使用命令行工具管理 MySQL 数据库(如命令 mysql、mysqladmin 等)。当然，也可以从 MySQL 的网站下载图形管理工具 MySQL Workbench；另外，还有其他的 GUI 管理工具，如 Navicat for MySQL、MySQL-Front 以及 MySQL GUI Tools 等；而 phpMyAdmin 是由 PHP 写成的 MySQL 管理工具，以 Web 界面的形式管理 MySQL 数据库。

MySQL 社区版(MySQL Community Server)可以从"http://dev.mysql.com/downloads/"免费下载，该网站提供了 MSI 安装包和压缩包文件两种安装方式，MSI 安装包方式主要适用于 Windows 操作系统，该方式将以安装向导的形式引导用户安装，用户在安装时需要指定安装目录等信息。若下载的为压缩包文件，用户解压该文件后即可直接使用，无须安装，该方式适用于 Windows 和 Linux 等多种操作系统。

4.1.2　在 Eclipse 中连接 MySQL 数据库

在 Eclipse 中可以连接包括 MySQL 在内的多种数据库，从而在 Eclipse 中就可以访问数据库，以简化操作，方便开发人员。下面介绍如何在 Eclipse 中连接数据库，具体操作步骤如下。

第一步：在连接 MySQL 数据库之前首先要下载 MySQL 的 JDBC 驱动，读者可以到"http://dev.mysql.com/downloads/connector/j/"下载。

第二步：解压下载的 MySQL JDBC 驱动，将其中的 mysql-connector-java-5.1.36-bin.jar 复制到 Java Web 项目的 WEB-INF\lib 目录下。

第三步：在 Eclipse 的 Java EE 视图下选择 Window→Show View→Data Source Explorer 命令，打开 Date Source Explorer 对话框，如图 4.1 所示。右击 Database Connections 结点，选择 New 命令项，出现如图 4.2 所示的对话框。

图 4.1　Data Source Explorer 对话框

第四步：在图 4.2 所示的对话框的 Connection Profile Type 列表框中选择"MySQL"，并在"Name"和"Description"项中输入相应内容，然后单击 Next 按钮进入下一步，如图 4.3 所示。

第五步：在 General 选项卡的 Database 项中输入数据库连接的名称，在 URL 文本框中输入连接 MySQL 数据库的 URL，例如"jdbc:mysql://localhost:3306/userdb"，在 User name 和 Password 项中分别输入数据库用户名和密码。

注意：

连接 MySQL 数据库，其 URL 的一般格式为"jdbc:mysql://MySQL 数据库服务器的 IP 地址:端口号/数据库名"，各个字段之间需要用分号(:)隔开，MySQL 数据库的默认端口号 3306。例如连接本地数据库名为 test 的 MySQL 数据库，其 URL 为"jdbc:mysql://localhost:3306/test"。

此外，在使用 Eclipse 连接指定数据库之前必须确保该数据库是存在的。

图 4.2 新建数据库连接配置对话框

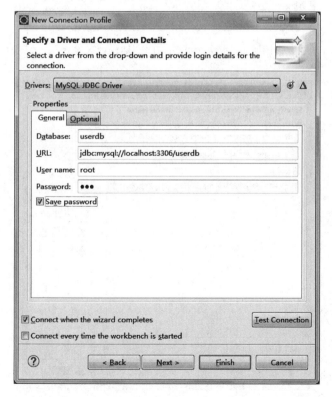

图 4.3 设置驱动和数据库的地址、账号及密码

第六步：若是 Eclipse 首次连接 MySQL 数据库，还需要设置 MySQL 的 JDBC 驱动，单击图 4.3 中 Drivers 下拉列表框右侧的 New Driver Definition 图标，出现如图 4.4 所示的对话框。在 Available driver templates 中选择最后一行，单击 JAR List 选项卡，如图 4.5 所示，选中 Driver files 列表中的 mysql-connector-java-5.1.0-bin.jar，并单击 Edit JAR/Zip 按钮，在出现的对话框中选择 MySQL JDBC 驱动文件路径。

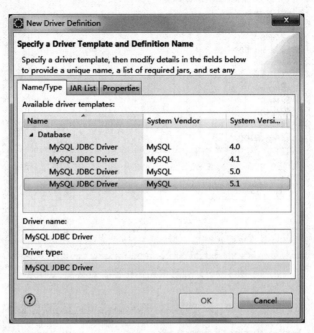

图 4.4　指定 MySQL JDBC 驱动的版本号

图 4.5　指定 JDBC 驱动文件

注意：

如果不是首次连接 MySQL 数据库，那么上述步骤中的第六步可以省略，直接进入第七步，当然读者也可以在第六步中重新编辑 JDBC 驱动文件的位置等。

第七步：单击 OK 按钮保存上述设置，返回到图 4.3 中，单击 Test Connection 按钮，测试是否可以连接 MySQL 数据库，如弹出"Ping succeeded!"的对话框表示连接成功。

第八步：在 Eclipse 的 Data Source Explorer 对话框中连接配置的 MySQL 的数据库，然后单击 Data Source Explorer 对话框工具栏上的 open scrapbook to edit SQL statements 图标 ，就可以在其工作区中输入并且执行 SQL 语句了，以实现对 MySQL 数据库的操作，如图 4.6 所示。

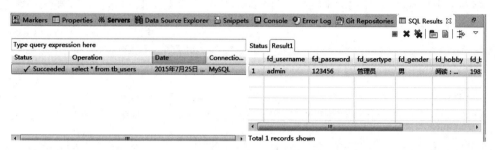

图 4.6　在 Eclipse 中访问 MySQL 数据库

经过上述配置后就可以在 Eclipse 集成开发环境中连接数据库，并且访问数据库了。

动手实践 4-1

请读者下载、安装 MySQL 数据库，并在 Eclipse 中新建一个基于 MySQL 数据库的连接。把 MySQL 的 JDBC 驱动加载到项目中，除了本章介绍的方法以外，请读者思考是否还有其他方法？

4.1.3　使用 MySQL 数据库

在 MySQL 数据库安装之后，可以使用 MySQL 的命令行管理工具管理数据库，或者使用 MySQL 数据库的图形管理工具，例如 Navicat for MySQL。

1. 常用 SQL 语句

本章及其后继章节将以用户信息管理系统为例讲解相关知识点，系统将以 userdb 为例创建数据库，该数据库中有一张表示用户实体的数据表 tb_users，其结构如表 4.1 所示。

表 4.1　数据表 tb_users 的结构

字段名称	数据类型	长度	是否为空	是否主键	说明
fd_username	varchar	20	否	是	用户名
fd_password	varchar	20	否	否	密码
fd_usertype	varchar	20	否	否	用户类型
fd_gender	varchar	20	是	否	性别
fd_birthdate	varchar	20	是	否	出生日期
fd_hobby	varchar	100	是	否	爱好
fd_email	varchar	100	是	否	电子邮箱
fd_introduction	varchar	150	是	否	自我介绍

打开"MySQL Command Line Client",输入密码之后就可以使用 MySQL 的命令操作数据库了,下面简单介绍一些常见的数据库操作。

1)创建数据库

创建数据库属于 SQL 语句中的数据库模式定义语言 DDL,创建数据库使用 CREATE DATABASE 命令。例如创建一个名为 userdb 的数据库:

```
CREATE DATABASE userdb;
```

2)删除数据库

删除数据库属于 DDL,使用 DROP DATABASE 命令删除数据库。例如删除一个名为 userdb 的数据库:

```
DROP DATABASE userdb;
```

3)创建表

创建表也属于 DDL,使用 CREATE TABLE 命令创建表。以下命令创建用户表 tb_users:

```
USE userdb;
CREATE TABLE'tb_users' (
  'fd_username' varchar(20) NOT NULL COMMENT'用户名',
  'fd_password' varchar(20) NOT NULL COMMENT'密码',
  'fd_usertype' varchar(20) NOT NULL COMMENT'用户类型',
  'fd_gender' varchar(20) DEFAULT NULL COMMENT'性别',
  'fd_hobby' varchar(100) DEFAULT NULL COMMENT'爱好',
  'fd_birthdate' varchar(20) DEFAULT NULL COMMENT'出生日期',
  'fd_email' varchar(100) DEFAULT NULL COMMENT'电子邮箱',
  'fd_introduction' varchar(150) DEFAULT NULL COMMENT'自我介绍',
  PRIMARY KEY ('fd_username'));
```

4)修改表

修改表结构使用 ALTER 命令,ALTER 命令的语法格式很多,这里仅以修改字段 fd_introduction 的长度为例加以说明,将 fd_introduction 由原来的 varchar(150)改为 varchar(300)。

```
ALTER TABLE tb_users MODIFY COLUMN fd_introduction VARCHAR(300);
```

5)删除表

删除表使用 DROP 命令,例如删除用户表使用以下命令:

```
DROP TABLE tb_users;
```

6)添加记录

使用 INSERT 命令向表中插入记录,例如向用户表中添加一条记录:

```sql
INSERT INTO tb_users(fd_username,fd_password,fd_usertype,
fd_gender,fd_birthdate,fd_email) VALUES ('Allen','aW^eY92,zeP',
'管理员','男','1999-10-22','allen@henu.edu.cn');
```

7）查询记录

在 SQL 语句中使用 SELECT 命令查询记录，SELECT 是 SQL 语句中应用最广泛的命令，SELECT 查询功能强大且语法灵活。下面以查询用户表中用户名为 Allen 的信息为例进行说明。

```sql
SELECT * FROM tb_users WHERE fd_username = 'Allen';
```

8）删除记录

使用 DELETE 命令可以删除表中的记录，特别要注意 DELETE 命令经常要与 WHERE 语句结合使用，否则将删除表中的所有记录。例如从用户表中删除用户名为 Allen 的记录：

```sql
DELETE FROM tb_users WHERE fd_username = 'Allen';
```

9）修改记录

UPDATE 命令用于修改记录，UPDATE 命令通常也要与 WHERE 子句结合使用，否则将修改表中的所有记录。例如使用以下命令修改用户名为 Allen 的记录，设置其用户类型为管理员。

```sql
UPDATE TABLE tb_users SET fd_usertype = '管理员' WHERE fd_username = 'Allen';
```

10）创建存储过程

使用 CREATE PROCEDURE 命令创建存储过程，该命令的语法结构比较繁杂，下面创建一个名称为 sp_SearchUser 且带有 varchar 类型的输入参数 P_NAME 的存储过程，其功能是检索用户名为 P_NAME 的记录。

```sql
CREATE PROCEDURE'sp_SearchUser'(IN P_NAME VARCHAR(20))
BEGIN
 SELECT * FROM tb_users WHERE fd_username = P_NAME;
END
```

11）调用存储过程

使用 CALL 调用存储过程，例如调用存储过程 sp_SearchUser，输入参数为 Allen。

```sql
CALL  sp_SearchUser ('Allen');
```

2. Navicat Premium 简介

Navicat Premium 可以连接 MySQL、Oracle、SQLite 等数据库，提供了高性能数据库管

理及开发工具。它提供了一系列数据库管理的基本功能,包括查询、函数、事件、视图、管理用户等,如图4.7所示。

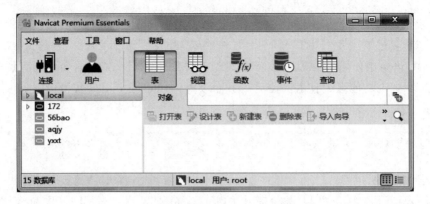

图 4.7 Navicat Premium 的界面

1) 建立连接

用户可以通过单击工具栏上的"连接"图标选择 MySQL 创建 MySQL 数据库连接。在图 4.8 所示的界面中填写连接名、主机名或 IP 地址、端口号(MySQL 默认为 3306)、用户名和密码等信息,然后单击"连接测试"按钮测试新建连接的连通性,最后单击"确定"按钮完成创建连接。

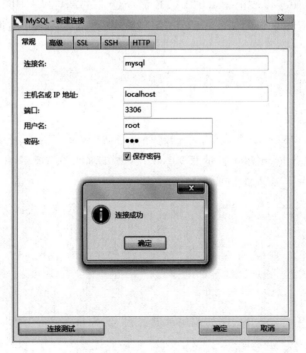

图 4.8 Navicat Premium 新建连接

2) 数据库操作

一旦建立了数据库连接,就可以操作 MySQL 服务器上的数据库了。Navicat Premium 提供了可视化的界面帮助用户创建和管理数据库、创建和管理数据表、导入和导出数据、创建和管理用户等。

4.2 JDBC 简介

JDBC 是一种用于执行 SQL 语句的 Java API,可以为多种关系数据库提供统一访问,它由一组用 Java 语言编写的类和接口组成。JDBC 提供了一种基准,据此可以构建更高级的工具和接口,使数据库开发人员能够编写数据库应用程序。

4.2.1 JDBC 技术介绍

Java 应用程序通过 JDBC(Java DataBase Connectivity,JDBC)技术访问数据库,JDBC 是一个独立于特定数据库管理系统的、提供了通用的 SQL 数据库存取和操作的公共接口(一组 API),定义了用来访问数据库的标准 Java 类库(java.sql 包),使用这个类库可以以一种标准的方法方便地访问数据库资源。JDBC 为访问不同的数据库提供了一种统一的途径,类似于 ODBC(Open Database Connectivity,ODBC),JDBC 对开发者屏蔽了一些具体的细节问题。JDBC 的目标是使 Java 应用程序开发人员使用 JDBC 就可以连接任何提供了 JDBC 驱动程序的数据库系统,并且开发人员无须对一些特定数据库系统有过多的了解,从而极大地简化和加快开发过程。

如图 4.9 所示,Java 应用程序通过 JDBC API 和 JDBC Driver API 进行通信;而 JDBC 驱动管理器管理各数据库厂商提供的 JDBC 驱动程序,JDBC 驱动程序一般采用 Java 语言编写,底层使用套接字编程实现,这种方式针对特定的数据源网络协议,客户机直接与数据源连接,从而具有良好的可移植性和性能。

注意:

ODBC(Open DataBase Connectivity,开放式数据库连接)是微软公司提供的一种数据库接口,它允许程序通过使用 SQL 语句访问数据库,而 JDBC 是与 ODBC 对应的另外一种访问数据库的接口(API),与 ODBC 相比,其具有可移植性好、效率高、安全性强等特点。

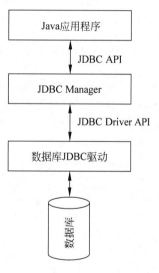

图 4.9 JDBC 示意图

JDBC API 包括 Driver 接口、DriverManager 类、Connection 接口、Statement 接口、PreparedStatement 接口、CallableStatement 接口、ResultSet 接口以及 Metadata 类。

- DriverManager(java.sql.DriverManager):装载驱动程序,管理应用程序与驱动程序之间的连接。
- Driver(由驱动程序开发商提供):将应用程序的 API 请求转换为特定的数据库请求。
- Connection(java.sql.Connection):将应用程序连接到特定的数据库。
- Statement(java.sql.Statement):在一个给定的连接中用于执行一个静态的数据库

SQL 语句。
- PreparedStatement(java.sql.PreparedStatement):用于执行一个含有参数的动态 SQL 语句,该接口为 Statement 接口的子接口。
- CallableStatement(java.sql.CallableStatement):用于执行 SQL 存储过程的接口,该接口为 PreparedStatement 的子接口。
- ResultSet(java.sql.ResultSet):SQL 语句执行完后返回的数据结果集(包括行、列)。
- Metadata(包括 java.sql.DatabaseMetadata 和 java.sql.ResultSetMetadata):关于查询结果集、数据库和驱动程序的元数据信息。

4.2.2 JDBC API

JDBC API 包括一些重要的接口和类,例如 DriverManager、Connection、Statement、ResultSet 等。

1. 驱动程序接口 Driver

每个数据库厂商都提供了该数据库的 JDBC 驱动程序,并且都提供了一个实现 java.sql.Driver 接口的类,简称 Driver 类。在应用程序的开发中,基于 Java 反射机制使用 java.lang.Class 类的方法 forName() 加载该 Driver 类。在加载时,创建自己的实例并向 java.sql.DriverManager 类注册该实例。

2. 驱动管理器类 DriverManager

DriverManager 类是 JDBC 的驱动管理器类,工作于数据库驱动程序与 Java 应用程序之间,管理数据库与对应驱动程序之间的连接。DriverManager 类的主要方法如表 4.2 所示。

表 4.2 DriverManager 类的主要方法

方 法	说 明
static Connection getConnection(String url)	试图建立与指定路径为 url 的数据库连接
static Connection getConnection(String url, Properties prop)	试图建立与指定路径为 url 的数据库连接,参数 prop 中保存了数据库的用户名与密码等
static Connection getConnection(String url, String user, String password)	试图建立与指定路径为 url 的数据库连接,参数 user 和 password 分别代表数据库的用户名和密码

其中,在使用 DriverManager 类的 getConnection() 方法时需要使用一个字符串 URL 来表示连接数据库的地址。JDBC URL 的标准语法如下,它由 3 个部分组成,各部分之间用冒号分隔。

jdbc:子协议://主机名:端口号

数据库 URL 由几个字段组成,不同的字段之间使用分号隔开。其中,第 1 个字段是固定值 jdbc,表示协议;第 2 个字段为子协议,用来区分 JDBC 数据库驱动程序,不同数据库厂商的子协议是不同的;第 3 个字段指定数据库的主机名,一般用 IP 地址表示;第 4 个字段指定采用的端口号,不同厂商的数据库使用的端口是不同的,例如 MySQL 默认为 3306。另外还可以指定连接的数据库名称以及数据库的用户名、密码和字符编码等。下面是连接一个 MySQL 数据库的 URL 例子。

> jdbc:mysql://localhost:3306/userdb

该 URL 连接的是本地 MySQL 数据库,使用的端口号为 3306,连接的数据库名为 userdb。

3. 数据库连接接口 Connection

Connection 接口表示 Java 程序与特定数据库之间的连接,Java 程序通过数据库建立连接才能执行 SQL 语句并返回执行结果。使用 DriverManager 类的方法 getConnection()可以返回 Connection 对象。Connection 接口的主要方法如表 4.3 所示。

表 4.3　Connection 接口的主要方法

方　　法	说　　明
void close()	关闭数据库的连接
void commit()	向数据库提交添加、修改或删除等操作
Statement createStatement()	创建一个 Statement 实例,以执行 SQL 语句
Statement createStatement(int rsType, int rsConcurrency)	创建一个 Statement 实例,并产生指定类型的结果集
Statement createStatement(int rsType, int rsConcurrency, int rsHoldability)	创建一个 Statement 实例,并产生指定类型的结果集
boolean getAutoCommit()	判断 Connection 对象是否为自动提交模式
String getCatalog()	获取 Connection 对象的当前目录名称
boolean isClosed()	判断当前 Connection 对象是否关闭
boolean isReadOnly()	判断当前 Connection 对象是否为只读模式
CallableSta tementprepareCall(String sql)	创建一个 CallableStatement 实例,该实例可执行存储过程
PreparedSta tementprepareStatement(String sql)	创建一个 PreparedStatement 实例,执行含有参数的 SQL 语句(动态 SQL 语句)
void rollback()	回滚事务
void setAutoCommit(boolean commit)	设置是否为自动提交,默认为 true
void setReadOnly(boolean readOnly)	将此连接设置为只读模式

4. 执行 SQL 语句接口 Statement

Statement 对象用于将 SQL 语句发送到数据库中,实际上有 3 种 Statement 对象,即 Statement、PreparedStatement(Statement 的子接口)和 CallableStatement(PrepareStatement 的子接口),它们都可以在指定连接上执行 SQL 语句,但它们执行的 SQL 有所区别: Statement 对象执行不含参数的静态 SQL 语句;PreparedStatement 对象用于执行含有参数的动态 SQL 语句;CallableStatement 对象用于调用数据库的存储过程。Statement 接口提供了执行语句和获取结果的基本方法,如表 4.4 所示。

表 4.4　Statement 接口的主要方法

方　　法	说　　明
void addBatch(String sql)	将给定的 SQL 命令添加到此 Statement 对象的当前命令列表中
void cancel()	如果 DBMS 和驱动程序都支持中止 SQL 语句,则取消此 Statement 对象
void clearBatch()	清空此 Statement 对象的当前 SQL 命令列表
void close()	立即释放此 Statement 对象占用的数据库和 JDBC 资源
boolean execute(String sql)	执行给定的 SQL 语句,若执行成功返回 true,否则返回 false
int[] executeBatch()	将一批命令提交给数据库执行,如果所有命令执行成功,返回 int 类型数组
ResultSet executeQuery(String sql)	执行给定的 SQL 语句,该语句返回 ResultSet 对象
int executeUpdate(String sql)	执行给定的 SQL 语句,该语句可以是 INSERT、UPDATE 或 DELETE 语句,或者是不返回任何内容的 SQL 语句(例如 SQL DDL 语句)
int getUpdateCount()	以更新计数的形式获取当前结果,若结果为 ResultSet 对象则返回-1
boolean isClosed()	判断是否已关闭了此 Statement 对象

5. 执行动态 SQL 语句接口 PreparedStatement

PreparedStatement 接口用于执行含有参数的动态 SQL 语句,PreparedStatement 是 Statement 的子接口,PreparedStatement 接口的主要方法如表 4.5 所示。PreparedStatement 实例执行的动态 SQL 语句将被预编译并保存到 PreparedStatement 实例中,从而可以反复并高效地执行该 SQL 语句,有效地减少程序员拼写 SQL 字符串导致的语法错误。

表 4.5　PreparedStatement 接口的主要方法

方　　法	说　　明
void addBatch()	将一组参数添加到此 PreparedStatement 对象的批处理命令中
void clearParameters()	立即清除当前参数值
boolean execute()	在此 PreparedStatement 对象中执行 SQL 语句,可以是任何种类的 SQL 语句
ResultSet executeQuery()	在此 PreparedStatement 对象中执行 SQL 查询并将查询结果以 ResultSet 形式返回
int executeUpdate()	在此 PreparedStatement 对象中执行 SQL 语句,该语句必须是一个 INSERT、UPDATE 或 DELETE 语句,也可以是 DDL 语句
void setXxx(int i, xxx v)	设置动态 SQL 语句中的第 i 个参数值为 v、参数的数据类型为 xxx

6. 查询结果集接口 ResultSet

使用 Statement/PreparedStatement 对象的 executeQuery()方法返回一个 ResultSet 类型的结果集,ResultSet 结果集中包含了查询的结果。ResultSet 结果集是一张二维表,其中有查询返回的列标题及对应的数据。ResultSet 接口中提供了多个方法,以获得指定列指定行的数据,并且支持向前和向后移动记录指针功能,ResultSet 实例的指针最初定位在结果集中第一行记录的前方。表 4.6 列出了 ResultSet 接口的主要方法。

表 4.6 ResultSet 接口的主要方法

方法	说明
xxx getXxx(int columnIndex)	获得第 columnIndex 列数据类型为 xxx 的字段数据
xxx getXxx(String columnName)	获得列名为 columnName、列数据类型为 xxx 的字段数据
boolean next()	使指针向下移动一行,如存在下一行返回 true,否则返回 false
boolean absolute(int row)	将指针定位在指定行 row,起始行号为 1
boolean first()	将指针定位在第一行,若结果集为 null 返回 false,否则返回 true
boolean last()	将指定定位在最后一行,若结果集为 null 返回 false,否则返回 true
boolean close()	释放 ResultSet 实例占用的数据库和 JDBC 资源

4.3 使用 JDBC API 访问数据库

4.3.1 使用 JDBC API 访问数据库的基本步骤

任何一个 Java 应用程序使用 JDBC API 访问数据库,其基本工作可以分为 5 个步骤:
(1) 加载 JDBC 驱动程序;
(2) 建立数据库连接;
(3) 创建操作数据库 SQL 的 Statement、PreparedStatement 或 CallableStatement 对象;
(4) 执行语句并分析执行结果;
(5) 关闭连接。

1. 加载 JDBC 驱动程序

利用 Class 类的方法 forName(String driverName) 加载 JDBC 驱动,不同数据库的 JDBC 驱动名称不同,MySQL 的驱动类名为 com.mysql.jdbc.Driver。

```
Class.forName("com.mysql.jdbc.Driver");
```

注意:

在 Java Web 应用开发中,如果要访问数据库,首先应将加载数据库的 JDBC 驱动程序 (jar 包) 复制到 Web 应用程序的 WEB-INF\lib 目录下,这样 Web 应用程序才能正常地通过 JDBC 接口访问数据库。

2. 建立与数据库的连接

利用 DriverManager 类的方法 getConnection() 获得与特定数据库的连接实例 (Connection 实例)。例如创建一个连接的本地 MySQL 数据库 userdb Connection 对象,假设该数据库的用户名为 root、密码为 passwd,代码如下:

```
String url = "jdbc:mysql://localhost:3306/userdb?user = root&password = passwd"
Connection con = DriverManager.getConnection(url);
```

上述代码是使用字符串拼接方式把连接数据库的地址和用户名、密码整合在一起成为一个字符串,然后使用 getConnection(String url)方法创建连接对象。有时为了避免数据库发生乱码,还在 URL 中设置了数据库数据的编码格式。

```
String url =
" jdbc: mysql://localhost: 3306/userdb? user = root&password = passwd&useUnicode = true&characterEncoding = UTF-8";
Connection con = DriverManager.getConnection(url);
```

使用字符串拼接方式难免会出错,而使用 getConnection(String url, String name, String pwd)方法可以有效地解决这个问题。

```
Connection con = DriverManager.getConnection
("jdbc:mysql://localhost:3306/userdb", root, passwd);
```

3. 进行数据库操作

对数据库的操作依赖于 SQL 语句,JDBC 依据 SQL 语句的类型不同提供了 3 种执行 SQL 的对象,即 Statement、PreparedStatement 和 CallableStatement。

1) Statement 对象执行静态 SQL 语句

Statement 对象用于执行不含参数的静态 SQL 语句,JDBC 利用 Connection 实例的 createStatement()方法创建一个 Statement 实例。通过 Statement 实例的 execute()方法、executeQuerry()方法或者 executeUpdate()方法等执行 SQL 语句。例如查询数据表 tb_users 中的所有记录:

```
//创建 Statement 对象,其中 con 为 Connection 对象
Statement statement = con.createStatement();
//使用 executeQuery()方法执行 SELECT 语句,该方法的返回值为 ResultSet 类型
ResultSet rs = statement.executeQuerry("SELECT * FROM tb_users");
```

再如,删除数据表 tb_users 中 fd_username 为 Allen 的记录:

```
//创建 Statement 对象,其中 con 为 Connection 对象。
Statement statement = con.createStatement();
//executeUpdate()方法执行 INSERT、UPDATE、DELETE 等 SQL 语句,返回 int 类型
int result = 0;
·result = statement.executeUpdate("DELETE FROM tb_users WHERE fd_username = 'Allen'");
```

2) PreparedStatement 执行动态 SQL 语句

PreparedStatement 用于执行含有参数的动态 SQL 语句,动态 SQL 语句是指在程序运行时能动态地为 SQL 语句的参数赋值,增加了程序的灵活性。PreparedStatment 对象由

Connection 实例的 prepareStatement(String sql)方法创建。

　　PreparedStatment 接口也有 executeQuery()和 executeUpdate()方法,但这两个方法都不带参数。该接口还提供了 setXxx(int paramIndex,xxx val)方法为动态 SQL 语句中的参数赋值。这里仍以上面的 SQL 操作为例说明 PreparedStatement 对象的创建和相关方法的使用。

```
//声明动态 SQL,参数使用?占位符表示
String sqlSelect = "SELECT * FROM tb_users WHERE fd_username = ?";
//创建 PreparedStatement 对象 psQuery,其中 con 为 Connection 对象
PreparedStatement psQuery = con.prepareStatement(sqlSelect);
/*为动态 SQL 语句中的参数赋值,由于 fd_username 为 String 类型,故使用 setString()方法为参数
赋值,1 代表动态 SQL 语句中的第 1 个问题 */
psQuery.setString(1, "Allen");
//使用 executeQuery()方法执行 SELECT 语句,该方法的返回值为 ResultSet 类型
ResultSet rs = psQuery.executeQuerry();

String sqlDelete = "DELETE FROM tb_users WHERE fd_username = ?";
//创建 PreparedStatement 对象 psUpdate,其中 con 为 Connection 对象
PreparedStatement psUpdate = con.prepareStatement(sqlDelete);
//为动态 SQL 语句中的参数赋值
psUpdate.setString(1, "Allen");
//使用 executeUpdate()方法执行 INSERT、UPDATE、DELETE 等 SQL 语句
int result = 0;
result = psUpdate.executeUpdate();
```

3) CallableStatement 执行存储过程

　　CallableStatement 对象用于执行数据库的存储过程,CallableStatement 继承了 Statement 的方法(它们用于处理静态 SQL 语句),还继承了 PreparedStatement 的方法(它们用于处理 IN 参数)。CallableStatement 中的新增方法用于处理 OUT 参数或 INOUT 参数的输出部分,例如注册 OUT 参数的 JDBC 类型、从这些参数中检索结果或者检查返回值是否为空。

```
/*
创建 CallableStatement 对象,其中 con 为 Connection 对象
其中,sp_SearchUser 是 4.1.4 节中创建的带 IN 参数的存储过程,
?为占位符,表示是 IN、OUT 或 INOUT 类型的参数,此处为 IN 类型的参数
*/
CallableSatement cs = con.prepareCall("{call sp_SearchUser (?)}");
//使用 setXxx()方法为 IN 参数赋值,此处 IN 参数为 String 类型,故使用 setString()
cs.setString(1, "Allen");
//执行存储过程,该存储过程为执行一个查询,故使用 executeQuery()方法
ResultSet rs = cs.executeQuery();
```

　　若存储过程中含有 OUT 或者 INOUT 类型参数,为 OUT 类型参数赋值需要使用 CallableStatement 接口的 registerOutParameter()方法,具体方法由读者查阅 API 文档,此处不再赘述。

4. 对执行结果进行分析处理

1) 分析查询结果集 ResultSet

在执行 SELECT 语句后必然产生一个 ResultSet 结果集实例，对结果集进行分析与处理是应用程序的最终目标，可以使用循环语句遍历结果集中的每一行记录，使用 getXxx() 方法获取遍历记录行指定列的数据。

```java
//查询 tb_user 表中所有记录的用户名和性别
ResultSet rs = statement.executeQuerry("SELECT fd_username,fd_gender FROM tb_users");
//使用 next()方法判断结果集是否有下一行,从而遍历结果集的所有记录行
while(rs.next())
{
    //获取遍历记录行中列名 fd_username 的对应值
    String username = rs.getString("fd_username");
    //获取遍历记录行中第 2 列的对应值
    String gender = rs.getString(2);
    System.out.println("用户名:" + username + ", 性别:" + gender);
}
```

2) 分析执行结果

对于 INSERT、UPDATE、DELETE 甚至是 SQL DDL 语句，一般由 executeUpdate() 方法执行且返回值为 int 类型，表示受影响的记录行数，如返回值大于 0 表示该 SQL 语句成功执行。

```java
int result = 0;
String sql = "DELETE FROM tb_users WHERE fd_username = 'Allen'";
//executeUpdate()方法执行 INSERT、UPDATE、DELETE 等 SQL 语句,返回 int 类型
result = statement.executeUpdate(sql);
//分析执行结果
if(result > 0 )
    Sysem.out.println("删除成功!");
else
    Sysem.out.println("执行删除失败!");
```

5. 关闭 JDBC 相关对象

应用程序在对数据库操作完成以后，要把使用的所有 JDBC 对象全部关闭，以释放 JDBC 资源，关闭顺序和声明顺序正好相反。

（1）关闭结果集 ResultSet 对象；

（2）关闭 Statement、PreparedStatement 或 CallableStatment 对象；

（3）关闭连接对象。

```java
//关闭结果集 rs
if (rs != null) {
    try {
```

```
            rs.close();
        }catch (SQLException e) {
            e.printStackTrace();
        }
    }
    //关闭 Statement 对象 statement
    if (statement != null) {
        try {
            statement.close();
        }catch (SQLException e) {
            e.printStackTrace();
        }
    }
    //关闭连接对象 con
    if (con != null) {
        try {
            con.close();
        }catch (SQLException e) {
            e.printStackTrace();
        }
    }
}
```

Java 应用程序通过 JDBC 操作 5 个基本步骤可以用图 4.10 表示。首先加载 JDBC 驱动,使用 DriverManager 对象创建 Connection 实例与指定的数据库建立连接;然后使用 Connection 实例的 createStatement() 方法创建 Statement 实例(也可以创建 PreparedStatement 或 CallableStatement 对象),并利用 Statement 实例的 executeQuerry() 方法执行 SQL SELECT 查询,使用 executeUpdate() 方法执行 INSERT、UPDATE、DELETE 等语句,并通过分析与处理执行结果实现应用程序的具体功能,最后务必关闭与数据库之间的连接。

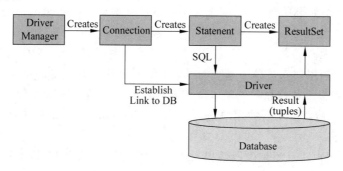

图 4.10 JDBC 的基本工作步骤

注意:

在应用程序操作数据库完毕之后,切记要关闭 JDBC 相关对象,以释放系统资源。

注意:

当向数据库发送一个 SQL 语句,例如"SELECT * FROM tb_users"时,数据库中的 SQL 解释器负责把 SQL 语句生成为底层的内部命令并执行,完成相关操作。如果不断地向数据库提交 SQL 语句,不仅会增加数据库的负担,也会增加网络负载,势必影响应用程序的执行速度,而使用预处理语句或者存储过程能够极大地减轻数据库的负担及网络负载。

因此,在 JDBC 程序中建议使用 PreparedStatement 或者 CallableStatement 代替 Statement,可以预防 SQL 注入问题,减轻网络负载(注意适度原则,减轻网络负载也就意味着增加了数据库服务器的负载,硬件成本提高)。

4.3.2 实践:开发用户信息管理系统

本节将结合 JDBC API 基于表 4.1 所示的用户表开发一个 Java Web 应用程序——用户信息管理系统,实现对用户信息的管理。

1. 需求分析

用户信息管理包括对用户信息的增、删、改、查等操作。

- 添加用户信息:将用户信息逐个添加到目标数据库,在添加时对用户信息的各数据项进行验证,确保数据的合法性。
- 删除用户信息:选择要删除的用户信息,根据用户名从数据库中删除该记录。
- 修改用户信息:选择要修改的用户,在修改页面重新修改完善该用户的信息,并进行用户信息的校验,要求用户名不可修改。
- 查找用户信息:可以根据用户的任何信息项模糊匹配关键字,查询符合条件的记录。

2. 用例事件流描述

1) 添加用户信息

(1) 简单描述:本用例描述用户信息添加功能。

(2) 前置条件:无。

(3) 后置条件:如果用例成功,则进入用户信息查询页面(userAdmin.jsp),否则提示添加失败信息。

(4) 扩充点:无。

(5) 事件流:当用户人员单击系统的"添加用户"链接时该用例启动。

- 基流:系统提示各信息项的输入规则并进行校验。提交信息后,若保存成功,从数据库用户表中检索出所有的用户信息,存放至 session 中,并最终跳转并显示到用户信息查询页面。
- 替代流:用户信息添加失败后提示错误原因,仍停留在用户添加页面。

2) 用户信息查询

(1) 简单描述:本用例描述用户信息查询功能,同时该功能也是实现用户信息删除和修改的基础。

(2) 前置条件:用户选择查询条件并输入查询关键字。

(3) 后置条件:如果用例成功,则在当前页面显示查询结果,否则提示没有查询到用户信息。

(4) 扩充点:基于此功能,用户可以选择要删除或者修改用户,进入后续的删除和修改操作。

(5) 事件流：当用户人员单击系统的"查询用户"链接时该用例启动。
- 基流：用户选择查询方式并输入查询关键字，提交后从数据库用户表中模糊匹配出所有用户信息，存放至 session 中，并显示到用户信息查询页面。
- 替代流：用户添加、用户删除、用户更新成功后跳转到该功能页面。

3) 用户信息删除

(1) 简单描述：本用例描述用户信息删除功能，用户根据用户名删除数据库中该用户的信息。

(2) 前置条件：已查询到该用户信息。

(3) 后置条件：如果用例成功，根据用户名删除。

(4) 扩充点：无。

(5) 事件流：当用户在查询用户信息的结果中单击用户所在行的"删除"链接时该用例启动。
- 基流：当用户删除成功后从数据库用户表中检索出所有用户信息，存放至 session 中，并显示到用户信息查询页面。
- 替代流：无。

4) 用户信息查询

(1) 简单描述：本用例描述用户信息修改功能，用户根据用户名修改数据库中该用户的信息。

(2) 前置条件：已查询到该用户信息。

(3) 后置条件：如果用例成功，根据用户名查询到该用户的信息，并跳转至 userUpdate.jsp 页面。

(4) 扩充点：无。

(5) 事件流：当用户在查询用户信息的结果中单击用户所在行的"修改"链接时该用例启动。
- 基流：当用户修改成功后跳转至用户查询页面 userAdmin.jsp，从数据库用户表中检索出所有用户信息，存放至 session 中，并显示到用户信息查询页面。
- 替代流：无。

3. 用户界面设计

用户信息添加的核心是设计表单，表单中有哪些输入域、各输入域采用何种类型在很大程度上取决于数据表的结构。图 4.11 给出了添加用户信息页面的运行效果。当然，除了表单以外，还要使用 CSS 定义页面效果、使用 JavaScript 进行表单验证等，由于这些内容已经在第 2 章中介绍，此处仅给出该页面关于表单的核心代码。

userAdd.jsp

```
<form id="userForm" name="user" method="post" action="add.jsp">
用 户 名<input name="username" type="text" id="txtUser"/><br/>
密码<input name="password" type="password" id="txtPwd"/><br/>
```

```
确认密码<input name="pwdrepeat" type="password" id="txtRpt"/><br/>
用户类型
<select name="usertype" id="selUser">
<option>请选择</option>
<option value="管理员">管理员</option>
<option value="普通用户">普通用户</option>
</select><br/>
性别<input name="gender" type="radio" value="男"/>男
<input name="gender" type="radio" value="女"/>女<br/>
出生日期<input name="birthdate" type="date" id="txtDate"/><br/>
兴趣爱好
<input name="hobby" type="checkbox" value="阅读"/>阅读
<input name="hobby" type="checkbox" value="音乐"/>音乐
<input name="hobby" type="checkbox" value="运动"/>运动<br/>
电子邮件
<input name="email" type="email" id="txtMail"/><br/>
自我介绍
<textarea name="introduction" cols="40" rows="5" id="txtIntro"></textarea>
<br/>
<input type="submit" name="submit" value="提交"/>
<input type="reset" name="reset" value="重置"/>
</form>
```

图4.11 用户信息添加页面

该页面的表单提交后将跳转到 add.jsp 页面，同时注意为每个输入域的 name 属性赋值，否则在 JSP 程序中将无法获取输入域中的值。

用户信息查询提供了模糊查询功能，可以根据不同的查询方式匹配关键字查询用户信息，查询结果以表格的形式展现到页面，默认情况下显示所有的用户信息。同时，对于每个查询结果还提供了删除和修改的功能。

userAdmin.jsp

```
<!-- 以下是设置查询方式和关键字的表单 -->
<form action="search.jsp" method="post">
<div id="search">
    查找方式：<select name="key">
        <option value="fd_username">用户名</option>
        <option value="fd_usertype">用户类型</option>
        <option value="fd_hobby">爱好</option>
```

```html
        <option value = "fd_gender">性别</option>
    </select>
    关键字:<input type = "text" name = "value" id = "keyword" value = "" />
    <input type = "submit" value = "查询"/>
    <a href = "userAdd.jsp" target = "main">添加用户信息</a>
</div>
</form>
<!-- 以下是显示查询结果的表格 -->
<table border = "1">
    <tr>
        <th><input type = "checkbox" id = "all" value = "" />全选</th>
        <th>用户名</th>
        <th>用户类型</th>
        <th>性别</th>
        <th>爱好</th>
        <th>出生日期</th>
        <th>电子邮箱</th>
        <th>自我介绍</th>
        <th>操作</th>
    </tr>
    ...
</table>
```

具体页面效果如图 4.12 所示。

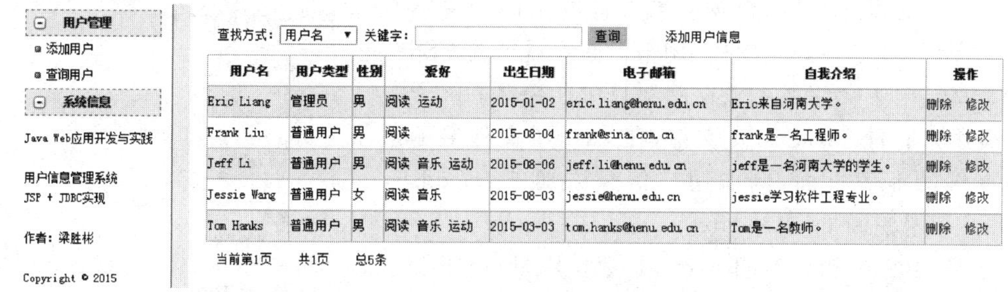

图 4.12 用户信息管理页面

用户单击图 4.12 页面中的"修改"链接,则进入用户信息修改页面 userUpdate.jsp,该页面的结构基本上与用户信息添加页面相同,此处不再给出;而单击"删除"链接,则进入删除功能页面执行删除操作。用户信息管理系统各页面之间的流转情况如图 4.13 所示。

4. 程序实现

经过本项目的需求分析、数据库设计和用例流程设计,本节将重点介绍程序的具体实现。在 Eclipse 中创建一个动态 Web 项目(Dynamic Web Project),搭建开发环境。

1) 搭建开发环境

为了便于程序中的文件管理,可以在创建的项目中创建多个包和文件夹存放不同的源文件和 Web 资源。

src 文件夹主要存放程序中的源文件和配置文件,为了便于管理,可在 src 文件夹中按

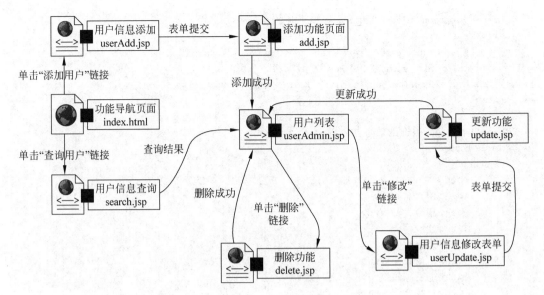

图 4.13　用户信息管理系统页面流转图

照分类创建多个包，例如本例中创建了一个工具包 henu.utils，用来存放项目中的工具类。

WebContent 文件夹主要存放程序中的 Web 资源，随着项目规模的扩大，该文件夹下的文件数量将日益俱增。因此，用户可以根据存放文件的不同创建不同的子文件夹，如 css 子文件夹用来存储项目中的 CSS 文件；images 子文件夹用来存储项目中的图片；js 子文件夹用来存储 JavaScript 文件，在 user 子文件夹下存放本例的业务页面，例如用户信息添加 userAdd.jsp、用户信息更新 userUpdate.jsp 等。

此外，由于本例要访问 MySQL 数据库，所以需要把 MySQL 的 JDBC 驱动程序存放到 WebContent\WEB-INF\lib 目录下。

至此，本项目的开发环境搭建完毕，具体目录结构如图 4.14 所示。

2）设计数据库访问公共类

凡是与数据库操作相关的页面都要使用操作数据库的几个步骤，即加载驱动、创建连接、操作数据库、分析操作结果、关闭数据库等。如果在每个页面都要反复地编写这些代码，重复性的工作会让人失去对编码的兴趣。此时可以在项目中专门编写一个操作数据库的公共类，凡是操作数据库的页面都可以调用，提高了代码的复用性。DbUtil.java

图 4.14　应用程序的目录结构

```java
package henu.utils;
import java.sql.*;

public class DbUtil {
    /**
     * 声明连接数据库的信息,例如数据库 URL、用户名及密码
     */
    private static final String URL = "jdbc:mysql://localhost:3306/userdb";
    private static final String USER = "root";
    private static final String PASSWORD = "123";
    /**
     * 声明 JDBC 的相关对象
     */
    protected static Statement s = null;
    protected static ResultSet rs = null;
    protected static Connection conn = null;
    /**
     * 创建数据库连接
     * @return conn
     */
    public static synchronized Connection getConnection()
    {
        try {
            Class.forName("com.mysql.jdbc.Driver");
            conn = DriverManager.getConnection(URL, USER, PASSWORD);
        }catch (Exception e) {
            e.printStackTrace();
        }
        return conn;
    }
    /**
     * 执行 INSERT、UPDATE、DELETE 语句
     * @param sql SQL 语句,字符串类型
     * @return 执行结果,int 类型
     */
    public static int executeUpdate(String sql)
    {
        int result = 0;
        try {
            s = getConnection().createStatement();
            result = s.executeUpdate(sql);
        }catch (SQLException e) {

            e.printStackTrace();
        }
        return result;
    }
    /**
     * 执行 SELECT 语句
     * @param sql SQL 语句,字符串类型
```

```java
 * @return ResultSet 结果集
 */
public static ResultSet executeQuery(String sql)
{

    try {
        s = getConnection().createStatement();
        rs = s.executeQuery(sql);
    }catch (SQLException e) {

        e.printStackTrace();
    }
    return rs;
}
/**
 * 执行动态 SQL 语句
 * @param sql 含有参数的动态 SQL 语句
 * @return 返回 PreparedStatement 对象
 */
public static PreparedStatement executePreparedStatement(String sql)
{
    PreparedStatement ps = null;
    try
    {
        ps = getConnection().prepareStatement(sql);
    }catch(Exception e)
    {
        e.printStackTrace();
    }
    return ps;
}
/**
 * 事务回滚
 */
public static void rollback() {
    try {
        getConnection().rollback();
    }catch (SQLException e) {

        e.printStackTrace();
    }

}
/**
 * 关闭数据库连接对象
 */
public static void close()
{
    try
    {
```

```java
            if(rs!= null)
                rs.close();
            if(s!= null)
                s.close();
            if(conn!= null)
                conn.close();

        }catch(SQLException e)
        {
            e.printStackTrace();
        }
    }
}
```

3）用户信息添加功能实现

用户信息添加功能主要有两个关键问题，一是如何获取页面中用户输入的信息（即表单输入域的值），二是如何将用户输入的信息保存到数据库中。

对于第一个问题，可以使用内置对象 request 的 getParameter(String data)方法获取表单输入域的值。第二个问题的关键是写出插入记录的 SQL 语句，然后使用 JDBC 操作该 SQL 语句保存用户信息。

add.jsp

```jsp
<%@ page language = "java" contentType = "text/html; charset = UTF - 8"
    pageEncoding = "UTF - 8"
    import = "henu.utils.DbUtil,java.sql.*"
%>
⋮
<%
    //设置请求报文的字符编码为 utf-8
    request.setCharacterEncoding("utf-8");
    //获取表单输入域的值
    String username = request.getParameter("username");
    String password = request.getParameter("password");
    String usertype = request.getParameter("usertype");
    String gender = request.getParameter("gender");
    String email = request.getParameter("email");
    String birthdate = request.getParameter("birthdate");
    String introduction = request.getParameter("introduction");
    //获取表单中的"爱好"输入域
    String[] hobbies = request.getParameterValues("hobby");
    String hobby = "";
    //遍历 hobbies 数组,将其转化为一个字符串
    for(int i = 0;i < hobbies.length;i++)
    {
        hobby = hobby + " " + hobbies[i];
    }
    //编写 SQL 语句
```

```java
        String sql = "INSERT INTO tb_users(fd_username,fd_password, " + "fd_usertype,fd_gender,fd_email,fd_birthdate, " +
            "fd_introduction,fd_hobby) VALUES (?,?,?,?,?,?,?,?)";

        int result = 0;
        //为动态SQL的参数赋值
        try{
            PreparedStatement ps = DbUtil.executePreparedStatement(sql);
            ps.setString(1, username);
            ps.setString(2, password);
            ps.setString(3, usertype);
            ps.setString(4, gender);
            ps.setString(5, email);
            ps.setString(6, birthdate);
            ps.setString(7, introduction);
            ps.setString(8, hobby);
            //执行SQL语句
            result = ps.executeUpdate();
            ps.close();
        }catch(SQLException e)
        {
            e.printStackTrace();
        }
        //如果执行成功,查询数据库
        if(result>0 )
        {
            //查询所有的用户信息
            String sqlSearch = "SELECT * FROM tb_users";
            ResultSet rs = null;
            rs = DbUtil.executeQuery(sqlSearch);
            StringBuffer sb = new StringBuffer();
            try{
            //遍历查询结果,拼接为StringBuffer对象
            while(rs.next())
            {
                sb.append("<tr><td>");
                sb.append(rs.getString("fd_username"));
                sb.append("</td><td>");
                sb.append(rs.getString("fd_usertype"));
                sb.append("</td><td>");
                sb.append(rs.getString("fd_gender"));
                sb.append("</td><td>");
                sb.append(rs.getString("fd_hobby"));
                sb.append("</td><td>");
                sb.append(rs.getString("fd_birthdate"));
                sb.append("</td><td>");
                sb.append(rs.getString("fd_email"));
                sb.append("</td><td>");
                sb.append(rs.getString("fd_introduction"));
                sb.append("</td><td>");
```

```
            sb.append("<a href = '#'>删除</a>");
            sb.append(" ");
            sb.append("<a href = '#'>修改</a>");
            sb.append("</td></tr>");
        }
        DbUtil.close();
    }catch(SQLException e)
    {
        e.printStackTrace();
    }
    //将查询结果存入 session 名为 search 的属性中
    session.setAttribute("search", sb);
    //跳转至 userAdmin.jsp 页面
    response.sendRedirect("userAdmin.jsp");
    }
%>
```

在上述代码中首先设置 request 对象的字符编码为 UTF-8,然后使用 getParameter() 方法获取各表单域的值。在获取用户输入的数据后就可以写 SQL 语句,并利用 JDBC 操作该 SQL 语句达到保存的目的。最后从数据库中查询出所有的用户信息并保存到一个 StringBuffer 对象中,通过 session 对象的 setAttribute()方法将该字符串共享。

注意:

如果获取表单输入域的值是中文字符,为避免出现中文乱码,需使用以下代码解决中文乱码问题。

```
request.setCharacterEncoding("utf-8");
```

其中 utf-8 为支持中文的字符编码,建议和页面中的字符编码保持一致。

4) 用户信息查询功能实现

实现用户信息查询的思路是首先判断用户选择的查询方式和关键字,根据是否输入关键字执行不同的 SQL 查询语句;然后使用 JDBC 执行该 SQL 语句,并将查询结果通过 session 对象传至 userAdmin.jsp 页面显示。本例中实现上述业务逻辑的页面为 search.jsp,该页面的核心代码如下:

search.jsp

```
<%
//获取查询方式和关键字
String type = request.getParameter("key");
String keyword = request.getParameter("value");
//默认查询所有的用户信息
String sqlSearch = "SELECT * FROM tb_users";
//如果查询关键字不为空,则重定义 SQL 语句
if(keyword != null)
{
    sqlSearch = "SELECT * FROM tb_users WHERE " + type + " LIKE'%" + keyword + "%'";
}
```

```java
ResultSet rs = null;
rs = DbUtil.executeQuery(sqlSearch);
StringBuffer sb = new StringBuffer();
try{
while(rs.next())
{
    sb.append("<tr><td>");
    sb.append(rs.getString("fd_username"));
    sb.append("</td><td>");
    sb.append(rs.getString("fd_usertype"));
    sb.append("</td><td>");
    sb.append(rs.getString("fd_gender"));
    sb.append("</td><td>");
    sb.append(rs.getString("fd_hobby"));
    sb.append("</td><td>");
    sb.append(rs.getString("fd_birthdate"));
    sb.append("</td><td>");
    sb.append(rs.getString("fd_email"));
    sb.append("</td><td>");
    sb.append(rs.getString("fd_introduction"));
    sb.append("</td><td>");
    //查询字符串,传递一个名为 name 的参数,该参数的值为 username,即用户名
    sb.append("<a href = 'delete.jsp?name = '" + username + "'>删除</a>");
    sb.append(" ");
    sb.append("<a href = '#'>修改</a>");
    sb.append("</td></tr>");
}
DbUtil.close();
}catch(SQLException e)
{
    e.printStackTrace();
}
session.setAttribute("search", sb);
response.sendRedirect("userAdmin.jsp");
%>
```

5）用户信息删除功能实现

用户信息删除功能需要根据用户名删除用户,那么实现该功能的核心问题是获取要删除用户的用户名,因为一旦获取到用户名,就可以生成 SQL 语句,剩下的问题就是使用 JDBC 执行该 SQL 语句了。

那么,解决该问题的思路是通过查询字符串的方式从用户信息查询页面 userAdmin.jsp 把用户名传递到执行删除的页面 delete.jsp。使用查询字符串的关键代码如下：

```
/*向 url/page.jsp 页面传递两个参数 param1 和 param2,参数值分别为"data"和"100",若传递多个参数,则参数之间使用 & 连接。使用查询字符串的格式如下 */
http://url/page.jsp?param1 = data&param2 = 100;
//在 page.jsp 获取参数 param1 的值"data",该值为 String 类型
String p = request.getParameter("param1");
```

查询字符串是在请求的 URL 尾部添加"? param=value",其中 param 为参数名,value 为该参数的值,如果包含多个参数,则使用 & 符号连接两个参数。在该 URL 对应的页面使用 request.getParameter()方法获取参数值,注意该参数值为 String 类型。查询字符串是实现两个页面之间共享数据的重要方式之一。

针对用户信息管理系统,可以在查询结果的页面为每条记录添加一个链接,具体代码如下:

```
//查询字符串,传递一个名为 name 的参数,该参数的值为 username,即用户名
sb.append("<a href = 'delete.jsp?name = " + username + "'>删除</a>");
```

该链接的目标页面为 delete.jsp,并且该页面传递一个参数 name,对应的值为该行的用户名。

delete.jsp

```
<%
//获取查询字符串中参数 name 的值
String name = request.getParameter("name");
//定义 SQL 语句
String sql = "DELETE FROM tb_users WHERE fd_username = '" + name + "'";
//执行删除
DbUtil.executeUpdate(sql);
//默认查询所有的用户信息
String sqlSearch = "SELECT * FROM tb_users";
ResultSet rs = null;
rs = DbUtil.executeQuery(sqlSearch);
StringBuffer sb = new StringBuffer();
try{
while(rs.next())
{
    String username = "";
    username = rs.getString("fd_username");
    sb.append("<tr><td>");
    sb.append(username);
    sb.append("</td><td>");
    sb.append(rs.getString("fd_usertype"));
    sb.append("</td><td>");
    sb.append(rs.getString("fd_gender"));
    sb.append("</td><td>");
    sb.append(rs.getString("fd_hobby"));
    sb.append("</td><td>");
    sb.append(rs.getString("fd_birthdate"));
    sb.append("</td><td>");
    sb.append(rs.getString("fd_email"));
    sb.append("</td><td>");
    sb.append(rs.getString("fd_introduction"));
    sb.append("</td><td>");
    //查询字符串,传递一个名为 name 的参数,该参数的值为 username,即用户名
```

```
        sb.append("<a href = 'delete.jsp?name = " + username + "'>删除</a>");
        sb.append(" ");
        sb.append("<a href = 'userUpdate.jsp?name = " + username + "'>修改</a>");
        sb.append("</td></tr>");
    }
    DbUtil.close();
}catch(SQLException e)
{
    e.printStackTrace();
}
session.setAttribute("search", sb);
response.sendRedirect("userAdmin.jsp");
%>
```

6) 用户信息修改功能实现

用户信息修改功能实现的思路如下：

（1）从用户查询页面获取要修改的用户名，通过查询字符串的方式传递到用户信息修改页面 userUpdate.jsp；

（2）在用户信息修改页面根据传递过来的用户名从数据库中查询该用户的信息；

（3）把查询到的用户信息赋给修改页面表单中对应的输入域；

（4）用户修改信息后，提交该表单至 update.jsp 页面，实现修改功能，修改成功后再查询出所有的记录并跳转至用户信息修改页面。

通过上述分析，第（1）、（2）步与用户信息删除功能页面相似，第（3）步为核心功能。下面的程序代码是实现第（2）、（3）步的核心程序代码。

userUpdate.jsp

```
    ⋮
<%
//获取查询字符串中参数 name 的值
String name = request.getParameter("name");
//定义 SQL 语句
String sql = "SELECT * FROM tb_users WHERE fd_username = '" + name + "'";
ResultSet rs = DbUtil.executeQuery(sql);
String username = "",introduction = "",email = "",birthdate = "",
       usertype = "",gender = "",hobby = "";
while(rs.next())
{
    username = rs.getString("fd_username");
    introduction = rs.getString("fd_introduction");
    email = rs.getString("fd_email");
    birthdate = rs.getString("fd_birthdate");
    usertype = rs.getString("fd_usertype");
    gender = rs.getString("fd_gender");
    hobby = rs.getString("fd_hobby");
}
DbUtil.close();
```

```jsp
%>
…
<form id="userForm" name="user" method="post" action="update.jsp">
用 户 名：
<input name="username" type="text" id="txtUser" value="<%=username%>">
用户类型：
<select name="usertype" id="selUser">
<option>请选择</option>
<option value="管理员"<% if(usertype.equals("管理员"))
        out.print("selected='true'"); %>>管理员</option>
<option value="普通用户"  <% if(usertype.equals("普通用户"))
        out.print("selected='true'"); %>>普通用户</option>
</select>
自我介绍：
 <textarea name="introduction" cols="40" rows="5" id="txtIntro"><%=introduction%>
</textarea>
 <input type="submit" name="submit" value="提交"/>
…
</form>
…
```

4.4 其他常见数据库的连接

前面主要介绍了 JDBC 连接 MySQL 数据库的知识，本节将介绍如何使用 JDBC 连接其他常见的数据库，例如 SQL Server、Oracle 等。

4.4.1 连接 SQL Server 2008 数据库

在连接 SQL Server 2008 数据库之前，首先需要取得 SQL Server 2008 的 JDBC 驱动 sqljdbc.jar，该驱动可以从微软官方网站免费下载。将 sqljdbc.jar 复制到 Eclipse 的 Java Web 应用的 WEB-INF\lib 目录下。通过以下两步操作连接 SQL Server 2005 数据库。

第一步：加载驱动程序。

```java
Class.forName("com.microsoft.jdbc.sqlserver.SQLServerDriver");
```

第二步：建立连接。

```java
Connection con = DriverManager.getConnection(
"jdbc:sqlserver://localhost:1433; DatabaseName=dbName", user, pwd);
/* 其中 dbName 表示连接数据库的名称,user 表示数据库的用户名,pwd 表示对应用户的密码 */
```

4.4.2 连接 Oracle 数据库

通过 JDBC 获得 Oracle 数据库连接有 3 种方式，即 OCI 方式、thin 方式和 JDBC-ODBC

桥方式。OCI方式依赖于本地的动态链接库,如果在本地安装了Oracle数据库客户端可以采用该方式;而thin方式为纯Java驱动的数据库连接方式;JDBC-ODBC桥方式依赖于本地ODBC数据库源的配置,和连接其他数据库一样一般不采用这种方式。

1. OCI方式

OCI方式通过本地动态链接库和Oracle进行套接字通信,速度和安全性比较好,一般情况下,OCI方式用于服务器端开发的数据库连接。在利用OCI方式连接Oracle时,首先需要在本地安装Oracle客户端,安装完毕之后,在Oracle的安装目录中找到jdbc/lib下的classes12.zip文件,将该文件重命名为classes.jar,并复制到Eclipse的Java Web应用的WEB-INF/lib目录下,然后通过以下两步连接Oracle数据库。

第一步：加载驱动程序。

```
DriverManager.registerDriver(new oracle.jdbc.driver.OracleDriver());
```

第二步：建立连接。

```
conn = DriverManager.getConnection("jdbc:oracle:oci8:@ " + dbNAME,
    user,pwd);
/* dbName表示连接数据库的名称,user表示数据库的用户名,pwd表示对应用户的密码 */
```

2. thin方式

thin方式是通过远程方式访问Oracle数据库,这种方式运用起来比较灵活、简单,具有较强的移植性和适用性,其连接步骤也分为两步。

第一步：加载驱动程序。

```
Class.forName("oracle.jdbc.driver.OracleDriver").newInstance();
```

第二步：建立连接。

```
Connection con = DriverManager.getConnection(
    "jdbc:oracle:thin:@localhost:1521:dbName", user, pwd);
/* dbName表示连接数据库的名称,user表示数据库的用户名,pwd表示对应用户的密码 */
```

4.5 数据库连接池

数据库连接是一种关键的、有限的、昂贵的资源,特别在多用户的Web应用程序中体现得尤为突出。对数据库连接的管理能显著影响到整个应用程序的伸缩性和健壮性,影响到程序的性能指标。数据库连接池正是针对这个问题提出来的。数据库连接池负责分配、管理和释放数据库连接,它允许应用程序重复使用一个现有的数据库连接,而不是再重新建立一个;通过释放空闲时间超过最大空闲时间的数据库连接来避免因为没有释放数据库连接而引起的数据库连接遗漏。数据库连接池技术能明显地提高对数据库操作的性能。

4.5.1 数据库连接池简介

在实际应用开发中,如果 JSP、Servlet 等使用 JDBC 直接访问数据库中的数据,每一次数据访问请求都必须经历建立数据库连接、操作数据和关闭数据库连接等步骤,而连接并打开数据库是一件既消耗资源又费时的工作,如果频繁地发生这种数据库操作,系统的性能必然会急剧下降,甚至会导致系统崩溃。

数据库连接池技术是解决此类问题最常用的方法。所谓数据库连接池,就是在一个虚拟的池中预先创建好一定数量的 Connection 对象等待客户端的连接,当有客户端连接时则分配一个空闲的 Connection 对象给客户端连接数据库;当这个客户端请求结束时则将 Connection 对象归还给池中,用来等待下一个客户端的访问。数据库连接池的工作过程如下:

(1) 预先定义一定数量的连接,并存放在数据库连接池中。

(2) 当客户端请求一个连接数据库时,系统将从数据库连接池中为其分配一个空闲的连接,而不是重新建立一个连接对象;当该请求结束后,该连接会归还到数据库连接池中,而不是直接将其释放。

(3) 当连接池中的空闲连接数量低于下限时,连接池将会根据配置信息追加一定数量的连接对象,当空闲连接数量高于上限时,连接池会释放一定数量的连接。

注意:

在使用数据库连接池时,如果连接对象(Connection)不再继续使用,需要及时地调用连接对象的 close() 方法将该连接对象作为空闲连接"归还"给连接池,以便让其他数据库连接请求使用。

应用程序使用数据库连接池技术具有以下优势:

(1) 创建一个新的数据库连接所耗费的时间主要取决于网络的速度以及应用程序和数据库服务器的(网络)距离,而且这个过程通常是一个很耗时的过程,采用数据库连接池后,数据库连接请求则可以直接通过连接池满足,不需要为该请求重新连接、认证到数据库服务器,从而节省了时间。

(2) 提高了数据库连接的重复使用率。

(3) 解决了数据库对连接数量的限制。

在使用数据库连接池时还需要特别注意,在定义连接池的连接个数和空闲连接个数之前,开发人员必须比较准确地预先估算出连接的数量。

4.5.2 使用连接池技术访问数据库

目前,Java 数据库连接池技术大致分为两类,即基于 Web 服务器的数据库连接池和独立于 Web 服务器的数据库连接池,本节将分别介绍使用这两种连接池技术访问数据库。

1. 基于 Web 服务器的数据库连接池

绝大多数 Web 服务器都支持数据库连接池技术,下面以 Tomcat 服务器为例配置访问

MySQL 数据库的数据库连接池,具体步骤如下。

第一步:在 Web 应用的 META-INF 下新建 context.xml 文件,配置数据源。context.xml 的语法格式如下。

```xml
<?xml version = "1.0" encoding = "UTF-8"?>
<Context>
    <Resource name = "dbpool"
    type = "javax.sql.DataSource"
    auth = "Container"
    driverClassName = "com.mysql.jdbc.Driver"
    url = "jdbc:mysql://localhost:3306/test"
    username = "root"
    password = "123"
    maxActive = "5"
    maxIdle = "2"
    maxWait = "6000" />
</Context>
```

在配置数据源时需要配置的 Resource 元素的属性及其说明如表 4.7 所示。

表 4.7 Resource 元素的属性

属性名称	说明
name	设置数据源的 JNDI 名
type	设置数据源的类型
auth	设置数据源的管理者,有 Container 和 Application 两个可选值,Container 表示由容器来创建和管理数据源,Application 表示由 Web 应用程序来创建和管理数据源
driverClassName	设置连接数据库的 JDBC 驱动程序
url	设置连接数据库的路径
username	设置连接数据库的用户名
password	设置连接数据库的密码
maxActive	设置连接池中处于活动状态的数据库连接的最大数目,0 表示不受限制
maxIdle	设置连接池中处于空闲状态的数据库连接的最大数目,0 表示不受限制
maxWait	设置当连接池中没有处于空闲状态的连接时请求数据库连接的请求的最长等待时间(单位为 ms),如果超出该时间将抛出异常,-1 表示无限期等待

第二步:使用 JNDI 访问数据库连接池。

JDBC 提供了 javax.sql.DataSource 接口负责与数据库建立连接,在应用中无须编写连接数据库代码便可直接从数据源(context.xml)中获得数据库连接。在 DataSource 中预先建立了多个数据库连接,这些数据库连接保存在数据库连接池中,当程序访问数据库时只需从连接池中取出空闲的连接,访问结束后再将连接归还给连接池。DataSource 对象由 Web 服务器(例如 Tomcat)提供,不能通过创建实例的方法来获得 DataSource 对象,需要利用 Java 的 JNDI(Java Naming and Directory Interface,Java 命名和目录接口)来获得 DataSource 对象的引用,具体的实现代码如下。

```java
import java.sql.*;
import javax.naming.*;
import org.apache.tomcat.jdbc.pool.DataSource;
public class WebDbPool {
    /**
     * 声明 JDBC 相关对象
     */
    protected static Statement s = null;
    protected static ResultSet rs = null;
    protected static Connection conn = null;
    /**
     * 从数据库连接池获取连接
     */
    public static synchronized Connection getConnection()
    {
        try
        {
            /*Context 是 javax.name 包中的一个接口,用于查找数据库连接池的配置文件*/
            Context ctx = new InitialContext();
            ctx = (Context) ctx.lookup("java:comp/env");
            /*dbpool 为 context.xml 文件中 Resource 元素的 name 属性值*/
            DataSource ds = (DataSource) ctx.lookup("dbpool");
            conn = ds.getConnection();
        }catch(Exception e)
        {
            e.printStackTrace();
        }
        return conn;
    }
}
```

2. 独立于 Web 服务器的数据库连接池

尽管现在大部分的应用服务器都提供了自己的数据库连接池方案,但有些时候,若 Web 应用是一个独立的应用程序,并不是普通的 Web/Java EE 应用,而是单独运行的,无须应用服务器的支持,在这种情况下应用程序就需要建立独立的数据库连接池方案了。这里介绍一种利用 Apache 的 DBCP 建立独立于 Web 服务器的数据库连接池方案。

第一步:下载必需的 JAR 包。

- Apache CommonsDBCP 包:目前最新版本为 2.1.1,支持 JDBC4.1(Java 7.0 及以上版本),下载地址为"http://commons.apache.org/proper/commons-dbcp/download_dbcp.cgi"。
- Apache Commons Pool 包:目前最新版本为 2.4.2,支持 Java 6.0 及以上版本,下载地址为"http://commons.apache.org/proper/commons-pool/download_pool.cgi"。

将上述两个 JAR 文件复制到应用程序的 WEB-INF\lib 目录下,应用程序即可加载 DBCP 类库。

第二步:创建基于 DBCP 方式的数据库连接池公共类,通过该类从数据库连接池中获取 Connection 对象。在创建数据库连接池公共类时可以使用资源文件传入需要的参数,由于篇幅所限,此处直接使用硬编码的方式(使用 Properties 类)做简单介绍。
DbcpPool.java

```java
import java.sql.*;
import java.util.Properties;
import org.apache.commons.dbcp2.BasicDataSource;
import org.apache.commons.dbcp2.BasicDataSourceFactory;
public class DbcpPool {
    /**
     * 声明 JDBC 相关对象
     */
    protected static Statement s = null;
    protected static ResultSet rs = null;
    protected static Connection conn = null;
    private static BasicDataSource dataSource = null;
    //初始化数据库连接池
    public static void init()
    {
        if (dataSource != null)
        {
            try
            {
                dataSource.close();
            }catch (Exception e)
            {
                e.printStackTrace();
            }
            dataSource = null;
        }
        //使用 Properties 对象定义数据库连接池信息
        try {
            Properties p = new Properties();
            p.setProperty("driverClassName", "com.mysql.jdbc.Driver");
            p.setProperty("url", "jdbc:mysql://localhost:3306/userdb");
            p.setProperty("username", "root");
            p.setProperty("password", "123");
            p.setProperty("maxActive", "30");
            p.setProperty("maxIdle", "10");
            p.setProperty("maxWait", "1000");
            p.setProperty("removeAbandoned", "false");
            p.setProperty("removeAbandonedTimeout", "120");
            p.setProperty("testOnBorrow", "true");
            p.setProperty("logAbandoned", "true");
            //以指定信息创建数据源
            dataSource = (BasicDataSource) BasicDataSourceFactory.createDataSource(p);
        }catch (Exception e) {
            e.printStackTrace();
        }
```

```java
        }
        //从连接池中获取连接
        public static synchronized Connection getConnection() throws SQLException {
            if (dataSource == null) {
                init();
            }
            Connection conn = null;
            if (dataSource != null) {
                conn = dataSource.getConnection();
            }
            return conn;
        }
    }
```

在应用中，只要简单地使用 DbcpPool.getConnection() 方法就可以取得连接池中的 Connection 对象。当需要断开数据库连接时，使用 Connection 对象的 close() 方法就可以把此连接返还到连接池中。

在使用 Properties 创建 BasicDataSource 时有很多属性可以设置，各个属性的作用见表 4.7。本例中还用到了 testOnBorrow、testOnReturn、testWhileIdle 等属性，它们的含义分别是当取得连接、返回连接和连接空闲时是否进行有效性验证，默认都为 false。当数据库连接因为某种原因断掉后再从连接池中取得的连接实际上可能是无效的连接。所以，为了确保取得的连接是有效的，可以把这些属性设为 true。

动手实践 4-2

请读者设计一个公共类 UserDAO，实现对用户表的增、删、改、查等数据库操作，并在涉及用户操作的业务逻辑中使用 UserDAO 处理对用户的相应数据库操作，体验这种设计方式有什么优势。

本章小结

本章主要介绍了 JDBC 技术，并对 MySQL 数据库的安装与配置以及在 Eclipse 中配置 MySQL 数据库进行了详细介绍，此外还介绍了 MySQL 数据库的命令行操作和图形化管理工具 Navicat Premium。

Java 应用程序通过 JDBC 访问各种数据库，主要依赖于 JDBC API，例如 DriverManager、Connection、Statement、PreparedStatement、CallableStatement、ResultSet 等。JDBC 连接数据库通常分为 5 步，即加载 JDBC 驱动建立连接、建立与数据库的连接、对数据库进行操作、分析结果集、关闭数据库连接。另外还介绍了利用 JDBC 连接 SQL Server 2008 和 Oracle 数据库的方法。

最后，本章介绍了数据库连接池技术，数据库连接池避免了应用程序在访问数据库时每次都要重新建立数据库连接的烦琐过程，提高了效率。目前，实现数据库连接池的技术主要有两种，即基于 Web 服务器的连接池技术和独立于 Web 服务器的数据库连接池。

第5章 JavaBean

本章要点：
- JavaBean 介绍；
- 设计 JavaBean；
- 访问 JavaBean。

JavaBean 是一种用 Java 语言写成的可重用组件，最初的设计目的是应用在 Java GUI 设计开发中，但目前广泛应用在 JSP 中，本章将重点介绍 JavaBean 在 JSP 中的具体应用。

5.1 JavaBean 介绍

JavaBean 是一种可复用、跨平台的软件组件，实际上是使用 Java 语言编写的一个特殊的 Java 类。JavaBean 可以分为两种，一种用于 GUI 开发，这也是最初设计 JavaBean 的目的；另外一种用于 Web 应用开发，它主要负责业务逻辑的处理，典型应用在 JSP 开发中。

5.1.1 JavaBean 的特点

传统的 JSP 技术在实现业务逻辑时往往将 Java 代码（称为业务逻辑层）和表现用户界面的 HTML 代码（称为表示层）混合在一起，这种开发模式尽管实现起来较为简单，但是也给软件的维护带来了极大的不便，程序的可读性也比较差。在 JSP 中引入 JavaBean 技术可以解决这些问题，JavaBean 封装了数据和业务逻辑，方便 JSP 和 Servlet 调用，实现了业务逻辑层与表示层的分离。JavaBean 应用在 JSP 中有以下优势：

（1）实现了 Java 代码与 HTML 代码的分离，便于维护代码，提高了程序的可读性。

（2）Web 应用的业务逻辑由 JavaBean 实现，这样可以在不同的 JSP 页面中访问同一个 JavaBean，实现代码的复用，从而减少了代码的编写量。

（3）便于人员分工，可以把 Web 应用的业务逻辑和用户界面设计交由不同的人员开发，降低了开发 Web 应用人员的整体要求。

（4）JavaBean 具有 Java 跨平台的特性，可以在任何安装了 Java 运行环境的平台上使用，而不需要重新编译。

JavaBean 实际上是一个特殊的 Java 类，在设计 JavaBean 时必须遵循以下 JavaBean 开发规范：

（1）JavaBean 必须是 public 类型的公共类。

（2）在 JavaBean 中需要提供一个 public 类型的无参构造方法。

（3）为 JavaBean 的属性提供 setter 和 getter 方法，setter 方法为属性设置值，getter 方法获取属性的值。假设 JavaBean 的属性名是 xxx，那么该属性的 setter 和 getter 方法应命名为 setXxx()和 getXxx()。对于 boolean 类型的属性，允许使用"is"代替"get"和"set"。

（4）getter 和 setter 方法必须是 public 类型的，而 JavaBean 的属性必须是 private 类型。

（5）在设计 JavaBean 时通常将其放在一个命名的包下。

注意：

JavaBean 中的 setter 和 getter 方法要遵循 Java 的命名规范，即 set 和 get 后跟的成员变量名的第一个字母需要大写，如一个成员变量名为 username，那么其 setter 和 getter 方法名就为 setUsername 和 getUsername。在 JavaBean 中除了可以定义 setter 和 getter 方法之外，还可以定义实现其他功能的方法。

5.1.2　JavaBean 的应用范围

在 JSP 中使用<jsp:useBean>、<jsp:setProperty>和<jsp:getProperty>这 3 个动作标记访问 JavaBean。

其中，<jsp:useBean>动作标记的作用是在 JSP 页面中产生一个 JavaBean 的快捷参考。其 scope 属性有 4 种取值，即 page、request、session 和 application，表示页面所引用 JavaBean 的应用范围。

- 会话范围（session）：指定为会话范围的 JavaBean 主要应用在跨多个页面和时间段，例如在用户注册中保存用户信息、接受反馈信息、保存用户最近执行页面的轨迹等，这些操作往往是一个用户在不同的 JSP 页面中操作，并且需要在这些页面之间共享数据；指定为会话范围的 JavaBean 保留了一些和用户对话 ID 相关的信息，这些信息来自临时的会话 Cookie，并在用户关闭浏览器时该 Cookie 将从客户端和服务器删除。
- 页面/请求范围（page/request）：页面和请求范围的 JavaBean 主要用来处理表单。表单需要很长时间来处理用户的输入，通常情况下用于页面接受 HTTP 的 POST 或者 GET 请求。另外，页面/请求范围的 JavaBean 可以用于减少大型站点服务器上的负载，如果使用会话范围的 JavaBean，耽搁的处理可能会消耗掉很多系统资源。
- 应用范围（application）：应用范围通常应用于服务器的部件，例如 JDBC 连接池、应用监视、用户计数和其他参与用户行为的类。

5.1.3　JavaBean 开发注意事项

尽管 JavaBean 可以实现 JSP 中业务逻辑层与表示层的分离，而且可以利用 JavaBean 向 JSP 页面中输出特定的数据（主要利用<jsp:getProperty>动作标记），甚至可以输出一些 HTML 格式化的数据。在理论上，JavaBean 不会产生任何 HTML，因为这是 JSP 表示层负责的工作；然而为动态消息提供一些预先准备的格式是非常有用的，产生的 HTML 将被标注的 JavaBean 方法返回。在使用 JavaBean 输出 HTML 格式化的数据时需要注意以下事项。

（1）不要试图在 JavaBean 属性中设置 HTML 或 JavaScript 脚本，因为不同的浏览器对脚本的兼容性不同，可能会导致浏览器崩溃。如果用户的 JavaBean 在运行时是动态地返回复杂的 HTML 脚本，用户将陷入调试的噩梦。另外，复杂的 HTML 脚本也会限制 JavaBean 的寿命和灵活性。

（2）不要提供任何的分支选择，如果用户使用不同的系统浏览页面，可以提供一种可以替换的方法。

注意

（1）JavaBean 是基于 Java 的组件模型，有点类似于 Microsoft 的 COM 组件。在 Java 平台中，通过 JavaBean 可以无限地扩充 Java 程序的功能，通过 JavaBean 的组合可以快速地生成新的应用程序。对于程序员来说，最好的一点就是 JavaBean 可以实现代码的重复利用，对于降低程序的维护成本也有重大意义。JavaBean 传统的应用在于可视化的领域，例如 Swing 下的应用开发。自从 JSP 诞生后，JavaBean 更多地应用在非可视化领域，在 Web 服务器端应用方面表现出越来越强的生命力。

（2）EJB 不是一个具体的产品，而是一个 Java 服务器端组件的开发规范，软件厂商根据它来实现 EJB 服务器。使用 EJB，Java 程序员可以将一些定义明确的程序块组合到一起，从而方便、快捷地构建分布式应用程序。使用 EJB 可以使整个程序分块明确，并且 EJB 可以使用其他 EJB 或 JDBC 等服务，从而增强了分布式应用程序的可扩展性和性能；使用 EJB 技术可以增强整个分布式应用系统的可靠性、可管理性和可移植性。

5.2 设计 JavaBean

JavaBean 是一种 Java 类，通过封装属性和方法成为具有某种功能或者处理某个业务的对象，简称为 Bean。那么在实际应用中究竟为 JavaBean 定义哪些属性呢？这里有一点经验。

在 JSP 中，JavaBean 的一个重要作用就是用于暂存表单中的数据，而这些数据往往是与数据库相关的：把 JSP 页面中的数据暂存于 JavaBean（主要利用其属性存储），然后把 JavaBean 保存的数据转存到数据库中。或者与之相反，把从数据库中取出的数据暂存于 JavaBean，然后返回到 JSP 页面中。实际上 JavaBean 相当于 Web 应用中的数据中转站，因此可以把数据库中的各个表对应地转换为 JavaBean，即将数据库表的字段设计为 JavaBean 的属性。

结合本书中介绍的用户信息管理系统为数据库用户表设计相应的 JavaBean，具体代码如下。

Users.java

```java
package com.bean;
public class Users {
    /**
     * 声明属性，private 类型
     */
```

```java
    private String fd_username;
    private String fd_password;
    private String fd_usertype;
    private String fd_gender;
    private String fd_hobby;
    private String fd_birthdate;
    private String fd_email;
    private String fd_introduction;
    /**
     * 无参构造方法
     */
    public Users()
    {}
    /**
     * 为属性提供 setter 和 getter 方法,public 类型
     */
    public String getFd_username() {
        return fd_username;
    }
    public void setFd_username(String fd_username) {
        this.fd_username = fd_username;
    }
    public String getFd_password() {
        return fd_password;
    }
    public void setFd_password(String fd_password) {
        this.fd_password = fd_password;
    }
    public String getFd_usertype() {
        return fd_usertype;
    }
    public void setFd_usertype(String fd_usertype) {
        this.fd_usertype = fd_usertype;
    }
    public String getFd_gender() {
        return fd_gender;
    }
    public void setFd_gender(String fd_gender) {
        this.fd_gender = fd_gender;
    }
    public String getFd_hobby() {
        return fd_hobby;
    }
    public void setFd_hobby(String fd_hobby) {
        this.fd_hobby = fd_hobby;
    }
    public String getFd_birthdate() {
        return fd_birthdate;
    }
    public void setFd_birthdate(String fd_birthdate) {
```

```java
        this.fd_birthdate = fd_birthdate;
    }
    public String getFd_email() {
        return fd_email;
    }
    public void setFd_email(String fd_email) {
        this.fd_email = fd_email;
    }
    public String getFd_introduction() {
        return fd_introduction;
    }
    public void setFd_introduction(String fd_introduction) {
        this.fd_introduction = fd_introduction;
    }
}
```

通过本例可以看到 Users.java 就是一个特殊的 Java 类，它把用户表中的各个属性转化为 JavaBean 中的私有类型属性，并且为每个属性提供了 public 类型的 setter 方法和 getter 方法。

动手实践 5-1

请读者设计一个关于三角形的 JavaBean，该 JavaBean 有 3 个 double 类型的边长属性，请为该 JavaBean 提供 setter 和 getter 方法。

5.3 访问 JavaBean

在 JSP 页面中通过使用与 JavaBean 有关的动作标记访问 JavaBean，访问 JavaBean 的动作标记主要有以下 3 种。

- <jsp:useBean>：在 JSP 页面中声明并创建 JavaBean 对象实例。
- <jsp:setPorperty>：为 JavaBean 对象的特定属性设置值。
- <jsp:getProperty>：获取 JavaBean 对象的指定属性值，并显示在网页上。

下面将以计算矩形的面积和周长为例详细介绍使用 JSP 动作标记访问 JavaBean 的方法。

1. 编写 JavaBean

编写矩形的 JavaBean，在 JavaBean 中也可以实现一些业务逻辑，例如在 JavaBean 中使用 getter 方法计算矩形的面积和周长等。此外，并不是所有的属性都必须提供 getter 和 setter 方法，也有属性可以没有 getter 或 setter 方法。

Rectangle.java

```java
package henu.bean;
public class Rectangle {
    //矩形的宽
    private double width;
```

```java
        //矩形的长
        private double length;
        //矩形的面积
        private double area;
        //矩形的周长
        private double perimeter;
        public double getWidth() {
            return width;
        }
        public void setWidth(double width) {
            this.width = width;
        }
        public double getLength() {
            return length;
        }
        public void setLength(double length) {
            this.length = length;
        }
        //属性 area 的 getter 方法,计算矩形的面积
        public double getArea() {
            area = width * length;
            return area;
        }
        public void setArea(double area) {
            this.area = area;
        }
        //属性 perimeter 的 getter 方法,计算矩形的周长
        public double getPerimeter() {
            perimeter = 2 * (width + length);
            return perimeter;
        }
        public void setPerimeter(double perimeter) {
            this.perimeter = perimeter;
        }
}
```

2. 设计 JSP 页面

JSP 页面提供矩形边长和宽的输入页面 input.jsp 以及计算矩形面积和周长的结果输出页面 result.jsp,这里先给出 input.jsp 页面的核心代码。

input.jsp

```
  ⋮
<form action = "result.jsp" method = "post">
    长: <input type = "text" name = "length"/><br/>
    宽: <input type = "text" name = "width"/><br/>
    <input type = "submit" value = "计算" />
</form>
  ⋮
```

注意,表单中<input>标签的 name 属性值一定要与关联的 JavaBean 中的成员变量名保持一致。例如,Rectangle 类中有一个成员变量名为 width,在页面中<input>标签的 name 属性值命名为 width。

3. 在 JSP 页面中引用 JavaBean 对象

正如变量在使用之前需要先声明一样,在 JSP 页面中要使用 JavaBean 对象,必须在相应的 JSP 页面中使用<jsp:useBean>动作标记引用 JavaBean 对象。<jsp:useBean>动作标记的语法格式如下:

```
<jsp:useBean id="对象名" class="JavaBean 完整包路径" scope="作用范围"/>
```

其中,<jsp:useBean>动作标记的各属性的具体含义如下。
- id 属性:代表引用 JavaBean 对象的 ID,即在该 JSP 页面中相当于一个局部变量,使用此 ID 表示引用的 JavaBean 对象。需要注意的是,在同一个会话范围内不允许有两个相同 ID 的 JavaBean 对象。
- class 属性:代表引用 JavaBean 的具体类名。
- scope 属性:指定引用 JavaBean 的作用范围,可以是 page、request、session 或 application,默认为 page。

那么,在 result.jsp 页面中使用<jsp:useBean>引用 Rectangle 的具体代码如下:

```
<jsp:useBean id="rectangle" class="henu.bean.Rectangle" scope="request"/>
```

4. 访问 JavaBean 属性

1)设置 JavaBean 的属性

在 JSP 页面中一旦引用 JavaBean 对象,就可以在 JSP 页面中访问 JavaBean 的属性了。用户可以使用<jsp:setProperty>动作标记设置 JavaBean 的属性,例如设置 rectangle 对象的 width 属性值为 20:

```
<jsp:setProperty property="width" name="rectangle" value="20"/>
```

其中,<jsp:setProperty>动作标记的各属性的含义如下。
- property 属性:对应 JavaBean 类的同名成员变量,例如 property 属性的值为 width,对应于 Rectangle 类中的成员变量 width。property 属性的值也可以为"*",表示自动匹配表单中的属性名。
- name 属性:name 属性值对应于<jsp:useBean>动作标记的 ID 属性值。
- value 属性:可选属性,为 property 属性设定值。本例中为 width 属性赋值 20。value 属性也可以省略,当省略 value 时,其自动匹配 JSP 页面中表单的同名的输入域。

实际上,上例中的代码可以转换为下面的代码。

```
<%
    Rectangle rectangle = new Rectangle();
    rectangle.setWidth(20);
%>
```

2）获取 JavaBean 的属性

使用<jsp:getProperty>动作标记获取 JavaBean 的属性，例如获取 rectangle 对象的 area 值：

```
<jsp:getProperty property = "area" name = "rectangle"/>
```

该动作标记的各属性的含义与<jsp:setProperty>动作标记的对应属性相同。实际上，当在 JSP 页面中使用此标记时相当于使用以下代码。

```
<% = rectangle.getArea() %>
```

Web 容器在执行<jsp:getProperty>动作标记时依据 property 属性指定的属性名自动调用 JavaBean 对应的 getter 方法。如果 property 属性指定的属性名为 area，那么将自动调用 JavaBean 的 getArea()方法。

基于以上步骤，在 result.jsp 页面中计算矩形的面积和周长的功能就实现了，完整的代码如下。

result.jsp

```
<body>
<jsp:useBean id = "rectangle" class = "henu.bean.Rectangle" scope = "request"/>
<jsp:setProperty property = "*" name = "rectangle"/>
面积：<jsp:getProperty property = "area" name = "rectangle"/><br/>
周长：<jsp:getProperty property = "perimeter" name = "rectangle"/><br/>
</body>
```

运行 input.jsp 页面并输入长和宽，而 result.jsp 页面创建 JavaBean 对象 rectangle，并获取 input.jsp 页面的长和宽两个数值分别赋给 rectangle 的两个变量 length 和 width，然后获取 area 变量的值并输出到该页面，其处理流程如图 5.1 所示，input.jsp 和 result.jsp 页面的运行结果分别如图 5.2 和图 5.3 所示。

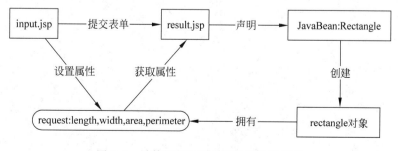

图 5.1　计算矩形面积和周长的处理流程

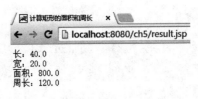

图 5.2　input.jsp 页面的运行结果　　　　图 5.3　result.jsp 页面的运行结果

动手实践 5-2

请读者在前面三角形的 JavaBean 基础上继续完善程序，为程序提供一个页面，利用有关 JSP 动作标记为 JavaBean 对象的边长赋值，然后使用该 JavaBean 计算三角形的面积。

本章小结

JavaBean 实现了 Java Web 应用的表示层与业务逻辑层的分离，便于代码复用。本章介绍 JavaBean 设计规范和特征，JavaBean 实际上是一种特殊的 Java 类，要求其构造方法必须是无参的构造方法，成员变量均为 private 类型，而且每个成员变量可提供相应的 getter 和 setter 方法。在 JSP 页面中，使用＜jsp:useBean＞动作标记实现 JSP 页面与 JavaBean 的"绑定"，使用＜jsp:setProperty＞和＜jsp:getProperty＞动作标记设置和获取 JavaBean 的属性。

JavaBean 也可以实现业务逻辑，但是 JavaBean 更多的是作为数据模型使用，在视图层与控制层之间起到数据中转站的作用。

第6章

Servlet、Filter与Listener

本章要点：
- Servlet 简介；
- Servlet 的作用；
- Servlet 的生命周期；
- Servlet API；
- 创建 Servlet；
- 调用 Servlet；
- Filter 过滤器；
- Listener 监听器。

Servlet 是使用 Java 语言编写的并且在服务器端执行的程序，Servlet 技术是扩展和加强 Web 服务器端性能的首选技术。Servlet 提供了一种基于组件、平台无关性的构建 Web 应用的方法，从而取代传统 CGI 程序的种种性能限制。本章介绍 Servlet 技术以及如何构建与调用 Servlet 程序。Filter 和 Listener 在形式上与 Servlet 相似，Filter 主要针对用户的某些特定请求（Request）在访问 Web 应用之前进行预处理或对服务器的响应（Response）进行修改；Listener 是 Servlet 的监听器，它可以监听客户端的请求、服务端的操作等。

6.1 Servlet 简介

Servlet 是一种运行在服务器端的 Java 应用程序，具有独立于平台和协议的特性，并且可以动态地生成 Web 页面，它工作在客户端请求与服务器响应的中间层。Servlet 运行在服务器端，与传统的以命令行方式启动的 Java 应用程序（Java Application）不同，Servlet 由包含 Java 虚拟机的 Web 服务器（例如 Tomcat）进行加载并运行。Tomcat 8.0 支持 Servlet 3.1 规范，Servlet 的运行机制如图 6.1 所示。

图 6.1 Servlet 的运行机制

Servlet 可以访问包括 JDBC 在内的几乎所有的 JDK API，Servlet 支持 HTTP 协议与客户端进行通信，它能够根据客户端的 HTTP 请求类型选择相应的 Servlet 方法处理用户请求并做出响应,所以有时也称 Servlet 为"HTTP Servlet"。Servlet 用特定的 Java 解决方案替代了其他的 Web 服务器端编程模式(例如 CGI 等)。此外,Servlet 也继承了 Java 的所有特性,例如跨平台、多线程、面向对象等。

  Servlet 可以嵌入在不同的 Java Web 服务器之中,由于用来编写 Servlet 的 Servlet API 对于服务器环境和协议没有任何特殊的要求,所以 Servlet 具有很强的可移植性,不像 CGI 程序等其他方式那样具有性能局限。目前,Servlet 已经成为构建 Web 应用的主要技术之一,几乎所有主流的 Web 服务器(例如 Tomcat、WebSphere、WebLogic)都支持 Servlet 技术。JSP 技术实际上是 Servlet 技术的一种扩展,以便于支持 HTML 和 XML 页面,从而可以更加容易地把动态数据绑定到静态页面模块。JSP 页面在首次运行时将被 Web 服务器转换为 Servlet 程序,然后在 Web 服务器中加载和运行。

  Servlet 使用 Java Servlet API 及相关类和方法编写 Java 应用程序。除了 Servlet API 以外,Servlet 还提供了用来扩展基于 HTTP 协议的 Java 类软件包,从而使 Servlet 具有在 Java Web 服务器或应用服务器上运行并扩展该服务器的能力。Servlet API 包含以下内容。

- javax.servlet.*:包含了所有 Servlet 类实现的基本接口和继承的基本类。
- javax.servlet.http.*:包含了编写基于 HTTP 协议的 Servlet 所需的基类。

注意:

Servlet 运行在服务器端,Applet 运行在客户端;Servlet 对于 Web 服务器就好像 Applet 对于 Web 浏览器;Servlet 装入 Web 服务器并在 Web 服务器上执行,而 Applet 装入 Web 浏览器并在 Web 浏览器内执行。

6.2 Servlet 的作用

  Servlet 具有创建一个框架来扩展服务器的能力,具体表现为在 Web 上可以进行接受请求和响应服务。当客户机发送请求至服务器时,服务器可以将请求信息发送给 Servlet,并让 Servlet 建立服务器返回给客户机的响应。当启动 Web 服务器或客户机第一次请求服务时可以自动装入 Servlet,装入后 Servlet 继续运行直到 Web 服务器关闭。Servlet 的功能涉及范围很广,Servlet 可以完成以下功能。

(1) 创建并返回一个包含基于客户请求性质的、动态内容的完整 HTML 页面;
(2) 创建可嵌入到现有 HTML 页面中的一部分 HTML 页面(HTML 片段);
(3) 读取客户端发来的隐藏数据;
(4) 读取客户端发来的显式数据;
(5) 与其他服务器资源(包括数据库和 Java 应用程序)进行通信;
(6) 通过状态代码和响应头向客户端发送隐藏数据。

6.3 Servlet 的生命周期

  Servlet 的生命周期始于它被装入 Web 服务器的内存时,并在 Web 服务器终止或重新装入 Servlet 时结束。Servlet 一旦被装入 Web 服务器,一般不会从 Web 服务器内存中删除,直到 Web 服务器关闭或者重新启动结束(但不排除 Web 服务器做内存回收动作时,Servlet 有可能被删除),也正是因为这个原因,一般来说第一次访问 Servlet 程序时所用的时间开销要大大多于以后访问所用的时间。

一个 Servlet 程序在 Web 服务器上的运行过程经历了如图 6.2 所示的几个阶段。

图 6.2　Servlet 在 Web 服务器上的运行过程

Servlet 的生命周期起始于第 2 个阶段(即初始化),终止于第 4 个阶段(即销毁),完成其生命周期。Servlet 的生命周期主要体现在 init()、service() 和 destroy() 这 3 个方法中。Servlet 服务器完成加载 Servlet 类和实例化一个 Servlet 对象后,init() 方法完成初始化工作,该方法由 Web 服务器调用完成;service() 方法处理客户端请求,并返回响应结果;destroy() 方法在 Web 服务器卸载 Servlet 之前被调用,释放一些资源。下面是 Servlet 的整个生命周期的具体执行过程。

1. 初始化

Web 服务器负责加载和实例化 Servlet 的工作,该工作既可以在 Web 服务器启动时完成,也可以在 Web 服务器收到请求时完成,或者是在两者之间的某个时刻启动。之后需要初始化 Servlet,即读取配置信息、初始化参数等,这些动作在整个生命周期中只需要执行一次。Servlet 的初始化工作由它的 init() 方法负责执行完成。

2. 调用

对于发送到 Web 服务器端的客户机请求,Web 服务器创建针对于该请求的一个 ServletRequest 类型的请求对象和一个 ServletResponse 类型的响应对象,然后 Web 服务器调用 Servlet 的 service() 方法,该方法用于传递请求对象和响应对象。service() 方法从请求对象获得请求信息,处理该请求并用响应对象的方法将响应返回给客户机。可见,service() 方法对于 Servlet 至关重要,该方法是一个 Servlet 类重点实现的方法。请求对象可以获得客户端发出请求的相关信息,例如请求参数等。响应对象可以使 Servlet 建立响应头和状态代码,并可以写入响应内容返回给客户端。此外,service() 方法还可以根据客户端请求方式调用自身相应的方法(例如 doGet()、doPost() 等方法)来处理请求。

注意:

在自定义的 Servlet 类中,若重写了 doGet() 或者 doPost() 方法,那么 service() 方法就不必重写,service() 方法根据用户的请求选择相应的 doXxx() 方法对 HTTP 请求进行处理。例如 doGet() 方法用于处理来自客户端 HTTP 的 GET 请求;doPost() 方法用于处理 HTTP 的 POST 请求。

3. 销毁

虽然 Java 虚拟机提供了垃圾自动回收机制,但是有一部分资源却是该机制不能处理或延迟很久才能处理的,例如关闭文件、释放数据库连接等。当服务器不再需要 Servlet 对象时或需要重新装入 Servlet 的新实例时，Web 服务器会调用 Servlet 的 destroy()方法，以让 Servlet 自行释放占用的系统资源。

6.4 Java Servlet API

前面已经介绍 Servlet 提供了两个基本软件包，即 javax.servlet.Servlet 和 javax.servlet.http。其中，javax.servlet.Servlet 是 Servlet 体系结构的核心，它为所有的 Servlet 提供基本框架，定义 Servlet 生命周期的基本方法。图 6.3 给出了 Java Servlet 的层次结构，表 6.1 所示为 Servlet API。

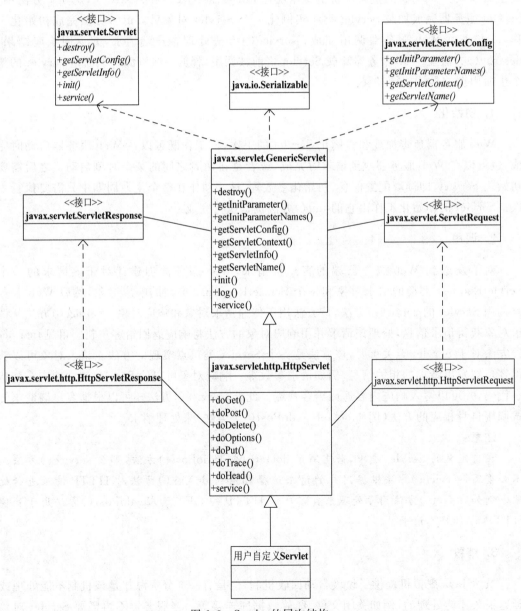

图 6.3　Servlet 的层次结构

表 6.1 Servlet API

功　能	类 或 接 口
Servlet 实现	javax.servlet.Servlet、javax.servlet.GenericServlet、javax.servlet.http.HttpServlet
Servlet 配置	javax.servlet.ServletConfig
Servlet 异常	javax.servlet.ServletException、javax.servlet.UnavailableException
请求和响应	javax.servlet.ServletRequest、javax.servlet.ServletResponse、javax.servlet.http.HttpServletRequest、javax.servlet.http.HttpServletResponse
会话跟踪	javax.servlet.http.HttpSession、javax.servlet.http.HttpSessionBindingListener、javax.servlet.http.HttpSessionBindingEvent
Servlet 上下文	javax.servlet.ServletContext
Servlet 协作	javax.servlet.RequestDispatcher
其他	javax.servlet.http.Cookie、javax.servlet.http.HttpUtils

用户由表 6.1 可以看到,在实现 Servlet 时有 3 种方式,分别是实现 Servlet 接口、继承 GenericServlet 类和继承 HttpServlet 类。在实际应用中,以继承 HttpServlet 应用居多,一个 HttpServlet 程序的基本结构如下:

```
public class Servlet 类名 extends HttpServlet {
    /*Servlet 处理业务的核心方法,自动执行,根据请求方式调用 doXxx()方法 */
    protected void service(HttpServletRequest request, HttpServletResponse response) throws ServletException, IOException {}
    /*销毁 Servlet 对象 */
    public void destroy() {}
    /*初始化 Servlet 对象 */
    public void init() throws ServletException {}
    /*处理 Get 方式的 HTTP 请求 */
    protected void doGet(HttpServletRequest request, HttpServletResponse response) throws ServletException, IOException {}
    /*处理 Post 方式的 HTTP 请求 */
    protected void doPost(HttpServletRequest request, HttpServletResponse response) throws ServletException, IOException {}
}
```

1. public void init()

在 Servlet 的生命周期中仅执行一次 init()方法,即在 Web 服务器装入 Servlet 程序时执行该方法。无论有多少客户机访问 Servlet 程序都不会重复执行 init()方法。

init()方法有两种形式,即无参的 init()和 init(ServletConfig config)。一般情况下 init()方法无须重写,也可以重写该方法,以便初始化一些成员变量,例如在 init()方法中初始化数据库连接等。

2. public void service(HttpServletRequest req,HttpServletResponse res)

service()方法是 Servlet 的核心,客户每请求一次 HttpServlet 对象,该对象的 service()方法就要被调用一次,而且传递给该方法一个请求对象 HttpServletRequest 和一个响应对象

HttpServletResponse。

默认的 service()方法执行时总是调用与 HTTP 请求方式相对应的 doXxx()方法。例如,如果 HTTP 请求方式为 GET,则 service()方法调用 doGet()方法处理客户端请求。

3. public void destroy()

destroy()方法在整个生命周期内也是仅执行一次,即在 Web 服务器停止且卸载 Servlet 时执行该方法。默认的 destroy()方法通常是符合要求的,用户的 Servlet 类没有必要覆盖父类的 destroy()方法,除非有特殊需要,例如管理服务器端资源、关闭数据库连接。此外,Servlet 程序在运行 service()方法时可能会产生其他线程,因此在调用 destroy()方法时要确认这些线程已终止或完成。

4. public ServletConfig getServletConfig()

getServletConfig()方法返回一个 ServletConfig 对象,该对象用来返回初始化参数和 ServletContext。ServletContext 接口提供有关 Servlet 的环境信息。

5. public String getServletInfo()

getServletInfo()方法是一个可选的方法,它提供有关 Servlet 的信息,例如作者、版本、版权等。

6. public String getInitParameter(String name)

该方法返回指定初始化参数 name 的数值,如果初始化参数不存在则返回 null。该方法主要用来读取 web.xml 文件中定义的 Servlet 初始化参数。

7. public Enumeriation getInitParameterNames()

该方法以 Enumeriation 形式返回 Servlet 的所有初始化参数名称。

注意:

当服务器调用 Servlet 的 service()、doGet()或 doPost()方法时,均需要请求和响应对象作为参数。请求对象提供有关请求的信息,而响应对象提供了一个将响应信息返回给浏览器的通信途径。请求和响应对应的 javax.servlet 包中的接口分别是 ServletResponse 和 ServletRequest,而在 javax.servlet.http 包中对应的接口分别是 HttpServletResponse 和 HttpServletRequest。

6.5 创建 Servlet

创建一个 HTTP Servlet 类通常需要下列 5 步操作。

第一步:扩展 HttpServlet 抽象类。

第二步:重写适当的方法,例如覆盖(或称为重写)doGet()或 doPost()方法。

第三步:配置 Servlet。配置 Servlet 有两种方式,一是在 Web 应用的配置文件 web.xml 中添加对应 Servlet 的配置信息,二是在 Servlet 类中直接使用注解方式配置。

第四步：如果有 HTTP 请求信息，获取该信息，用 HttpServletRequest 对象来检索 HTML 表单所提交的数据或 URL 上的查询字符串。

第五步：生成 HTTP 响应。HttpServletResponse 对象生成响应，并将它返回到发出请求的客户机上。响应对象可以使用 getWriter() 方法，以返回一个 PrintWriter 对象，使用 PrintWriter 的 print() 等方法输出内容返送给客户端。

下面介绍如何在 Eclipse 环境下创建和配置 Servlet 程序。

1. 创建 Servlet

在项目中新建一个 Servlet，名称为 TriangleServlet.java。在 Eclipse 中创建 Servlet 的具体步骤如下。

第一步：选择 Eclipse 的 File→New→Servlet 命令，弹出如图 6.4 所示的对话框，在该对话框中设置 Servlet 所在的包、Servlet 类名、继承的父类（一般为 HttpServlet）等信息，然后单击 Next 按钮进入下一步。

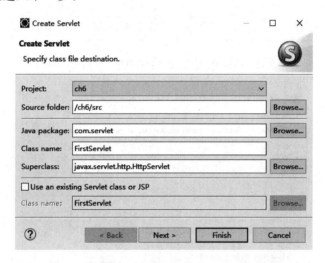

图 6.4 创建 Servlet——设置 Servlet 的基本信息

第二步：在出现的如图 6.5 所示的对话框中设置 Servlet 的部署信息，例如 Servlet 的描述信息和 URL 映射名称，Eclipse 将这些部署信息自动以 Java 注解的方式配置到 Servlet 类中。然后单击 Next 按钮进入下一步。

注意：

URL 映射是指通过 URL 访问 Servlet 的方式，例如此处 FirstServlet.java 的 URL 映射为"/FirstServlet"，假设在本机中访问该 Servlet 的 URL 为"http://localhost:8080/ch6/FirstServlet"，其中"http://localhost:8080/ch6"为本项目的根目录。

第三步：在出现的如图 6.6 所示的对话框中设置 Servlet 需要覆盖父类的方法，默认选择 doGet() 和 doPost() 方法，最后单击 Finish 按钮完成 Servlet 的创建。

2. 扩展 HttpServlet 类，并覆盖 doGet() 和 doPost() 方法

用户自定义的 Servlet 类需要继承 HttpServlet 类，为此，用户还要根据实际情况覆盖父

图 6.5　创建 Servlet——设置 Servlet 的部署信息

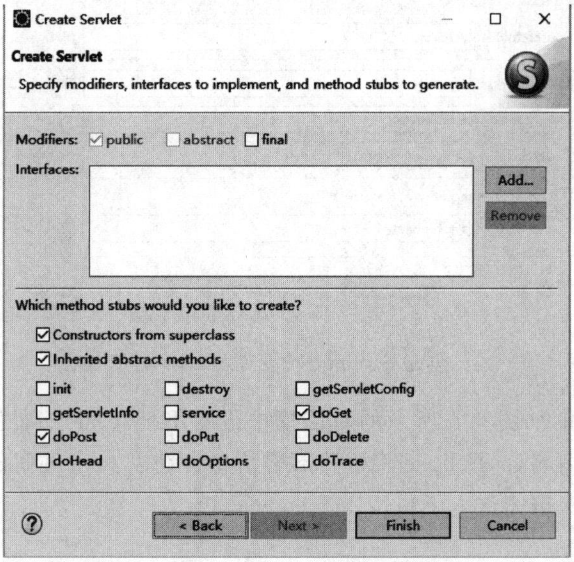

图 6.6　创建 Servlet——选择覆盖的方法

类中的方法，例如 doGet()、doPost()方法等。在这些方法中可以获取来自客户端的请求数据、访问数据库、生成 HTML 页面、重设响应报文等。下面以 FirstServlet 为例介绍如何实现这些功能。

FirstServlet.java

```
/**
 * FirstServlet 的配置信息,使用注解方式配置,包括配置 Servlet 的 URL、初始化参数等。
```

```java
 */
@WebServlet(
        urlPatterns = { "/FirstServlet" },
        initParams = {
            @WebInitParam(name = "book", value = "Java Web应用开发与实践"),
            @WebInitParam(name = "press", value = "清华大学出版社")
        })
public class FirstServlet extends HttpServlet {
    private static final long serialVersionUID = 1L;
    //声明config对象
    private ServletConfig config = null;
    /**
     * @see HttpServlet#HttpServlet()
     */
    public FirstServlet() {
        super();
    }
    /**
     * 重写init()方法,用于初始化config对象
     */
    @Override
    public void init(ServletConfig config) throws ServletException {
        super.init(config);
        this.config = config;
    }
    /**
     * 重写HttpServlet的service()方法
     */
    @Override
    protected void service(HttpServletRequest request, HttpServletResponse response) throws ServletException, IOException {
        //调用父类的service()方法
        super.service(request, response);
        response.getWriter().println("service()执行。<br/>");
    }
    /**
     * doGet()方法用于处理客户端GET方式的HTTP请求
     * @see HttpServlet#doGet(HttpServletRequest request, HttpServletResponse response)
     */
    protected void doGet(HttpServletRequest request, HttpServletResponse response) throws ServletException, IOException {
        //修改HTTP响应报文的字符编码和MIME类型,主要用于解决汉字乱码问题
        response.setCharacterEncoding("UTF-8");
        response.setContentType("text/html; charset=utf-8");
        //创建out内置对象
        PrintWriter out = response.getWriter();
        out.print("doGet()方法执行：处理GET方式请求。");
        //使用ServletConfig对象config获取初始化参数
        String book = config.getInitParameter("book");
        String press = config.getInitParameter("press");
```

```
        //将字符串输出到 HTML 页面
        out.print("书名:" + book + "<br/>");
        out.print("出版社:" + press + "<br/>");
    }
    /**
     * doPost()方法用于处理客户端 POST 方式的 HTTP 请求
     * @see HttpServlet#doPost(HttpServletRequest request, HttpServletResponse response)
     */
    protected void doPost(HttpServletRequest request, HttpServletResponse response) throws
ServletException, IOException {
    //调用 goGet()方法
    response.getWriter().print("doPost()方法执行: 处理 POST 方式请求。<br/>");
    doGet(request, response);
    }
}
```

其运行结果如图 6.7 所示。

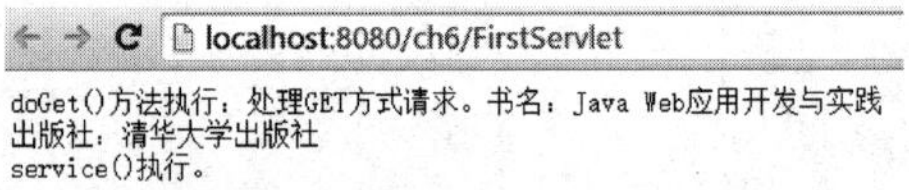

```
← → C  localhost:8080/ch6/FirstServlet
doGet()方法执行: 处理GET方式请求。书名: Java Web应用开发与实践
出版社: 清华大学出版社
service()执行。
```

图 6.7 FirstServlet 的运行结果

本例设置了两个初始化参数，即 book 和 press。初始化参数需要在创建 Servlet 时进行配置，在 Servlet 中使用 ServletConfig 对象的 getInitParameter()方法获取指定名称的初始化参数值。在本例的 init()方法中对 config 进行初始化，然后在 Servlet 程序中就可以方便地使用内置对象 config 了。

由于 doXxx()等方法中定义了 HttpServletRequest 和 HttpServletResponse 两个形参，开发人员可以在这些方法中直接使用这两类对象，相当于直接使用 request 和 response 两个内置对象。基于这两个对象还可以创建 out、session 和 application 内置对象，具体代码如下:

```
//创建 out 内置对象
PrintWriter out = response.getWriter();
//创建 session 内置对象
HttpSession session = request.getSession();
//创建 application 内置对象
ServletContext application = request.getServletContext();
```

由此可见，Servlet 与 JSP 内置对象实现了无痕衔接，在 Servlet 中可以方便地使用 JSP 的内置对象。

注意:

为了编译 Servlet 程序，需要 HttpServlet、HttpServletRequest 和 HttpServletResponse 等 API，但是这些类并不存在于 JDK 的内置包中，用户需要将 Web 服务器中支持 Servlet 的 API 加入到 Web 应用中。以 Tomcat 为例，将 Tomcat 安装目录的 lib 中的 servlet-api.jar 复制到 Web 应用的 WEB-INF 中的 lib 文件夹下即可。

3. 配置 Servlet

自 Servlet 3.0 开始，Servlet 支持注解（Annotation）配置 Servlet，但仍然支持传统的 web.xml 文档配置方式。Servlet 的配置内容主要包括 Servlet 的描述信息、调用 URL、初始化参数等。

1) 注解方式

在 Servlet 3.0 中使用@WebServlet 注解对 Servlet 进行配置，@WebServlet 将一个继承于 javax.servlet.http.HttpServlet 的类标注为可以处理用户请求的 Servlet。表 6.2 提供了@WebServlet 的相关属性。

表 6.2　@WebServlet 注解的相关属性

属　性　名	描　　　述
asyncSupported	声明 Servlet 是否支持异步操作模式
description	Servlet 的描述信息
displayName	Servlet 的显示名称
initParams	Servlet 的初始化参数
name	Servlet 的名称
urlPatterns	Servlet 的访问 URL
value	Servlet 的访问 URL

Servlet 的访问 URL 是 Servlet 的必选属性，可以选择使用 urlPatterns 或者 value 定义，例如上面的 FirstServlet 可以用以下方式描述：

```
@WebServlet(name = "FirstServlet",value = "/FirstServlet")
```

或者：

```
@WebServlet("/FirstServlet")
```

用户也可以为一个 Servlet 定义多个 URL 访问，多个 URL 之间用逗号隔开，例如：

```
@WebServlet(name = "FirstServlet",urlPatterns = {"/FirstServlet",
        "/service/FirstServlet"})
```

或者：

```
@WebServlet(name = "FirstServlet",value = {"/FirstServlet",
        "/service/FirstServlet"})
```

注意：

以 Tomcat 为例，自 Tomcat 7 起支持 Servlet 3.0 规范，Tomcat 8 支持 Servlet 3.1 规范。如果要使用注解方式配置 Servlet，必须使用支持 Servlet 3.0 规范的 Web 服务器，例如 Tomcat 7 及其更高版本。

2）web.xml 方式

在 Servlet 3.0 规范之前，Servlet 均是在 web.xml 文件中进行配置的，尽管 Servlet 3.0 默认为注解方式配置，但仍然支持在 web.xml 文件中配置 Servlet，下面仍以 FirstServlet 为例说明如何配置 Servlet。在<web-app>元素内添加以下内容：

```
<servlet>
  <description>Servlet 配置示例</description>
  <display-name>FirstServlet</display-name>
  <servlet-name>FirstServlet</servlet-name>
  <servlet-class>com.servlet.FirstServlet</servlet-class>
</servlet>
<servlet-mapping>
  <servlet-name>FirstServlet</servlet-name>
  <url-pattern>/FirstServlet</url-pattern>
</servlet-mapping>
```

6.6 调用 Servlet

前面介绍了 Servlet 的创建和配置，一旦配置了 Servlet，在 Web 应用中就可以根据配置的 URL 调用 Servlet。调用 Servlet 的常见方式有以下两种：

（1）通过 URL 调用 Servlet；

（2）通过 HTML 表单 FORM 调用 Servlet。

任何 Servlet 都可以通过 Servlet 配置的 URL 直接调用，甚至可以在调用该 Servlet 时添加查询字符串。例如，对于前面创建的 FirstServlet，在调用时添加查询字符串 param 并且值为 data。

```
http://localhost:8080/ch6/FirstServlet?param=data
```

那么在 Servlet 程序中可以使用 request.getParameter("param")获取参数的值，即 String 类型的数值"data"。

当然，在表单中也可以调用 Servlet 程序，在表单中的 action 属性指定调用 Servlet 的 URL，注意表单所在页面与 Servlet 的相对路径关系，具体格式如下：

```
<form action="Servlet 的 URL" method="post|get" name="表单">
```

从上面的代码可以看到，在表单中调用 Servlet 的方法很简单，只需设置 FORM 标签的 action 属性值为调用的 Servlet 即可。

动手实践 6-1

请读者自定义一个 JSP 页面和一个 Servlet，在 JSP 页面的表单中输入三角形的 3 条边的边长，在表单中调用该 Servlet，并在 Servlet 中实现计算三角形的面积和周长的功能。

6.7 Filter 过滤器

Filter 称为过滤器，它是 Servlet 中非常重要的技术之一，Web 开发人员通过使用 Filter 技术可以管理 Web 服务器上的所有 Web 资源，例如 JSP、Servlet、静态页面等，从而实现一些特殊的功能。例如实现 URL 级别的权限访问控制、字符编码转换等一些高级应用。

6.7.1 Filter 简介

Filter 是自 Servlet 2.3 之后才出现的一个技术，Filter 之所以称为过滤器，在于它可以在执行 Web 应用的其他逻辑之前首先运行并做一些预处理，例如它可以修改 HTTP 请求和响应等。Filter 尽管与 Servlet 有很多相似之处，但也与 Servlet 有不同之处，区别在于它不能产生一个 HTTP 响应。Filter 能够在一个请求到达 Servlet 之前预处理用户请求，也可以在离开 Servlet 时处理 HTTP 响应。归纳起来，使用 Filter 可以完成以下工作。

(1) 在执行 Servlet 之前首先执行 Filter 程序，并为之做一些预处理工作；
(2) 根据程序需要修改请求和响应；
(3) 在 Servlet 被调用之后截获 Servlet 的执行。

图 6.8 给出了 Filter 在 Java Web 应用中的执行过程。当客户端发出 Web 资源的请求时，Web 服务器根据过滤器设置的过滤规则进行检查，若客户的请求报文满足过滤器链中的某个过滤器规则，则对客户请求/响应进行拦截过滤；然后依次通过过滤器链 (FilterChain)的其他过滤器规则进行检查，直到最后把请求/响应交付给请求的 Web 资源处理。客户请求在过滤器中可以被修改，也可以根据条件被拦截，并直接向客户机发回一个响应。

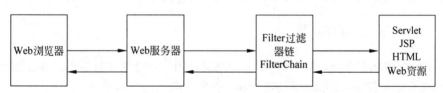

图 6.8 Filter 在 Java Web 应用中的执行过程

Web 服务器在调用过滤器对象的 doFilter()方法时会传递一个 FilterChain 对象进来，FilterChain 对象是 Filter 接口中最重要的对象，它也提供了 doFilter()方法，开发人员可以根据需要决定是否调用此方法。如果调用该方法，Web 服务器就会调用 Web 资源的 service()方法，即 Web 资源就会被访问，否则 Web 资源不会被访问。

6.7.2 Filter API

Filter API 主要包括 3 个主要接口，即 Filter 接口、FilterChain 接口和 FilterConfig 接口，这些接口都存放在 javax.servlet 软件包中。

1. Filter 接口

在 Filter 接口中提供了 3 个方法，分别是 init()、doFilter()和 destory()方法，其中 init()和 destroy()方法与 Servlet 的对应方法相似，这里不再介绍。

doFilter(ServletRequest request,ServletResponse response,FilterChain chain)方法是 Filter 的核心方法，Filter 可以通过该方法对请求和响应进行处理，例如通过调用该方法收集数据。过滤器通过传送给此方法的 FilterChain 参数调用 FilterChain 对象的 doFilter()方法，将控制权传送给下一个过滤器。

2. FilterChain 接口

在 FilterChain 接口中也有一个 doFilter()方法，此方法是由 Servlet 服务器提供给开发者的，用于对资源请求过滤链的依次调用，通过 FilterChain 调用过滤链中的下一个过滤器，如果是最后一个过滤器，则下一个就调用目标资源。

3. FilterConfig 接口

FilterConfig 接口可以获取过滤器名、初始化参数以及活动的 Servlet 上下文，该接口提供了以下 4 个方法。

- String getFilterName()：返回 web.xml 文件中定义的该过滤器的名称；
- ServletContext getServletContext()：返回调用者所处的 Servlet 上下文；
- String getInitParameter(String name)：返回过滤器初始化参数值的字符串形式，当参数不存在时返回 null；
- publicEnumeration getInitParameterNames()：以 Enumeration 形式返回过滤器所有的初始化参数值，如果没有初始化参数，则返回 null。

6.7.3 Filter 的应用

Filter 的应用非常广泛，本节将介绍一个典型应用——转换字符编码。在介绍 Filter 的应用之前先介绍如何在 Eclipse 中创建 Filter 程序。

1. 创建自定义 Filter 类

所有的自定义 Filter 类必须实现 Filter 接口，在 Eclipse 中创建 Filter 类的步骤如下。

第一步：选择 Filter 类要保存的目录，然后选择 Eclipse 的 File→New→Filter 命令，出现如图 6.9 所示的对话框。在该对话框中输入 Filter 的类名，单击 Next 按钮进入下一步，出现如图 6.10 所示的对话框。

第二步：在图 6.10 所示的对话框中指定 Filter 的初始化参数和 URL 映射，方法与 Servlet 相似。然后单击 Next 按钮进入下一步，出现如图 6.11 所示的对话框。

第三步：为自定义 Filter 添加方法和接口。自定义的 Filter 必须实现 javax.servlet.Filter 接口，当然根据程序需要还可以让自定义的 Filter 实现其他接口和方法等，这些操作可以在图 6.11 所示的对话框中完成，然后单击 Finish 按钮完成创建 Filter 的操作。至此，在 Eclipse 中创建 Filter 的所有操作全部完成。

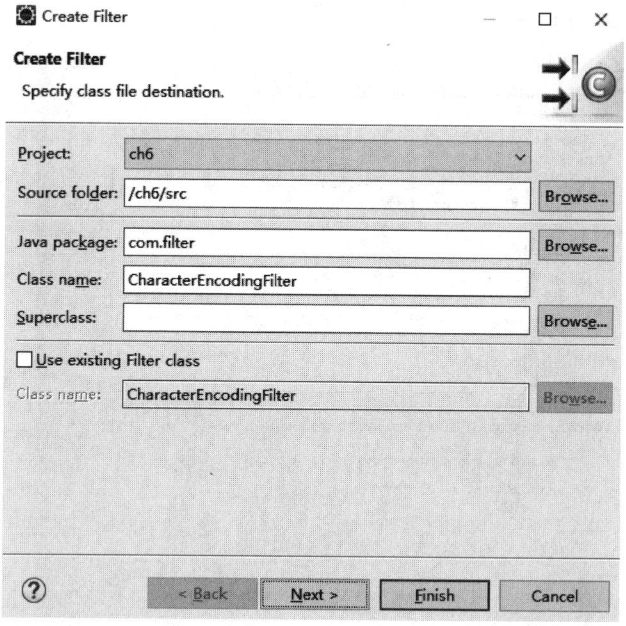

图 6.9　新建 Filter

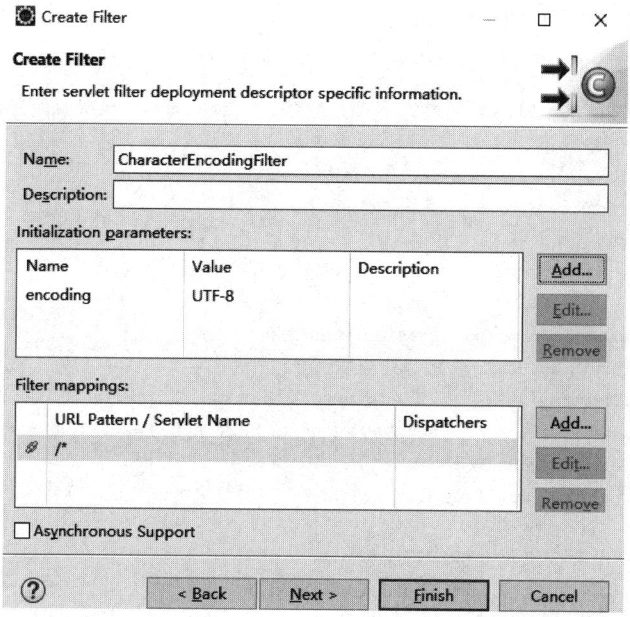

图 6.10　设置 Filter 的初始化参数和 URL 映射

2. 使用 Filter 进行字符编码转换

当获取 HTML 表单中的中文字符时会出现乱码,而利用 Filter 可以解决此类问题。原理是当用户向服务器发送包括表单中文信息的请求时由 Filter 拦截该请求,并设置请求的字符编码方案为支持中文的字符编码方案,例如 UTF-8,具体代码如下。

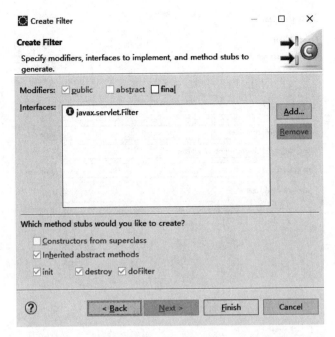

图 6.11 指定自定义 Filter 实现的接口和方法

CharacterEncodingFilter.java

```java
/**
 * 用于设置 HTTP 请求字符编码的过滤器,通过过滤器参数 encoding 指明使用何种字符编码
 */
@WebFilter(
        urlPatterns = { "/*" },
        initParams = {
                @WebInitParam(name = "encoding", value = "utf-8")
        })
public class CharacterEncodingFilter implements Filter {
    protected String encoding;
    public void destroy() {}
    public void doFilter(ServletRequest request, ServletResponse response, FilterChain chain)
throws IOException, ServletException {
        if (encoding != null)
        {
            /*设置请求报文的字符编码*/
            request.setCharacterEncoding(encoding);
        }
        chain.doFilter(request, response);
    }
    public void init(FilterConfig fConfig) throws ServletException {
        /*获取初始化参数*/
        this.encoding = fConfig.getInitParameter("encoding");
    }
}
```

可以看到在 CharacterEncodingFilter 过滤器中使用 filterConfig 的 getInitParameter()方法获取 Filter 的初始化参数 encdoing,然后使用 setCharacterEncoding()方法设置请求的字符编码。过滤器也支持注解和 web.xml 两种配置方法,在配置过滤器时主要配置触发该过滤器执行的 URL、初始化参数等内容。

从 Servlet 3.0 规范开始,过滤器默认采用注解方式配置过滤器,使用@WebFilter 在过滤器类中配置。例如 CharacterEncodingFilter 的注解方式配置如下:

```
@WebFilter(
        urlPatterns = {"/*"},
        initParams = {
                @WebInitParam(name = "encoding", value = "utf-8")
        })
```

@WebFilter 的 urlPatterns 属性用于定义触发该过滤器执行的 URL,"/*"表示匹配所有的客户端请求,这意味着该过滤器会拦截所有的客户端请求。initParams 属性用于定义初始化参数。如果访问 page1.jsp、page2.jsp 等多个页面时加载该过滤器,则使用@WebFilter({"page1.jsp","page2.jsp"})实现。

同理,在 web.xml 方式中要实现上述的配置,可在\<web-app\>元素内嵌套以下代码:

```xml
<filter>
    <filter-name>CharacterEncodingFilter</filter-name>
    <filter-class>com.filter.CharacterEncodingFilter</filter-class>
    <init-param>
        <param-name>encoding</param-name>
        <param-value>utf-8</param-value>
    </init-param>
</filter>
<filter-mapping>
    <filter-name>CharacterEncodingFilter</filter-name>
    <url-pattern>/*</url-pattern>
</filter-mapping>
```

6.8 Listener 监听器

6.8.1 Listener 简介

Listener 又称为监听器,读者从字面上可以看出 Listener 主要用来监听。通过 Listener 可以监听 Web 服务器中的某一个执行动作,并根据其要求做出相应的响应。

目前 Servlet 共包含 8 个 Listener 接口,可以将其归纳为 3 类,分别如下。

第一类是与 ServletContext 有关的 Listener 接口,它们在 javax.servlet 包中,共有下面两个 Listener 接口。

(1) ServletContextListener 接口:用来实现 ServletContext 的启动和销毁监听,该接口中包含下面两个方法。

- contextDestroyed()方法：销毁 ServletContext 时触发该方法。
- contextInitialized()方法：创建 ServletContext 时触发该方法。

（2）ServletContextAttributeListener 接口：用来实现 application 范围属性变化的监听。该接口中包含下面 3 个方法。

- attributeAdded()方法：用来监听 application 范围属性的添加。
- attributeReplaced()方法：用来监听 application 范围属性的替换。
- attributeRemoved()方法：用来监听 application 范围属性的移除。

第二类是与 HttpSession 有关的 Listener 接口，包括下面 4 个 Listener 接口。

（1）HttpSessionListener：该接口用来实现 session 的初始化和销毁监听，在该接口中包含下面两个方法。

- sessionCreated()方法：用来监听 session 的创建和初始化。
- sessionDestroyed()方法：用来监听 session 的销毁。

在这两个方法中还包含一个参数，其类型为 HttpSessionEvent，通过 HttpSessionEvent 对象的 getSession()方法可以获得 session 对象。

（2）HttpSessionAttributeListener，该接口用来实现 session 范围属性变化的监听，在该接口中包含下面 3 个方法。

- attributeAdded()方法：用来监听 session 范围属性的添加。
- attributeReplaced()方法：用来监听 session 范围属性的替换。
- attributeRemoved()方法：用来监听 session 范围属性的移除。

在这 3 个方法中均包含一个参数，其类型为 HttpSessionBindingEvent，通过 HttpSessionBindingEvent 对象的 getName()方法可以获得属性的名称；通过 ServletContextAttributeEvent 对象的 getValue()方法可以获得属性的值。

（3）HttpSessionBindingListener：该接口用于监听 HttpSession 对象的绑定状态，例如添加对象和移除对象等。该接口提供了下面两个方法。

- valueBound()方法：调用 setAttribute()方法时触发此方法。
- valueUnbound()方法：调用 removeAttribute()方法时触发此方法。

（4）HttpSessionActivationListener：该接口用于监听绑定在 HttpSession 对象中的 JavaBean 状态。该接口提供了以下两个方法。

- sessionDidActivate()方法：当绑定到 HttpSession 对象中的 JavaBean 对象被反序列化时触发此方法。
- sessionWillPassivate()方法：JavaBean 对象被序列化之前触发此方法。

第三类是与 ServletRequest 有关的 Listener 接口，共有两个，分别是 ServletRequestListener 和 ServletRequestAttributeListener。

（1）ServletRequestListener：该接口用于监听 ServletRequest 对象的变化，例如 ServletRequest 对象的创建与销毁等。该接口提供了以下两个方法。

- requestDestroyed()方法：用于销毁 ServletRequest 对象。
- requestInitialized()方法：用于初始化 ServletRequest 对象。

（2）ServletRequestAttributeListener：该接口用于监听 ServletRequest 对象属性的变化，例如增加、删除、修改等。该接口提供了以下几个方法。

- attributeAdded()方法：用于增加属性时触发该方法。
- attributeRemoved()方法：用于删除属性时触发该方法。
- attributeReplaced()方法：用于修改属性时触发该方法。

6.8.2　Listener 的应用

Listener 在 Web 开发中的应用非常普遍，本节介绍一个典型应用——Web 网站在线人数统计。在介绍 Listener 的应用之前首先介绍如何在 Eclipse 中创建 Listener 程序。

1．创建自定义 Listener 类

创建自定义 Listener 类的方法与创建 Filter 有些相似，在 Eclipse 中创建 Listener 类的步骤如下。

第一步：选择 Listener 类要保存的目录，然后选择 Eclipse 的 File→New→Listener 命令，出现如图 6.12 所示的对话框。在该对话框中输入 Listener 的类名，单击 Next 按钮进入下一步，出现如图 6.13 所示的对话框。

图 6.12　新建 Listener

第二步：在图 6.13 所示的对话框中根据程序需要指定 Listener 的类型，然后单击 Next 按钮进入下一步，出现如图 6.14 所示的对话框。

第三步：为自定义 Listener 添加方法和接口。除了第二步选定的监听器接口以外，在此对话框中还可以根据程序需要添加其他需要实现的接口和方法等，这些操作可以在图 6.14 所示的对话框中完成，然后单击 Finish 按钮完成创建 Listener 的操作。至此，在 Eclipse 中创建 Listener 的所有操作全部完成。

图 6.13　选择监听器监听的事件

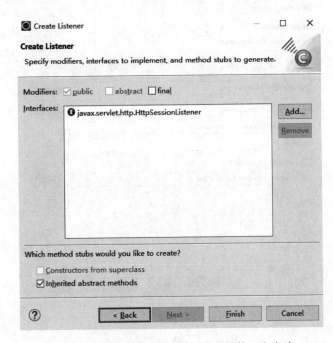

图 6.14　指定自定义 Listener 实现的接口和方法

2. 使用 HttpSessionListener 统计网站在线人数

【原理】

对于每一个正在访问的用户，Web 服务器会为其创建一个 HttpSession 对象。如果注册了 HttpSessionListener 事件监听器，则会调用 HttpSessionListener 事件监听器的 sessionCreated()方法。相反，若浏览器访问结束或者 Session 超时，Web 服务器会销毁相应的 HttpSession 对象并触发 HttpSession 销毁事件，同时调用所注册 HttpSessionListener 事件监听器的 sessionDestroyed()方法。

由此可见，只需要在 HttpSessionListener 实现类的 sessionCreated()方法中让计数器加 1、在 sessionDestroyed()方法中让计数器减 1，就轻松地实现了网站在线人数的统计功能。

【实现】

第一步：编写一个统计在线人数的类 OnlineCounter，具体如下。
OnlineCounter.java

```java
package henu.util;
public class OnlineCounter {
    private static long onlineCounter = 0;
    //人数加 1
    public static void addCounter()
    {
        onlineCounter++;
    }
    //人数减 1
    public static void reduceCounter()
    {
        onlineCounter--;
    }
    //返回人数
    public static long getCounter()
    {
        return onlineCounter;
    }
}
```

第二步：编写 HttpSessionListener 的实现类 OnlineCouteListenerImpl.java，并在 sessionCreated()和 sessionDestroyed()方法中调用 OnlineCounter 对应的方法。
OnlineCountListener.java

```java
package henu.listener;
@WebListener
public class OnlineCountListener implements HttpSessionListener {
    //构造方法
    public OnlineCountListenerImpl() {
    }
    /**
     * 实现 sessionCreated()方法,人数加 1
     */
    public void sessionCreated(HttpSessionEvent e) {
        OnlineCounter.addCounter();
```

```
    }
    /**
     * 实现sessionDestroyed()方法,人数减1
     */
    public void sessionDestroyed(HttpSessionEvent e) {
        OnlineCounter.reduceCounter();
    }
}
```

第三步：Listener 的配置也支持注解和在 web.xml 文件中配置两种方式。使用注解方式比较简单,只需要在监听器实现类中使用@WebListener 标记即可。如果使用 web.xml 方式配置,则需要在 web.xml 的根元素＜web-app＞内嵌套＜listener＞元素配置监听器实现类,针对本例使用以下代码配置。

```xml
<listener>
    <description>实现在线人数统计</description>
    <display-name>OnlineCountListener</display-name>
    <listener-class>henu.listener.OnlineCountListener</listener-class>
</listener>
```

其中,＜listener-class＞元素用于指定监听器实现类的具体包路径,该元素必不可少,而＜description＞和＜display-name＞用来描述监听器类的信息,为可选元素。

第四步：编写一个简单的页面测试监听器。

onlineCounter.jsp

```jsp
<%@ page language="java" contentType="text/html; charset=UTF-8"
    pageEncoding="UTF-8" import="henu.util.OnlineCounter" %>
<!DOCTYPE html>
<html>
<head>
<meta charset="UTF-8">
<title>统计在线人数</title>
</head>
<body>
在线人数:<%= OnlineCounter.getCounter() %>
</body></html>
```

至此,通过实现 HttpSessionListener 监听器接口监测在线人数的程序全部完成。从本例中可以看到 Listener 在一些 Java Web 应用中具有独特的作用,它主要监听 HTTP 会话和请求中的某些特定事件,例如会话的创建与销毁、会话属性的添加与删除等。

本章小结

Servlet 是 Java EE 构架中服务器端的应用组件技术,也是动态页面技术。但 Servlet 不能独立运行,需要依托 Web 服务器运行。Servlet 秉承了 Java 的面向对象、与平台无关性和多线程等特点，弥补了传统 JSP 页面的不足之处，是实现 Java 服务器端开发的重要技术手段。Servlet 可以访问包括 JDBC 在内的所有 Java API，javax.servlet.* 和 javax.servlet.http.* 是 Servlet 的两个重要的 API 包。

一个 Servlet 初次被调用时装入 Web 服务器，直到 Servlet 调用其 destroy()方法销毁终止。在 Servlet 的生命周期内，自 Servlet 装入 Web 服务器加载 init()方法初始化参数开始，经历 Servlet 被客户调用 service()方法，到最后执行 destroy()方法终止结束其生命周期。此外，本章还重点介绍了 Servlet 的类层次结构和主要方法的作用。

Filter 能够在用户请求访问 Java Web 应用的特定资源时进行拦截过滤，从而做出一些预处理。而 Listener 可以用来监听用户的请求、会话等事件，共有 8 个监听器接口，可以监听 6 种不同的事件。

第7章 MVC与DAO模式

本章要点：
- MVC 框架模式简介；
- 在 JSP 中实现 MVC 框架模式；
- 重定向与转发；
- 页面间数据的共享方式；
- DAO 模式。

使用 JavaBean 可以实现表示层与业务逻辑层的分离，其中 JSP 页面用于数据的显示，JavaBean 可以实现业务逻辑。一些小型项目使用 JSP+JavaBean 技术组合完全可以胜任，当 Web 应用变得更加复杂时，如果 JavaBean 技术不仅负责处理数据模型，又让其参与业务逻辑的具体处理及流程控制，实现起来较为困难，有些力不从心。因此，把流程控制交给 Servlet 对象负责，JavaBean 负责数据模型，JSP 负责人机交互和模型展现，这种模式就是典型的 MVC 框架模式。从另外一个角度分析，若把所有的业务逻辑（例如访问数据库、数据操作和计算）都交给一个对象（例如 Servlet）处理，无疑将导致 Servlet 非常臃肿，并且如果业务流发生改变，必须修改整个应用系统，程序缺乏灵活性和稳定性。为了降低数据访问模块间的耦合度，提高程序的灵活性，人们又提出了 DAO 模式。DAO 模式把底层的数据访问逻辑和高层的业务逻辑分开，DAO 模式能够使开发人员更加专注于编写数据访问代码。

7.1 MVC 框架模式简介

MVC 即 Model-View-Controller（模型-视图-控制器）是一种软件设计模式，MVC 最早出现在 Smalltalk 语言中，后来在 Java 中得到广泛应用，并且被 Sun 公司推荐为 Java EE 平台的设计模式。

7.1.1 MVC 框架模式介绍

在 MVC 框架模式中，M 表示模型，V 代表视图，C 即控制器，MVC 把应用程序分成这 3 个核心模块，也把这 3 个模块分别称为业务逻辑层、视图层和控制层。实际上，模型表示数据业务处理功能，视图表示数据显示，控制器表示流程控制。MVC 框架模式本来是为了将传统的输入、处理、输出任务运用到图形化用户交互模型中而设计的。但是，将这些概念运用到基于 Web 的企业级多层应用领域也是很适合的。MVC 框架模式提供了一种按功能对各种对象进行分割的方法(这些对象是用来维护和表现数据的),其目的是将各对象间的耦合程度减至最小,MVC 模式下各模块的主要作用如下。

- Model 模型:用于封装与应用程序的业务逻辑相关的数据以及对数据的处理方法。模型有对数据直接访问的权力,例如对数据库的访问。模型不依赖视图和控制器,即模型不关心它会被如何显示或是如何被操作。当模型发生改变时,它会通知视图,并且为视图提供查询模型相关状态的能力。同时,它也为控制器提供访问封装在模型内部的应用程序功能的能力。
- View 视图:视图层能够实现数据的有目的显示。在视图中一般没有程序上的逻辑,它从模型那里获得数据并指定这些数据如何表现。当模型变化时,视图负责维持数据表现的一致性,视图同时负责将用户需求通知给控制器。
- Controller 控制器:控制器相当于调度者,用于控制应用程序的流程。它处理事件并做出响应。事件包括用户的行为和数据模型上的改变,例如选择视图显示响应结果、调用模型处理用户请求等。

图 7.1 给出了 MVC 框架模式下的 3 个模块间的协作关系,它们的工作过程如下。

(1) 客户通过视图发出请求,该请求转发给控制器;

(2) 控制器接受用户请求,决定使用何种业务逻辑处理该请求,并调用相应的模型处理;

(3) 模型处理用户请求并存取相关数据,客户查询检索的任何数据都被返回给控制器;

(4) 控制器接收从模型返回的数据,并选择适当的视图显示响应结果。

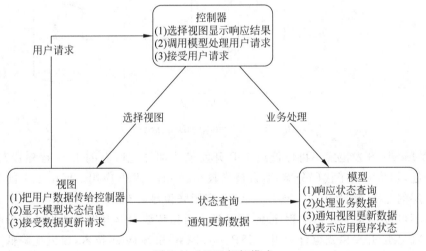

图 7.1 MVC 框架模式

7.1.2 MVC 框架模式的优势

在传统的 Java Web 应用中,JSP 页面既负责数据显示,又负责业务逻辑处理和流程控制,其运行机制如图 7.2 所示。这种应用开发模式使表示层、业务逻辑层和控制层混杂在一起,其特点是简单直观,易于搭建原型;但程序维护困难,代码可读性差,程序和页面之间高度耦合,致使程序不易扩展,开发人员分工不明确,开发效率低下。

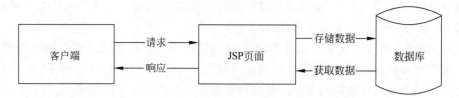

图 7.2 传统 JSP 的运行机制

为了解决传统 JSP 遇到的这些问题，Sun 公司基于 MVC 思想提出了两种开发模式，即 JSP Model1 和 JSP Model2。

在 JSP Model1 中，JSP 页面负责调用模型组件以响应客户请求，并将处理结果返回给用户。在这种模式下，JSP 页面既负责生成用户界面，又负责流程控制调用模型，即 JSP 页面负责视图和控制器双重功能，JavaBean 负责处理业务逻辑，其运行机制如图 7.3 所示。

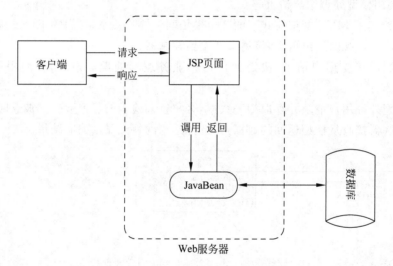

图 7.3 JSP Model1 的运行机制

JSP Model1 开发模式不再像传统 JSP 开发模式那样把所有的 Java 程序段与 HTML 混杂在一起，初步实现了代码分离，适合规模较小的 Java Web 应用。但由于未能实现控制层与表示层的分离，对于开发大型 Java Web 应用来说显得有些力不从心，因为在 JSP 页面内仍然会不可避免地掺杂 Java 程序段，因此还会有像传统 JSP 开发模式那样的弊端。

JSP Model2 开发模式综合运用了 JSP、JavaBean 和 Servlet 技术，极大地降低了模块间的耦合。在 JSP Model2 中，使用 JSP 生成表示层的内容；使用 Servlet 实现业务逻辑控制，处理客户请求，充当控制器的角色；使用 JavaBean 充当模型，用于数据的存储与提取，JSP Model2 的运行机制如图 7.4 所示。

大型应用程序使用 MVC 框架模式有以下优势。

（1）有利于代码复用：MVC 框架模式的分层开发模式有利于实现代码及组件的复用。例如，在 Java Web 开发中可以制订统一的 JSP 页面模板（表示层）、独立的业务处理模块（业务逻辑层）和控制模块（控制层），因此可以把这些模块重复利用到其他 Web 应用或者模块中。

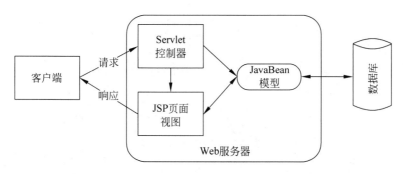

图 7.4　JSP Model2 的运行机制

（2）有利于开发人员分工：在 MVC 框架模式中彻底地把应用程序的界面设计与程序设计分离，有利于人员分工。例如，美工人员专注于视图层的 UI 设计，达到更好的人机交互效果，提高应用的用户体验；而程序开发人员可以专注于业务逻辑设计与控制，提升程序的健壮性和扩展性。

（3）有利于降低程序模块间的耦合，便于程序的维护与扩展：在 MVC 框架模式中，3个层次之间是相互独立的，每一层负责实现具体的功能，如果某层发生了改变不会影响其他两层的正常使用。

7.2　在 JSP 中实现 MVC 框架模式

本节以用户注册模块来介绍在 JSP 中如何实现 MVC 模式，这里首先对用户注册模块做一下简单分析。

1．程序的框架结构

图 7.5 给出了用户注册程序的结构，其中 henu.bean.User 类在本例中担任模型层的角色，实现用户注册的业务模型及数据库操作；henu.servlet.UserServlet 担任控制器层的角色，用于流程控制、调度模型和选择视图展示运行结果；regist.jsp 等页面为视图层，负责人机交互与结果展现。当然，在该程序中还提供了字符编码转换和数据库操作的工具类，详见 henu.util 包。

2．编程思想

用户通过 JSP 页面的表单输入注册信息，表单提交后由 Servlet 获取表单中的数据并交给 JavaBean 对象存储用户数据，然后将 JavaBean 对象的数据保存到数据库中，最后由 Servlet 通知相应的视图显示用户注册的结果，如图 7.6 所示。

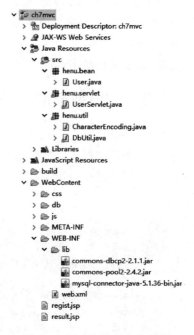

图 7.5　用户注册程序的结构

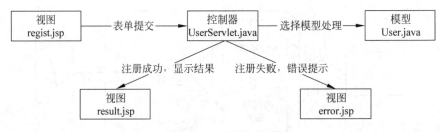

图 7.6　程序的执行流程

3．用例事件流描述

1）用户注册

（1）简单描述：本用例描述系统各类用户注册。

（2）前置条件：无。

（3）后置条件：如果用例成功,转到显示结果页面 result.jsp,否则提示出错信息。

（4）扩充点：无。

（5）事件流：当用户单击登录页面的用户注册链接时用例启动。

2）基流

无。

3）替代流

用户注册失败后转入用户提示出错页面 error.jsp。

7.2.1　视图层的实现

表示层的主要工作是实现人机交互,展现程序的执行结果,在本例中注册页面 regist.jsp 提供一个表单负责收集用户的信息并发送请求调用控制器 UserServlet；结果页面 result.jsp 显示注册成功的信息；错误提示页面 error.jsp 显示错误信息。以上视图层均比较简单,这里不再给出具体代码,该页面的效果参见图 4.11。

7.2.2　模型层的实现

本例中的模型层 User.java 处理业务逻辑,其功能有两个,一是对应数据表结构设计成员变量,作为视图层与数据表之间的数据中转站,存储数据；二是负责实现用户注册的业务逻辑,完成对数据库的操作。

User.java

```java
public class User {
    /**
     * 依据数据表结构声明成员变量
     */
    private String fd_username;
    private String fd_password;
    private String fd_usertype;
```

```java
    private String fd_gender;
    private String fd_hobby;
    private String fd_birthdate;
    private String fd_email;
    private String fd_introduction;
    /**
     * 为属性提供 setter 和 getter 方法,此处省略
     */
    ⋮
    /**
     * 用户注册功能
     * @param user
     * @return 注册成功返回 true,否则返回 false
     */
    public boolean regist(User user)
    {
        String sql = "INSERT INTO tb_users(fd_username,fd_password, " +
            "fd_gender,fd_usertype,fd_email,fd_birthdate,fd_hobby, " +
            "fd_introduction) VALUES (?,?,?,?,?,?,?,?)";
        int result = 0 ;
        //调用 henu.util.DbUtil 工具类的方法创建 PreparedStatement 对象
        PreparedStatement ps = DbUtil.executePreparedStatement(sql);
        try {
            ps.setString(1, user.getFd_username());
            ps.setString(2, user.getFd_password());
            ps.setString(3, user.getFd_gender());
            ps.setString(4, user.getFd_usertype());
            ps.setString(5, user.getFd_email());
            ps.setString(6, user.getFd_birthdate());
            ps.setString(7, user.getFd_hobby());
            ps.setString(8, user.getFd_introduction());
            result = ps.executeUpdate();
        }catch (SQLException e) {
            e.printStackTrace();
        }
        if(result > 0)
            return true;
        else
            return false;
    }
}
```

7.2.3 控制器层的实现

本例中控制器层的功能有 3 个,一是获取请求表单中的用户信息;二是封装模型层对象 user,并调用其方法 regist 实现用户信息的保存;三是选择相应的视图展现程序的执行结果。

UserServlet.java

```java
 * 控制器层的实现
 */
@WebServlet("/UserServlet")
public class UserServlet extends HttpServlet {
    private static final long serialVersionUID = 1L;
    public UserServlet() {
        super();
    }
    protected void doGet(HttpServletRequest request, HttpServletResponse response) throws ServletException, IOException {
        //设置响应报文的字符编码和MIME类型
        response.setCharacterEncoding("utf-8");
        response.setContentType("text/html; charset=utf-8");
        //封装模型对象user
        User user = new User();
        user.setFd_birthdate(request.getParameter("birthdate"));
        user.setFd_email(request.getParameter("email"));
        user.setFd_gender(request.getParameter("gender"));
        //获取爱好信息
        String[] hobby = request.getParameterValues("hobby");
        StringBuffer fd_hobby = new StringBuffer();
        for(String s:hobby)
        {
            fd_hobby.append(s);
            fd_hobby.append(" ");
        }
        user.setFd_hobby(fd_hobby.toString());
        user.setFd_introduction(request.getParameter("introduction"));
        user.setFd_password(request.getParameter("password"));
        user.setFd_username(request.getParameter("username"));
        user.setFd_usertype(request.getParameter("usertype"));
        //调用注册信息的业务逻辑,并选择相应的视图
        if(user.regist(user))
            response.sendRedirect("result.jsp");
        else
            response.sendRedirect("error.jsp");
    }
    protected void doPost(HttpServletRequest request, HttpServletResponse response) throws ServletException, IOException {
        doGet(request, response);
    }
}
```

至此,基于MVC框架的用户注册功能实现。不难看出,基于MVC框架模式的程序层次结构非常清晰,每一层都实现特定的功能,各司其职,互不干涉。控制器层像是一个调度者,它是视图层和模型层沟通的"桥梁",可以分派用户的请求并选择恰当的视图显示,同时

它也可以解释用户的输入并将它们映射为模型层可执行的操作。

动手实践 7-1

设计一个 Web 应用程序，判断一个一元二次方程 $ax^2+bx+c=z$ 有几个根。该程序包括两个 JSP 页面，即 root.jsp 和 result.jsp，以及一个 JavaBean 和一个 Servlet。要求使用 MVC 模式实现此功能，即用户通过 root.jsp 输入一元二次方法 a、b、c 和 z 的值；提交该页面后使用 JavaBean 存储这些值和结果；使用 Servlet 进行判断并将最终结果显示到 result.jsp 页面中。

7.3 请求转发与重定向

Internet 的一个主要特征就是通过超链接聚合了大量的信息资源，Web 应用中的各个资源（包括 HTML/JSP 页面、Servlet 对象等）也可以实现资源的相互关联与整合，在 Java Web 应用中可以使用以下几种方式达到 Web 资源的关联与整合。

- 请求转发；
- 重定向；
- 包含。

其中使用包含已在第 3 章中介绍<jsp:include>动作标记时说明，本节不再赘述。

7.3.1 请求转发

由于 Servlet 对象是由 Web 服务器创建的，并且其 service() 方法也是由 Web 服务器调用的，因此 Servlet 对象之间是无法直接调用彼此的 service() 方法的。请求转发方式允许将客户端的请求转发给同一个 Web 应用的其他资源。请求转发是在 Servlet 对象中选择客户请求做一些预处理操作，然后把用户的请求转发给其他 Web 资源，以完成包括生成响应结果在内的后续操作。Servlet 对象处理用户请求并转发给其他 Web 资源使用下面的代码实现。

```
//请求转发至 target.jsp 页面
RequestDispatcher dispatcher = request.getRequestDispatcher("target.jsp");
dispatcher.forward(request, response);
```

RequestDispatcher 对象可以把用户对当前 Web 资源的请求转发给目标 Web 资源，如上述代码的 target.jsp 页面。简而言之，当前页面将和目标页面 target.jsp 共享一个请求对象。

注意：

请求转发方式通常用在 Servlet 中，请求转发方式只能把请求转发给同一个 Web 应用中的页面，并不能转发给其他 Web 应用中的资源。

请求转发的流程如图 7.7 所示。

图 7.7 请求转发流程图

7.3.2 重定向

重定向是将来自客户端的请求传递给其他的 Web 资源，与请求转发不同的是，目标资源可以不在同一个 Web 应用中。在 Servlet 中，使用 HttpServletResponse 对象的 sendRedirect() 方法实现重定向。例如：

```
//从当前页面跳转至相对路径为 pages/target.jsp 的页面
response.sendRedirect("pages/target.jsp");
```

与请求转发相比，重定向与请求转发的区别如下：

（1）Web 资源可以重定向任何一个 URL，而不仅仅局限于同一个 Web 应用中。

（2）重定向是返回一个应答给客户端，然后再重新发送一个请求给目标 URL，所以浏览器地址栏中会更新为目标 Web 资源的 URL；而使用 RequestDispatcher 对象请求转向时，浏览器地址栏不会更新，仍为原有 Web 资源的 URL。

（3）在使用重定向时，Web 资源之间不会共享使用用户请求对象，而 RequestDispatcher 共享。

7.4 页面间数据的共享方式

由于 HTTP 协议是一种无状态的协议，它不会保存用户的任何请求信息。然而在实际的应用中，服务器常常需要跟踪并保存来自客户端的一系列请求信息。例如客户访问一些电子商务网站时，这些网站会自动记录该客户以前查看过的商品，这样方便用户查找商品。本节将介绍 3 种跟踪客户端会话的方法。

7.4.1 重写 URL

在 HTTP 协议中，Get 方式可以实现数据由客户端到服务器端的传送。而重写 URL 正是在 URL 的后面附加参数，和服务器的请求一起发送，这些参数称为查询字符串。查询字符串为一"名称/值"对，在 URL 中多个查询字符串之间使用"&"符号连接。例如"http://localhost:8080/ch7/pages/detail.jsp?id=10&action=delete"，此 URL 将向目标页面 detail.jsp 中传递 id 和 action 两个查询字符串，其值分别为 10 和 delete。在该 JSP 页面中检索请求时可以使用 request 内置对象的 getParameter() 方法获取查询字符串的对应值。下面的代码获取上述 URL 中的两个查询字符串的对应值。

```
String id = request.getParameter("id");
String action = request.getParameter("action");
```

重写 URL 可以确保在所有浏览器中有效,并且简单,易于实现,但是重写 URL 也有缺点:

(1) 重写 URL 的页面必须动态生成;
(2) 用户数据暴露,容易造成安全上的隐患;
(3) URL 的长度有限制,如果使用 URL 传递大量数据,会造成性能下降;
(4) 必须对所有指向本 Web 站点的 URL 进行编码;
(5) 访问不方便,不能预先记录访问页面的 URL。

7.4.2 共享会话

在使用重写 URL 共享用户数据时,一个致命的限制就是两个页面间必须通过链接关联起来。如果两个页面之间不存在链接关系,将无法使用重写 URL 共享数据。此时可以使用共享会话的形式,即使用 session 内置对象共享用户数据。

session 对象的 setAttribute(String name, Object obj)方法可以设置在会话期内共享的数据属性名称及值。在同一个用户的同一个会话期内,对会话的属性名称要区别,若重名,原有的属性值将被替换。使用 getAttribute(String name)可以从会话中检索对应属性名称的值,由于该方法的返回值为 Object 类型,因此常常需要数据类型转换。使用 removeAttribute(String name)方法可以从一个会话中销毁属性名称为 name 的对象;使用 session.setMaxInactiveInterval(int interval)方法设置会话的有效期(以秒为单位),默认为 30 分钟(在 web.xml 文件中配置)。

```
HttpSession session = request.getSession(true);
//设置会话有效期为 20 分钟
session.setMaxInactiveInterval(1200);
//向会话中添加一个属性名称为 user、值为 regUser 的对象
session.setAttribute("user", regUser);
//获取属性名称为 user 的对象值进行强制类型转换
User user = (User)session.getAttribute("user");
//从会话中删除属性名称为 user 的对象
session.removeAttribute("user");
```

在 web.xml 文件中设置会话有效期的方法如下:

```
<session-config>
    <session-timeout>minutes</session-timeout>
</session-config>
```

注意,在<session-timeout>元素中设置会话的有效期是以分钟为单位的。

7.4.3 使用 Cookie

Cookie 用于存储 Web 服务器发送给客户端的信息(通常以文本文件形式保存在客户

端）。当客户端第一次访问服务器时，服务器为用户创建一个 Cookie 对象，在响应客户端的同时把 Cookie 对象发送到客户端。当服务器端程序需要读取 Cookie 时，可以再由 request 对象获取 Cookie 中的数据。使用 Cookie 的前提是客户端的浏览器必须支持 Cookie，目前绝大多数浏览器均支持 Cookie 技术。

Cookie 也是以"name/value"映射的形式保存数据的，这些信息可以被封装在 Cookie 对象中。当客户端第一次访问 Web 服务器时，首先要生成一组 Cookie 信息并保存在客户端中，在 Java Web 应用开发中是通过内置对象 response 的 addCookie() 方法来实现的。下面是使用 Cookie 的具体步骤。

第一步：通过 Cookie 构造方法创建 Cookie 对象。

```
Cookie cookie = new  Cookie(String key ,Object value);
```

第二步：设置 Cookie 的最大保留时间。

```
cookie.setMaxAge(int value);        //单位为秒
```

第三步：将 Cookie 对象添加到响应对象中。

```
response.addCookie(Cookie obj);
```

第四步：得到客户端发送过来的 Cookie 对象。

```
Cookie [] cookies = request.getCookies();    //此方法将返回一个 Cookie 数组
```

第五步：获取 Cookie 中数据的方法。

```
cookie.getName();        //得到 Cookie 中的键名
cookie.getValue();       //得到 Cookie 中的值
```

从第四步可以看到从客户端获取的是 Cookie 对象数组，如果需要从数组中得到特定的键名的 Cookie 对象，可参见以下代码。

```
Cookie [] cookies = request.getCookies();
if(cookies == null)
    out.println("Cookie 对象为空!");
else
{
    for(int i = 0;i < cookie.length;i++)
    {
        //判断 Cookie 的键名为 property,获取 property 键对应的值
        if(cookie[i].getName().equals("property");
            out.println(cookie[i].getValue();
    }
}
```

注意：

出于数据安全和保护个人隐私的目的，有些浏览器禁用了 Cookie，此时使用 Cookie 无法共享数据。因此，在实际的开发中尽量不要使用 Cookie 技术实现核心功能，以免影响 Web 应用的正常运行。

7.5 DAO 模式

7.5.1 DAO 模式介绍

DAO 模式（Data Access Object，DAO）对业务层提供数据抽象层接口。DAO 模式是属于 Java EE 数据层的操作，使用 DAO 模式可以简化代码编写和增加程序的可移植性，DAO 模式实现了以下目标。

1．数据存储逻辑的分离

通过对数据访问逻辑进行抽象，为软件上层模块提供抽象化的数据访问接口。业务层无须关心对数据表具体的 CRUD（增、删、改、查）等操作，这样一方面避免了业务代码中混杂 JDBC 调用语句，使得业务实现更加清晰；另一方面，由于数据访问接口和数据访问实现模块之间分离，也使得开发人员的专业划分成为可能。某些精通数据库操作技术的开发人员可以根据接口提供对数据库访问的最优化实现，精通业务的开发人员则可以抛开数据处理的烦琐细节，专注于业务逻辑编码。

2．数据访问底层实现的分离

DAO 模式将数据访问计划分为抽象层和实现层，从而分离了数据使用和数据访问的实现细节。这意味着业务层与数据访问的底层细节无关，也就是说，我们可以在保持上层业务模块不变的情况下通过切换底层实现来修改数据访问的具体机制。例如应用程序仅仅修改数据访问层的几行代码就可以将应用系统部署在不同的数据库平台之上。

3．数据抽象

在直接基于 JDBC 调用的代码中，开发人员面对的数据往往是原始的 ResultSet 数据集，诚然这样的数据集可以提供足够的信息，但对于开发业务逻辑的过程而言，如此琐碎和缺乏寓意的字段型数据实在令人厌倦。DAO 模式通过对底层数据封装为业务层提供一个面向对象的接口，使得业务逻辑开发人员可以面向业务中的实体进行编码。通过引入 DAO 模式，业务逻辑更加清晰，而且富有形象性和描述性，这将为日后的维护带来极大的方便。试想，在业务层通过 user.getUserame() 方法获得用户姓名相对于直接通过 SQL 语句访问数据库表并从 ResultSet 中获得某个字符型字段而言，前者更有利于业务逻辑的形象化和简洁化。

空洞地谈这些理论没有什么价值，只有在对应用设计模式之后，了解程序代码到底有怎样的改观，才能对 DAO 模式带来的优劣有所感悟。

7.5.2 实现 DAO 模式的步骤

在 Java 应用中实现 DAO 模式主要通过 5 个模块,具体如下:
- VO 类;
- DAO 接口;
- DAO 实现类;
- DAO 工厂类;
- 数据库连接类。

下面以用户注册模块为例对数据表 tb_users 进行访问和操作,介绍 DAO 模式中各模块的具体作用和实现方法,图 7.8 给出了程序的目录结构。

1. 数据库连接类

数据库连接类的主要功能是连接数据库、关闭数据库以及一些常见操作,例如执行 SQL 语句等。通过使用数据库连接类可以方便开发,在需要访问数据库时只需调用该类的相关方法即可,不必再进行大量的重复编码工作。

数据库连接类既可以使用基本的 JDBC 技术实现,也可以使用 DBCP 等数据库连接池技术实现。本例采用 DBCP 方式的数据库连接池技术,具体代码参见本书 4.5.2 节的 DbcpPool.java。

图 7.8 程序结构

2. VO 类

VO(Value Object)即值对象,VO 类是一个所包含属性与表中字段完全对应的类,在该类中提供了 setter 和 getter 方法设置并获取该类中的属性。

注意:
VO 类仅仅是含有私有成员变量和相应 setter、getter 方法的类,不含处理业务逻辑的方法,可以认为 VO 类是一种简化的 JavaBean。

User.java

```java
public class User {
    /**
     * 依据数据表结构声明成员变量
     */
    private String fd_username;
    private String fd_password;
    private String fd_usertype;
    private String fd_gender;
    private String fd_hobby;
    private String fd_birthdate;
    private String fd_email;
    private String fd_introduction;
```

```
        //此处省略属性的 setter 和 getter 方法
        ⋮
}
```

注意：

Eclipse 具有自动生成 setter 和 getter 方法的功能，只要定义了一个类，并为该类声明了属性，选择 Eclipse 的 Source→Generate Getters and Setters 命令，在弹出的对话框中选择为相应的属性生成 setter 和 getter 方法，甚至还可以设置 setter 和 getter 代码在源代码中的位置。

通过上面的数据表对应的 VO 类可以发现，VO 类就是一个 JavaBean，一般认为 VO 类和 JavaBean 的作用是一致的。

3. DAO 接口

在 DAO 接口中定义了所有的用户操作，例如添加、修改、删除、查找记录等，只不过接口定义的都是抽象方法，需要实现类去具体实现这些方法。DAO 接口为开发人员提供了访问数据库表的一些通用方法，它是开发人员操作数据库的接口，并将数据访问和底层的数据操作分离，降低了应用程序对底层数据库的依赖。下面的 IUserDao 就是对用户表的数据访问接口。

IUserDao.java

```java
public interface IUserDao {
    /**
     * 用户登录
     * @param username 用户名
     * @param password 密码
     * @return 若登录成功返回 true,否则 false
     */
    public boolean login(String username,String password);
    /**
     * 保存用户
     * @param user 保存的用户
     * @return 受影响的记录个数
     */
    public int save(User user);
    /**
     * 根据用户名删除
     * @param username 用户名
     * @return 受影响的记录个数
     */
    public int delete(String username);
    /**
     * 根据用户名修改用户信息
     * @param username 用户名
     * @param user 新的用户信息
     * @return 受影响的记录个数
```

```java
     */
    public int update(String username,User user);
    /**
     * 查找所有用户信息
     * @return List 类型的用户信息
     */
    public List<User> findAll();
    /**
     * 根据用户名查找单个用户
     * @param username 用户名
     * @return User 对象
     */
    public User findByUsername(String username);
}
```

可以看到，IUserDao 接口中定义了 5 个抽象方法，分别是对数据表的添加、删除、更新以 ID 查询和属性的模糊查询等操作。

注意：

DAO 接口的命名格式为"I＋VO 类＋Dao"，例如 VO 类 User 对应的 DAO 接口名称为 IUserDao，其中首字母 I 表示接口。

4. DAO 实现类

DAO 实现类实现了 DAO 接口，并实现了 DAO 接口中所有的抽象方法，在 DAO 实现类中设计 SQL 语句，并通过数据库连接类操作 SQL 语句，DAO 实现类往往与具体的底层数据库的关系较为紧密。下面是 IUserDao 接口的实现类 UserDaoImpl.java。

UserDaoImpl.java

```java
public class UserDaoImpl implements IUserDao{
    @Override
    public int save(User user) {
        String sql = "INSERT INTO tb_users (fd_username,fd_password,"
                + "fd_gender,fd_birthdate"
                + ",fd_email,fd_hobby,fd_introduction,fd_usertype) "
                + "VALUES (?,?,?,?,?,?,?,?)";
        PreparedStatement ps = DbcpPool.executePreparedStatement(sql);
        int result = 0 ;
        try {
            ps.setString(1, user.getFd_username());
            ps.setString(2, user.getFd_password());
            ps.setString(3, user.getFd_gender());
            ps.setString(4, user.getFd_birthdate());
            ps.setString(5, user.getFd_email());
            ps.setString(6, user.getFd_hobby());
            ps.setString(7, user.getFd_introduction());
            ps.setString(8, user.getFd_usertype());
            result = ps.executeUpdate();
```

```java
        }catch (SQLException e) {
            e.printStackTrace();
        }
        DbcpPool.close();
        return result;
    }
    @Override
    public int delete(String username) {
        String sql = "DELETE FROM tb_users WHERE fd_username = '"
            + username + "'";
        int result = 0 ;
        result = DbcpPool.executeUpdate(sql);
        DbcpPool.close();
        return result;
    }
    @Override
    public int update(String username, User user) {
        String sql = "UPDATE tb_users SET fd_password = ?, fd_gender = ?,"
                + "fd_birthdate = ?,fd_usertype = ?,fd_email = ?,fd_hobby = ?,"
                + "fd_introduction = ? WHERE fd_username = ?";
        PreparedStatement ps = DbcpPool.executePreparedStatement(sql);
        int result = 0 ;
        try {
            ps.setString(1, user.getFd_password());
            ps.setString(2, user.getFd_gender());
            ps.setString(3, user.getFd_birthdate());
            ps.setString(5, user.getFd_email());
            ps.setString(6, user.getFd_hobby());
            ps.setString(7, user.getFd_introduction());
            ps.setString(4, user.getFd_usertype());
            ps.setString(8, username);
            result = ps.executeUpdate();
            System.out.println("result:" + result);
        }catch (SQLException e) {
            e.printStackTrace();
        }
        DbcpPool.close();
        return result;
    }
    @Override
    public User findByUsername(String username) {
        String sql = "SELECT * FROM tb_users WHERE fd_username = '"
            + username + "'";
        User user = new User();
        ResultSet rs = DbcpPool.executeQuery(sql);
        try {
            if(rs.next())
            {
                user.setFd_birthdate(rs.getString("fd_birthdate"));
                user.setFd_email(rs.getString("fd_email"));
```

```java
                user.setFd_gender(rs.getString("fd_gender"));
                user.setFd_hobby(rs.getString("fd_hobby"));
                user.setFd_introduction(rs.getString("fd_introduction"));
                user.setFd_password(rs.getString("fd_password"));
                user.setFd_username(rs.getString("fd_username"));
                user.setFd_usertype(rs.getString("fd_usertype"));
            }
        }catch (SQLException e) {
            e.printStackTrace();
        }
        DbcpPool.close();
        return user;
    }
    @Override
    public List<User> findAll() {
        String sql = "SELECT * FROM tb_users ORDER BY fd_username ";
        List<User> list = new ArrayList<User>();
        ResultSet rs = DbcpPool.executeQuery(sql);
        try {
            while(rs.next())
            {
                User user = new User();
                user.setFd_birthdate(rs.getString("fd_birthdate"));
                user.setFd_email(rs.getString("fd_email"));
                user.setFd_gender(rs.getString("fd_gender"));
                user.setFd_hobby(rs.getString("fd_hobby"));
                user.setFd_introduction(rs.getString("fd_introduction"));
                user.setFd_password(rs.getString("fd_password"));
                user.setFd_username(rs.getString("fd_username"));
                user.setFd_usertype(rs.getString("fd_usertype"));
                list.add(user);
            }
        }catch (SQLException e) {
            e.printStackTrace();
        }
        DbcpPool.close();
        return list;
    }
    @Override
    public boolean login(String username, String password) {
        String sql = "SELECT count( * ) AS NUM FROM tb_users WHERE fd_username = '" + username
                + "' AND fd_password = '" + password + "'";
        ResultSet rs = DbcpPool.executeQuery(sql);
        int result = 0;
        try {
            if(rs.next())
            {
                result = rs.getInt("NUM");
            }
        }catch (SQLException e) {
```

```
                e.printStackTrace();
        }
        DbcpPool.close();
        if(result > 0)
            return true;
        else
            return false;
    }
}
```

可见 DAO 的实现类实现了 DAO 接口中所有的抽象方法，DAO 实现类与底层的数据库操作非常紧密，该类的方法通常需要编写并操作 SQL 语句，从而完成具体的数据库操作。

5. DAO 工厂类

工厂模式是最常用的实例化对象模式，它是用工厂方法代替 new 操作的一种模式。工厂模式在 Java 程序中可以说是随处可见。因为工厂模式相当于创建实例对象的 new，需要根据 Class 类生成实例对象，例如 A a=new A()，工厂模式也是用来创建实例对象的，所以以后 new 时要谨慎一些，考虑是否可以使用工厂模式，虽然这样可能要多做一些工作，但会给 Java 系统带来更大的可扩展性和尽量少的修改量。

在没有 DAO 工厂类的情况下，必须通过 new 运算符创建 DAO 实现类的实例来完成数据库操作，这种方式对于后期的代码维护非常不便。例如，程序不再使用 MySQL 数据库，而是创建一个操作 Oracle 数据的 DAO 实现类，因此就必须修改程序中所有涉及 MySQL 的 DAO 实现类代码，这个工作量是非常大的，稍有不慎就会出现错误。

使用 DAO 工厂类可以解决该问题，可以通过 DAO 工厂类的一个类方法获得 DAO 实现类的实例。如果需要替换 DAO 实现类，只需要修改 DAO 工厂类中的类方法，不必修改所有的操作数据库的代码。下面是一个 DAO 工厂类的代码，在该工厂类中定义了一个调用 UserDaoImpl()方法的类方法。

DaoFactory.java

```java
public class DaoFactory {
    public static IUserDao getUserDaoInstance()
    {
        return new UserDaoImpl();
    }
    //其他 Dao 接口的工厂方法
     :
}
```

显然，使用 DaoFactory.getUserDaoInstance()就可以获取一个 IUserDao 实现类的实例。

在完成了上述 5 步操作之后就完全实现了一个 DAO 模式的具体实例。开发人员可以在 Servlet 或者其他业务逻辑中通过 DAO 工厂类调用 DAO 实现类，从而实现对底层数据库的访问和操作。下面是通过 DAO 工厂类实现对数据库进行模糊查询的核心代码段。

```
List<User> userList = new ArrayList<User>();
//检索用户表中的所有用户
userList = DaoFactory.getUserDaoInstance().findAll();
for(User user:userList)
{
    System.out.println(user)
}
```

7.6 使用 Apache DbUtils 访问数据库

7.6.1 Apache DbUtils 概述

传统的 JDBC 操作数据库方式存在很多问题，在编码过程中容易出现错误。例如：
（1）SQL 语句拼写易出错；
（2）操作过程复杂，存在大量重复编码的现象；
（3）查询结果集 ResultSet 难以处理，需要转换为 JavaBean 乃至容器对象，不能直接对结果集进行操作；
（4）程序需要强制检查 SQLException 等异常，影响代码的美观和可读性。

ApacheDbUtils 是一个小巧的 Java 数据库操作工具，它在 JDBC 的基础上做了科学的封装，旨在简化 Java 程序操作数据库的代码，改进了 JDBC 程序代码的冗余和操作复杂的弊端。使用 Apache DbUtils 具有以下优势：
（1）防止了资源的泄露，避免了大量的处理异常等重复代码的编写工作；
（2）操作数据库的代码简洁，可读性强；
（3）查询结果自动映射到 JavaBean 中，简化了对查询结果的操作。

读者可以到 Apache DbUtils 的官方站点"http://commons.apache.org/proper/commons-dbutils"了解并下载相关 JAR 包。如果要在项目中使用 Apache DbUtils，需要把 commons-dbutils-x.x.jar 包放到 WEB-INF\lib 目录下。

7.6.2 Apache DbUtils API

在 Apache DbUtils API 中经常使用的类是 QueryRunner。QueryRunner 类提供了处理 SQL 语句的方法，简化了 SQL 查询。此外，QueryRunner 类与 ResultSetHandler 接口组合在一起使用可以完成大部分的数据库操作，能够大大减少编码量。QueryRunner 类的主要方法如表 7.1 所示。

QueryRunner 类的 query()方法有一个 ResultSetHandler 接口类型的参数，该接口主要用来处理查询结果集的映射操作。BeanHandler 和 BeanListHandler 是该接口的两个主要的实现类，BeanHandler 用来存储查询结果为单值的对象，负责将 ResultSet 对象映射为 JavaBean 对象；BeanListHandler 用来存储查询结果为多值的对象，负责将 ResultSet 对象映射为以 JavaBean 为元素的 List 对象。

表 7.1　QueryRunner 类的主要方法

方　　法	说　　明
QueryRunner()	默认构造方法
QueryRunner(DataSource ds)	构造一个指定数据源 ds 的 QueryRunner 对象
Object query(Connection conn, String sql, Object[] params, ResultSetHandler rsh)	执行一个查询操作,在这个查询中,对象数组中的每个元素值被用来作为查询语句的参数置换,该方法会自行处理 PreparedStatement 和 ResultSet 的创建与关闭
Object query(String sql, Object[] params, ResultSetHandler rsh)	功能同上,区别在于该方法不提供 Connection,而从构造方法的数据源(DataSource)或使用 setDataSource() 方法获得 Connection
Object query(Connection conn, String sql, ResultSetHandler rsh)	执行一个不需要置换参数的查询操作
int update(Connection conn, String sql, Object[] params)	用来执行一个更新(插入、更新或删除)操作,返回受影响的记录数
int update(Connection conn, String sql)	用来执行一个不需要置换参数的更新操作,返回受影响的记录数

7.6.3　使用 Apache DbUtils 访问数据库的方法

本节在 7.5 节程序的基础上介绍 Apache DbUtils 如何操作数据库,由于程序仍要用到 User 和 DbcpPool 这两个类,只创建一个取代 UserDaoImpl 类的数据库操作类。

注意：

应用程序如使用 Apache DbUtils,需要将 commons-dbutils.jar 文件加载到应用程序的环境变量中,即将文件保存到项目的 WEB-INF\lib 目录下。

DbUtilsUserDaoImpl.java

```java
public class DbUtilsUserDaoImpl implements IUserDao {
    //创建 QueryRunner 对象
    private QueryRunner queryRunner = new QueryRunner();
    @Override
    public boolean login(String username, String password) {
        String sql = "SELECT * FROM tb_users WHERE fd_username = '" +
            username + "' AND fd_password = '" + password +    "'";
        User user = null;
        try {
            user = queryRunner.query(DbcpPool.getConnection(), sql,  new BeanHandler
                <User>(User.class));
        }catch (SQLException e) {
            e.printStackTrace();
        }
        return user == null?false:true;
    }
    @Override
    public int save(User user) {
        String sql = "INSERT INTO tb_users (fd_username,fd_password,"
```

```java
            + "fd_gender,fd_birthdate,fd_email,fd_hobby,fd_introduction "
            + ",fd_usertype)VALUES (?,?,?,?,?,?,?,?)";
    Object params[] = {user.getFd_username(),user.getFd_password()
        ,user.getFd_gender(),user.getFd_birthdate(),user.getFd_email(),
        user.getFd_hobby(),user.getFd_introduction(),
        user.getFd_usertype()};
    int result = 0;
    try {
        result = queryRunner.update(DbcpPool.getConnection(), sql, params);
    }catch (SQLException e) {
        e.printStackTrace();
    }
    return result;
}
@Override
public int delete(String username) {
    String sql = "DELETE FROM tb_users WHERE fd_username = ?";
    int result = 0 ;
    try {
        result = queryRunner.update(DbcpPool.getConnection(), sql, username);
    }catch (SQLException e) {
        e.printStackTrace();
    }
    return result;
}
@Override
public int update(String username, User user) {
    String sql = "UPDATE tb_users SET fd_password = ?,fd_usertype" +
            " = ?,fd_hobby = ?,fd_email = ?,fd_birthdate = ?," +
            "fd_introduction = ?,fd_gender = ? WHERE fd_username = ?";
    Object[] params = {user.getFd_password(),user.getFd_usertype(),
        user.getFd_hobby(),user.getFd_email(),user.getFd_birthdate(),
        user.getFd_introduction(),user.getFd_gender(),
        user.getFd_username()};
    int result = 0 ;
    try {
        result = queryRunner.update(DbcpPool.getConnection(), sql, params);
    }catch (SQLException e) {
        e.printStackTrace();
    }
    return result;
}
@Override
public List<User> findAll() {
    String sql = "SELECT * FROM tb_users ORDER BY fd_username";
    List<User> list = null;
    try {
        list = queryRunner.query(DbcpPool.getConnection(),sql,
                new BeanListHandler<User>(User.class));
    }catch (SQLException e) {
```

```
            e.printStackTrace();
        }
        return list;
    }
    @Override
    public User findByUsername(String username) {
        String sql = "SELECT * FROM tb_users WHERE fd_username = '"
                        + username + "'";
        User user = null;
        try {
            user = queryRunner.query(DbcpPool.getConnection(), sql,
                    new BeanHandler<User>(User.class));
        }catch (SQLException e) {
            e.printStackTrace();
        }
        return user;
    }
}
```

本章小结

本章首先介绍了 MVC 框架模式的基本概念，其思想是把 Web 应用分为 3 层，即视图层、模型层和控制器层，从而达到代码分离，降低模块间的耦合度，提高代码复用和程序的可读性，便于开发人员分工的目的。在 Web 页面间共享数据是一种重要的应用，本章介绍了 3 种常用方法，即重写 URL、共享会话和使用 Cookie。

不要把所有的鸡蛋放到一个篮子里面，代码何尝不是？如果把访问数据库、操作数据库和其他业务逻辑代码同时堆放在一个 Servlet 中，Servlet 无疑非常臃肿，后期维护困难，程序的风险也随之增大。DAO 模式解决了该问题，DAO 模式把对数据库的访问、操作和调用分别放在不同的 Java 类中，降低了业务逻辑与底层数据库的耦合度，便于维护。

本章还介绍了使用 Apache DbUtils 组件操作数据库的方法。

第8章 Web应用开发中的常见问题

本章要点：
- Java 中文问题；
- 文件的上传与下载；
- 图表的开发；
- 分页显示；
- 程序国际化；
- 部署 Java Web 应用。

用户在实际的应用开发过程中经常会遇到一些问题，例如中文问题、文件的上传与下载、分页显示查询结果、统计报表以及 Web 应用程序开发完毕后如何部署等，这些问题都是一些普遍性问题，本章将介绍解决这些问题的方法。

8.1 中文问题

8.1.1 出现中文问题的原因

在 Java 程序中出现中文问题的根源在于当 Java 程序与其他存储媒介交互时因采用的字符编码方案不支持中文而导致乱码。很多存储媒介（例如数据库、文件等）的存储方式都是基于字节流的，Java 应用程序与这些媒介交互时就会发生字符（char）与字节（byte）之间的转换，具体情况如下：

（1）从 JSP 页面表单提交数据到 Java 应用程序（例如 Servlet）时需要进行从字节到字符的转换；

（2）从 Java 程序到 JSP 页面显示时需要进行从字符到字节的转换；

（3）从数据库到 Java 程序读取时需要进行从字节到字符的转换；

（4）从 Java 程序到数据库存储时需要进行从字符到字节的转换；

（5）当一些文件被 Java 程序读取时需要进行从字节到字符的转换；

（6）当 Java 应用程序向一些文件存储数据时需要进行从字符到字节的转换。

如果在以上转换过程中使用的编码方式与字节原有的编码不一致，中文信息就会出现乱码。由此可见，中文问题是由于字符采用的编码方式不一致造成的。

8.1.2 常见字符集

1. ASCII

ASCII 编码采用 7 位编码，编码范围是 0x00～0x7F。ASCII 字符集包括英文字母、阿拉伯数字和标点符号等字符，其中 0x00～0x20 和 0x7F 是 33 个控制字符。

2. GB2312-80

GB2312 是简体汉字标准字符编码方案，是基于区位码设计的，区位码把编码表分为 94 个区，每个区对应 94 个位，每个字符的区号和位号组合起来就是该汉字的区位码。区位码一般使用十进制数来表示，例如 1601 表示 16 区 1 位，对应的字符是"啊"。

在 GB2312 字符集中除了常用的简体汉字字符以外还包括希腊字母、日文平假名及片假名字母、俄语西里尔字母等字符，但并未收录繁体中文汉字和一些生僻字。

3. GBK

GBK 编码是 GB2312 编码的超集，向下完全兼容 GB2312，兼容的含义是不仅字符兼容，而且相同字符的编码也相同。GBK 还收录了 GB2312 不包含的汉字部首符号、竖排标点符号等字符。该 GBK 共收录汉字 21003 个、符号 883 个，并提供 1894 个造字码位，简、繁体字融于一库。

4. GB18030

GB18030 编码向下兼容 GBK 和 GB2312，GB18030 编码是变长编码，有单字节、双字节和四字节 3 种方式，GB18030 是包含字符最多的中文字符集。

5. Unicode

每种语言文字编码采用一定的编码方案无疑增加了那些需要支持多种语言的软件开发难度，因而又制定一个国际统一标准，称为 Unicode。Unicode 为每个字符提供了唯一的特定数值，不论在什么平台上，不论在什么软件中，也不论什么语言。也就是说，它把世界上使用的所有字符都罗列了出来，并分配给每一个字符唯一的特定数值。

Unicode 的最初目标是用 1 个 16 位的编码为 65 000 多个字符提供映射。Unicode 用一些基本的保留字符制定了 3 套编码方式，它们分别是 UTF-8、UTF-16 和 UTF-32。

6. UTF-8

UTF-8(Unicode Transformation Format-8bit)是用于解决国际上字符的一种多字节编码的方案，它对英文使用 8 位（即 1 个字节）、对中文使用 24 位（3 个字节）来编码。UTF-8 包含全世界所有国家需要用到的字符，通用性强。

7. ISO8859-1

ISO8859-1 又称 Latin-1 或"西欧语言"，是国际标准化组织内 ISO/IEC 8859 的第 1 个 8

位字符集。它以 ASCII 为基础,在空置的 0xA0～0xFF 范围内加入 192 个字母及符号,以供使用变音符号的拉丁字母语言使用。

8. BIG5

BIG5 又称为大五码,是使用繁体中文最常用的汉字字符集标准,共收录 13060 个中文字,BIG5 属中文内码(中文码分为中文内码及中文交换码两类)。BIG5 常用于我国的台湾、香港与澳门等繁体中文通行区。

通过上述介绍,支持简体中文的字符集有 GB2312、GBK、GB18030 和 UTF-8 等。

8.1.3 中文问题的解决方法

1. JSP 页面显示乱码的问题

导致这种乱码的原因是没有在 JSP 页面里指定使用的字符集编码,只要将 JSP 页面的 page 指令的 contentType 属性和 pageEncodeing 属性以及 HTML META 标签的 charset 属性指定使用"GBK""GB2312""GB18030"或者"UTF-8"任意一个字符集编码即可。

注意:

在指定字符集时,字符集的名称是不区分大小写的,例如 GB2312 和 gb2312 是一样的。

2. 表单提交中文时出现乱码的问题

JSP 获取页面参数时一般采用系统默认的编码方式(即 ISO8859-1),如果页面参数的编码类型和系统默认的编码类型不一致,特别是页面参数是中文时,很可能会出现乱码。解决这类乱码问题的方法有下面 3 种。

第一种方法是在获取表单数据的页面或 Servlet 中首先使用 request 对象的 setCharacterEncoding()方法强制设定获取表单数据的编码方式,如设置表单数据采用 UTF-8 字符编码集,具体代码为 request.setCharacterEncoding("UTF-8");然后使用 request 的 getParameter()方法获取该参数的值,请看下面的代码。

```
//设定请求报文的字符编码为 UTF-8
request.setCharacterEncoding("UTF-8");
//假设页面参数名称为"name"
String name = request.getParameter("name");
```

在使用这种方式时表单的 method 属性必须设定为"POST"方式,若为"GET"方式,那么这种处理表单中文问题的方法无效,必须使用下面的第二种方式,即使用 String 类的构造方法对字符串进行重构,并指定重构的字符编码。

```
//假设页面参数名称为"name"
String name = request.getParameter("name");
//重新构造字符串 name,由原来的 ISO-8859-1 转换为 UTF-8
name = new String(name.getBytes("ISO-8859-1"),"UTF-8");
```

此外,如果在 JSP 页面中将含有中文的变量值输出到 JSP 页面时出现了乱码,可以通过设置以下代码解决。

```
//设定响应报文的MIME类型
response.setContentType("text/html;charset = UTF - 8");
```

3. 数据库连接出现乱码的问题

这种情况发生在程序向数据库中保存含有中文信息的记录时变成乱码,或者在读取含有中文的记录时显示为乱码,解决方法为在数据库连接字符串中加入编码字符集,下面以 MySQL 数据库为例介绍该问题的解决方法。

```
/*
指定连接的数据库为本地 database 数据库,用户名为 user、密码为 pwd;
    支持 Unicode 并且字符编码为 UTF - 8
*/
String Url = "jdbc:mysql://localhost:3306/database?user = root" +
"&password = pwd&useUnicode = true&characterEncoding = UTF - 8";
```

4. 数据库显示中文信息的乱码问题

Java 程序访问 MySQL 数据库中 varchar、text 等类型的字段时会出现中文乱码问题,究其原因在于数据表中数据存储的编码方式与 Java 程序中数据的编码方案不同。解决方法是在设计数据库时设置表的编码方案为 UTF-8 等支持中文的字符编码(MySQL 默认为 latin-1)。此外,可以定义一个转换字符编码的 Java 类,负责将 ISO8859-1 编码方式的字符转换为 UTF-8 等支持中文的编码方式,具体实现步骤如下。

第一步:编写一个转换字符编码的公共类。
StringConvert.java

```java
public class StringConvert {
    //将 ISO - 8859 - 1 编码的字符转换为 UTF - 8 编码方式
    public static String iso2utf(String s)
    {
        String gb;
        try{
            if(s.equals("") || s == null){
                return "";
            }
            else
            {
                s = s.trim();
                gb = new String(s.getBytes("ISO - 8859 - 1"),"UTF - 8");
                return gb;
            }
        }
        catch(Exception e){
```

```java
            System.err.print("编码转换错误：" + e.getMessage());
            return "";
        }
    }
    //将 UTF-8 编码的字符转换为 ISO-8859-1 编码方式
    public static String utf2iso(String s)
    {
        String gb;
        try{
            if(s.equals("") || s == null){
                return "";
            }
            else{
                s = s.trim();
                gb = new String(s.getBytes("UTF-8"),"ISO-8859-1");
                return gb;
            }
        }
        catch(Exception e){
            System.err.print("编码转换错误：" + e.getMessage());
            return "";
        }
    }
}
```

当从数据库中读取中文信息时，首先使用 StringConvert 类的 iso2utf() 方法将这些中文进行编码转换，然后进行后续操作。例如对 zhData 变量进行编码转换。

```java
public void setTitle(String zhData)
{
    this.title = StringConvert.iso2utf(zhData);
}
```

第二步：解决 MySQL 表中数据的编码问题。
方法一：
打开 MySQL 客户端并执行以下 SQL 语句。

```
set character_set_client = UTF-8;
set character_set_results = UTF-8;
set character_set_connection = UTF-8;
```

之后，再将 MySQL 安装目录下 my.ini 文件中的 default-character-set 的值设为 UTF-8(注意该文件中有两处需要修改)。

注意：

使用这种方法需要读者对 MySQL 数据库有一定的技术功底，并且该方法有缺陷，即修改后在数据库新建表中的乱码消失了，但在原有的表中仍出现乱码。解决方法是先将原有表中的数据导出，删除该表后重建表，最后再将数据导入。对于上述 SQL 语句的作用，读者可以参见 MySQL 的中文手册(http://dev.mysql.com/doc/refman/5.7/en/charset.html)。

方法二：

在 MySQL 的配置向导 MySQL Server Instance Config Wizard 中设置字符编码，将其设置为 UTF-8 等支持中文的字符集即可，这样省去了以后的麻烦。具体参见图 8.1，选择"Manual Selected Default Character Set/Collation"，设置为支持中文的字符集，例如 UTF-8。

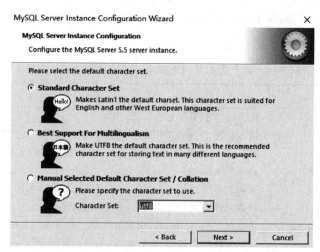

图 8.1 设置 MySQL 数据库的字符编码

经过上述两个步骤，MySQL 数据库的中文乱码问题迎刃而解。

8.2 文件的上传与下载

文件上传与下载是 Web 应用经常使用的功能，目前在 Java Web 应用开发中实现文件的上传与下载的方法很多，这里主要介绍使用非常流行的第三方组件——jspSmartUpload 实现文件的上传和下载。

8.2.1 jspSmartUpload 简介

jspSmartUpload 最早是由 jspSmart 开发的一个基于 JSP 的文件上传与下载组件，它具有以下优点。

- 配置非常简单：用户只需要把下载的 jspSmartUpload.jar 文件放到 Java Web 项目的 WEB-INF\lib 目录下即可。
- 对上传的文件具有很强的可控性：jspSmartUpload 可以限制上传文件的扩展名、大小等。
- 易获取上传文件的信息：使用 jspSmartUpload 自带的 File 类可以轻松地获取上传文件的信息，例如文件名、文件大小、扩展名等。
- 实现文件下载方便：jspSmartUpload 同样提供了文件下载功能，仅需要几行代码就能实现文件的下载。

jspSmartUpload 包中提供了 5 个类，即 File、Files、Request、SmartUpload 和

SmartUploadException。其中 SmartUploadException 类是一个自定义异常类,比较简单,下面介绍前 4 个类。

1. File 类

这里的 File 类不同于 java.io.File 类,该类在 com.jspsmart.upload 软件包中。File 类用于保存单个上传文件的相关信息,例如上传文件的文件名、文件大小、文件数据等,File 类的主要方法如表 8.1 所示。

表 8.1 File 类的主要方法

方　　法	说　　明
void saveAs()	该方法用于保存文件
boolean isMissing()	该方法用于判断用户是否选择了文件,即表单中对应的<input type="file">标签实现的文件选择域中是否有值,若选择了文件返回 false,否则返回 true
String getFieldName()	获取表单中当前上传文件所对应的表单项的名称
String getFileName()	获取文件的文件名,该文件名不包含目录
String getFilePathName()	获取文件的文件全名,获取的值是一个包含目录的完整文件名
String getFileExt()	获取文件的扩展名,即后缀名,不包含分隔符"."
String getContentType()	获取文件 MIME 类型,例如"text/html"
String getContentString()	获取文件的内容
intgetSize()	获取文件的大小,单位为 Byte
byte getBinaryData(int index)	获取文件数据中参数 index 指定位置处的一个字节,用于检测文件

2. Files 类

Files 类表示所有上传文件的集合,通过它可以得到上传文件的数目、大小等信息。表 8.2 列出了该类的主要方法。

表 8.2 Files 类的主要方法

方　　法	说　　明
int getCount()	取得上传文件的数目
File getFile(int index)	取得指定位移处的文件对象,返回值为 com.jspsmart.upload.File 类型,参数 index 为指定位移,其值在 0 与 getCount()－1 之间
long getSize()	取得上传文件的总长度,可用于限制一次性上传的数据量大小
Collection getCollection()	返回所有上传文件对象,以便其他应用程序引用,浏览上传文件信息
Enumeration getEnumeration()	返回所有上传文件对象,以便其他应用程序浏览上传文件信息

3. Request 类

Request 类的功能等同于 JSP 内置的对象 request。之所以提供 Request 类,是因为对于文件上传的表单,通过 request 对象无法获得表单输入域的值,而 Request 对象却可以获取。该类提供了如表 8.3 所示的方法。

表 8.3　Request 类的方法

方　法	说　明
String getParameter(String name)	获取表单中表单输入域为 name 的值
Enumeration getParameterNames()	获取表单中除输入域为 file 类型外的所有表单元素的名称
String[] getParameterValues(String name)	获取表单中多个名称为 name 的表单输入域的字符串数组

4. SmartUpload 类

SmartUpload 类用于实现文件的上传与下载操作,该类中提供的方法如表 8.4 所示。

表 8.4　SmartUpload 类的方法

方　法	说　明
void initialize(PageContext pagecontext)	初始化,在使用 SmartUpload 对象时必须先调用方法,该方法进行了重载,此形式常用于 JSP 页面中
void initialize(ServletConfig servletconfig, HttpServletRequest httpservletrequest, HttpServletResponse httpservletresponse)	初始化,此种形式一般用于 Servlet 中
void upload()	上传文件数据。对于上传操作,第一步执行 initialize() 方法,第二步执行该方法
int save(Stringurl)	将全部上传文件保存到指定目录中
int save(Stringurl, int option)	上传文件保存至目录 url,option 为保存选项,它有 3 个值,分别是 SAVE_PHYSICAL、SAVE_VIRTUAL 和 SAVE_AUTO。SAVE_PHYSICAL 指示组件将文件保存到以操作系统根目录为文件根目录的目录下;SAVE_VIRTUAL 指示组件将文件保存到以 Web 应用程序根目录为文件根目录的目录下;而 SAVE_AUTO 表示由组件自动选择
setDeniedFilesList(String deniedFilesList)	该方法用于设置禁止上传的文件。其中参数 deniedFilesList 指定禁止上传文件的扩展名,多个扩展名之间以逗号分隔
void setAllowedFilesList(String allowedFilesList)	设置允许上传的文件,其用法类似于 setDeniedFilesList()
void setMaxFileSize(long maxFileSize)	设定允许每个文件上传的最大长度
void setTotalMaxFileSize(long totalMaxFileSize)	设置允许上传文件的总长度
int getSize()	获取上传文件的总长度
Files getFiles()	获取全部上传文件
Request getRequest()	返回 Request 对象,通过该对象获得上传的表单中其他表单项的值
void setContentDisposition(String contentDisposition)	用于将数据追加到 MIME 文件头的 CONTENT-DISPOSITION 域
void downloadFile(String source)	文件下载,其中 source 为下载文件的文件名,可包含目录
void downloadFile(String source, String contentType)	文件下载,其中 contentType 为文件内容类型(MIME 格式的文件类型信息)

续表

方法	说明
void downloadFile（String source，String contentType，String dest）	文件下载，其中 dest 是下载的文件另存为的文件名
void downloadFile（String source，String contentType，String dest，int blockSize）	文件下载，其中 blockSize 为存储读取的文件数据的字节数组的大小，默认值为 65000

8.2.2 文件的上传

在 JSP 页面中使用一个表单直接上传，需要对表单设置 enctype 属性，即 enctype="multipart/form-data"，具体请读者参考下面的代码段。

```html
<form action="actionName" method="post" enctype="multipart/form-data">
    <input type="file" name="fileName"><br/>
    <input type="submit" name="upload" value="上传">
</form>
```

在 JSP 页面设计完毕之后，最重要的就是实现业务逻辑了。下面的 UploadwithServlet 就是一个使用 jspSmartUpload 进行文件上传的 Servlet 程序。
UploadwithServlet.java

```java
package henu.file;

import java.io.IOException;
import java.sql.SQLException;
import java.util.Date;

import javax.servlet.ServletConfig;
import javax.servlet.ServletException;
import javax.servlet.http.HttpServlet;
import javax.servlet.http.HttpServletRequest;
import javax.servlet.http.HttpServletResponse;

import com.jspsmart.upload.File;
import com.jspsmart.upload.Files;
import com.jspsmart.upload.Request;
import com.jspsmart.upload.SmartUpload;
import com.jspsmart.upload.SmartUploadException;

public class UploadwithServlet extends HttpServlet {
    //声明 servletconfig 对象，作为 initialize()方法的参数
    ServletConfig servletconfig;
    public UploadwithServlet() {
        super();
    }
    //初始化 servletconfig 对象
```

```java
public void init(ServletConfig config)throws ServletException {
    this.servletconfig = config;
}
protected void doGet(HttpServletRequest request, HttpServletResponse response)
        throws ServletException, IOException {
    doPost(request, response);
}
protected void doPost(HttpServletRequest request, HttpServletResponse response)
        throws ServletException, IOException {
    //1.实例化一个SmartUpload对象
    SmartUpload su = new SmartUpload();
    //2.初始化SmartUpolad对象
    try {
        su.initialize(servletconfig, request, response);
    }catch (ServletException e1) {
        e1.printStackTrace();
    }
    //3.设置文件上传的限制
    su.setAllowedFilesList("doc,docx,txt");
    //单个文件的最大字节数
    su.setMaxFileSize(3 * 1024 * 1024);
    //文件的总最大字节数
    su.setTotalMaxFileSize(12 * 1024 * 1024);
    //4.使用upload上传
    try {
        su.upload();
    }catch (ServletException e2) {
        e2.printStackTrace();
    }catch (IOException e2) {
        e2.printStackTrace();
    }catch (SmartUploadException e2) {
        e2.printStackTrace();
    }
    //5.文件的保存
    Date curDate = new Date();
    long d = curDate.getTime();         //long型
    //创建request对象
    Request req = su.getRequest();
    //获取上传文件
    //获取全部上传文件
    Files files = su.getFiles();
    //获取指定位置的文件
    File file = files.getFile(0);
    //获取文件扩展名
    String extFile = file.getFileExt();
    String mainFile = String.valueOf(d);
    //文件上传到服务器端的upload目录下,文件以当前时间命名
    String filename = "/upload/" + mainFile + "." + extFile;
    try {
        file.saveAs(filename);
```

```
            }catch (IOException e1) {
                e1.printStackTrace();
            }catch (SmartUploadException e1) {
                e1.printStackTrace();
            }
        }
    }
```

在该程序中，文件上传到服务器端后对文件重命名，重命名的格式是当前系统时间为主文件名，扩展名仍为原来的名称。实现文件上传功能的步骤如下。

第一步：实例化 SmartUpload 对象。

第二步：使用 initialize()方法初始化 SmartUpload 对象，如果直接在 JSP 页面中使用该方法，则推荐使用 initialize(PageContext pageContext)形式；若在 Servlet 程序中，推荐使用 initialize (ServletConfig servletconfig, HttpServletRequest httpservletrequest, HttpServletResponse httpservletresponse)形式。

第三步：使用 setMaxFileSize()、setAllowedFilesList()等方法限定上传文件的大小、类型等。

第四步：使用 upload()方法上传文件。

第五步：使用 save()方法将上传文件保存至 Web 应用程序的指定目录下。如本例中将上传的文件保存至 upload 目录下。

在一个文件上传的表单中，通过表单的 action 属性调用上述 Servlet 即可实现文件的上传功能。

注意：

上述使用 jspSmartUpload 组件上传文件的 5 步操作不能颠倒次序，并且在运行上传文件之前，服务器端的 Web 应用程序中必须存在指定的上传文件保存目录。

8.2.3 文件的下载

使用 jspSmartUpload 下载文件非常简单，这里以 Servlet 形式编写了一个实现从 Web 项目的 upload 目录中下载名为"java.doc"的 Word 文档的程序，代码如下。
DownloadwithServlet.java

```
@WebServlet("/DownloadwithServlet")
public class DownloadwithServlet extends HttpServlet {
    ServletConfig config = null;
    public DownloadwithServlet() {
        super();
    }
    public void init(ServletConfig config)throws ServletException {
        this.config = config;
    }
    protected void doGet(HttpServletRequest request, HttpServletResponse response)throws ServletException, IOException {
        doPost(request,response);
```

```java
    }
    protected void doPost(HttpServletRequest request, HttpServletResponse response) throws
ServletException, IOException {
        //新建一个SmartUpload对象
        SmartUpload su = new SmartUpload();
        //初始化
        su.initialize(config, request, response);
        /* 设定contentDisposition为null以禁止浏览器自动打开文件,保证单击链接后是下载
        文件。若不设定,则下载的文件扩展名为.doc时,浏览器将自动用Word打开它;当扩展名为.pdf时,
        浏览器将用PDF阅读器打开它。*/
        su.setContentDisposition(null);
        //下载文件
        try {
            //假设下载的文件为upload下的java.doc
            su.downloadFile("/upload/java.doc");
        }catch (SmartUploadException e) {
            e.printStackTrace();
        }
    }
}
```

从上面的程序可以看到,实现文件下载的核心代码只有4行,实现文件下载的具体步骤如下。

第一步:实例化 SmartUpload 对象。

第二步:使用 initialize()方法初始化 SmartUpload 对象。

第三步:使用 setContentDisposition()方法设置 MIME 类型。在下载文件时,将 contentDispotition 设为 null,则组件将自动添加"attachment",表示将下载的文件作为附件,IE 浏览器会弹出"文件下载"对话框,而不是自动打开这个文件(IE 浏览器一般根据下载文件的扩展名决定执行什么操作,例如扩展名为.doc 的文件将用 Word 打开)。

第四步:使用 downloadFile 从指定位置下载文件。

在上述下载程序编写好之后,只需要在 JSP 页面中调用该程序即可下载文件,核心代码如下:

```
<a href = "DownloadwithServlet">下载文件</a>
```

动手实践 8-1

使用 jspSmartUpload 组件完成用户照片上传与下载功能。

8.3 图表的开发

在应用程序中少不了用图表对数据进行统计分析,JFreeChart 是目前 Web 应用开发中使用较为广泛的一款图表开发组件。

8.3.1 JFreeChart 的下载与配置

JFreeChart 是一个 Java 开源项目,它是一款优秀的基于 Java 的图表开发组件,提供了在 Java 应用程序和 Java Web 应用程序下生成各种图表的功能,包括柱形图、饼形图、线图、区域图、时序图和多轴图等,这些图表以 JPEG、PNG 等格式返回到应用程序中。用户可以到"http://www.jfree.org/jfreechart/download.html"免费下载,下面介绍 JFreeChart 的配置步骤。

第一步:在 Java Web 项目中加载 JFreeChart 类库文件。在将下载的压缩文件解压之后,只需要将 lib 文件夹中的 jfreechart.jar 和 jcommon.jar 两个文件复制到 Web 应用程序的 WEB-INF 中的 lib 文件夹内。

第二步:在 web.xml 中配置 JFreeChart 的核心 Servlet 程序。在该 Web 应用程序的 web.xml 文件中配置 JFreeChart 的 DisplayChart 类,具体配置如下。

```xml
<servlet>
  <servlet-name>DisplayChart</servlet-name>
  <!-- DisplayChart 的具体路径 -->
  <servlet-class>org.jfree.chart.servlet.DisplayChart</servlet-class>
</servlet>
<servlet-mapping>
  <servlet-name>DisplayChart</servlet-name>
  <!-- 指定 DisplayChart 的 URL 映射路径,此处定义为/chart/DisplayChart -->
  <url-pattern>/chart/DisplayChart</url-pattern>
</servlet-mapping>
```

经过上述两步配置之后,就可以在 Java Web 应用中开发基于 JFreeChart 的图表程序了。

8.3.2 使用 JFreeChart 开发图表

在介绍 JFreeChart 开发报表之前,首先来了解图表的组成以及 JFreeChart 的一些核心类。一个图表一般由图表标题、X 轴、Y 轴、图例、绘图区、填充图表的数据、图表提示等内容组成。这些图表的组成部分在 JFreeChart 中分别用不同的对象来表示,表 8.5 给出了 JFreeChart 的这些核心类。

表 8.5 JFreeChart 的核心类

类 名	说 明
JFreeChart	图表对象,生成任何类型的图表都要通过该对象,JFreeChart 插件提供了一个工厂类 ChartFactory,用来创建各种类型的图表对象
XXXDataset	数据集对象,用来保存绘制图表的数据,不同类型的图表对应不同类型的数据集对象,开发人员可以使用 JDBC 从数据库中提取数据填充数据集对象
XXXPlot	绘图区对象,如果需要自定义绘图区的相关绘制属性,需要通过该对象进行设置
XXXAxis	坐标轴对象,用来定义坐标轴的绘制属性

续表

类 名	说 明
XXXRenderer	图片渲染对象，用于渲染和显示图表
XXXURLGenerator	链接对象，用于生成 Web 图表中项目的鼠标单击链接
XXXToolTipGenerator	图表提示对象，用于生成图表提示信息，不同类型的图表对应不同类型的图表提示对象

JFreeChart 中的图表对象用 JFreeChart 对象表示，图表对象由 Title(标题或子标题)、Plot(图表的绘制结构)、BackGround(图表背景)、toolstip(图表提示条)等几个主要的对象组成。其中 Plot 对象又包括了 Render(图表的绘制单元——绘图域)、Dataset(图表数据源)、domainAxis(X 轴)、rangeAxis(Y 轴)等一系列对象，而 Axis(轴)由更细小的刻度、标签、间距、刻度单位等一系列对象组成。使用 JFreeChart 开发图表的步骤一般如下。

第一步：创建绘图数据集合；
第二步：创建 JFreeChart 实例；
第三步：自定义图表绘制属性，该步可选；
第四步：生成指定格式的图片，并返回图片名称；
第五步：组织图片浏览路径；
第六步：通过 HTML 中的<img>标签显示图片。

下面的例子是使用 JFreeChart 生成一个统计北京、上海、郑州、开封 4 个城市各季度城区房价的柱状统计图。

chart.jsp

```jsp
<%@ page contentType = "text/html;charset = UTF - 8" %>
<%@ page import = "org.jfree.chart.ChartFactory,
org.jfree.chart.JFreeChart,
org.jfree.chart.plot.PlotOrientation,
org.jfree.chart.servlet.ServletUtilities,
org.jfree.data.category.CategoryDataset,
org.jfree.data.general.DatasetUtilities,
org.jfree.chart.plot.*,
org.jfree.chart.labels.*,
org.jfree.chart.renderer.category.BarRenderer3D,
java.awt.*,
org.jfree.ui.*,
org.jfree.chart.axis.AxisLocation,org.jfree.chart.title.TextTitle,org.jfree.chart.axis.CategoryAxis,org.jfree.chart.axis.NumberAxis" %>
<%
//使用数组定义报表数据，即数据集
double[][] data = new double[][] {{22310, 24510, 28390, 28030},
        {19168, 21198, 27748, 24002},
        {5689, 6289, 7239, 8800},
        {3737,3813,3908,4402}};
String[] row = {"一季度","二季度","三季度","四季度"};
String[] column = {"北京","上海", "郑州","开封"};
//为报表填充数据库
```

```java
CategoryDataset dataset = DatasetUtilities.createCategoryDataset(column,row ,data);
//实例化一个3D柱状图
JFreeChart chart = ChartFactory.createBarChart3D ( ""," 城市"," 房 价 ", dataset,
PlotOrientation.VERTICAL,true,true,false);
//实例化plot对象
CategoryPlot plot = chart.getCategoryPlot();
//设置字体,否则中文将产生乱码
Font font = new Font("宋体", Font.BOLD, 16);
//定义标题
TextTitle title = new TextTitle("各城市房价统计图", font);
//定义副标题
TextTitle subtitle = new TextTitle("按季度统计",new Font("黑体", Font.BOLD, 12));
//添加副标题和标题
chart.addSubtitle(subtitle);
chart.setTitle(title);
//设置plot对象的X轴和Y轴
NumberAxis numberaxis = (NumberAxis) plot.getRangeAxis();
CategoryAxis domainAxis = plot.getDomainAxis();
//设置X轴坐标上的文字字体
domainAxis.setTickLabelFont(new Font("sans-serif", Font.PLAIN, 12));
//设置X轴的标题文字字体
domainAxis.setLabelFont(new Font("宋体", Font.PLAIN, 12));
//设置Y轴坐标上的文字字体
numberaxis.setTickLabelFont(new Font("sans-serif", Font.PLAIN, 12));
//设置Y轴的标题文字字体
numberaxis.setLabelFont(new Font("黑体", Font.PLAIN, 12));
//设置栏目文字字体
chart.getLegend().setItemFont(new Font("宋体", Font.PLAIN, 12));
//设置网格背景颜色
plot.setBackgroundPaint(Color.white);
//设置网格竖线颜色
plot.setDomainGridlinePaint(Color.BLUE);
//设置网格横线颜色
plot.setRangeGridlinePaint(Color.pink);
//显示每个柱子的数值,并修改该数值的字体属性
BarRenderer3D renderer = new BarRenderer3D();
renderer.setBaseItemLabelGenerator(new StandardCategoryItemLabelGenerator());
renderer.setBaseItemLabelsVisible(true);
//默认的数字显示在柱子中,通过以下两行代码调整数字的显示
//注意:本行代码很重要,否则显示的数字会被覆盖
renderer.setBasePositiveItemLabelPosition(new ItemLabelPosition(ItemLabelAnchor.OUTSIDE12,
TextAnchor.BASELINE_LEFT));
renderer.setItemLabelAnchorOffset(10D);
//设置每个地区所包含的平行柱之间的距离
plot.setRenderer(renderer);
//设置城市、房价的显示位置
//将下方的"城市"放到上方
plot.setDomainAxisLocation(AxisLocation.BOTTOM_OR_RIGHT);
//将默认放在左边的"房价"放到右方
plot.setRangeAxisLocation(AxisLocation.TOP_OR_RIGHT);
```

```
//生成 JPG 格式的图片
String filename = ServletUtilities.saveChartAsJPEG(chart, 700, 400, null, session);
//图片的路径及名称
String graphURL = request.getContextPath() + "/chart/DisplayChart?filename=" + filename;
%>
<html>
<head>
<title>使用 JFreeChart 生成图表</title>
</head>
<body>
<img src="<%= graphURL %>" width=700 height=400 border=0 usemap="#<%= filename %>">
</body>
</html>
```

该程序的运行结果如图 8.2 所示。

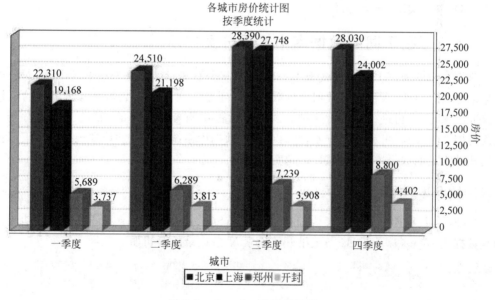

图 8.2　chart.jsp 的运行结果

动手实践 8-2

假设软件工程一班考研的人数为 16，就业的人数为 29，出国留学的人数为 4；软件工程二班考研的人数为 12，就业的人数为 36，出国留学的人数为 6。请设计一个柱状图统计各班考研、就业、留学的人数。

8.4　分页显示

若在 JSP 页面中显示从数据库查询到的记录太多，在 JSP 页面中显示所有记录既影响用户浏览，又会使服务器的负载过重，影响服务器的性能，因此将结果分页显示到 JSP 页面中是非常有必要的。

8.4.1 分页显示的设计思路

在分页显示中需要用到几个概念,即总记录数、每页显示记录数、总页数、当前页码。
- 总记录数:表示从数据库中检索出满足条件的记录总数量。
- 每页显示记录数:表示程序中设定的每页显示记录的最大个数。
- 总页数:总页数=总记录数/每页显示记录数(余数为 0 时);如果余数不为 0,那么总页数=总记录数/每页显示记录数+1。
- 当前页码:当前 JSP 页面中显示记录的页码。

常见的分页实现思路有两种,一种是一次性地从数据库中查询出所有符合条件的记录,然后利用程序实现分页;另一种是基于数据库的分页技术(即利用 SQL 语句)实现分页。两种方式各有利弊,第一种方式减少了对数据库的频繁操作,但以牺牲 Web 服务器的内存为代价;第二种方式占用的 Web 服务器的内存较少,但以频繁地操作数据库为代价。下面主要介绍基于数据库实现分页的方法,由于不同的数据库 SQL 分页的语句不尽相同,下面以 MySQL 和 SQL Server 为例进行说明。

8.4.2 在不同的数据库中实现分页显示

前面介绍的使用 JSP 页面或者 JavaBean 进行分页显示主要是根据 ResultSet 对象中的数据来分页。显然,当程序从数据库读取数据时还是一次性地从数据库中把所有的记录全部读取出来,然后再进行分页。这种方式是非常占用服务器内存的,而且 Java 程序与 JSP 页面的耦合度较高,可移植性较差,此时可借助数据库系统提供的功能实现分页。下面主要介绍几种常见的数据库使用 SQL 语句实现分页。

1. MySQL 数据库分页显示

MySQL 数据库分页显示最为简单,利用 MySQL 的 LIMIT 函数可以实现此功能。例如从数据表 tb_users 中的 M 条记录开始检索 N 条记录的语句如下:

```
SELECT * FROM'tb_users' LIMIT M, N
```

在实际的应用中,一般每页显示的记录数 N 是不变的(最后一页小于等于 N),那么在程序中我们主要关注 M 值的变化即可。例如,"上一页"的 M 值为:

```
M =(当前页码 - 1)* 每页显示最大记录数 + 1
```

"下一页"的 M 值为:

```
M =(当前页码 + 1)* 每页显示最大记录数 + 1
```

从上面的分析可以看出,"上一页"和"下一页"需要执行不同的 SQL 语句。

2. SQL Server 2000 数据库分页显示

使用 SQL Server 分页的代码有多种形式,下面给出一种 SQL Server 2000 的分页 SQL

语句。

```
SELECT TOP page_size *
FROM tb_users
WHERE id NOT IN
{
    SELECT  TOP page_size * (current_page - 1) FROM tb_users ORDER BY id
}
ORDER BY id
```

上述代码实际上是实现向上翻页的功能(即"上一页"功能)。其中,page_size 表示每页显示的记录数,current_age 表示当前的页码,tb_users 表示数据表名,id 为表中的一个字段名称。

3. SQL Server 2005 数据库分页显示

SQL Server 2005 相对于 SQL Server 2000 来讲又增加了一些新的特性,下面是一个 SQL Server 2005 支持的 SQL 分页语句。

```
SELECT TOP page_size *
FROM
{
SELECT  ROW_NUMBER() OVER (ORDER BY id) AS RowNumber, * FROM tb_users
} A
WHERE rowNumber > page_size * (current_page - 1)
```

其中,page_size 表示每页显示的记录数,current_age 表示当前的页码,tb_users 表示数据表名,id 为表中的一个字段名称。

8.5 程序国际化

全球化已成为当前经济、社会的重要问题,我们开发的应用程序也要适应全球化,所谓全球化的应用程序是指同一个版本的软件能够不经过重新开发编译就能非常容易地被不同地区的人们所使用,而不受地域、文化、语言、使用习惯等条件的限制。对于开发者而言,当开发的一款软件可能在全球范围内使用时就不得不考虑程序国际化的问题。

国际化的软件是指程序运行时可依据软件使用者的地域和语言选择不同的程序界面和语言表述方式。例如,对于中国用户来说日期的格式表示为"年-月-日",而对于美国用户应表示为"日-月-年"或者"月-日-年"。由于国际化 Internationalization 这个单词太长了,不便于记忆,习惯上把它简称为 I18N,因为在首尾字母 I 和 N 之间还有 18 字母。与国际化相对应的是本地化(Localization),简称为 L10N。一个支持国际化的优秀软件应该具有下列特性:

(1) 除了一些局部的数据,软件可以在全世界范围内正常运行;
(2) 诸如 GUI 组件上的标签和一些状态信息等文本元素并不是硬编码在程序中,而是

使用资源文件记录这些文本元素,然后使程序和资源文件动态地绑定在一起,降低程序的耦合;

(3) 不需要重新编译即可支持新的语言;
(4) 与地域相关的日期、货币、数字表示形式能够自动符合本地用户的使用规范;
(5) 国际化的软件能够快速地本地化。

在 Java 中主要使用以下 3 个类实现程序的国际化。

- java.util.ResourceBundle:用于加载一个国家或地区、语言资源包;
- java.util.Locale:用于封装一个特定国家或地区、语言环境;
- java.text.MessageFormat:用户格式化带占位符的字符串。

为了实现程序国际化,需要提供用于支持不同国家和语言的资源文件,然后使程序与这些资源文件动态地绑定在一起,那么程序在运行时就可以根据不同的用户选择不同的用户界面和语言了。一般来讲,资源文件的命名方式是有要求的。如果一个资源文件的主文件名为 ApplicationResource,那么它的名称应为 ApplicationResource_language_country.properties。对于中国大陆用户来说,其资源文件的名称应为 ApplicationResource_zh_CN.properties;对于法国用户来说,其资源文件的名称应为 ApplicationResource_fr_FR.properties。

8.5.1 实现程序国际化

下面看一个没有实现国际化的 Java 应用程序。
Hello.java

```java
package henu.common;
/**
 * 一个没有实现 I18N 的 Java 应用程序
 */
public class Hello {
    public static void main(String[] args) {
        System.out.println("Hello!");
        System.out.println("Nice to Meet you!");
        System.out.println("GoodBye, See you!");
    }
}
```

该程序运行之后,程序输出的字符串全部是英文,对于中国的用户来说,使用起来很不方便。为了实现国际化,需要将程序中的一些字符串常量(例如本例中的"Hello!""Nice to Meet you!"等)翻译为包括中文在内的多国语言,存储在相应的资源文件中,然后使程序与这些资源文件绑定,这样就解决了程序的国际化问题。为了实现程序国际化,需要完成下列工作。

1. 为程序提供资源文件

假设上面的程序支持中文、法文,那么需要分别提供两个资源文件,并且资源文件要保存在项目的 src 文件夹下。中文资源文件名为 ApplicationResource_zh_CN.properties,法文资源文件名为 ApplicationResource_fr_FR.properties,这两个文件的具体内容如下。
ApplicationResource_zh_CN.properties

```
hello = 你好!
greeting = 很高兴见到你!
bye = 再见,回头见!
```

ApplicationResource_fr_FR.properties

```
hello = Bonjour!
greeting = Nice to meet you!
bye = Au revoir, bientôt!
```

从上面两个文件中可以发现,资源文件(.properties)实际上由一些键/值对组成,由于资源文件中可能包含一些本地化的字符,在实际应用中如果资源文件中包含了本地化字符,则是无法保存的,因此需要对资源文件的字符编码进行转换。在 JDK 中提供了一个命令 native2ascii,该命令可以把本地化的字符编码转换为 ASCII 编码,具体的语法格式如下:

```
native2ascii sourceFile destinationFile.properties
```

其中,sourceFile 表示源文件,destinationFile.properties 表示转换后的目标文件。例如,可以将上述 ApplicationResource_zh_CN.properties 文件中的内容保存到一个文本文件 a.txt,然后使用 native2ascii 命令将该文件转换为 ApplicationResource_zh_CN.properties。该命令可以这样写:

```
native2ascii a.txt ApplicationResource_zh_CN.properties
```

运行该命令之后,上述 ApplicationResource_zh_CN.properties 的内容转换为以下采用 Unicode 编码的形式。

```
hello = \u4f60\u597d\uff01
greeting = \u5f88\u9ad8\u5174\u89c1\u5230\u4f60\uff01
bye = \u518d\u89c1\uff0c\u56de\u5934\u89c1\uff01
```

2. 在程序中绑定资源文件

修改上面的 Hello 类,在程序中 ResourceBundle 对象绑定资源文件从而实现程序的国际化,见下面的 HelloI18N 类。
HelloI18N.java

```
package henu.common;
import java.util.Locale;
import java.util.ResourceBundle;
/**
```

```java
 * 修改后的程序,实现 I18N 的 Java 应用程序
 */
public class HelloI18N {
    public static void main(String[] args) {
        String language;
        String country;
        if (args.length != 2) {
            language = new String("en");
            country = new String("US");
        }else {
            language = new String(args[0]);
            country = new String(args[1]);
        }
        //声明 Locale 和 ResourceBundle 对象
        Locale currentLocale;
        ResourceBundle messages;
        //指定本地化国家和语言
        currentLocale = new Locale(language, country);
        //绑定资源文件
        messages = ResourceBundle.getBundle("ApplicationResource",currentLocale);
        //打印指定资源文件中指定键所对应的值
        System.out.println(messages.getString("hello"));
        System.out.println(messages.getString("greeting"));
        System.out.println(messages.getString("bye"));
    }
}
```

在本例中使用 Locale 类实例化一个 Locale 对象获取指定的国家和语言,使用 ResourceBundle 对象的 getBundle() 方法绑定指定国家和语言的资源文件,然后通过 ResourceBundle 对象的 getString() 方法获取资源文件中指定键所对应的值。把上述程序编译与运行的结果如图 8.3 所示。

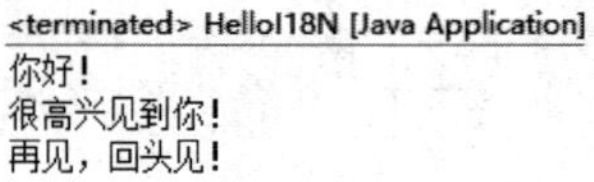

```
<terminated> HelloI18N [Java Application]
你好!
很高兴见到你!
再见,回头见!
```

图 8.3　Hello I18N.java 的编译和运行结果

8.5.2　格式化数字和日期

由于不同国家和地区对数字和日期的表示格式不同,所以在程序国际化时必须格式化程序涉及的数字和日期。

在 Java 中可以使用 NumberFormat 类格式化数字,使用 DateFormat 类格式化日期。在 java.text 包中有一个抽象类 Format,而 NumberFormat 和 DateFormat 类则是 Format 类的直接子类。下面介绍如何使用这两个类格式化数字与日期。

1. 用 NumberFormat 类格式化数字

NumberFormat 是所有数字格式的抽象基类,此类提供了格式化和分析数字的接口。NumberFormat 还提供了一些方法,用来确定语言环境具有的数字格式以及它们的名称,其

主要方法如表8.6所示。

表 8.6　NumberFormat 类的主要方法

方　　法	说　　明
public final Stringformat(long number)	将数值、日期格式化为字符串
public static Locale[]getAvailableLocales()	返回系统支持的 Locale 对象数组
public static final NumberFormatgetCurrencyInstance()	返回默认 Locale 的货币格式,也可指定 Locale
public static final NumberFormatgetNumberInstance()	返回默认 Locale 的数值格式,也可指定 Locale
public static final NumberFormatgetPercentInstance()	返回默认 Locale 的百分比格式,也可指定 Locale
public Numberparse(String source)	将字符串解析为数值、日期

如果格式化多个数字(如格式化数组 myNumber 中的元素),那么获得该格式并多次使用它是更为高效的做法,这样系统就不必多次获取关于语言环境和国家约定的信息了。例如可以使用下面的代码段。

```
NumberFormat nf = NumberFormat.getInstance();
for (int i = 0; i< a.length;++i) {
    out.println(nf.format(myNumber[i]) + "; ");
}
```

如果要格式化不同语言环境的日期,可以用 getInstance() 方法设定它。

```
NumberFormat nf = NumberFormat.getInstance(Locale.CHINA);
```

下面是一个 NumberFormat 类的具体例子。
NumberFormatDemo.java

```
package henu.common;
import java.text.*;
import java.util.Locale;
import java.util.ResourceBundle;
public class NumberFormatDemo {
    public static void main(String[] args) {
        Locale us,cn,fr,de;
        //指定本地化国家和语言
        us = new Locale("en", "US");
        cn = new Locale("zh", "CN");
        fr = new Locale("fr", "FR");
        de = new Locale("de", "DE");
        Double d1 = new Double(123456.78);
        Double d2 = 0.99;
        //设定货币的本地化
        NumberFormat nfUS = NumberFormat.getCurrencyInstance(us);
        NumberFormat nfCN = NumberFormat.getCurrencyInstance(cn);
        //设定数值的本地化
        NumberFormat nfFR = NumberFormat.getNumberInstance(fr);
```

```
        NumberFormat nfDE = NumberFormat.getNumberInstance(de);
        //设定百分比的本地化
        NumberFormat perUS = NumberFormat.getPercentInstance(us);
        NumberFormat perCN = NumberFormat.getPercentInstance(cn);
        System.out.println("美国的货币格式" + nfUS.format(d1));
        System.out.println("中国的货币格式" + nfCN.format(d1));
        System.out.println("法国的数值格式" + nfFR.format(d1));
        System.out.println("德国的数值格式" + nfDE.format(d1));
        System.out.println("美国的百分比格式" + perUS.format(d2));
        System.out.println("中国的百分比格式" + perCN.format(d2));
    }
}
```

运行结果：

```
美国的货币格式 $123,456.78
中国的货币格式 ￥123,456.78
法国的数值格式 123?456,78
德国的数值格式 123.456,78
美国的百分比格式 99%
中国的百分比格式 99%
```

在本例中设置了中、美、法、德4个不同的语言环境,然后对两个数值分别取得不同国家的货币、数值和百分比的表示形式。需要注意的是,NumberFormat本身也是抽象类,故不能实例化对象,它是通过getXxxInstance()方法获得货币、数值、整数、百分比等本地化的表示格式。

2. 用 DateFormat 类格式化日期

DateFormat 是日期/时间格式化子类的抽象类,它以与语言无关的方式格式化并分析日期或时间。DataFormat 还有一个子类——SimpleDateFormat,可用此类格式化日期。DateFormat 类的主要方法如表 8.7 所示。

表 8.7 DateFormat 类的主要方法

方法	说明
public final String format(long number)	将日期、时间格式化为字符串
public static Locale[] getAvailableLocales()	返回系统支持的 Locale 对象数组
public Calendar getCalendar()	获得与此日期/时间关联的日历
public static final DateFormat getDateInstance()	返回默认 Locale 的日期格式,也可指定 Locale
public static final DateFormat getDateTimeInstance()	返回默认 Locale 的时间日期格式,可指定 Locale
public static final DateFormat getTimeInstance()	返回默认 Locale 的时间格式,也可指定 Locale
public Number parse(String source)	将字符串解析为日期

下面是 DateFormat 类的一个具体应用实例。

DateFormatDemo.java

```java
package henu.common;
import java.util.*;
import java.text.*;
public class DateFormatDemo {
    public static void main(String[] args) {
        Date date = new Date();
        Locale[] locale = {Locale.CHINA,Locale.US,Locale.GERMANY};
        DateFormat[] df = new DateFormat[12];
        for(int i = 0; i < locale.length;i++)
        {
            df[i*4] = DateFormat.getDateInstance(DateFormat.SHORT, locale[i]);
            df[i*4+1] = DateFormat.getDateInstance(DateFormat.MEDIUM,locale[i]);
            df[i*4+2] = DateFormat.getDateInstance(DateFormat.LONG,locale[i]);
            df[i*4+3] = DateFormat.getDateInstance(DateFormat.FULL,locale[i]);
        }
        for(int i = 0;i < locale.length;i++)
        {
            if(i == 0)
            {
                System.out.println("中国日期格式");
                System.out.println("================================");
                System.out.println("SHORT 格式的日期格式："
                                   + df[i*4].format(date));
                System.out.println("MEDIUM 格式的日期格式："
                                   + df[i*4+1].format(date));
                System.out.println("LONG 格式的日期格式："
                                   + df[i*4+2].format(date));
                System.out.println("FULL 格式的日期格式："
                                   + df[i*4+3].format(date));
            }
            if(i == 1)
            {
                System.out.println("美国日期格式");
                System.out.println("================================");
                System.out.println("SHORT 格式的日期格式："
                                   + df[i*4].format(date));
                System.out.println("MEDIUM 格式的日期格式："
                                   + df[i*4+1].format(date));
                System.out.println("LONG 格式的日期格式："
                                   + df[i*4+2].format(date));
                System.out.println("FULL 格式的日期格式："
                                   + df[i*4+3].format(date));
            }
            if(i == 2)
            {
                System.out.println("德国日期格式");
                System.out.println("================================");
```

```
                System.out.println("SHORT 格式的日期格式:"
                                        + df[i * 4].format(date));
                System.out.println("MEDIUM 格式的日期格式:"
                                        + df[i * 4 + 1].format(date));
                System.out.println("LONG 格式的日期格式:"
                                        + df[i * 4 + 2].format(date));
                System.out.println("FULL 格式的日期格式:"
                                        + df[i * 4 + 3].format(date));
            }
        }
    }
}
```

运行结果:

```
中国日期格式
================================
SHORT 格式的日期格式: 10 - 6 - 6
MEDIUM 格式的日期格式: 2010 - 6 - 6
LONG 格式的日期格式: 2010 年 6 月 6 日
FULL 格式的日期格式: 2010 年 6 月 6 日 星期日
美国日期格式
================================
SHORT 格式的日期格式: 6/6/10
MEDIUM 格式的日期格式: Jun 6, 2010
LONG 格式的日期格式: June 6, 2010
FULL 格式的日期格式: Sunday, June 6, 2010
德国日期格式
================================
SHORT 格式的日期格式: 06.06.10
MEDIUM 格式的日期格式: 06.06.2010
LONG 格式的日期格式: 6. Juni 2010
FULL 格式的日期格式: Sonntag, 6. Juni 2010
```

本例中分别指定了中国、美国和德国的日期格式,然后分别打印出 3 个国家的 SHORT、MEDIUM、LONG 和 FULL 4 种格式的日期格式。

8.6 部署 Java Web 应用

在 Java Web 应用程序开发完毕之后,一个重要的工作就是将项目部署到服务器上,本书主要介绍在 Tomcat 服务器中如何部署 Java Web 应用。在 Tomcat 服务器中部署 Java Web 应用有两种方式,即静态部署和动态部署。

8.6.1 静态部署

静态部署是指在启动 Tomcat 服务器之前手动将 Java Web 应用程序的文件夹复制到 Tomcat 安装目录下。静态部署也有两种方式,第一种方式是直接将 Java Web 应用程序复制到 Tomcat 的安装目录下的 webapps 文件夹内（假设 Java Web 应用程序的名称为 JSPDemo），然后启动 Tomcat 服务器，在用户服务器的浏览器地址栏中输入以下地址即可访问：

```
http://localhost:8080/JSPDemo
```

这种方式配置最简单，但最不灵活。静态部署的第二种方式不必将 Java Web 应用程序复制到 Tomcat 的安装目录下，通过将 Web 服务器的其他目录设置为 Tomcat 虚拟目录，然后将 Java Web 应用程序复制到虚拟目录下即可。

8.6.2 动态部署

在动态部署 Java Web 应用程序时不需要关闭 Tomcat 服务器，使用动态部署 Java Web 应用程序时需要下面两个步骤。

1. 将 Java Web 应用程序打包为 WAR 文件

WAR 文件（Web Archive file）即网络应用程序压缩文件，是一种与平台无关的文件格式，它允许将许多文件组合成一个压缩文件，将 Java Web 应用程序打包为 WAR 格式文件有两种实现方式，即使用 Eclipse 和使用 JDK 自带的 JAR 命令。

1）使用 Eclipse 等工具将 Java Web 应用程序打包为 WAR 文件

使用 Eclipse 将 Java Web 应用程序打包为 WAR 文件的方式非常简单，具体操作步骤如下。

第一步：在 Eclipse 中用户只需选中要打包的项目，然后选择 File→Export 命令打开如图 8.4 所示的对话框，在该对话框中选择"Web"结点下的"WAR file"，单击 Next 按钮进入如图 8.5 所示的对话框。

图 8.4　导出 WAR 文件向导——选择导出类型

图 8.5　导出 WAR 文件向导——设置导出路径

第二步：在图 8.5 所示的对话框中指定导出 WAR 文件的保存路径。另外，若选中"Export source files"复选框，那么导出的 WAR 文件中还包括程序的源文件；若选中"Overwrite existing file"复选框，将覆盖原有已存在的 WAR 文件。设定完毕之后，单击 Finish 按钮就完成了导出 WAR 的工作，此时在指定的位置生成了一个 WAR 文件。

2）使用 JAR 命令生成 WAR 文件

使用 JDK 自带的 JAR 命令也可以生成 WAR 文件。如果有一个名为"ch8"的 Web 应用程序，其项目文件存放在"D:\ch8"下，"D:\ch8"的目录结构如下：

ch8\WEB-INF\……

ch8\files\……

ch8\image\……

ch8\src\……

ch8\index.jsp

那么在命令行窗口中执行以下命令即可把 ch8 打包为 WAR 文件。

```
D:\> cd  D:\ch8
D:\ch8\> jar cvf ch8.war * / .
```

在上述命令的第 2 行命令中有 3 个参数，各参数的具体含义如下。

- "ch8.war"：表示生成 WAR 文件的名称；
- " * /"：代表当前目录(D:\ch8)下的所有文件及文件夹；
- "."：表明将要在当前目录中生成该 WAR 文件。

2. 使用 Tomcat Manager 部署 WAR 文件

在将 Java Web 应用程序打包为 WAR 文件之后就可以使用 Tomcat Manager 部署

WAR 文件了，具体步骤如下。

第一步：启动 Tomcat，并在浏览器地址栏中输入"http://localhost:8080"，单击页面右上方的 Manager APP 按钮，出现如图 8.6 所示的登录对话框。

图 8.6　Tomcat Manager 的登录对话框

第二步：在图 8.6 所示的对话框内输入安装 Tomcat 时设置的用户名及密码，单击"确定"按钮出现如图 8.7 所示的页面。

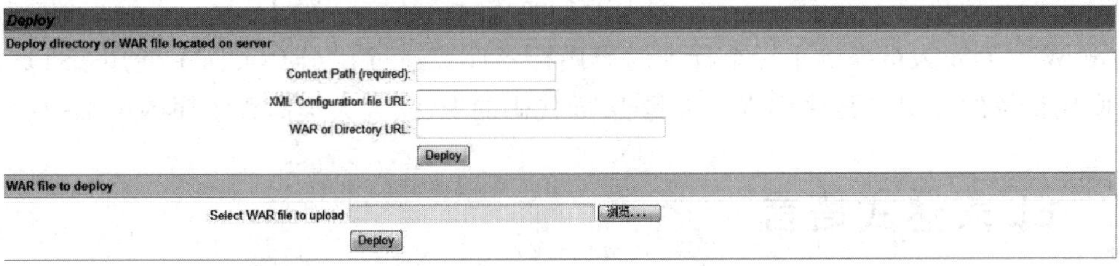

图 8.7　Tomcat Manager 配置页面

第三步：在图 8.7 所示的配置页面的"WAR file to deploy"中单击【浏览】按钮，选择 Java Web 应用程序生成 WAR 文件，然后单击 Deploy 按钮完成 Java Web 应用的部署。

通过上述 3 步操作就实现了在 Tomcat 中发布 Java Web 应用程序，用户还可以在图 8.7 所示的页面中完成对已发布 Web 项目的管理，此处不再赘述。

动手实践 8-3

自己开发一个 Web 应用，并打包成 WAR 文件格式，并部署到 Tomcat 服务器上，测试发布是否成功。

本章小结

本章主要介绍了 Java Web 应用开发中可能遇到的一些问题，例如中文问题、分页显示问题、文件的上传与下载、图表开发、程序国际化和 Java Web 应用的部署等，针对每个问题介绍了解决该问题的若干方法。希望读者在以后的实际开发过程中不断总结经验，提高解决实际问题的能力。

第 9 章 EL与JSTL

本章要点：
- EL 表达式及其用法；
- JSTL 标签库。

在 JSP 中使用"<%= expression%>"向页面中输出表达式 expression 的运算结果。在实际的开发过程中很少使用这种方式，原因有二，一是在 HTML 页面夹杂 Java 代码使程序的可读性降低；二是页面设计人员必须了解 Java 语言。一般来讲，页面内容和程序业务逻辑是应该分开的。因此，JSP 2.0 又提供了 EL（即表达式语言），它是一种计算和输出 Java 对象的简单语言。而 JSTL 是一个 JSP 标签库，由 Apache 的 Jakarta 小组维护。JSTL 为 Java Web 开发人员提供了一个标准的通用标签库。通过在 JSP 页面中使用 JSTL 标签可以取代传统的在 JSP 程序中嵌入大量 Java 代码的做法，大大提高程了序的可维护性。

9.1 EL 表达式语言

9.1.1 EL 简介

EL(Expression Language，EL)中文称为表达式语言，它是 JSP 2.0 增加的一个新功能，其目标是使 Web 页面可以更加简洁、方便地计算和输出 Java 对象，EL 表达式具有以下特点：

- 在 EL 表达式中可以访问 JSP 内置对象；
- EL 表达式可以访问一般变量，还可以访问 JavaBean 中的属性以及嵌套属性和集合对象；
- 在 EL 表达式中可以执行关系、逻辑和算术等运算；
- 在 EL 表达式中可以访问 JSP 的作用域（request、session、application 以及 page）；
- EL 表达式还允许开发人员直接调用一个普通 Java 类中的公共静态方法。

注意：

EL 是 JSP 2.0 新提供的功能，这也意味着要在 Java Web 应用程序中使用 EL，必须是支持 JSP 2.0 或更新版本的 Web 服务器，即必须是支持 Servlet 2.4/JSP 2.0 的 Web 服务器，例如 Tomcat 5.5 或更高版本。

9.1.2　EL 语法

EL 表达式的语法格式相当简单,具体语法格式如下:

```
${expression}
```

对于上述代码,将会在 Web 页面中输出表达式 expression 的值,例如下面的 JSP 代码:

```
<!-- 输出表达式 6+9 的结果 -->
<%=6+9%>
<!-- 输出 session 对象中 User 对象的 name 属性 -->
<%  User user = (User)session.getAttribute("userObj");
    String name = user.getName();
    out.print(name);
%>
```

上述两个 Java 程序段可以用以下 EL 表达式实现。

```
<!-- 计算并输出表达式 6+9 的结果 -->
${6+9}
<!-- 输出 session 对象中 User 对象的 name 属性 -->
${sessionScope.userObj.name}
```

可以看到 EL 表达式比传统 JSP 程序段更加方便、简洁。在访问 session 对象时,除了可以使用上述形式以外,还可以使用以下形式:

```
${sessionScope.userObj["name"]}
```

这也意味着在 EL 表达式中"."运算符与"[ ]"运算符的作用是等价的,甚至有时两者还可以混合使用,例如下面的代码:

```
${sessionScope.userObj[0].name}
```

该表达式的返回值为 userObj 对象中第一个 User 的姓名。

可以看到,使用 EL 表达式主要是为了替代 JSP 早期技术中的在 Web 页面中使用的 Java 程序段。EL 表达式能够计算并输出一个表达式的值。如果一个 EL 表达式是以下形式:

```
${"路漫漫其修远兮,吾将上下而求索"}
```

该表达式的运行结果是直接在网页上输出字符串"路漫漫其修远兮,吾将上下而求索"。如果要在页面上输出字符串"${"路漫漫其修远兮,吾将上下而求索"}",即包含"${"和"}"字符串,应该如何实现呢? 可以使用以下两种方法。

```
\${"路漫漫其修远兮,吾将上下而求索"}
```

或者:

```
${${"路漫漫其修远兮,吾将上下而求索"}}
```

在上面两种方法中,第一种方法是在 EL 表达式前加上"\"符号,第二种方法是使用 "${}"的嵌套,两种方法均可实现在网页上输出包含${"和"}"内容的字符串。

注意:

若在 JSP 页面中禁用 EL 表达式,可以在该 JSP 页面中使用 page 指令的 isELIgnored 属性,并设定该属性值为 true,具体如下。

```
<%@ page isELIgnored = "true" %>
```

EL 表达式的语法相当简单,但功能相当强大,主要体现在以下方面:
- 进行算术、逻辑和关系运算并输出结果;
- 访问 JavaBean 对象;
- 访问隐式对象。

9.1.3 EL 运算符

表 9.1 中列出了 EL 表达式支持的运算符。EL 表达式除了支持条件、算术和逻辑运算以外还支持 empty 运算。

表 9.1 EL 表达式支持的运算符

运算符	说明
?:	条件语句,例如"条件?ifTrue:ifFalse",如果条件为真,表达式值为 ifTrue,反之为 ifFalse
+	算术运算符,加法运算
-	算术运算符,减法运算
*	算术运算符,乘法运算
/或 div	算术运算符,除法运算
%或 mod	算术运算符,取模运算(取余)
==或 eq	逻辑运算符,判断符号左右两端是否相等,如果相等输出 true,否则输出 false
!=或 ne	逻辑运算符,判断符号左右两端是否不相等,如果不相等输出 true,否则输出 false
<或 lt	逻辑运算符,判断符号左边是否小于右边,如果小于输出 true,否则输出 false
>或 gt	逻辑运算符,判断符号左边是否大于右边,如果大于输出 true,否则输出 false
<=或 le	逻辑运算符,判断符号左边是否小于等于右边,如果小于等于输出 true,否则输出 false
>=或 ge	逻辑运算符,判断符号左边是否大于等于右边,如果大于等于输出 true,否则输出 false
&&或 and	逻辑运算符,与操作,如果左右两边同为 true 输出 true,否则输出 false
||或 or	逻辑运算符,或操作,如果左右两边有任何一边为 true 输出 true,否则输出 false
!或 not	逻辑运算符,非操作,如果对 true 取运算输出 false,否则输出 true
empty	对一个空变量值进行判断:null、一个空 String、空数组、空 Map、空 Collection 集合等

下面是一个使用 EL 进行算术、关系和逻辑运算的例子。
el.jsp

```
<!-- 此处省略其他 HTML 代码 -->
 :
<body>
<%
    java.util.Map map = new java.util.HashMap();
    boolean t = true, f = false;
    int myGrade = 10;
%>
(myGrade == 10) ? "perfect" : "good" = ${(myGrade == 10) ? "perfect" : "good"}  <br/>
6 + 9 = ${6 + 9}<br/>
6 - 9 = ${6 - 9}<br/>
6 * 9 = ${6 * 9}<br/>
6 mod 9 = ${6 mod 9}<br/>
6 / 9 = ${6/9}<br/>
6 > 9 = ${6 gt 9}<br/>
6 < 9 = ${6 < 9}<br/>
6 >= 9 = ${6 ge 9}<br/>
6 <= 9 = ${6 le 9}<br/>
6 == 9 = ${6 eq 9}<br/>
6 != 9 = ${6 != 9}<br/>
t && f = ${t and f}<br/>
!f = ${!f}<br/>
t||f = ${t || f}<br/>
empty(map) = ${empty(map)}<br/>
<!-- 此处省略其他 HTML 代码 -->
 :
```

运行结果如图 9.1 所示。

图 9.1　el.jsp 的运行结果

注意：

在 EL 表达式中，and、or、not、div、mod、ne、eq、gt、ge、lt、le、empty 等可以作为运算符使

用,因此这些特殊的字符串是 EL 表达式的保留字,不能再作为标识符使用。此外,当把这些特殊的字符串作为运算符使用时,运算符与操作数之间要用空格隔开,例如把 ${6 le 9} 写成 ${6le9}是错误的。

9.1.4 使用 EL 访问 JavaBean 对象

使用 EL 表达式可以方便地访问 JavaBean 对象,从而取代<jsp:getProperty>动作标记。在介绍 EL 表达式访问 JavaBean 对象之前,这里先定义了一个 JavaBean,即 User 类。
User.java

```java
package henu.bean;
public class User {
    private String name;
    private String gender;
    private int age;
    private String userId;
    private String[] hobbies;
    //此处省略属性的 setter 和 getter 方法
    ⋮
}
```

在介绍使用 EL 表达式访问 JavaBean 对象的过程中,我们首先创建一个表单,为 JavaBean 对象 user 的属性赋值,然后在一个页面中使用 EL 表达式访问 user 对象的属性,核心代码如下。
setInfo.jsp

```jsp
<%@ page language="java" contentType="text/html; charset=UTF-8"
    pageEncoding="UTF-8"%>
<jsp:useBean id="user" class="henu.bean.User" scope="session" />
<!DOCTYPE html>
<html>
<head>
<meta charset="UTF-8">
<title>EL 表达式与 JavaBean</title>
</head>
<body>
<%
//创建 Cookie 对象
Cookie c1 = new Cookie("username","user_cookie");
response.addCookie(c1);
%>
<jsp:setProperty name="user" property="*" />
<form  name="UserForm" method="post" action="implicitEL.jsp">
    姓名:<input type="text" name="name" /><br/>
    性别:<input type="text" name="gender" /><br/>
    年龄:<input type="text" name="age" /><br/>
    编号:<input type="text" name="userId" /><br/>
```

```
        爱好：<input type="checkbox" name="hobbies" value="Sports">体育运动</input>
        <input type="checkbox" name="hobbies" value="Music">音乐</input>
        <input type="checkbox" name="hobbies" value="Reading">阅读</input>
        <br/>
        <input type="submit" value="提交"/>
    </form>
    <!-- 使用 EL 表达式访问 user 对象 -->
    姓名：${user.name}<br/>
    年龄：${user.age}<br/>
    性别：${user.gender}<br/>
    编号：${user.userId}<br/>
    爱好：<% String[] hobbies = user.getHobbies();
    if(hobbies!=null)
    {
        for(int i=0;i<hobbies.length;i++)
            out.print(hobbies[i] + " ");
    }
    %>
</body>
</html>
```

可以看到在 setInfo.jsp 页面中使用<jsp:useBean>和<jsp:setProperty>动作标记引用一个 JavaBean 对象 user，并通过表单为 user 对象的各属性赋值，然后使用 ${user.xxx}就可以访问 user 对象的属性了。由于 hobbies 属性是一个字符串数组，需要遍历该数组输出至页面。本程序的运行结果如图 9.2 所示。

图 9.2　setInfo.jsp 的运行结果

通过上述例子可知，使用 EL 表达式访问 JavaBean 的语法方式如下：

${JavaBean 对象名称.属性名称}

例如：

${user.name}

9.1.5 使用 EL 访问隐式对象

EL 表达式的功能强大之处还在于它能够访问 session、cookie、表单等对象,表 9.2 列出了 EL 表达式定义的 11 个隐式对象。

表 9.2 EL 表达式支持的隐式对象

隐式对象	说明
applicationScope	应用程序范围内的 scoped 变量组成的集合
sessionScope	所有会话范围的对象的集合
requestScope	所有请求范围的对象的集合
pageScope	页面范围内所有对象的集合
cookie	所有 cookie 组成的集合
header	HTTP 请求头部,字符串
headerValues	HTTP 请求头部,字符串集合
initParam	全部应用程序参数名组成的集合
pageContext	当前页面的 javax.servlet.jsp.PageContext 对象,提供了对页面属性的访问
param	所有请求参数字符串组成的集合
paramValues	所有作为字符串集合的请求参数

EL 表达式访问上述 11 个隐式对象的语法格式如表 9.3 所示。

表 9.3 EL 表达式访问隐式对象的语法格式

语法格式	说明
${applicationScope.username} 或 ${applicationScope["username"]}	输出 application 对象中的 username 属性值
${sessionScope.username} 或 ${sessionScope["username"]}	输出 session 对象中的 username 属性值
${requestScope.username} 或 ${requestScope["username"]}	输出 request 对象中的 username 属性值
${pageScope.username} 或 ${pageScope["username"]}	输出 page 对象中的 username 值
${cookie.username.name} ${cookie.username.value}	分别输出 username 的名称和 username 的值
${header.Host}	输出主机名,例如 localhost:8080
${headerValues.Refer[0]}	输出主机名和应用上下文,例如 localhost:8080/ch9
${initParam.username}	输出在 web.xml 中定义的初始化参数
${pageContext.request.contextPath}	输出应用上下文,例如 /ch9
${param.username}	输出请求参数为 username 的值,如表单输入域名为 username 的值
${paramValues.hobbies}	输出请求参数为字符串数组的值

下面的例子把 setInfo.jsp 页面中表单的 action 属性值设置为"implicitEL.jsp",implicitEL.jsp 的核心代码如下。

implicitEL.jsp

```
⋮
<body>
<%
application.setAttribute("username","user_application");
session.setAttribute("username","user_session");
request.setAttribute("username","user_request");
%>
<table border = "1">
<tr>
<td>\${ applicationScope["username"] }
</td><td>${ applicationScope["username"] }</td>
</tr>
<tr>
<td>\${ sessionScope["username"] }</td><td>${ sessionScope["username"] }</td>
</tr>
<tr>
<td>\${ requestScope["username"] }</td><td>${ requestScope["username"] }</td>
</tr>
<tr>
<td>\${cookie.username.name }</td><td>${cookie.username.name }</td>
</tr>
<tr>
<td>\${cookie.username.value }</td><td>${cookie.username.value }</td>
</tr>
<tr>
<td>\${param.name }</td><td>${param.name }</td>
</tr>
<tr>
<td>\${header.Host}</td><td>${header.Host}</td>
</tr>
<tr>
<td>\${pageContext.request.contextPath}
</td><td>${pageContext.request.contextPath}</td>
</tr>
<tr>
<td>\${paramValues.hobbies[0] }</td><td>${paramValues.hobbies[0] }</td>
</tr>
</table>
</body>
</html>
```

运行 setInfo.jsp 页面，输入图 9.3 所示的内容后提交表单，运行结果如图 9.4 所示。

使用 ${param.xxx} 可以获取表单中对应输入域名称为 xxx 的数值，而使用 ${paramValues.xxx[index]} 可以获取字符串数组类型的请求参数。

注意：

在上述例子中，request、session 和 application 内置对象中均有一个名称为 username 的对象,若仅以${username}方式访问 username,其搜索按照 page→request→session→application 的先后顺序,若这些内置对象中均不存在 username 对象则返回 null。

图 9.3 setInfo.jsp   图 9.4 implicitEL.jsp 的运行结果

动手实践 9-1

在 web.xml 文件中设置一个名称为 page、值为 20 的初始化参数,并利用 EL 表达式读取该初始化参数。

9.2 JSTL

9.2.1 JSTL 简介

JSTL 的全称是 JavaServer Pages Standard Tag Library,发布于 2002 年 6 月,并由 Apache 软件基金会的 Jakarta 小组负责维护。JSTL 是一个不断完善的开放源代码的 JSP 标准标签库,JSTL 的最新版本为 1.2。JSTL 1.2 可以运行在支持 JSP 2.1 和 Servlet 2.5 规范或者更高版本的 Web 服务器上,例如 Tomcat 6 及其以上版本。

JSTL 主要为 Java Web 开发人员提供一个标准的通用标签库,通过使用 JSTL 标签取代传统的在 JSP 程序中嵌入 Java 代码的做法大大提高了程序的可维护性。

JSTL 提供的标签函数库主要分为五大类:

- 核心标签库(Core tag library);
- I18N 格式标签库(I18N-capable formatting tag library);
- SQL 标签库(SQL tag library);
- XML 标签库(XML tag library);
- 函数标签库(Functions tag library)。

如果要在 Java Web 应用程序中使用 JSTL 标签库,必须将 jstl.jar 和 standard.jar 文件添加到环境变量中,或者加载到 Web 应用程序的 WEB-INF\lib 目录下。读者可以到"http://tomcat.apache.org/taglibs/standard/"下载这两个 JAR 文件。

若在 Web 页面上使用 JSTL 标签,还必须使用<%@ taglib>指令引用 JSTL 的相关标签库,表 9.4 列出了 JSTL 各标签库的 taglib 指令格式。

表 9.4　JSTL 各标签库的 taglib 指令格式

JSTL	前缀名称	URI	范例
核心标签库	c	http://java.sun.com/jsp/jstl/core	\<c:out\>
I18N 格式标签库	fmt	http://java.sun.com/jsp/jstl/fmt	\<fmt:formatDate\>
SQL 标签库	sql	http://java.sun.com/jsp/jstl/sql	\<sql:query\>
XML 标签库	xml	http://java.sun.com/jsp/jstl/xml	\<x:forBach\>
函数标签库	fn	http://java.sun.com/jsp/jstl/functions	\<fn:split\>

例如，若要在一个 JSP 页面中使用 JSTL 的核心标签库，则需要在该页面中添加以下格式的 taglib 指令。

```
<%@ taglib prefix = "c" uri = "http://java.sun.com/jsp/jstl/core" %>
```

在添加上述指令之后就可以在该 JSP 页面中使用 JSTL 的核心标签库了，例如 \<c:out\> 标签。

由于篇幅所限，本书仅介绍 JSTL 最常用的核心标签库。

注意：

若要在 Web 应用中使用 JSTL，必须先做以下两项工作。

（1）加载 jstl.jar 和 standard.jar 到 WEB-INF\lib 目录下；

（2）在 JSP 页面中使用 taglib 指令引用 JSTL 的相应标签库。

此外，JSTL 标签也支持 EL 表达式，例如在一个传统的 JSP 页面中可能会使用到以下写法：

```
<% = userList.getUser().getName() %>
```

使用 JSTL 搭配传统写法会变成以下形式：

```
<c:out value = "<% = userList.getUser().getName() %>" />
```

使用 JSTL 搭配 EL 则可以改写成以下形式：

```
<c:out value = "${userList.user.name}" />
```

从形式来看，JSTL 支持内置 EL 表达式，可以让应用程序变得更加简洁。

9.2.2　JSTL 核心标签库

JSTL 核心标签库按功能可以分为表达式操作、流程控制、迭代操作和 URL 操作 4 类，在每种功能分类中又包含若干 JSTL 标签，具体参见表 9.5。

表 9.5　JSTL 核心标签库

分　类	功 能 分 类	标 签 名 称
Core	表达式操作	<c:out>
		<c:set>
		<c:remove>
		<c:catch>
	流程控制	<c:if>
		<c:choose>
		<c:when>
		<c:otherwise>
	迭代操作	<c:forEach>
		<c:forTokens>
	URL 操作	<c:import>
		<c:url>
		<c:redirect>

1. <c:out>标签

作用：

向 JSP 页面中输出指定字符串，其作用类似于"<%= %>"。可以认为，<c:out>标签是一个功能增强的 EL 表达式。

主要属性：

<c:out>标签的主要属性参见表 9.6。

表 9.6　<c:out>标签的主要属性

属性名称	说　　明	支持 EL	类型	必须	默认值
value	需要输出的值	是	Object	是	无
default	如果 value 的值为 null，则显示 default 的值	是	Object	否	无
escapeXml	是否转换特殊字符，例如将"<"转换成 &lt;	是	boolean	否	true

语法格式：

语法 1：

```
<c:out value="value" [escapeXml="{true|false}"]>
default
</c:out>
```

语法 2：

```
<c:out value="value" [escapeXml="{true|false}"] [default="default"]/>
```

示例：

```
<!-- 输出 Java Web 应用开发与实践 -->
```

```
<c:out value = "Java Web 应用开发与实践"/>
<!-- 若${param.name}不为null,输出name的值,否则输出unkown -->
<c:out value = "${param.name}" default = "unkown" />
<!-- 输出"<p>有特殊字符</p>" -->
<c:out value = "<p>有特殊字符</p>" escapeXml = "true" />
```

2. <c:set>标签

作用：
在JSP指定范围内或JavaBean的属性中声明一个变量。

主要属性：
<c:set>标签的主要属性参见表9.7。

表9.7 <c:set>标签的主要属性

名称	说明	支持EL	类型	必须	默认值
value	要被储存的值	是	Object	否	无
var	要存入的变量名称	否	String	否	无
scopevar	变量的JSP范围	否	String	否	page
target	一个JavaBean或Map对象	是	Object	否	无
property	指定target对象的属性	是	String	否	无

语法格式：

语法1：将value属性值存储至范围为scope的varName变量之中。

```
<c:set value = "value" var = "varName" [scope = "{ page | request | session | application }"]/>
```

语法2：将本体内容的数据存储至范围为scope的varName变量之中。

```
<c:set var = "varName" [scope = "{ page | request | session | application }"]>
本体内容
</c:set>
```

语法3：将value的值存储至target对象的属性中。

```
<c:set value = "value" target = "target" property = "propertyName" />
```

语法4：将本体内容的数据存储至target对象的属性中。

```
<c:set target = "target" property = "propertyName">
本体内容
</c:set>
```

示例：

```
<!-- 定义一个范围为request的变量number,其值为30 -->
<c:set var = "number" scope = "request" value = "${10 + 20}" />
```

```
<!-- 定义一个范围为 session 的变量 number,其值为 15 -->
<c:set var = "number" scope = "session" >
${6 + 9}
</c:set>
<!-- 定义一个范围为 request 的变量 number,其值为请求参数 number 的值 -->
<c:set var = "number" scope = "request" value = "${ param.number }" />
```

3. ＜c:remove＞标签

作用：

移除指定范围内的变量,与＜c:set＞标签的作用相反。一旦使用＜c:remove＞标签移除了某个变量,就不能在＜c:remove＞标签后面的代码中使用该变量了。

主要属性：

该标签的主要属性有 var 和 scope,其中 var 属性用于指定变量的名称；scope 属性用于指定变量的作用于范围,可选,省略时默认为 page。

语法格式：

```
<c:remove var = "name" [scope = "{page | request | session | application}"] />
```

示例：

```
<!-- 移除范围为 session、名称为 number 的变量 -->
<c:remove var = "number" scope = "session" />
```

4. ＜c:catch＞标签

作用：

主要用来处理产生错误的异常状况,并且将错误信息存储起来。需要注意的是,当错误发生在＜c:catch＞和＜/c:catch＞之间时,只有＜c:catch＞和＜/c:catch＞之间的程序被中止忽略执行,整个网页不会被中止。

主要属性：

＜c:catch＞标签仅有一个 String 类型的可选属性 var,用于存储错误信息。

语法格式：

```
<c:catch [var = "varName"] >
可能出现异常的代码
</c:catch>
```

示例：

```
<!-- 获取一个除数为 0 的异常信息,并存储于变量 message 中 -->
<c:catch var = "message">
<% int i = 100/0; %>
```

```
</c:catch>
<!-- 输出错误信息 message -->
<c:out value = "${message}" />
```

5. <c:if>标签

作用：

<c:if>标签的作用和Java语言中的if语句类似，是一种判断标签。但是<c:if>标签的功能较为单一，没有像else之类的相应标签处理其他分支，只能处理一种分支情况。

主要属性：

<c:if>标签的主要属性参见表9.8。

表9.8　<c:if>标签的主要属性

名称	说明	支持EL	类型	必须	默认值
test	如果表达式的结果为true，执行本体内容；false相反	是	boolean	是	无
var	用来存储test运算后的结果，即true或false	否	String	否	无
scope	var变量的JSP范围	否	String	否	page

语法格式：

语法1：没有本体内容（body）。

```
<c:if test = "testCondition" [var = "varName"]
[scope = "{page|request|session|application}"]/>
```

语法2：有本体内容。

```
<c:if test = "testCondition" [var = "varName"]
[scope = "{page|request|session|application}"]>
具体内容
</c:if>
```

示例：

```
<!-- 判断number的值是否大于0，并将test表达式的值(布尔值)存储于变量result中 -->
<c:if test = "${number > 0}" scope = "session" var = "result">
    <c:out value = "number 大于 0" /><br>
    <c:out value = "${result}" />
</c:if>
```

6. <c:choose>标签

作用：

<c:choose>标签只能用作<c:when>和<c:otherwise>的父标签，它本身不能单独使用。在一个<c:choose>标签中可以嵌套一个或多个<c:when>标签(与Java语言中的

case 分支语句相似），可以嵌套零或一个＜c:otherwise＞标签（与 Java 语言中的 default 分支语句相似）。此外，该标签也没有属性。

语法格式：

```
<c:choose>
本体内容(<c:when> 和 <c:otherwise>)
</c:choose>
```

7. ＜c:when＞标签

作用：
＜c:when＞标签的用途和 Java 语言中的 case 语句相似，不同的是＜c:when＞标签中也有一个 test 属性作为条件验证，若条件成立，则执行该标签的主体内容。

主要属性：
该标签仅有一个 test 属性，与＜c:if＞标签中的 test 属性完全相同。

语法格式：

```
<c:when test = "testCondition">
本体内容
</c:when>
```

在使用＜c:when＞标签时需要注意，＜c:when＞标签必须嵌套在＜c:choose＞和＜/c:choose＞标签之间，而且在同一个＜c:choose＞标签中时，＜c:when＞标签必须在＜c:otherwise＞标签之前。

8. ＜c:otherwise＞标签

作用：
在同一个＜c:choose＞标签体内，当所有＜c:when＞的条件都没有成立时，执行＜c:otherwise＞主体内容，该标签也没有属性。

语法格式：

```
<c:otherwise>
本体内容
</c:otherwise>
```

示例：

```
<c:choose>
    <c:when test = "${number ge 90}">
        <c:out value = "优秀" />
    </c:when>
    <c:when test = "${number ge 80}">
        <c:out value = "良好" />
```

```
    </c:when>
    <c:when test = "${number ge 70 }">
        <c:out value = "一般" />
    </c:when>
        <c:when test = "${number ge 60 }">
        <c:out value = "及格" />
    </c:when>
    <c:otherwise>
        <c:out value = "不及格"/>
    </c:otherwise>
</c:choose>
```

9. <c:forEach>标签

作用：

<c:forEach>为循环控制标签，它遍历集合（items 的属性值）中的成员，重复执行<c:forEach>的本体内容。

主要属性：

<c:forEach>标签的主要属性参见表 9.9。

表 9.9 <c:forEach>标签的主要属性

名称	说 明	支持 EL	类型	必须	默认值
var	迭代参数名称，在迭代体中可以使用的变量的名称，用来表示每一个迭代变量	否	String	否	无
items	遍历的集合对象	是	Arrays Collection Iterator Enumeration Map String	否	无
varStatus	迭代变量名称，用来表示迭代的状态	否	String	否	无
begin	迭代起始的集合索引位置	是	int	否	0
end	迭代结束的集合索引位置	是	int	否	最后一个成员
step	迭代的步长	是	int	否	

在使用<c:forEach>的 begin、end 和 step 这 3 个属性时，用户需注意以下约束条件：
- 若有 begin 属性，begin 必须大于等于 0；
- 若有 end 属性，必须大于 begin；
- 若有 step 属性，step 必须大于等于 0。

语法格式：

语法 1：迭代集合对象的所有成员。

```
<c:forEach [var = "varName"] items = "collection" [varStatus = "varStatusName"] [begin = "begin"][end = "end"] [step = "step"]>
```

```
本体内容
</c:forEach>
```

语法 2：指定迭代的次数。

```
<c:forEach [var = "varName"] [varStatus = "varStatusName"] begin = "begin" end = "end" [step = "step"]>
本体内容
</c:forEach>
```

示例：

```
<%
String atts[] = new String[6];
atts[0] = "Java";
atts[1] = "Web";
atts[2] = "应用";
atts[3] = "开发";
atts[4] = "与";
atts[5] = "实践";
request.setAttribute("atts", atts);
%>
<c:forEach items = "${atts}" var = "item">
${item}</br>
</c:forEach>
/*
再如，遍历一个集合对象 contents，使用 varStatus 属性实现表格隔行背景色交替的功能。
*/
<c:forEach var = "item" items = "${contents}" varStatus = "status">
<tr <c:if test = "${status.count % 2 == 0}">bgcolor = "#CCCCFE"</c:if>
    align = "left"><td>    ${item}   </td></tr>
</c:forEach>
```

10．＜c:forTokens＞标签

作用：

＜c:forTokens＞用来浏览某个字符串中所有的成员，并且其成员是由指定分隔符号（delimiters）所分隔的。

主要属性：

＜c:forTokens＞标签的主要属性参见表 9.10。

表 9.10　＜c:forTokens＞标签的主要属性

名称	说　　明	支持 EL	类型	必须	默认值
var	变量名称，表示遍历到的当前成员，在迭代体中可以访问该变量	否	String	否	无
items	遍历的字符串	是	String	是	无

续表

名称	说明	支持 EL	类型	必须	默认值
delims	定义分隔字符	否	String	是	无
varStatus	用来存放现在遍历的相关成员信息	否	String	否	无
begin	开始的位置	是	int	否	0
end	结束的位置	是	int	否	最后一个成员
step	每次迭代的步长	是	int	否	1

<c:forTokens>的 begin、end、step、var 和 varStatus 的用法都和<c:forEach>一样，因此这里只重点介绍 items 和 delims 两个属性，items 的内容必须为字符串，而 delims 是用来分隔 items 的分隔符。

语法格式：

```
<c:forTokens items = "stringOfTokens" delims = "delimiters" [var = "varName"] [varStatus = "varStatusName"] [begin = "begin"] [end = "end"] [step = "step"]>
    本体内容
</c:forTokens>
```

示例：

```
<%
String phoneNumber = "0371 - 6566 - 6899";
session.setAttribute("phone", phoneNumber);
%>
<c:forTokens items = "${sessionScope.phone}" delims = " - " var = "item">
${item}
</c:forTokens>
```

11. <c:import>标签

作用：

<c:import>标签可以把其他静态或动态文件包含至该标签所在的 JSP 网页上。它和 JSP 动作标记<jsp:include>的差别在于<jsp:include>动作标记只能包含和自己在同一 Web 应用下的文件；而<c:import>除了可以包含和自己在同一 Web 应用的文件以外，还可以包含不同 Web 应用或者其他网站的文件。

主要属性：

<c:import>标签的主要属性参见表 9.11。

表 9.11 <c:import>标签的主要属性

名称	说明	支持 EL	类型	必须	默认值
url	被包含文件的地址	是	String	是	无
context	相同 Web 服务器下的其他 Web 站点必须以"/"开头	是	String	否	无
var	存储被包含的文件的内容	否	String	否	无
scope	var 变量的存储范围	否	String	否	page

续表

名称	说明	支持 EL	类型	必须	默认值
charEncoding	被包含文件的字符编码方式	是	String	否	无
varReader	存储被包含的文件的内容	否	String	否	无

语法格式：

语法 1：

```
<c:import url = "url" [context = "context"] [var = "varName"] [scope = "{page | request | session | application}"] [charEncoding = "charEncoding"]>
本体内容
</c:import>
```

语法 2：

```
<c:import url = "url" [context = "context"] varReader = "varReaderName" [charEncoding = "charEncoding"]>
本体内容
</c:import>
```

示例：

```
<!-- 把站点"http://www.henu.edu.cn"包含 在本页面中 -->
<c:import url = "http://www.henu.edu.cn" charEncoding = "gb2312" />
<!-- 把页面"http://jwc.henu.edu.cn/ArticleShow.asp"包含进来,并传一个参数 ArticleID,值为 730。
相当于"http://jwc.henu.edu.cn/ArticleShow.asp?ArticleID = 730"
-->
<c:import url = "http://jwc.henu.edu.cn/ArticleShow.asp" charEncoding = "gb2312">
<c:param name = "ArticleID" value = "730" />
</c:import>
```

12. <c:url>标签

作用：

<c:url>主要用来定义一个 URL。

主要属性：

<c:url>标签的主要属性参见表 9.12。

表 9.12 <c:url>标签的主要属性

名称	说明	支持 EL	类型	必须	默认值
value	被包含文件的地址	是	String	是	无
context	相同 Web 服务器下的其他 Web 站点必须以"/"开头	是	String	否	无
var	存储被包含的文件的内容	否	String	否	无
scope	var 变量的存储范围	否	String	否	page

语法格式：
语法 1：

```
<c:url value = "value" [context = "context"] [var = "varName"] [scope = "{page|request|session
|application}"] />
```

语法 2：

```
<c:url value = "value" [context = "context"] [var = "varName"] [scope = "{page|request|session
|application}"] >
<c:param />
</c:url>
```

示例：

```
<!--
一个超链接至"http://jwc.henu.edu.cn/ArticleShow.asp?ArticleID = 730"
-->
<a href = "<c:url value = "http://jwc.henu.edu.cn/ArticleShow.asp">
<c:param name = "ArticleID" value = "730" /></c:url>">
河南大学教务处   </a>
```

13. ＜c:redirect＞标签

作用：

＜c:redirect＞标签可以将客户端的请求从当前 JSP 网页导向其他文件，和＜jsp:forward＞动作标记的功能相似。

主要属性：

＜c:redirect＞标签的主要属性参见表 9.13。

表 9.13 ＜c:redirect＞标签的主要属性

名称	说明	支持 EL	类型	必须	默认值
url	被包含文件的地址	是	String	是	无
context	相同 Web 服务器下的其他 Web 站点必须以"/"开头	是	String	否	无

语法格式：
语法 1：没有本体内容。

```
<c:redirect url = "url" [context = "context"] />
```

语法 2：本体内容代表查询字符串参数。

```
<c:redirect url = "url" [context = "context"]><c:param></c:redirect>
```

示例：

```
<c:redirect url = "http://jwc.henu.edu.cn/ArticleShow.asp">
<c:param name = "ArticleID" value = "730" />
</c:redirect>
```

动手实践 9-2

使用 JSTL 标签编写一个程序遍历 List 对象中所有索引为奇数的元素，并输出到网页上。

本章小结

本章主要介绍 EL 表达式语言和 JSTL 标签。EL 表达式的出现代替了传统 JSP 中的赋值表达式<%= %>。JSTL 为 Java Web 开发人员提供了一个标准的通用标签库，通过使用 JSTL 标签取代传统的在 JSP 页面中嵌入大量 Java 代码的做法大大提高了程序的可维护性。更为重要的是，JSTL 和 EL 可以结合起来使用，操作的便捷性大大提高，程序也更加简洁。

第10章 Struts2框架技术

本章要点：
- Struts2 快速入门；
- Struts2 核心概念；
- 值栈与 OGNL；
- Struts2 标签；
- 拦截器；
- Struts2 国际化；
- Struts2 输入校验；
- Struts2 类型转换；
- Struts2 其他常见功能的实现。

Struts2 是由 Apache 软件基金会开发的一个基于 MVC 模式的轻量级 Java EE 框架，Struts2 是在 Struts1 的基础上借鉴了 WebWork 框架的很多优点发展而来的。Struts2 和 Struts1 有着明显的区别，与 Struts1 相比，Struts2 中 Action 类的 execute()方法不再依赖于 Servlet API，大大降低了耦合性；省去了 ActionForm 对象；引入了 WebWork 中的拦截器机制；提供了更为强大的数据校验功能；发布了全新的标签并支持 OGNL 表达式；另外还支持 AJAX 等，这些都是 Struts2 的优点。

本章以 Struts 2.3 为例，在 Eclipse 开发环境下介绍 Struts2 的安装与配置、工作原理与基本用法、Action 与 Result 的使用、值栈与 OGNL、拦截器、国际化、数据校验、类型转换以及 Struts2 中文件的上传与下载等内容。

10.1 Struts2 快速入门

10.1.1 Struts2 的安装与配置

Struts 是一个优秀的开源 MVC 框架，读者可以到"http://struts.apache.org"下载最新版本的 Struts 以及文档和示例等。Struts 在下载解压之后包含以下文件夹。

- apps：该文件夹存放一些基于 Struts2 的简单示例，例如 struts2-blank.war 是一个基本配置的空 Struts2 项目。这些示例对于初学者非常有用，便于迅速理解 Struts2。

- docs：该文件夹包含 Struts2 的一些相关文档，例如教程、Struts2 API 文档等。
- lib：该文件夹包括 Struts2 的核心类库以及第三方插件类，开发 Struts2 应用项目需要的 JAR 文件均存放在此文件夹下。
- src：该文件夹包含 Struts2 的全部源代码。

注意：

lib 文件夹下有很多 JAR 文件，对于基本的 Struts2 Web 项目来说，只需要 struts2-core-x.jar、xwork-core-x.jar、ognl-x.jar、freemarker-x.jar、commons-fileupload-x.jar、commons-io-x.jar、commons-lang-x.jar、commons-logging-x.jar 8 个 JAR 文件即可（其中 JAR 文件名中的"-x"表示版本号），其他的 JAR 文件视具体项目而定。用户切勿把 Struts2 软件包中所有的 JAR 文件都添加到项目中，因为其中的某些 JAR 文件冲突，或依赖于其他的 JAR 文件（这些 JAR 文件并不在 Struts2 软件包中），添加到项目中会导致项目无法执行。

下面以 Eclipse 为例介绍如何配置支持 Struts2 框架的 Web 开发环境，具体步骤如下。

第一步：新建 Web 应用项目，并加载 Struts2 框架的 JAR 文件。例如在 Eclipse 中新建一个名为 ch10 的 Dynamic Web Project，然后将 Struts2 程序包的 lib 文件夹中的上述 8 个 JAR 文件复制到项目 ch10 的 WebContent/WEB-INF/lib 目录下。

第二步：配置 Struts2 项目的启动配置。Struts2 框架是通过过滤器启动的，故需要在 web.xml 文件的根元素<web-app>下配置 Struts2 的过滤器，具体内容如下。

```xml
<filter>
    <!-- 定义 Struts2 的核心 Filter 的名称为 struts2 -->
    <filter-name>struts2</filter-name>
    <!-- 指定核心 Filter 的实现类 -->
    <filter-class>
 org.apache.struts2.dispatcher.ng.filter.StrutsPrepareAndExecuteFilter
    </filter-class>
</filter>
<filter-mapping>
    <!-- 设置应用 Struts2 核心 Filter 的 URL 映射 -->
    <filter-name>struts2</filter-name>
    <url-pattern>/*</url-pattern>
</filter-mapping>
```

Struts2 早期版本的核心过滤器实现类为 org.apache.struts2.dispatcher.FilterDispatcher，在 Struts2.1.3 版本之后为 org.apache.struts2.dispatcher.ng.filter.StrutsPrepareAndExecuteFilter。

第三步：配置 Struts2 框架的配置文件 struts.xml。在 ch10 的 src 目录下新建一个名为 struts.xml 的 XML 文件。下面是一个最基本的 struts.xml 文件，读者还需要在<struts>元素内进行配置。

```xml
<?xml version="1.0" encoding="UTF-8"?>
<!DOCTYPE struts PUBLIC
    "-//Apache Software Foundation//DTD Struts Configuration 2.0//EN"
```

```
        "http://struts.apache.org/dtds/struts-2.0.dtd">
<struts>
  ⋮
</struts>
```

至此，经过上述 3 步配置成功地为 Java Web 应用添加了 Struts2 框架支持，用户可以在此基础上使用 Eclipse 开发 Struts2 应用程序，项目的目录结构如图 10.1 所示。

图 10.1　ch10 的目录结构

注意：

Eclipse 对 Struts2 框架的支持并不是很好，在新建 Java Web 应用项目时还需要开发人员手动向项目中添加 Struts2 类库和配置 web.xml 及 struts.xml 等文件。

使用 MyEclipse 可以减少上述配置 Struts2 项目过程中的一些操作环节，但是对于初学者而言，使用 MyEclipse 容易造成只知其然、不知其所以然的困局，加之 MyEclipse 的运行速度相对较慢等毛病，本书并不推荐使用 MyEclipse。

10.1.2　Struts2 简单示例

下面以一个简单的用户登录为例介绍开发 Struts2 项目的基本流程。本例的功能为用户在 index.jsp 页面输入姓名，然后在 hello.jsp 页面输出该用户的姓名，具体步骤如下。

第一步：创建 JSP 页面 input.jsp。

input.jsp

```
<form action="user/LoginAction" method="post">
姓名：<input type="text" name="username" /><br/>
密码：<input type="password" name="password" /><br/>
    <input type="submit" value="登录" />
</form>
```

其中表单的 action 属性值为"user/LoginAction",表明表单将提交给 LoginAction,而 LoginAction 是下一步需要设计的类。

注意:

表单中元素的名称(如<input type="text" name="username"/>中的 name 属性值)必须和后面 LoginAction 类的成员变量名称一致,这样命名可以在 Struts2 中直接接收表单中输入域的值并赋给 LoginAction 对象对应名称的成员变量。

第二步:创建 Struts2 的业务逻辑处理类 LoginAction,也称为 Action 类,并且该类需要继承于 com.opensymphony.xwork2.ActionSupport 类。在 Action 类中定义一些私有类型的成员变量,并且重写 ActionSupport 类的 execute()方法。

```java
//导入 ActionSupport 类,用户自定义的 Struts Action 需要继承此类
import com.opensymphony.xwork2.ActionSupport;
//LoginAction 类,处理 Struts2 的业务逻辑
public class LoginAction extends ActionSupport {
/*定义私有成员变量 username 和 password,用于获取表单中对应名称输入域的信息*/
    private String username;
    private String password;
    //setter 和 getter
    public String getUsername() {
        return username;
    }
    public void setUsername(String username) {
        this.username = username;
    }
    public String getPassword() {
        return password;
    }
    public void setPassword(String password) {
        this.password = password;
    }
    /*重写 ActionSupport 类的 execute()方法,用于处理业务逻辑,并返回相应结果视图*/
    public String execute()
    {
        //假设用户名为 admin、密码为 pwd 时为合法用户
        if("admin".equals(username) && "pwd".equals(password))
            //返回 SUCCESS 逻辑视图
            return SUCCESS;
        else
            //返回 INPUT 逻辑视图
            return INPUT;
    }
}
```

当表单把用户名提交给 LoginAction 时,Struts2 会把表单中输入域的数值自动赋给 LoginAction 对象中的成员变量 username 和 password,然后 execute()方法会被调用,execute()方法执行完毕后返回字符串常量 SUCCESS 或 INPUT 所对应的逻辑视图。

第三步:定义处理结果视图 hello.jsp。为了安全起见,可以在 ch10 的 WebContent/WEB-INF 目录下新建一个 page 文件夹,并将 hello.jsp 页面保存至此目录下。hello.jsp 页

面的内容非常简单,在<body>标签内仅下面一行代码。

```
Hello, ${username}!
```

第四步:在 struts.xml 文件中配置 Action。由于本例中创建了一个 LoginAction 类,需要在 struts.xml 文件中对该类进行配置,在 struts.xml 文件的<struts>元素内输入以下内容。

```
<package name = "ch10" namespace = "/user" extends = "struts-default">
    <action name = "HelloAction" class = "henu.action.HelloAction">
        <result name = "success">/WEB-INF/page/hello.jsp</result>
    </action>
</package>
```

在上述配置中,<package>元素和 Java 语言中的 package 关键字的作用有些相似,<package>元素可以嵌套多个<action>元素。<package>元素的 name 属性表示该包的名称,namespace 属性相当于虚拟路径,namespace 的属性值和<action>元素的 name 属性值组合在一起可以唯一确定一个 action 的 URL,例如本例中 LoginAction 的 URL 就是"user/LoginAction"。<action>元素代表一个具体的 Action(即 Java 类),其中 name 属性代表该 Java 类,class 属性用于指定具体的实现类。<result>元素代表 Action 执行之后切换到的视图,如本例中如果执行结果为 success(即 Action 中 execute()方法的返回值),那么转至 hello.jsp 页面。对于<package>、<action>和<result>等元素的作用将在本章后续部分详细介绍,此处不再赘述。

至此,经过上述 4 步操作完成设计,运行 input.jsp 页面,结果如图 10.2 所示。

图 10.2　input.jsp 的运行结果

输入姓名和密码后提交表单,程序跳转至 struts.xml 文件中定义的结果视图 hello.jsp,如图 10.3 所示。

图 10.3　程序的运行结果

图 10.4 描述了本示例程序的执行流程。由此可知,struts.xml 是 Struts 程序的核心配置文件,Struts 应用程序执行时根据 struts.xml 文件的相关配置信息调用相应的 Action、Interceptor 及视图等。

注意:

仔细观察图 10.3 所示的结果视图,地址栏中的 URL 仍然是 LoginAction 的地址,而不是页面 hello.jsp 的 URL。原因在于 struts.xml 配置的结果视图类型为 Struts2 默认的

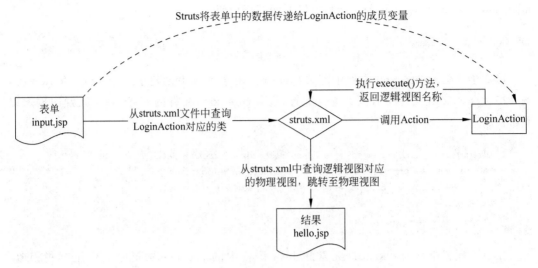

图 10.4 基于 Struts2 框架的用户登录程序的执行流程

dispatcher 类型，该类型不会在地址栏中给出结果视图的 URL，此部分内容将在 10.2.3 节中详细介绍。

动手实践 10-1

从 Struts 的官方网站上下载 Struts2 的安装发布包，了解其目录结构和文档。然后在 Eclipse 中新建一个 Web 项目，并为该项目添加基本的 Struts 框架支持能力。尝试编写一个简单的 Struts 应用程序，查看程序是否能够正常运行。

10.1.3　Struts2 的工作流程

结合上一节中介绍的 Struts2 应用程序，一个 Struts2 应用程序的执行过程如图 10.5 所示。

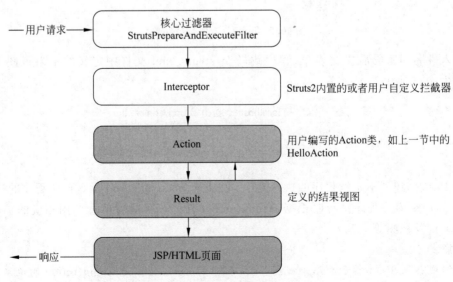

图 10.5　Struts2 应用程序的执行过程

从图 10.5 可以看出,Struts2 应用程序是按"请求-响应"式开发的。实际上,图中 3 个阴影的方框是需要用开发人员具体实现或者配置的,其他部分依赖于 Struts2 框架的内置模块(当然,Interceptor 也可以自定义)。结合上一节中的示例,Struts2 的具体执行过程可以分为以下几步。

第一步:客户端向 Web 服务器(例如 Tomcat)发送请求(例如请求访问 index.jsp)。

第二步:请求经过一系列的过滤器过滤之后,把该请求传递给 Struts2 的核心过滤器 StrutsPrepareAndExecuteFilter。

第三步:核心过滤器接收到请求信息之后会根据请求的 URL(例如"user/LoginAction")搜索 Action 的映射信息。

第四步:如果找到对应的映射信息,则在 struts.xml 文件中对应定义的 Action(例如 LoginAction)被实例化,并且执行该 Action 实例的 execute() 方法,处理用户请求信息。此外,如果在 struts.xml 文件中还定义了被请求 Action 的一些拦截器,那么该 Action 实例被调用前后这些拦截器也会被先后执行。

第五步:Action 对请求处理完毕以后将返回一个逻辑视图,该逻辑视图将在 struts.xml 文件的相应<result>元素中寻找对应的物理视图(例如在 LoginAction 中 SUCCESS 对应于"WEB-INF/page/hello.jsp"),并返回给客户端。

注意:

映射的物理视图可以是 JSP/HTML 页面或者是 Freemarker/Velocity 等模板文件,也可以是 Action。

从图 10.5 还可以看出,Action 并不与物理视图直接关联,这种做法实现了视图与业务逻辑的解耦,Action 只负责返回处理结果,而该处理结果与哪些物理视图关联由 Struts2 的核心过滤器决定。这样做的优势在于,如果以后需要将逻辑视图变更为其他的物理视图资源,无须修改 Action,只需要修改配置文件 struts.xml 即可,这在最大程度上避免了"硬编码"给程序维护带来的不便。

10.2 Struts2 核心概念

Java EE 的许多框架都是采用 XML 文件或者 .properties 资源文件配置并管理应用程序的,Struts2 框架也不例外。Stuts2 框架默认的配置文件为 struts.xml,该文件一般放在 Web 应用的类加载路径下,通常 Web 应用编译之后放在 WEB-INF/classes 路径下。在 Eclipse 开发工具中也可将此文件直接放在 src 目录下。

在 Struts2 中,struts.xml 文件配置所有的 Action 与用户请求之间的关系,并配置逻辑视图与物理视图之间的映射关系。另外,struts2.xml 还可以配置常量、拦截器,以及引用其他配置文件等。

10.2.1 struts.xml 文件配置

struts.xml 文件是整个 Struts 应用程序运转的核心,它是一个 XML 格式的文件,该文件以<struts>作为根元素,其他的元素需要直接或间接地嵌套在<struts>元素内。表 10.1 给出了 struts.xml 文件中包含的常见元素及其功能描述。

表 10.1 struts.xml 的主要配置元素及功能描述

配置元素名称	功 能 描 述
include	包含其他的 XML 配置文件
constant	配置常量信息
package	包含一系列 Action 及拦截器配置信息,以便于对 Action 进行统一管理
default-action-ref	配置默认 Action
default-interceptor-ref	配置默认拦截器,对 package 范围内所有的 Action 有效
global-results	配置全局结果集,对 package 范围内所有的 Action 有效
interceptors	包含一系列拦截器配置信息
interceptor	配置一个拦截器,一般嵌套在<interceptors>元素内
interceptor-stack	配置拦截器堆栈信息,一般嵌套在<interceptors>元素内
interceptor-ref	配置 Action 应用的拦截器,嵌套在<interceptor-stack>、<action>等元素内
action	包含与 Action 操作相关的一系列配置信息
result	配置 Action 的结果映射,嵌套在<action>元素之内
param	配置参数信息,一般嵌套在<action>、<global-result>、<result>等元素内

1. <include>元素

作用:原则上讲,一个 Web 项目的所有配置都可以放在 struts.xml 文件中,但随着应用规模的扩大,struts.xml 文件将越来越臃肿,难以维护。解决的方法是把不同模块的配置信息放在不同的 XML 文件中,然后在 struts.xml 文件中使用<include>元素把这些 XML 文件包含在 struts.xml 中。

示例:

```
<include file = "struts - login.xml"></include>
```

其中,file 属性指定包含文件的名称。通过本行代码将 struts-login.xml 文件包含到 struts.xml 文件。

2. <constant>元素

作用:使用<constant>元素可以为 Struts2 内置常量赋值。

示例:

```
<constant name = "struts.i18n.encoding" value = "UTF - 8" />
```

其中,<constant>元素的 name 属性指定常量名称,value 属性指定常量值。本行代码的作用是指定常量 struts.i18n.encoding 的值为 UTF-8,相当于设置 Web 应用的字符编码。Struts2 框架内置了很多常量,这些常量将在 10.2.4 节中详细介绍。

3. <package>元素

作用：Struts2 框架的核心组件是 Action 和拦截器等,Struts2 框架使用包(package)来管理 Action 和拦截器等。包是多个 Action、多个拦截器和多个拦截器引用的集合。使用<package>元素配置包的信息,每个<package>元素定义一个包的配置。

示例：

```xml
<!-- 配置一个包,该包名为 default,继承 struts-default -->
<package name = "default" namespace = "/user" extends = "struts-default">
    <!-- 下面定义拦截器部分 -->
    <interceptors>
        <!-- 定义拦截器栈 -->
        <interceptor-stack name = "crudStack">
            <interceptor-ref name = "params" />
            <interceptor-ref name = "defaultStack" />
        </interceptor-stack>
    </interceptors>
    <default-action-ref name = "showcase" />
    <!-- 定义一个 Action,该 Action 直接映射到 showcase.jsp 页面 -->
    <action name = "showcase">
        <result>showcase.jsp</result>
    </action>
    <!-- 定义一个 Action,该 Action 类为 com.henu.action.DateAction -->
    <action name = "Date" class = "com.henu.action.DateAction">
        <result name = "success">/date.jsp</result>
    </action>
</package>
```

从上面的示例可以看到,<package>元素又可以内嵌<interceptors>、<action>和<default-action-ref>等子元素。<package>元素的属性有 name、namespace、extends、abstract 等。

- name 属性：必选属性,指定该包的名字,该属性是引用该包的唯一标识。
- namespace 属性：可选属性,定义该包的命名空间。namespace 属性值和 Action 名称组合在一起,在项目中决定了该 Action 的 URL。
- extends 属性：可选属性,在 Struts2 中包也是可以继承的,extends 属性的作用是指定该包是否继承其他的包。包可以继承一个或多个父包中的 Action 定义、拦截器定义、拦截器栈等配置。
- abstract 属性：可选属性,若该属性值为"true",表示该包为抽象包,在抽象包中不能定义任何 Action。

注意：

Struts2 的配置文件总是从上到下处理的,所以在 struts.xml 文件中父包的定义应该在子包的前面。

另外，在使用 namespace 属性时用户需要注意以下几点。

（1）若<package>元素没有指定 namespace 属性，则该包使用默认的命名空间，默认的命名空间总是""；若设置 namespace 属性值为"/"，即指定了包的命名空间为根命名空间，此时所有根路径下的 Action 请求都会到这个包中查找对应的资源信息。

（2）若一个<package>元素指定 namespace＝"/ch10"，必须注意的是"ch10"前的斜线"/"不能省略，并且该包下所有的 Action 处理的 URL 应该是"/ch10/Action 名"，其完整的 URL 为"http://主机地址:端口/上下文路径/ch10/XXXAction.action"。

（3）Struts2 查找 Action 的次序为先在指定的路径下查找 Action；如果找不到则去默认的路径找 Action；如果仍找到，则抛出异常。另外，当默认命名空间中存在与根命名空间同名的 Action 时，根命名空间中的配置信息的优先级高于默认命名空间中的配置信息。

（4）命名空间只有一个级别，例如一个 Action 的 URL 为"/a/b/get.action"，则系统先在"/a/b"的命名空间下查找，如果找不到，直接到默认命名空间查找 get.action，而不是在"/a"的命名空间下查找。

（5）Struts2 以命名空间的方式来管理 Action，同一个命名空间不能有同名的 Action，不同的命名空间可以有同名的 Action。

4.<action>元素

作用：<action>元素用来配置 Action，该元素需要嵌套在<package>元素内，它包含以下属性。

- name 属性：必选属性，用来设定 Action 的名称。
- class 属性：可选属性，指定 Action 处理类对应的具体路径，若省略该属性，表示使用的是默认 Action，即 ActionSupport 类。
- method 属性：可选属性，指定 Action 中的方法名。
- converter 属性：可选属性，指定 Action 使用的类型转换器，其值可以为 true 或 false，默认为 true，即使用类型转换器。

注意：

若未配置 method 属性，则请求会被转发到 Action 中的 execute() 方法进行处理。但在很多情况下 Action 可能需要处理多个业务逻辑，那么就需要在 Action 中定义多个方法以处理不同的业务逻辑，在<action>元素中配置 method 属性就可以在请求 Action 时把不同的请求转发给相应的方法进行处理。

示例：

```
<action name = "*" class = "action.UserAction" method = "{1}User">
    <result name = "{1}">/WEB-INF/page/{1}.jsp</result>
</action>
```

本例中使用了通配符"*"，表示匹配任意字符串，在本例中它表示 Action 的名称是在程序运行时用户动态给定的。假设程序运行时用户给定 Action 的名称为 update，那么 Struts2 将调用 action.UserAction 类中的 updateUser() 方法，同时，若执行 updateUser() 方法的返回值为"update"，那么最后返回的页面视图为 WEB-INF 的 page 中的 update.jsp。

即上述代码中的"{1}"表示代码中的第 1 个匹配符,同理,"{n}"表示代码中出现的第 n 个匹配符。

5. <default-action-ref>元素

作用:当一个 Action 在指定命名空间和默认命名空间都找不到时会抛出"HTTP 404"错误信息,使用<default-action-ref>元素指定一个默认的 Action,当配置文件中没有与请求 Action 匹配的信息时 Struts2 框架将调用这个默认的 Action 去处理。

示例:

```
< package name = "ch10" extends = "struts-default">
        < default-action-ref name = "ErrorAction"></default-action-ref>
        < action name = "ErrorAction">
            < result >/error/actionError.jsp</result>
        </action>
</package>
```

6. <result>元素

作用:用于配置 Action 的结果映射,既可以配置常规的结果映射,也可以实现动态结果映射,即根据请求动态决定返回哪个视图。常见的映射类型有 dispatcher、redirectAction、redirect、plainText 等。<result>元素下的主要属性如下。
- type 属性:可选属性,type 属性用于指定跳转至结果视图的方式,若省略该属性,则默认类型为 dispatcher。
- name 属性:可选属性,表示逻辑视图的名称,若省略该属性,则默认为 SUCCESS。

示例:

```
< action name = "Crud_*Action" class = "henu.action.CrudAction" method = "{1}Action">
    < result type = "dispatcher" name = "success">/page/{1}.jsp</result>
    < result type = "dispatcher" name = "error">/page/error.jsp</result>
</action>
```

在本示例中,在<action>元素的 method 属性中使用通配符" * ",在物理页面中使用了表达式"{1}",Struts2 框架根据请求方法的不同处理的结果视图将做出相应改变。如实际执行的 Action 的名称是 Crud_deleteAction,通配符" * "此时的值为 delete,表达式{1}的值也应是 delete,那么将执行 CrudAction 的 deleteAction()方法,请求处理后结果页面将定位至 page 中的 delete.jsp。

7. <global-results>元素

作用:有时候,在一个包内可能存在多个 Action 映射到同一个物理页面的情况,如果重复地对每个 Action 的<result>元素进行相同的配置,必然非常烦琐。使用<global-results>元素可以统一配置逻辑视图所对应的物理视图。在<global-results>元素中又嵌套了<result>元素,用于定义全局结果集。

示例：

```
<package name = "ch10" namespace = "/login" extends = "struts-default">
    <global-results>
        <result name = "error">/page/error.jsp</result>
    </global-results>
    <action name = "LoginAction" class = "com.henu.action.LoginAction">
        <!-- 此处省略其他配置信息 -->
    </action>
    <action name = "RegistAction" class = "com.henu.action.RegistAction">
        <!-- 此处省略其他配置信息 -->
    </action>
</package>
```

在本示例中，使用<global-results>元素定义了一个包全局结果集，其中包含一个名称为"error"的结果视图，那么相当于该包下面所有的Action都定义了error结果视图。

注意：

若全局结果集和Action中都为某个逻辑视图添加了配置信息，那么Action中的优先级高于全局结果集。例如，若在上面示例的RegistAction的配置中添加了"<result name="error">/page/RegistError.jsp</result>"，当请求RegistAction并返回"error"时，视图将跳转至page中的RegistError.jsp，而非page中的error.jsp。

8. <default-interceptor-ref>元素

作用： 该元素用来设置包范围内所有Action要应用的默认拦截器信息。事实上，当包继承了"struts-default"包之后就使用了Struts2的默认拦截器。读者可以在"struts-default.xml"文件中找到相关配置。<default-interceptor-ref>元素有一个必选属性name，表示拦截器的名称。

示例：

```
<!-- 定义默认的拦截器,每个Action都会自动引用,如果Action中引用了其他的拦截器,默认的拦截器将无效 -->
<default-interceptor-ref name = "mystack"></default-interceptor-ref>
```

在实际的开发过程中，若有特殊需求也可以改变默认拦截器配置，但是一旦更改了此配置，Struts默认的拦截器栈"defaultStack"将不再被引用，需要手动添加。

9. <interceptors>元素

作用： 使用该元素在Struts2项目中注册拦截器或者拦截器栈，一般用于自定义的拦截器或者拦截器栈的注册。

示例：

```
<interceptors>
    <!-- 定义拦截器,name为拦截器名称,class为拦截器类路径 -->
```

```xml
    <interceptor name="timer" class="com.henu.interceptor.timer">
</interceptor>
    <interceptor name="logger" class="com.henu.interceptor.logger">
</interceptor>
        <!-- 定义拦截器栈 -->
        <interceptor-stack name="mystack">
            <interceptor-ref name="timer"></interceptor-ref>
            <interceptor-ref name="logger"></interceptor-ref>
        </interceptor-stack>
</interceptors>
```

在该示例中，<interceptors>元素下面注册了 timer 和 logger 两个拦截器，还定义了一个拦截器栈 mystack。

10. <interceptor>元素

作用：定义用户自定义的拦截器，实际上，拦截器类似于 Action，它也是一个 Java 类，该元素主要有下面两个属性。

- name 属性：指定该拦截器的名称。
- class 属性：指定拦截器对应的具体类。

示例：参考<interceptors>元素示例，<interceptor>元素必须嵌套在<interceptors>元素内。

11. <interceptor-stack>元素

作用：有时只用一个拦截器无法达到应用的需求，需要应用多个拦截器，如果在每个 Action 中都配置多个<interceptor-ref>元素相当麻烦，这时可以使用<interceptor-stack>元素定义拦截器栈，放置多个拦截器。当某个 Action 需要应用这些拦截器时，只需要使用<interceptor-ref>元素引用定义的拦截器栈即可，当项目中的多个 Action 应用多个相同的拦截器时，使用拦截器栈可以极大地减少了代码的编写量。<interceptor-stack>元素需要嵌套在<interceptors>元素内。

示例：参考<interceptors>元素示例，<interceptor-stack>元素也必须嵌套在<interceptors>元素内。

12. <interceptor-ref>元素

作用：使用该元素为其所在的 Action 添加拦截器功能。当为某个 Action 单独添加拦截器功能以后，<default-interceptor-ref>元素中指定的拦截器将不再对这个 Action 起作用。该元素有一个必选属性 name，表示引用的拦截器的名称。name 的属性值必须与 struts.xml 文件中注册的某个拦截器 name 的属性值相同（即和某个<interceptor>元素的 name 属性值相同）。

示例：参考<interceptors>元素示例。

以上 5 个元素都是有关拦截器的，对于拦截器的定义与使用将在本章的 10.5 节中具体介绍。

13. <param>元素

作用:为 Action 中的对应属性传递数值,该元素有一个必选属性 name,表示传递参数的名称。

示例:

```
<action name = "HelloAction" class = "com.henu.action.HelloAction">
    <!-- 此处省略其他配置信息 -->
    <!-- 参数设置,name 属性对应 Action 中的 get/set 方法 -->
        <param name = "url">http://www.henu.edu.cn</param>
</action>
```

10.2.2 Action 详解

在 Struts2 框架中,Action 负责处理业务逻辑,是整个 Struts2 应用的核心。前面介绍的 struts.xml 配置文件负责管理和配置应用中的所有 Action,本节将介绍 Action 类及其调用方法。

1. Action 类的基本格式

我们已经知道 Struts2 中的 Action 实际上就是 Java 类,其中 Action 类需要继承 com.opensymphony.xwork2.ActionSupport 类。一个 Action 类的基本格式如下:

```
import com.opensymphony.xwork2.ActionSupport;
public class XxxAction extends ActionSupport{
    //例如,为该类定义私有属性 property,用于封装 HTTP 请求参数的属性
    private String property;
    ⋮
    //setter 和 getter
    public String getProperty() {
        return property;
    }
    public void setProperty(String property) {
        this.property = property;
    }
    ⋮
    //覆盖 ActionSupport 类的 execute()方法,用于处理业务逻辑并返回相应的结果视图
    public String execute()
    {   //省略具体的业务逻辑
        ⋮
        //返回 SUCCESS 代表的视图
        return SUCCESS;
    }
    //其他方法
    ⋮
}
```

在上面的代码块中，Action 类就是一个普通的 Java 类，并且提供了一些私有属性，例如 property，然后为该属性提供了 setter 和 getter 方法，这一点非常重要，用户通过封装的 HTTP 请求参数为该属性赋值或者取值，并最终以此进行业务逻辑运算。

2．Action 接口和 ActionSupport 类

为了便于开发人员深入了解 Struts2 框架和 Action 类，了解 Struts2 框架的一些核心类的源代码还是十分有必要的。在 com.opensymphony.xwork 包中提供了 Action 接口和 ActionSupport 类，下面是 Action 接口的代码。

```java
package com.opensymphony.xwork2;
public interface Action {
    //分别定义常量 SUCCESS、NONE、ERROR、INPUT 和 LOGIN，表示不同的逻辑视图
    public static final String SUCCESS = "success";
    public static final String NONE    = "none";
    public static final String ERROR   = "error";
    public static final String INPUT   = "input";
    public static final String LOGIN   = "login";
    //定义 execute()方法
    public String execute() throws Exception;
}
```

从上述代码中可以看到，Action 接口定义了 5 个字符串常量 SUCCESS、NONE、ERROR、INPUT 和 LOGIN，还定义了一个返回字符串类型的 execute()方法。

此外，在 com.opensymphony.xwork 包中还提供了一个 Action 接口的实现类 ActionSupport，ActionSuport 类是一个默认的 Action 实现类，如果一个 Action 在 struts.xml 配置文件的 <action> 元素中没有指定 class 属性，那么默认该 Action 为 ActionSupport 类。在 ActionSupport 类中除了实现 Action 接口以外，该类还增加了获取国际化信息的方法 getText()、数据校验的方法 validate()、默认的处理用户请求的方法 execute()等。限于篇幅，这里不再介绍，感兴趣的读者可以在 Struts2 的安装发布包中查看 ActionSupport 类的源代码。

3．调用含有多个方法的 Action

Action 中的 execute()方法负责处理业务逻辑。execute()方法仅能处理一个业务逻辑，但在实际的应用中往往一个 Action 负责处理多个业务逻辑。例如在一个实现用户管理的 Action 中可能包括用户注册、用户登录和删除用户信息等操作，如果在一个 Action 中仅实现其单一功能，那么将需要定义多个 Action，导致项目的类文件臃肿，给项目管理带来不便。解决这个问题的方法就是在一个 Action 中集成多个处理业务逻辑的方法，以减少 Action 的数量，为管理和配置项目"瘦身"。下面看一个含有多个方法的 Action。UserAdminAction.java

```java
import com.opensymphony.xwork2.ActionSupport;
public class UserAdminAction extends ActionSupport {
    //声明属性 userName、userPass、userType 和 message
```

```java
    private String userName;
    private String userPass;
    private String userType;
    private String message;
    //以下省略属性的setter和getter方法
      ⋮
    /**
     * 实现用户登录的业务逻辑
     * @return 若成功返回至login逻辑视图,否则返回至error逻辑视图
     * @throws Exception
     */
    public String loginUser() throws Exception
    {
        //假设用户为"admin",并且密码为"123",登录成功
        if("admin".equals(this.userName) && "123".equals(this.userPass))
        {
            this.message = "用户登录成功!";
            return "login";
        }
        else
        {
            this.message = "用户登录失败!";
            return "error";
        }
    }
    /**
     * 实现用户注册的业务逻辑
     * @return 返回至regist逻辑视图
     * @throws Exception
     */
    public String registUser() throws Exception
    {
        this.message = this.userName + "用户注册成功!密码为" + this.userPass +",用户类型为" + this.userType;
        return "regist";
    }
    /**
     * 实现用户删除的业务逻辑
     * @return 返回至delete逻辑视图
     * @throws Exception
     */
    public String deleteUser() throws Exception
    {
        this.message = this.userName + "用户已经成功删除!";
        return "delete";
    }
}
```

在UserAdminAction中声明了4个属性,并分别定义了对应属性的setter和getter方

法,然后定义了 loginUser()、deleteUser()和 registUser() 3 个方法,这 3 个方法分别实现登录、删除和注册功能。

首先设计一个 JSP 页面 user.jsp,如图 10.6 所示。

图 10.6 user.jsp

user.jsp 页面中包含了"注册""登录"和"删除"3 个按钮。要想调用同一个 Action 完成不同的功能,具体的思路是当单击这些提交按钮时调用 UserAdminAction 中相应的方法去执行业务逻辑。那么如何调用 Action 中的这些方法呢?下面介绍两种调用含有多个方法的 Action 的实现方式。

1) 动态方法调用方式

动态方法调用(Dynamic Method Invocation,DMI)是从 Struts1 框架中继承而来的。在 Struts2 中实现动态方法调用的关键点就是调用 Action 方法的格式问题,其格式为"名字空间/Action 名称!方法名"。首先配置 UserAdminAction,具体如下:

```xml
<package name="ch10" namespace="/user" extends="struts-default">
  <global-results>
    <result name="error">../WEB-INF/page/error.jsp</result>
  </global-results>
  <action name="UserAdmin" class="henu.action.UserAdminAction">
    <result name="login">../WEB-INF/page/login.jsp</result>
    <result name="regist">../WEB-INF/page/regist.jsp</result>
    <result name="delete">../WEB-INF/page/delete.jsp</result>
  </action>
</package>
```

假设本项目的上下文路径为"http://localhost:8080/ch10",下面以调用 UserAdminAction 的 loginUser()方法为例进行介绍,那么调用该方法的 URL 应为"http://localhost:8080/ch10/user/UserAdmin!loginUser"。user.jsp 页面的 3 个按钮调用 UserAdminAction 中的对应方法,具体实现代码如下。

user.jsp

```jsp
<%@ page language="java" contentType="text/html; charset=UTF-8"
    pageEncoding="UTF-8" %>
<!DOCTYPE html>
<html>
<head>
<meta charset="UTF-8">
```

```html
        <title>用户管理</title>
        <script type="text/javascript">
            function doAction(value)
            {
                document.UserForm.action = value;
                UserForm.submit();
            }
        </script>
    </head>
    <body>
        <form method="post" name="UserForm" action="">
        用户:<input type="text" name="userName"/><br/>
        密码:<input type="password" name="userPass"/><br/>
        用户类型:<select name="userType">
        <option value="管理人员">管理人员</option>
        <option value="普通用户">普通用户</option>
        </select><br/>
        <input type="submit" value="注册"
        onClick="doAction('user/UserAdmin!registUser.action');"/>
        <input type="submit" value="登录"
        onClick="doAction('user/UserAdmin!loginUser.action');"/>
        <input type="submit" value="删除"
        onClick="doAction('user/UserAdmin!deleteUser.action');"/>
        </form>
    </body>
</html>
```

至此,本例设计完毕,读者可以运行 user.jsp 页面进行测试。DMI 方式在配置 Action 方面没有变化,仅是调用 Action 的 URL 格式有所改变。

注意:

动态方法调用方式使用起来相对简单,开发人员只需知道动态方法调用的格式即可,不需要进行额外配置。Struts2 默认禁止使用动态方法调用,可在 struts.xml 中设置常量 struts.enable.DynamicMethodInvocation 允许 DMI 调用,具体如下。

```xml
<constant name="struts.enable.DynamicMethodInvocation" value="true"/>
```

若该常量为 false 表示禁止使用动态方法调用;反之,若为 true 表示允许,该常量的默认值为 true。

在实际应用中,使用动态方法调用的情况并不多,推荐读者使用下面介绍的指定 method 属性方式。

2) 指定 method 属性方式

<action>元素若有一个 method 可选属性,那么在配置 Action 时指定 method 属性也可以调用 Action 中相应的多个方法。下面对上面的例子做一下改动,具体如下。

首先修改 UserAdminAction 在 struts.xml 文件中的配置,具体代码如下。

```xml
<package name = "ch10" namespace = "/user" extends = "struts-default">
    <action name = "delete" class = "henu.action.UserAdminAction" method = "deleteUser">
        <result name = "delete">../WEB-INF/page/delete.jsp</result>
    </action>
    <action name = "login" class = "henu.action.UserAdminAction" method = "loginUser">
        <result name = "login">../WEB-INF/page/login.jsp</result>
    </action>
    <action name = "regist" class = "henu.action.UserAdminAction" method = "registUser">
        <result name = "regist">../WEB-INF/page/regist.jsp</result>
    </action>
</package>
```

通过上面的配置，读者可以发现 UserAdminAction 类中的 3 个方法相当于分别声明了 3 个 Action，那么调用 UserAdminAction 类的 loginUser()方法，其 URL 为"http://localhost:8080/ch10/user/login.action"。

然后修改 user.jsp 页面中 3 个提交按钮的 onClick 属性的值即可，此处仅给出 3 个按钮的代码片段，其他部分的代码不变。

```html
<input type = "submit" value = "注册"
                onClick = "doAction('user/regist.action');"/>
<input type = "submit" value = "登录"
                onClick = "doAction('user/login.action');"/>
<input type = "submit" value = "删除"
                onClick = "doAction('user/delete.action');"/>
```

最后运行 user.jsp 页面，运行结果与上述一致。设置 method 属性方式意味着把 Action 类的每个方法单独配置成一个 Action，如此调用这些方法和调用普通的 Action 没有区别。但是，设置 method 属性方式调用 Action 中的方法无疑增加了 struts.xml 文件的代码量。其实有时 Action 中的方法调用满足一定的规律，例如本例中 Action 的 name 属性值为 login 对应于 UserAdminAction 类中的 loginUser()方法，对应的物理视图为 login.jsp；Action 的 name 属性值为 delete 对应于 UserAdminAction 类中的 deleteUser()方法，对应的物理视图为 delete.jsp 等。此时使用方法通配符"*"可以简化 struts.xml 文件中的配置。使用通配符对上面的配置进行改进，具体如下：

```xml
<package name = "ch10" namespace = "/user" extends = "struts-default">
    <action name = "*" class = "henu.action.UserAdminAction"
            method = "{1}User">
        <result name = "{1}">../WEB-INF/page/{1}.jsp</result>
    </action>
</package>
```

本段代码中使用通配符"*"代表某个 Action 的名称，那么占位符"{1}"表示匹配配置文件中的第 1 个通配符。假设通配符代表 login，那么 method 属性"{1}User"此时就是 loginUser，同理 result 元素中的 name 属性"{1}"也为 login，指定的物理页面"../WEB-INF/page/{1}.jsp"就是"../WEB-INF/page/login.jsp"。使用通配符配置 Action 与前面的 Action 配置相比配置工作量大大减少。

4. 注入 Action 属性值

熟悉 Struts1 框架的读者会发现，正是由于 Struts2 框架中的 Action 引入了属性才省略了 Struts1 框架中的 ActionForm 对象。在 Struts2 框架中，Action 的属性都是私有类型，并提供了相应的 setter 和 getter 方法为属性赋值和取值。我们可以认为 Action 由两部分组成，一部分是属性及对应的 setter 和 getter 方法；另外一部分是处理业务逻辑的方法，例如 execute()方法。那么在 Struts2 框架中如何为 Action 的属性注入值呢？

1）使用表单注入

表单注入是 Action 属性值注入最常用的方式。表单的作用是实现人机交互，利用表单收集用户的数据信息。Struts2 表单注入的工作机制是首先 HTTP 协议收集表单中的各输入域值，然后 Struts2 框架将表单中的各输入域的 name 属性名称与 Action 属性名称进行匹配，当两者名称一致时匹配成功，最后使用 Action 的相应 setter 方法把表单对应输入域的属性值注入给 Action 属性。请看下面的 JSP 页面表单部分的代码。

```html
<form method="post" name="UserForm" action="/user/UserAdmin.action">
用户：<input type="text" name="userName"/><br>
密码：<input type="password" name="userPass"/><br>
用户类型：<select name="userType">
<option value="管理人员">管理人员</option>
<option value="普通用户">普通用户</option>
</select>
<inputtype="submit" value="提交"/>
</form>
```

在上面的代码中，表单中的数据项有用户（name 属性值为 userName）、密码（name 属性值为 userPass）和用户类型（name 属性值为 userType），对应的 Action 中应该这样定义属性，下面是 Action 的程序片段。

```java
/*声明属性 userName、userPass、userType，注意属性的名称必须和表单中输入域的 name 属性名称一致
*/
private String userName;
private String userPass;
private String userType;
//以下是属性的 setter 和 getter 方法
public String getUserName() {
    return userName;
}
public void setUserName(String userName) {
    this.userName = userName;
}
public String getUserPass() {
    return userPass;
}
public void setUserPass(String userPass) {
    this.userPass = userPass;
```

```
}
public String getUserType() {
    return userType;
}
public void setUserType(String userType) {
    this.userType = userType;
}
```

通过表单中输入域的属性名称与 Action 中的属性名称匹配,从而实现注入 Action 属性值的目标。

注意:

表单输入域的 name 属性名称必须与 Action 的属性名称相同,否则 Struts2 无法把表单中的数据信息注入给 Action 的属性。

使用表单注入的方式有时也有缺陷,若表单中的输入项过多,将导致 Action 的属性声明很多,同时对应有 setter 和 getter 方法,使 Action 代码非常庞大,给 Action 的维护带来了不便。解决的办法就是将 Action 中的属性以及 setter 和 getter 单独拿出来,定义成一个专门的类(即 JavaBean),然后在 Action 中仅声明一个属性(JavaBean 对象)。对上述 Action 加以改进,具体步骤如下。

第一步: 把原来 Action 中的属性和 setter、getter 拿出来,定义一个 JavaBean(也称为 POJO 对象),假设该 JavaBean 的名称为 User.java。

User.java

```
public class User {
private String userName;
private String userPass;
private String userType;
public String getUserName() {
    return userName;
}
public void setUserName(String userName) {
    this.userName = userName;
}
  //以下省略其他 setter 和 getter
  ⋮
}
```

第二步: 修改 Action,代码如下。

UserAdminAction.java

```
public class UserAdminAction extends ActionSupport {
    //只声明一个 User 类型属性即可
    private User user;
    //setter 和 getter
    public User getUser() {
        return user;
```

```
    }
    public void setUser(User user) {

        this.user = user;
    }
    //以下省略其他业务逻辑代码
    ⋮
}
```

第三步：修改表单中各输入域的 name 属性,此时由于 Action 中仅定义一个属性 user,那么表单中的 name 属性值为"user.xxx",例如用户的 name 属性值为"user.userName"。下面是 JSP 页面 user.jsp 的表单部分代码。

```
<form method = "post" name = "UserForm" action = "/user/UserAdmin.action">
用户:< input type = "text" name = "user.userName"/><br>
密码:< input type = "password" name = "user.userPass"/><br>
用户类型:< select name = "user.userType">
< option value = "管理人员">管理人员</option>
< option value = "普通用户">普通用户</option>
</select>
< inputtype = "submit" value = "提交"/>
</form>
```

使用这种方式可以减少 Action 类的代码量,同时降低 Action 与 JSP 页面之间的耦合,便于程序维护。

2) 使用<param>元素注入

第二种为 Action 属性注入值的方式是使用<param>元素为 Action 属性注入值,下面以 UserAdminAction 为例介绍其实现方法。

```
< package name = "ch10" namespace = "/user" extends = "struts - default">
    < action name = "UserParam" class = "henu.action.UserAdminAction">
        < param name = "userName">李明</param>
        < param name = "userPass">123</param>
        < param name = "userType">管理人员</param>
        < result>../WEB - INF/page/result.jsp</result>
    </action>
</package>
```

在上面的 Action 配置中使用了 3 个<param>元素,并且指定了 name 属性和值。通过上面的配置就可以把 name 属性为 userName 的参数值"李明"注入给 Action 的 userName 属性,同理参数 userPass 和 userType 也是如此。在浏览器地址栏中输入该 Action 的 URL,运行结果如图 10.7 所示。

← → C localhost:8080/ch10/user/UserParam
李明用户注册成功,密码:123,用户类型:管理人员

图 10.7 使用<param>元素为 Action 属性注入值

3）使用查询字符串方式

实际上，使用查询字符串的形式与表单方式的原理一样，用户只需要调用 Action，在其 URL 中加入查询字符串即可，其他配置与前面的表单方式一致，此处不再赘述。如使用查询字符串为 LoginAction 的属性赋值，可以在浏览器地址栏中输入"http://localhost:8080/ch10/user/LoginAdmin.action?username = admin&password = pwd"。相当于为 LoginAction 的 username 和 password 两个属性分别赋值 admin 和 pwd，程序的运行结果与图 10.3 一样。

10.2.3 Result 介绍

在 Struts2 框架中，为了避免在代码中直接使用物理页面的名称引入了逻辑视图，即用一个字符串变量代表某一个物理页面。这样做的好处在于使程序代码中不再使用物理页面名称，一旦系统的业务流程发生了改变，也不至于修改程序代码，只需要更改配置文件 struts.xml 即可，从而减少"硬编码"带来的巨大的维护工作量。在 struts.xml 中使用 <result> 元素定义逻辑视图，该元素的语法格式如下：

```
<action name = "Action 名称" class = "Action 类路径" method = "方法名"
        converter = "true|false" >
    <result name = "逻辑视图名称" type = "结果类型">
        <param name = "参数名称">参数值</param>
    </result>
</action>
```

由上面的配置可知，<result> 元素有 name 和 type 两个属性。name 属性表示逻辑视图的名称，name 属性可以省略，默认时 name 的值为"SUCCESS"；而 type 属性表示结果类型，它也可以省略，省略时值为"dispatcher"。<result> 元素还可以嵌套 <param> 元素，表示向返回结果传递参数。

对于 <result> 元素的 type 属性，Struts2 框架提供了很多类型，读者可以在 Struts2 的安装发布包中找到 struts-default.xml 文件，在该文件中定义了 type 属性的取值类型，具体见表 10.2。

表 10.2 <result> 元素的 type 属性类型

类型名称	描述
chain	将两个连续执行的 Action 串联，通过指定 <param> 元素的 actionName 和 namespace 两个属性完成 Action 值的传递
dispatcher	默认类型，返回结果对应视图为 JSP 页面。相当于 Servlet 中的请求转发，返回的 JSP 页面并不显示其真正的 URL，仍然是 Action 的 URL。该值为默认的 type 类型值
freemarker	返回结果视图为 FreeMarker 模板
httpheader	返回 HTTP 头信息，用于控制特殊的 HTTP 行为
redirect	重定向到另一个 JSP 页面，并且会显示该页面的真正 URL
redirectAction	重定向到另一个 Action，并且显示重定向后的 URL
redirect-action	同 redirectAction
stream	向浏览器返回数据流，一般用于文件下载

续表

类型名称	描述
velocity	返回结果视图为 Velocity 模板
xslt	Action 执行完毕后属性信息进行转换
plaintext	返回结果视图的原代码形式

Struts2 框架支持表 10.2 列出的多种视图，但在实际的应用中，dispatcher、redirect、redirectAction、chain 等的应用最为广泛。

1. dispatcher 类型

dispatcher 类型是 Struts2 框架默认的结果类型，它将返回一个 JSP 页面。在配置结果类型为 dispatcher 时需要注意以下几点：

（1）dispatcher 类型只能用于同一个 Web 应用项目，不能跨上下文（Context）请求转发。

（2）使用 dispatcher 类型的客户请求，执行成功之后不会在浏览器地址栏中准确地显示该页面的路径。

（3）在使用 dispatcher 类型时，调用者与被调用者之间共享相同的内置对象（例如 request 和 response 对象），它们属于同一个访问的请求与响应。

例如：

```
<result name="success" type="dispatcher">
    <param name="location">../WEB-INF/page/result.jsp</param>
    <param name="parse">true</param>
</result>
```

其中，location 指定了该逻辑视图对应的物理视图资源；parse 指定是否允许在物理视图中使用 OGNL 表达式，默认值为 true，若设置为 false，则不允许在物理视图名称中使用 OGNL 表达式。

2. redirect 类型

redirect 类型相当于 Servlet 中的重定向（response.sendRedirect("目标页面")），在使用 redirect 类型时需要注意以下几点：

（1）redirect 不仅可以重定向同一个 Web 应用的其他 JSP 页面，还可以定向到其他外部资源。

（2）redirect 重定向之后，浏览器地址栏中的 URL 会更改为重定向之后的页面地址。

（3）在使用 redirect 之后，调用者与被调用者之间不共享内置对象，它们属于两个独立的请求和响应过程。

此外，对于 redirect 类型来讲，可以在＜result＞元素中设置 location 和 parse 两个参数。其中，location 属性用于指定重定向的地址；parse 属性用于指定 location 参数中是否使用 OGNL 表达式，默认值为"true"，在使用该参数时，系统会对结果配置信息中的 OGNL 表达式进行解析和运算，并用运算结果替换掉原有的 OGNL 表达式。下面是使用 redirect

结果类型的一个配置代码。

```xml
<action name = "HelloAction" class = "henu.action.HelloAction">
    <result name = "success" type = "redirect">
        <param name = "location">
            /WEB-INF/page/hello.jsp?msg = ${message}"</param>
        <param name = "parse">true</param>
    </result><action>
```

在上面的代码中,在重定向的地址中使用了表达式${message},在程序运行时,该表达式将被替换成具体的值,该值由 Action 类的 message 属性决定。如果 Action 中的 message 属性没有定义,那么表达式${message}的值为 null。

注意:

对于 redirect 和 redirectAction/redirect-action 而言,它们都是重新生成一个新请求,并且两种结果类型都会丢失请求参数、请求属性和前一个 Action 的处理结果。其区别在于 redirect 通常用于生成一个具体资源的请求,而 redirectAction/redirect-action 通常用于生成对另一个 Action 的请求。

3. redirectAction、redirect-action 类型

redirectAction 和 redirect-action 的功能一样,都是重定向到另外一个 Action。下面是 redirectAction 结果类型的例子,它将重定向到与请求 Action 在同一个包的另外一个名称为 hello 的 Action。

```xml
<result type = "redirectAction">hello</result>
```

下面的例子是重定向 Action 所在包的名字空间为 test,其 Action 名称为 helloworld。

```xml
<result type = "redirectAction">
    <param name = "actionName">helloworld</param>
    <param name = "namespace">/test</param>
</result>
```

如果没有指定<result>元素的 name 属性,默认值为 success。有些时候,只有当 Action 执行完毕我们才知道要返回哪个结果,也就是动态结果。此时我们可以在 Action 内部定义一个属性,这个属性用来存储 Action 执行完毕之后的 Result 值,具体而言,就是在<result>元素中使用${属性名}表达式,表达式中的属性名对应 Action 中的属性。例如:

```java
//定义 Action 的属性 resultName,表示动态结果名称
private String resultName;
public String getResultName() {
    return resultName;
}
```

然后在 struts.xml 文件中这样配置<result>元素。

```
<action name = "HelloAction" class = "henu.action.HelloAction">
  <result name = "next" type = "redirect-action">${resultName}</result>
</action>
```

该例使用了${resultName}引用Action中的属性,通过${resultName}动态地返回结果视图的名称。当上述Action的execute()方法返回值为"next"时,需要根据resultName属性值判断具体定位到哪个Action。

10.2.4 Struts2常量配置

Struts的配置文件struts.xml使用<constant>元素配置常量。其实在Struts2中常量不仅可以在struts.xml中配置,还可以在struts.properties中配置,建议在struts.xml中配置。下面以配置struts.action.extension常量为例分别介绍如何在struts.xml和struts.properties中配置常量。

struts.xml

```
<struts>
    <!-- 定义Action的扩展名为.do -->
    <constant name = "struts.action.extension" value = "do"/>
</struts>
```

struts.properties

```
struts.action.extension = do
```

通常,Struts2按以下搜索顺序加载Struts2常量:struts-default.xml(该文件存放在struts2-core-x.x.x.jar中)→struts-plugin.xml(该文件存放在struts2-yyy-plugin.x.x.x.jar等插件JAR文件内)→struts.xml(Struts2框架默认的配置文件)→struts.properties(Struts2的配置文件,和struts.xml的作用一样,也保存在WEB-INF/classes目录下)→web.xml。

如果在多个文件中配置了同一个常量,则后一个文件中配置的常量值会覆盖前面文件中配置的常量值。表10.3列出了Struts2框架的一些常用常量。

表10.3 Struts2框架的常用常量

常量名称	说明
struts.action.extension	该属性指定需要Struts2处理的请求后缀,该属性的默认值是action,即所有匹配*.action的请求都由Struts2处理。如果用户需要指定多个请求后缀,则多个后缀之间用英文逗号(,)隔开
struts.i18n.encoding	设置默认的字符集编码,如指定其值为UTF-8
struts.serve.static.browserCache	设置浏览器是否缓存静态内容,默认值为true,在开发阶段最好关闭
struts.configuration.xml.reload	当struts的配置文件修改后系统是否自动重新加载该文件,默认值为false,在开发阶段最好打开
struts.devMode	在开发模式下使用,这样可以打印出更详细的错误信息

续表

常量名称	说明
struts.ui.theme	默认的视图主题,默认值为"xhtml"
struts.objectFactory	与Spring集成时指定由Spring负责Action对象的创建,故其值一般为"spring"
struts.enable.DynamicMethodInvocation	该属性设置Struts2是否支持动态方法调用,该属性的默认值是true。如果需要关闭动态方法调用,则可以设置该属性为false
struts.multipart.maxSize	该属性指定Struts2上传文件中整个请求内容允许的最大字节数
struts.configuration.files	该属性指定Struts2框架默认加载的配置文件,如果需要指定加载多个配置文件,则配置文件之间使用英文逗号(,)隔开。该属性的默认值为struts-default.xml,struts-plugin.xml,struts.xml

10.3 值栈与OGNL

值栈(Value Stack)是Struts2中的一个非常重要的概念,基本上Struts2的所有操作都需要和值栈"打交道"。值栈是一个临时存放对象的堆栈,需要存储的对象以Map的形式存在于堆栈中,然后可以通过OGNL(Object-Graph Navigation Language,OGNL)表达式获取这些存储于堆栈中的对象的属性。

10.3.1 值栈

前面介绍了Action类通过属性可以获得所有相关的值,如请求参数、Action配置参数、向其他Action传递属性值(通过chain类型的Result实现)等。要获得这些参数值,我们唯一要做的就是在Action类中声明与参数同名的属性,在Struts2调用Action类的业务逻辑处理方法(默认是execute()方法)之前就会为相应的Action属性赋值。

要完成此功能,Struts2在很大程度上要依赖值栈对象。值栈贯穿于整个Action的生命周期,并且每个Action的对象实例都会拥有一个值栈对象。当Struts2接收到一个.action的请求后,将首先创建相应Action类的对象实例,并且将该对象实例压入值栈对象中(实际上值栈相当于一个栈),而值栈类的setValue()和findValue()方法可以设置和获得Action对象的属性值。Struts2的某些拦截器正是通过值栈类的setValue()方法修改Action对象的属性值,如params拦截器用于将请求参数值映射到相应的Action类的属性值,params拦截器在获得请求参数值后使用setValue()方法设置相应的Action类的属性。

由此可以看出,值栈对象就像一个数据"传送带",当客户端请求Action时,Struts2创建相应的Action对象并将该Action对象放到值栈传送带上,然后值栈传送带将传送Action对象经过若干拦截器,在每一个拦截器中都可以通过值栈对象设置和获得Action对象中的属性值。实际上,这些拦截器就相当于流水线作业,如果要对Action对象进行某项加工,再加一个拦截器即可,当不需要进行这项工作时,直接将该拦截器去掉即可。

10.3.2 OGNL

Struts2不仅支持EL表达式,还引入了OGNL表达式。OGNL并非是Struts2的专利，OGNL即对象图导航语言，它是一个开源项目。Struts2框架引入了OGNL表达式，OGNL的功能相当强大，可以任意存取对象的属性或者调用对象的方法，并能够遍历整个对象的结构图，实现对象属性字段的类型转化等。但是OGNL表达式不能单独使用，必须与Struts2的标签一起使用。例如，使用＜s:property＞标签在网页上打印session中的data属性：

```
<s:property value="#session.data" />
```

在上述代码中，"#session.data"便是获取data属性值的OGNL表达式。Struts2框架中的值栈是OGNL的根对象，在使用OGNL访问根对象时不需要添加任何符号。这里以Person(String name, String gender, int age)类为例，假设Action中有一个类型为Person的属性person，它是一个根对象，那么访问person对象的name属性时其OGNL表达式如下：

```
person.name
EL表达式${person.name}与<s:property value="person.name"/>等价
```

OGNL Context 利用属性名称逐层遍历，即使用圆点(.)对视图进行遍历。OGNL表达式所有被访问的信息都被看作是一个对象，该对象及其属性构成了这个对象的一个导航视图，OGNL 正是基于该导航视图获得需要的信息。在 Struts2 中根对象就是值栈（ValueStack）。如果要访问根对象中对象的属性，则可以省略符号"#"，直接访问该对象的属性即可。图10.8中的OGNL Context对象除了ValueStack以外，由于不是根对象，在OGNL表达式中需要加"#"符号前缀。

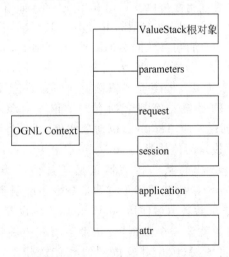

图10.8　OGNL Context对象

注意：

如果要获取对象的属性，也可以使用EL表达式，例如使用${name}获取person对象的name属性。相对于EL表达式，OGNL还提供了一些其他功能。

（1）支持对象方法调用，例如person.sayHello()；

（2）支持类静态的方法调用和常量访问，表达式的格式为"@[类全名（包括包路径）]@

［方法名|值名］",例如"@java.lang.String@format('foo %s','bar')"或"@henu.bean.Constant@APP_NAME"。若省略包路径,那么默认为java.util.Math,例如@@max(8,6),@@PI;

(3) 操作集合对象(包括创建集合对象、投影操作和选择操作)。
- 创建 Map 对象:#{"key1":value1,"key2":value2,"key3":value3}。
相当于:

```
Map map = new HashMap();
map.put("key1",value1);
map.put("key2",value2);
map.put("key3",value3);
```

访问 Map 对象中的元素采用以下方式:map["key1"]或者 map.key1。
相当于:

```
map.get("key1");
```

- 创建 List 对象:{"one","two","three"}。
相当于:

```
List list = new ArrayList();
list.add("one");
list.add("two");
list.add("three");
```

访问 List 对象中的元素采用以下方式:#list[i]。
相当于:

```
list.get(i);
```

- 投影操作:OGNL 提供了一种简单的方式在一个集合中对每个元素调用相同的方法或获取相同的属性,并将结果保存为一个新的集合,这个操作称为投影。

假设 persons 是一个包含 Person 对象的 List,那么下列表达式将返回所有元素的 name 属性值的列表。

```
#persons.{name}
```

- 选择操作:OGNL 使用?(选择满足条件的所有元素)、^(选择满足条件的第一个元素)和$(选择满足条件的最后一个元素)等符号对集合进行选择操作,即在集合中选择某些符合指定条件的元素,并将结果保存到新的集合中。

例如:

```
#persons.{?#this.age>20}将返回年龄大于 20 的所有人员的列表。
#persons.{^#this.age>20}将返回集合中第一个年龄大于 20 的人员列表。
#persons.{$#this.age>20}将返回集合中最后一个年龄大于 20 的人员列表。
```

特别需要注意的是,要使用 OGNL 调用类的静态方法,需要在 struts.xml 文件中设置 OGNL 允许静态方法调用的常量,具体如下:

```
<constant name = "struts.ognl.allowStaticMethodAccess" value = "true"/>
```

OGNL 获取 Struts 应用上下文(ActionContext)对象主要通过"♯"进行访问实现。另外,由于 Struts2 应用上下文中存储的对象的作用域不同,并且不同作用域中可能存在同名的对象属性,如何区分引用属性的作用域? 在 OGNL 中定义了 5 种作用域,具体见表 10.4。

表 10.4 OGNL 表达式不同的作用域

名 称	作 用	例 子
parameters	包含当前 HTTP 请求参数的 Map	♯parameters.name,相当于 request.getParameter("name")
request	包含当前 HttpServletRequest 的属性的 Map	♯request.name,相当于 request.getAttribute("name")
session	包含当前 HttpSession 的属性的 Map	♯session.name,相当于 session.getAttribute("name")
application	包含当前应用的 ServletContext 的属性的 Map	♯application.name,相当于 application.getAttribute("name")
attr	用于按 request→session→application 的顺序访问其属性	♯attr.name,相当于按顺序在 request,session,application 范围内读取 name 属性,直到找到为止

OGNL 按照作用域从小到大的顺序遍历属性,即按 parameters→request→session→application 的顺序。OGNL 表达式在 JSP 页面中使用<s:property>标签调用。

```
//引用 attr 范围内的 name 属性
<s:property value = "♯attr.name" />
//获取 person 对象的 name 属性
<s:property value = "person.name" />
```

OGNL 使用"♯"访问 ActionContext,还可以使用"♯"进行投影和选择操作。OGNL 除了支持符号"♯"操作之外,还支持符号"%"及"$"。

在 OGNL 中符号"%"的用途是在对象的属性为字符串类型时计算 OGNL 表达式的值。例如:

```
<!-- 使用 s:set 标签定义 Map 类型的对象 foobar -->
<s:set name = "foobar" value = "♯{'foo1':'bar1', 'foo2':'bar2'}" /><br/>
<!-- 下一行 OGNL 表达式的输出结果:bar1 -->
键"foo1"的值:<s:property value = "♯foobar['foo1']" /><br/>
<!-- 下一行 OGNL 表达式的输出结果:♯foobar['foo1'] -->
不使用%:<s:url value = "♯foobar['foo1']" /><br/>
<!-- 下一行 OGNL 表达式的结果:bar1 -->
使用%:<s:url value = "%{♯foobar['foo1']}" /><br/>
```

在 OGNL 中符号"$"主要有两个用途,一是在国际化资源文件中引用 OGNL 表达式。例如国际化资源文件中的代码:

```
reg.agerange = 国际化资源信息: 年龄必须在 ${min}与 ${max}之间。
```

二是在 Struts2 配置文件中引用 OGNL 表达式,例如在 Struts2 的校验配置文件中对表单中的 age 输入域进行校验,使用"$"获取参数 min 和 max 的值。

```
<validators>
    <field name = "age">
        <field - validator type = "int">
            <param name = "min">10</param>
            <param name = "max">100</param>
            <message>校验: 年龄必须为 ${min}为 ${max}之间!</message>
        </field - validator>
    </field>
</validators>
```

10.4 Struts2 标签

相比 Struts1 框架而言,Struts2 框架提供的标签在功能上更加完善、合理,增加了控制标签和数据标签;在使用上更加方便,统一了标签的前缀,一律使用"s"作为标签的前缀,不像 Struts1 那样按照功能不同,标签的前缀也不同,使用简单、方便。

若要使用 Struts2 标签,必须在 JSP 页面中使用<%@ taglib>指令引用 Struts2 的标签。

```
<%@ taglib uri = "/struts - tags" prefix = "s" %>
```

Struts2 的主要标签按照功能可以分为两大类,即 UI 标签(如表单标签等)和非 UI 标签(例如控制和数据标签)。

10.4.1 表单标签

Struts2 的表单标签可以分为两类,即 Form 标签和单个表单元素标签。Struts2 表单元素标签包含很多属性,并且其中很多属性是相同的。表 10.5 列出了表单元素标签的共有属性,表 10.6 列出了 Struts2 表单元素标签。

表 10.5 Struts2 表单标签属性

属性名称	描述
cssClass	指定表单元素的 class 属性
cssStyle	指定表单元素的 CSS 样式
disabled	指定表单元素是否可用,若设置为 true,则表单元素不可用
label	表单元素的标签

续表

属性名称	描述
labelPosition	指定表单元素标签的位置
name	指定表单元素提交数据的名称
required	指定表单元素为必填元素,并为此元素加"*"标识
requiredPosition	定义必填元素的标识"*"的位置
size	指定表单元素的大小
tabIndex	指定表单元素使用 Tab 键切换时的序号
title	指定表单元素的标题
theme	指定标签的主题样式,可选值为 xhtml(默认)、simple、ajax、css_xhtml
template	指定标签模板,默认值为"/"
templateDir	指定模板文件路径,默认值为"template"
value	指定表单元素的属性值

表 10.6　Struts2 表单元素标签

表单元素标签	对应的 HTML 表单元素
<s:form>	<form>
<s:checkbox>	<input type="ckeckbox">
<s:file>	<input type="file">
<s:hidden>	<input type="hidder">
<s:password>	<input type="password">
<s:radio>	<input type="radio">
<s:reset>	<input type="reset">
<s:select>	<input type="select">
<s:submit>	<input type="submit">
<s:textfield>	<input type="text">
<s:textarea>	<textarea>

表 10.6 列出的表单元素标签相对比较简单,此处不再一一举例介绍。下面主要介绍 Struts2 提供的一些复杂标签。

1. <s:checkboxlist>标签

作用:一次生成多个复选框,常用的属性有 list、listKey、listValue 等。
- list:指定生成复选框的集合。
- listKey:相当于 Map 中的 key。
- listValue:相当于 Map 中的 value。

示例:

```
<!-- 如果集合为 List 对象 -->
<s:checkboxlist name = "list" list = "{'Java', '.Net', 'Ruby', 'PHP'}" value = "{'Java', '.Net'}"/>
<!-- 对应生成以下 HTML 代码: -->
< input type = "checkbox" name = "list" value = "Java" checked = "checked"/><label>Java</label>
< input type = "checkbox" name = "list" value = ".Net" checked = "checked"/><label>.Net</label>
```

```html
<input type="checkbox" name="list" value="Ruby"/><label>Ruby</label>
<input type="checkbox" name="list" value="PHP"/><label>PHP</label>

<!-- 如果集合为 Map 对象 -->
<s:checkboxlist name="map" list="#{1:'Football',2:'Baskedball',3:'Volleyball',4:'Tenis'}"
listKey="key" listValue="value" value="{1,2,3}"/>
<!-- 对应生成以下 HTML 代码: -->
<input type="checkbox" name="map" value="1" checked="checked"/>
<label>Football</label>
<input type="checkbox" name="map" value="2" checked="checked"/>
<label>Baskedball</label>
<input type="checkbox" name="map" value="3" checked="checked"/>
<label>Volleyball</label>
<input type="checkbox" name="map" value="4"/>
<label>Tenis</label>
```

2. ＜s:select＞标签

作用：用于生成一个下拉列表框,使用该标签必须指定 list 属性,系统会使用 list 属性指定的集合来生成下拉列表框选项。listKey、listValue 和 multipe 是其最常用的属性。

- list：指定标签引用的集合名称。
- listKey：指定集合元素中的某个属性作为下拉列表框的 value 值。
- listValue：指定集合元素中的某个属性作为下拉列表框的标签。
- multipe：指定该下拉列表框是否允许多选。

示例：

```html
<!-- 相当于引用 List 对象 -->
<s:select name="list" list="{'Java','.Net'}" value="'Java'"/>
<!-- 相当于以下 HTML 代码 -->
<select name="list" id="list">
    <option value="Java" selected="selected">Java</option>
    <option value=".Net">.Net</option>
</select>

<!-- 引用值栈中的 JavaBean 对象 -->
<s:select name="beans" list="#request.persons" listKey="personid" listValue="name"/>
<!-- 相当于以下 HTML 代码 -->
<select name="beans" id="beans">
    <option value="1">第一个</option>
    <option value="2">第二个</option>
</select>

<!-- 引用 Map 集合 -->
<s:select name="map" list="#{1:'瑜伽用品',2:'户外用品',3:'球类',4:'自行车'}" listKey=
"key" listValue="value" value="1"/>
<!-- 相当于以下 HTML 代码 -->
<select name="map" id="map">
```

```
    <option value = "1" selected = "selected">瑜伽用品</option>
    <option value = "2">户外用品</option>
    <option value = "3">球类</option>
    <option value = "4">自行车</option>
</select>
```

3. <s:combobox>标签

作用：生成一个单选下拉列表框和单选文本框的组合,但两个表单元素只对应一个请求参数,即只有单行文本框才对应请求参数,下拉列表框是用来辅助输入的,并没有 name 属性。该标签只需指定 list 属性即可,用于指定集合以便生成下拉列表框。

示例：

```
<s:combobox label = "选择教材" headerKey = " - 1" headerValue = " --- 请选择 --- "
list = "{'Java 程序设计实例教程', 'Java Web 应用开发与实践', '21 天学通 Linux C 编程'}" name =
"textbook" />
```

此外,Struts2 还提供了非表单 UI 标签,表 10.7 列出了一些常见的非表单 UI 标签。

表 10.7 非表单 UI 标签

标签名称	作用	示例
actionerror	输出存储在 ActionError 中的值	<s:actionerror />
fielderror	输出 FieldError 中的值,一般用于数据校验	<s:fielder />
actionmessage	输出存储在 ActionMessage 中的值	<s:actionmessage />
component	引用一个自定义的组件,templateDir 属性设置引用的主题所在的位置,theme 属性设置引用主题的主题名	<s:component templateDir = "themes" theme = " myTheme " templae = "jspTemp.jsp"/>

动手实践 10-2

使用 Struts2 的标签创建一个用户注册的表单,其中表单元素包括用户名、密码、性别、籍贯、爱好、自我介绍等。

10.4.2 控制标签

1. <s:if>、<s:elseif>、<s:else>标签

功能：用于实现分支控制,类似于 Java 语言中的 if、else if、else 语句。其中 if 和 elseif 分支有 test 属性,用于指定一个条件表达式,若条件表达式的值为 true,执行该分支,否则继续判断后续分支。

示例：

```
<!-- 定义变量 age,赋值为 20 -->
<s:set name = "age" value = "20" />
<s:if test = "#age>60">老年人</s:if>
```

```
<s:elseif test = "#age>40">中年人</s:elseif>
<s:elseif test = "#age>18">青年人</s:elseif>
<s:else>少年及儿童</s:else>
```

if 和 else if 分支中均有属性 test,它是一个条件表达式。当 test 属性为 true 时执行该分支,否则继续判断后续分支;如果 if 和 else if 分支都不满足条件,则执行 else 分支。

注意:

对于集合类型,OGNL 表达式可以使用 in 和 not in 两个元素符号。其中,in 表达式用来判断某个元素是否在指定的集合对象中;not in 用来判断某个元素是否不在指定的集合对象中。

(1) in 表达式

```
<s:if test = "'foo' in {'foo','bar'}">
    在
</s:if>
<s:else>
    不在
</s:else>
```

(2) not in 表达式

```
<s:if test = "'foo' not in {'foo','bar'}">
    不在
</s:if>
<s:else>
    在
</s:else>
```

2. <s:iterator>标签

功能:遍历输出集合(List、Set 及数组)中的元素,包括 id、value 等属性。

(1) id:指定集合中的元素在值栈中的名称;

(2) value:指定迭代的迭代体,即集合对象;

(3) status:可选属性,该属性指定迭代时的 IteratorStatus 实例。该属性包含以下几个方法。

- count:返回已经迭代的元素个数;
- index:返回当前迭代元素的索引;
- even:返回所有的索引值为偶数的元素;
- odd:返回所有的索引值为奇数的元素;
- first:返回当前被迭代集合的第一个元素;
- last:返回当前被迭代集合的最后一个元素。

示例:

```
<s:set name = "list" value = "{'one','two','three','four'}" />
    <!-- 遍历 list -->
```

```
<s:iterator id="number" value="#list" status="st">
    <!--输出每个元素,若索引是偶数值,字体加粗-->
      <s:if test="#st.even">
<b><s:property value="number"/></b><br/>
</s:if>
    <!--若索引是偶数值,字体为斜体-->
    <s:if test="#st.odd">
<i><s:property value="number"/></i><br/>
</s:if>   </s:iterator>
```

在上面示例中首先使用<s:set>标签定义了一个 List 对象并赋值,然后使用 iterator 标签遍历该集合。

注意:

迭代集合的元素索引属性 index 是从 0 开始的,而 count 属性代表已经迭代的元素个数,count 属性值恰好比迭代元素的 index 属性值大 1。

动手实践 10-3

分析与比较 Struts2 的<s:iterator>标签和 JSTL 的<c:forEach>标签的用法,能否将上述示例使用<c:forEach>标签实现?

10.4.3 数据标签

1. <s:bean>标签

作用: 创建一个 JavaBean 实例,在标签体中还可以嵌入<s:param>标签对 JavaBean 的属性赋值,常用的属性有 name 和 id 等。

- name:必选属性,用于指定引用 Bean 的路径。
- id:必选属性,用于设置该 JavaBean 在值栈中的名称,设置以后就可以在本标签外部引用该 JavaBean 的属性了。

示例:

```
<!--为JavaBean指定名称及标识-->
<s:bean name="henu.bean.Person" id="person">
    <!--为person的两个属性name和age赋值-->
    <s:param name="name">Megan</s:param>
    <s:param name="age">20</s:param>
</s:bean>
<br/>
<!--在bean标签外部调用该JavaBean对象-->
    名字:<s:property value="#person.name"/><br/>
    年龄:<s:property value="#person.age"/>
```

在本例中使用<s:bean>标签创建了一个 henu.bean.Person 类的实例,并通过<s:param>标签为 Person 对象的两个属性赋值,最后使用<s:property>标签在<s:bean>标签的外部调用该 JavaBean 对象。

2. ＜s:include＞标签

作用：在指定 JSP 页面中引用另外一个 JSP 页面，在该标签内还可以使用＜s:param＞标签向所包含的页面中加入参数，其常用的属性是 value 属性，且为必选属性，用来指定包含页面的路径和名称。

示例：

```
<s:include value = "header.jsp" />
<s:include value = "footer.jsp" />
    <s:param name = "addr">Henan University </s:include>
</s:include>
```

＜s:include＞标签有些类似于 JSP 中的＜jsp:include＞动作指令，而且用法也很相似。本例中包含了两个 JSP 页面，并且还给 footer.jsp 页面传递了一个参数 addr，其值为 Henan University。

3. ＜s:i18n＞标签

作用：在 JSP 页面中指定国际化资源文件，一般用于在某个页面局部使用某个国际化资源文件时使用该标签。在 JSP 页面中，该标签的优先级大于其他国际化资源文件。该标签有一个必选属性 name，用于指定国际化资源文件的名称。

示例：

```
<!-- 绑定国际化资源文件 applicationResource -->
<s:i18n name = "applicationResource" />
<!-- 输出 login.username 对应的信息 -->
<s:text name = "login.username" />
```

在该例中使用＜s:i18n＞标签指定了绑定的国际化资源文件，然后使用＜s:text＞标签输出指定的信息。

4. ＜s:param＞标签

作用：该标签不能单独使用，需要嵌入到其他标签中，为其他标签传递参数。若传递的参数名称不存在，则该参数为 null。该标签常用的属性有 name 和 value。

- name：用于指定参数的名称。
- value：用于指定参数的数值。

示例：该标签有两种形式，但是如果参数为 String 类型，只能使用方式二。

```
<!-- 方式一 -->
<s:param name = "age" value = "20" />
<!-- 方式二 -->
<s:param name = "age">20 </s:param>
```

5. <s:property>标签

作用：输出指定的属性值，常用的属性有 default、escape 和 value。
- default：可选属性，如果需要输出的属性值为 null，则显示 default 属性指定的值。
- escape：可选属性，指定是否忽略 HTML 代码，默认值为 true。
- value：可选属性，指定需要输出的属性值，如果没有指定该属性，指默认输出值栈栈顶的值。

示例：

```
<!-- 定义变量 name,并且赋初始值为 Melon -->
<s:set name="name" value="Melon" />
<!-- 使用 property 标签输出变量 name -->
<s:property value="#name" />
```

6. <s:url>标签

作用：用于生成一个 URL 地址，可以在本标签中内嵌<s:param>标签，为 URL 指定请求参数。本标签常用的属性有 action、value、method 和 namespace 等。
- action：可选属性，指定生成 URL 地址的 Action，如果 action 属性未指定，则需要使用 value 属性值作为 URL。
- value：可选属性，指定生成的 URL 地址，若 value 属性未指定，则需要指定 action 属性。
- method：可选属性，指定 Action 的方法，当用 action 属性生成 URL 时，使用该属性指定链接到 Action 的特定方法。
- namespace：可选属性，指定名字空间，当用 action 属性生成 URL 时，使用该属性指定 Action 的 namespace。

示例：

```
<s:url action="HelloAction">
    <s:param name="username">张三</s:param>
</s:url>
<!-- 生成类似以下路径：
    /ch10/user/UserAdmin_add.action?personid=23
    其中"/ch10"为上下文路径。 -->
<s:url action="UserAdmin_add" namespace="/user">
    <s:param name="personid" value="23" />
</s:url>
<!-- "%"符号的作用是在标签的属性值为字符串类型时计算 OGNL 表达式的值。 -->
<s:set name="henu_url" value="'http://www.henu.edu.cn'" />
<!-- 输出结果：#henu_url -->
<s:url value="#henu_url" /><br>
<!-- 输出结果：http://www.henu.edu.cn -->
<s:url value="%{#henu_url}" />
```

7. ＜s:set＞标签

作用：将某个值存放到指定范围内，例如 session 范围、application 范围等，其主要属性有 scope、value 和 var 等。

- scope：可选属性，指定新变量被放置的范围，该属性可以为 application、session、request、page 或 action 等，默认为 action。
- value：可选属性，指定赋给变量的值。若未指定该值，则将值栈栈顶的值赋给该变量。
- var：可选属性，如果指定了该属性，则会将该值放入值栈中。

示例：

```
<s:set name = "person" value = "#p" scope = "session" />
<s:property value = "#session.person.name" /><br/>
${sessionScope.person.name}
```

在该例中使用了＜s:property＞标签和 EL 表达式，二者均可以读取＜s:set＞标签指定变量的值。

10.5 拦截器

Struts2 框架从 WebWork 框架中引入了拦截器（Interceptor）的概念，拦截器的作用有些类似于前面介绍的过滤器。拦截器就是一段代码，在 Action 之前或者之后被调用执行，从而动态地监视 Action 的执行情况。本节将介绍 Struts2 内置的拦截器以及如何自定义拦截器。

10.5.1 拦截器的作用与工作机制

在执行 Action 的 execute() 方法之前或之后，Struts2 会首先执行 struts.xml 文件中引用的拦截器，在执行完所有引用的拦截器的 intercept() 方法之后才真正开始执行 execute() 方法，或者在 Action 的 execute() 方法执行完毕之后接着执行拦截器，甚至可以使用拦截器阻止 Action 的执行。图 10.9 给出了 Struts2 拦截器的工作机制。

正是基于这样的原理，用户可以利用拦截器做很多有实际意义的工作，例如系统的日志功能、访问控制权限、防止重复提交等都可以利用拦截器实现，Struts2 框架还提供了一系列的内置拦截器。

注意：

Struts2 拦截器的运行机制和过滤器 Filter 的运行机制相似，并且使用的场合基本相同。

Struts2 的拦截器需要实现 com.opensymphony.xwork2.interceptor.Interceptor 接口，在该接口中定义了以下 3 个方法。

- void init()：在拦截器创建之后被调用，用于定义拦截器的初始化信息。

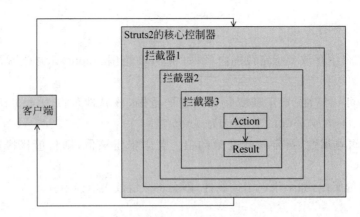

图 10.9　Struts2 拦截器的工作机制

- void destroy()：用于释放拦截器占用的资源。
- String intercept(ActionInvocation invocation) throws Exception：拦截器的核心方法，用于处理拦截器的主要业务逻辑。

此外，拦截器也可以通过继承 com.opensymphony.xwork2.interceptor.AbstractInterceptor 类的方式实现。

10.5.2　Struts2 内置的拦截器

在 Struts2 的安装发布包中，struts-default.xml 文件中定义了 Struts2 内置的拦截器类型，表 10.8 列出了这些内置的拦截器。

表 10.8　Struts2 内置的拦截器

拦截器名称	说　明
alias	对不同请求中的相同参数进行命名转换，请求内容不变
chain	让前一个 Action 的属性可以被后一个 Action 访问，一般和 chain 类型的 result（<result type="chain">）结合使用
checkbox	负责检查 checkbox 表单输入域是否选中，若 checkbox 未选中，提交一个默认值 false
cookies	把带有特定名/值映射关系的 Cookie 注入到 Action 中
conversionError	处理类型转换时的错误信息，将错误从 ActionContext 中添加到 Action 的属性中
createSession	自动创建 HttpSession，用来为需要使用 HttpSession 的拦截器服务
debugging	负责调试，当页面中使用<s:debug>标签时可以获得值栈、上下文等信息
execAndWait	在后台执行 Action，同时将用户带到一个中间的等待页面
exception	提供处理异常功能，将异常定位到一个页面
fileUpload	提供文件上传功能
i18n	记录用户选择的 Locale 信息，存放至 session
logger	输出 Action 的名字
store	存储或者访问实现 ValidationAware 接口的 Action 类出现的消息、错误、字段错误等
model-driven	如果一个类实现了 ModelDriven 接口，将 getModel()方法得到的结果放在值栈中

续表

拦截器名称	说 明
scoped-model-driven	如果一个 Action 实现了 ScopedModelDriven 接口,则该拦截器会获得指定的模型,通过 setModel()方法将其传送到 Action
params	将请求中的参数传送到 Action 中对应的属性值
prepare	如果 Action 实现了 Preparable 接口,则该拦截器调用 Action 类的 prepare()方法
scope	将 Action 状态存入 session 和 application 的简单方法
servletConfig	提供访问 HttpServletRequest 和 HttpServletResponse 的方法,以 Map 的方式访问
staticParams	从 struts.xml 文件中将<action>的<param>中的内容设置到对应的 Action 中
roles	确定用户是否具有 JAAS 授权,否则不予执行
timer	输出 Action 执行的时间
token	通过 token 避免重复提交
tokenSession	和 token 拦截器一样,不过重复提交时把请求的数据存储在 session 中
validation	使用 XxxAction-validation.xml 文件中定义的内容校验提交的数据
workflow	调用 Action 的 validate()方法,一旦有错误返回,重新定位到 INPUT 页面
N/A	从参数列表中删除不必要的参数
profiling	通过参数激活 profile

需要说明的是,有时程序需要同时加载多个拦截器,那么使用拦截器栈将是非常有必要的。实际上,我们可以认为拦截器栈是一个特殊的拦截器,只不过拦截器栈由一系列的拦截器复合而成。同样,Struts2 也提供了一些内置拦截器栈,下面以 Struts2 框架默认加载的拦截器栈 defaultStack 为例说明拦截器栈的定义。

```xml
<interceptor-stack name="defaultStack">
    <interceptor-ref name="exception"/>
    <interceptor-ref name="alias"/>
    <interceptor-ref name="servletConfig"/>
    <interceptor-ref name="i18n"/>
    <interceptor-ref name="prepare"/>
    <interceptor-ref name="chain"/>
    <interceptor-ref name="debugging"/>
    <interceptor-ref name="scopedModelDriven"/>
    <interceptor-ref name="modelDriven"/>
    <interceptor-ref name="fileUpload"/>
    <interceptor-ref name="checkbox"/>
    <interceptor-ref name="multiselect"/>
    <interceptor-ref name="staticParams"/>
    <interceptor-ref name="actionMappingParams"/>
    <interceptor-ref name="params">
        <param name="excludeParams">dojo\..*,^struts\..*</param>
    </interceptor-ref>
    <interceptor-ref name="conversionError"/>
    <interceptor-ref name="validation">
        <param name="excludeMethods">input,back,cancel,browse</param>
    </interceptor-ref>
    <interceptor-ref name="workflow">
```

```
            <param name="excludeMethods">input,back,cancel,browse</param>
        </interceptor-ref>
</interceptor-stack>
```

从上面的代码可以看到，defaultStack 加载了文件上传、数据校验、国际化、类型转换等多个拦截器。使用<interceptor-stack>元素来定义拦截器栈，并且使用<interceptor-ref>元素定义拦截器栈中包含的拦截器。当在 struts.xml 文件中配置<package>元素时，如果该元素的 extends 属性值为"struts-default"，那么该包将自动加载 defaultStack 拦截器栈。

拦截器栈的优势在于可以对系统同时应用多个拦截器，并且在拦截器栈中一旦配置了拦截器，那么这些拦截器的执行顺序就是它们在拦截器栈中的配置顺序。

注意：

拦截器和拦截器栈都是独立加载的，在实际的应用开发过程中，开发人员要根据实际需要为每个 Action 配置它所需要的拦截器或拦截器栈。如果一个 Action 需要加载多个拦截器，那么最好将这些拦截器定义成一个拦截器栈，以便于统一管理。

10.5.3　使用拦截器

既然 Strus2 已经拥有很多内置的拦截器，那么下面以一个内置拦截器 logger 为例介绍拦截器的使用方法。

logger 拦截器主要用来实现日志功能，在某个 Action 执行前后分别打印出相关的日志信息。这里以 HelloAction 为例介绍如何使用 logger 拦截器。

第一步：HelloAction 的 execute()方法。

```
public String execute()
{
    //标识 HelloAction 开始执行
    System.out.println("==========Action 开始执行!============");
    //返回 SUCCESS 代表的视图
    return "success";
}
```

第二步：修改配置文件 struts.xml。

为 HelloAction 配置拦截器 logger，由于 logger 拦截器是 Struts2 内置的拦截器，因此只需要使用<interceptor-ref>元素引用拦截器 logger 即可，具体代码如下。

```
<action name="Hello" class="henu.action.HelloAction">
    <interceptor-ref name="logger"></interceptor-ref>
    <result name="success" type="dispatcher">
        <param name="location">
            ../WEB-INF/page/hello.jsp?message=${message}
        </param>
        <param name="parse">true</param>
    </result>
</action>
```

可以看到在<action>元素中又内嵌了<interceptor-ref>元素,加载了 logger 拦截器。至此本程序修改完毕,运行 HelloAction,控制台输出如图 10.10 所示的内容。

```
十二月 19, 2015 12:13:49 上午 com.opensymphony.xwork2.interceptor.LoggingInterceptor info
信息: Starting execution stack for action /user/Hello
===========Action开始执行!============
十二月 19, 2015 12:13:49 上午 com.opensymphony.xwork2.interceptor.LoggingInterceptor info
信息: Finishing execution stack for action /user/Hello
```

图 10.10 配置了 logger 拦截器之后的 HelloAction 的控制台输出信息

从图 10.10 可以看出,logger 拦截器输出了 HelloAction 执行之前和执行完毕之后的相关信息。

注意:

若 Action 使用 Struts2 内置的或者第三方拦截器(栈),只需要在配置该 Action 时在 <action>元素中内嵌<interceptor-ref>元素指定拦截器(栈)的 name 属性即可。

另外,Action 与拦截器是两个相互独立的对象,在 Action 类与拦截器之间实现零耦合,从这个角度来看,拦截器非常符合 AOP(切面编程)思想。

10.5.4 自定义拦截器

尽管 Struts2 提供了非常多的内置拦截器,用户也可以自定义拦截器。用户自定义一个拦截器一般需要以下 3 步:

(1) 自定义一个拦截器类,该类可以实现 Interceptor 接口或者继承 AbstractorInterceptor 类。
(2) 在 struts.xml 配置文件的相应<package>元素中定义该拦截器类。
(3) 在需要使用该拦截器的 Action 中使用<interceptor-ref>元素引用该拦截器。

自定义拦截器类有下面 3 种实现方式:
- 实现 com.opensymphony.xwork2.interceptor.Interceptor 接口;
- 继承 com.opensymphony.xwork2.interceptor.AbstractInterceptor 抽象类;
- 继承 MethodFilterInterceptor 类。

下面分别介绍这几种自定义拦截器的实现方法。

1. 实现 Interceptor 接口方式

Interceptor 接口中含有 3 个方法,即 init()方法、destory()方法和 intercept()方法,在实现 Interceptor 接口时需要实现这 3 个方法。其中,intercept(ActionInvocation invoke)方法是拦截器的核心方法,用于实现拦截器的业务逻辑,该方法返回一个 String 类型的逻辑视图名称;与 Action 一样,如果拦截器能够成功调用 Action,则 Action 中的 execute()方法返回一个 String 类型的逻辑视图,否则返回开发者自定义的逻辑视图。init()方法由拦截器在执行之前调用,主要用于初始化系统资源。destory()方法在拦截器执行完毕之后释放 init()方法中打开的资源。下面以 LoggerInterceptor 为例说明自定义拦截器的实现方式,该拦截器的功能是输出 Action 执行前后的一些日志信息(起始时间、日志内容等),具体代码如下:

LoggerInterceptor.java

```java
import com.opensymphony.xwork2.ActionInvocation;
import com.opensymphony.xwork2.interceptor.Interceptor;
/**
 * 以实现 Interceptor 接口方式自定义拦截器
 */
public class LoggerInterceptor implements Interceptor {
    public void destroy() {
    }
    public void init() {
    }
    /**
     * 拦截器的核心处理方法
     */
    public String intercept(ActionInvocation invocation) throws Exception {
        //Action 的前置输出信息
        System.out.println("LoggerInterceptor 拦截器于" + new java.util.Date(System.currentTimeMillis()) + "开始拦截 Action。");
        //获取对应逻辑视图的名称
        String logicResultView = invocation.invoke();
        //使线程休眠 3 秒
        Thread.sleep(3000);
        //Action 的后置输出信息
        System.out.println("LoggerInterceptor 拦截器于" + new java.util.Date(System.currentTimeMillis()) + "拦截 Action 完毕。");
        //转向 Action 的逻辑视图
        return logicResultView;
    }
}
```

从 LoggerInterceptor 类中可以看到,该类实现了 Interceptor 接口,并且对该接口中的 init()方法、destroy()方法和 intercept()方法进行了实现,特别是 intercept()方法,实现了该拦截器的主要功能,包括输出 Action 执行的前置信息和后置信息等。

拦截器类一旦定义好之后,后续工作就是配置该拦截器,假设把该拦截器仍应用于 HelloAction,那么该拦截器的配置信息如下。

```xml
<package name="ch10" namespace="/user" extends="struts-default">
    <!-- 配置拦截器 -->
    <interceptors>
        <interceptor name="LoggerInterceptor"
                     class="henu.interceptor.LoggerInterceptor">
        </interceptor>
        <!-- 配置拦截器栈 myInterceptorStack -->
        <interceptor-stack name="myInterceptorStack">
            <interceptor-ref name="LoggerInterceptor"></interceptor-ref>
            <interceptor-ref name="defaultStack"></interceptor-ref>
```

```xml
        </interceptor-stack>
    </interceptors>
    <!-- 使用自定义拦截器栈 myInterceptorStack -->
    <action name="Logger" class="henu.action.HelloAction">
        <interceptor-ref name="myInterceptorStack"/>
        <result name="success" type="dispatcher">
            ../WEB-INF/page/hello.jsp?message=${message}
        </result>
    </action>
</package>
```

对于上述配置，在<interceptors>元素中嵌套使用<interceptor>子元素配置了一个自定义的拦截器类 LoggerInterceptor，然后使用<interceptor-stack>元素定义了一个拦截器栈 myInterceptorStack，在该拦截器栈中使用<interceptor-ref>元素分别引用一个拦截器 LoggerInterceptor 和一个拦截器栈 defaultStack，最后在 <action> 元素中为 HelloAction 配置了拦截器栈 myInterceptorStack，本例的运行结果如图 10.11 所示。

```
LoggerInterceptor拦截器于Sat Dec 19 21:14:10 CST 2015开始拦截Action。
===========Action开始执行!============
LoggerInterceptor拦截器于Sat Dec 19 21:14:14 CST 2015拦截Action完毕。
```

图 10.11　加载 LoggerInterceptor 之后的 HelloAction 的运行信息

注意：

<package>元素嵌套的子元素的先后次序是有严格要求的，各子元素的先后次序依次为<result-types>、<interceptors>、<default-interceptor-ref>、<default-action-ref>、<default-class-ref>、<global-results>、<global-exception-mappings>、<action>。

2. 继承 AbstractInterceptor 抽象类方式

继承 AbstractInterceptor 类的方式与实现 Interceptor 接口的方式基本一致，下面仍以实现日志功能的 LoggerInterceptor 为例进行介绍，改为以继承 AbstractInterceptor 抽象类方式实现。

LoggerInterceptorExt.java

```java
import com.opensymphony.xwork2.ActionInvocation;
import com.opensymphony.xwork2.interceptor.AbstractInterceptor;
public class LoggerInterceptorExt extends AbstractInterceptor {
    @Override
    public String intercept(ActionInvocation invocation) throws Exception
    {
        //Action 的前置输出信息
        System.out.println("LoggerInterceptor 拦截器于" + new java.util.Date(System.currentTimeMillis()) + "开始拦截 Action。");
        //获取对应逻辑视图的名称
        String logicResultView = invocation.invoke();
        //使线程休眠 3 秒
        Thread.sleep(3000);
```

```
        //Action 的后置输出信息
        System.out.println("LoggerInterceptor拦截器于" + new java.util.Date(System.
        currentTimeMillis()) + "拦截Action完毕。");
        //转向 Action 的逻辑视图
        return logicResultView;
    }
}
```

自定义拦截器类 LoggerInterceptorExt 继承了 AbstractorInterceptor 类，该类覆盖了 AbstractInterceptor 类的 3 个方法，特别是 intercept()方法，与实现 Interceptor 接口方式一样，配置自定义拦截器类的方法与前面介绍的方法一样，此处不再赘述。

3. 继承 MethodFilterInterceptor 方式

Struts2 还提供了一个方法拦截器类 MethodFilterInterceptor，该类是 AbstractInterceptor 类的子类，并重写了 intercept()方法，还提供了一个新的抽象方法 doInterceptor()。通过该拦截器可以指定 Action 类的哪些方法需要被拦截，哪些方法可以不用拦截。

（1）创建拦截器类，并继承 MethodFilterInterceptor。

（2）配置拦截器：该类拦截器只能配置在 Action 内部，配置格式如下。

```xml
<interceptors>
<!-- 配置基于MethodFilterInterceptor的拦截器类 -->
<interceptor name="MethodInterceptor" class="henu.interceptor.MethodFilterInterceptors">
</interceptor>
</interceptors>

<action name="Method" class="henu.action.HelloAction">
    <result name="success" type="dispatcher">
        ../WEB-INF/page/hello.jsp?message=${message}
    </result>
    <!-- 指定该Action加载的拦截器 -->
    <interceptor-ref name="MethodInterceptor">
        <!-- 拦截 add、delete、update、execute 方法，方法之间用逗号隔开 -->
        <param name="includeMethod">add,delete,update,execute</param>
        <!-- 不拦截 search 方法 -->
        <param name="excludeMethod">search</param>
    </interceptor-ref>
</action>
```

其中，参数 execludeMethods 指定不被拦截的 Action 方法，若有多个方法，使用逗号隔开；参数 includeMethods 指定被拦截的方法，若有多个方法，使用逗号隔开。

10.6 Struts2 输入校验

在 Web 应用程序中，表单是实现人机交互的重要的沟通方式。因此，Web 应用程序一般通过表单收集用户的数据，然后由业务逻辑对这些数据进行加工处理。但是在 Web 应用程序的运行过程中不仅会收集到用户的正常输入数据,还可能包含一些用户的非法输入,甚至是恶意输入的数据。一个优秀的 Web 应用程序不仅需要处理正确的数据,而且要有处理非法数据的能力,避免这些非法数据导致整个程序无法正常运行,甚至系统数据遭到破坏。因此,对用户输入的数据进行校验是非常有必要的。开发人员除了可以通过 Action 的处理业务逻辑的方法(如 execute()方法)进行逻辑判断以外,还可以通过 Struts2 框架的两种数据校验方法进行判断。

10.6.1 使用手动方式校验

使用手动方式进行输入校验,需要对 Action 的 validate()方法进行重写,Struts2 在调用 execute()方法时先执行 validate()方法进行逻辑判断。如果没有通过输入验证,将会抛出 fieldError,并返回<result>元素中 name 属性值为"INPUT"的逻辑视图;如果通过输入验证,则开始执行 Action 的业务逻辑方法,例如 execute(),请看下面的示例。

第一步:编写页面。
validate.jsp

```
<s:actionerror/>
<s:actionmessage/>
<s:form method = "post" action = "/user/ValidationAction">
    请输入内容:<s:textfield name = "message"></s:textfield>
    <s:fielderror>
        <s:param>validate.message</s:param>
    </s:fielderror>
    <s:submit value = "提交"></s:submit>
</s:form>
```

上面的代码使用了<s:actionerror>、<s:fielderror>等错误消息标签,在 Struts2 中可以使用这些标签在 JSP 页面中输出错误消息。

1) Action 级别错误消息

如果在 Action 类中调用了 addActionError(String msg)方法添加 Action 级别的错误消息,那么在 JSP 中使用<s:actionerror/>标签可以用列表的形式输出所有的 Action 级别的错误消息。

2) Field 级别错误消息

如果在 Action 类中调用了 addFieldError(String fieldname,String errMsg)方法对某个特定的输入域添加 Field 级别的错误消息,那么有下面两种方式显示错误。

- Struts2 表单标签自动显示对应域的错误信息,这种方式仅输出指定输入域的错误信息。例如<s:textfield name="age" key="age.msg"/>将在该文本框处输出输入域 age 的错误信息。
- 使用<s:fielderror/>标签显示所有的 Field 级别错误信息。

3) Action 提示信息

提示信息并非程序发生了错误,而是为了给用户良好的使用体验。在 Action 类中使用 addActionMessage(String msg)方法添加提示信息,在 JSP 页面中使用<s:actionmessage/>

即可显示所有的提示信息。

第二步：编写实现数据校验的 Action。

ValidationAction.java

```java
import com.opensymphony.xwork2.ActionSupport;
public class ValidationAction extends ActionSupport {
    private String message;
    //此处省略 message 的 setter 和 getter 方法
    public String execute()
    {
        return SUCCESS;
    }
    /**
     * 以手动方式输入校验,如未通过校验,execute()方法将不会被执行
     */
    public void validate()
    {
        if(message.equalsIgnoreCase("validation"))
        {
            this.addActionMessage("通过输入校验!");
        }
        else
        {
            this.addFieldError("validate.message", "请输入 validation!");
            this.addActionError("错误：内容必须为 validation!");
        }
    }
}
```

第三步：在 struts.xml 中配置 ValidationAction。

```xml
<action name = "ValidationAction"
        class = "henu.action.ValidationAction">
    <result>../validate.jsp</result>
    <result name = "input">../validate.jsp</result>
</action>
```

运行本例，如果在如图 10.12 所示的页面中输入字符串"validation"，则表示通过验证；如果输入其他字符，则出现如图 10.13 所示的错误提示。

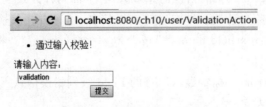

图 10.12　通过输入验证页面

图 10.13　无法通过输入验证页面

　　本章介绍了一个 Action 类中可以包含多个处理业务逻辑的方法，而 validate()方法难以对 Action 类中的多个方法进行输入验证。Struts2 还提供了一个更灵活的实现输入验证的方法——validateXxx()，其中"Xxx"代表与之名称匹配的 Action 中处理业务逻辑的方法，并且方法名的首字母需要大写。例如在一个 Action 中使用 registUser()方法处理用户注册业务，那么对应注册模块的输入验证方法就是 validateRegistUser()方法。通过使用 validateXxx()可以为不同的方法配置独立的校验代码，Action 共用的校验逻辑代码放在 validate()方法中。

UserAdminAction.java

```java
public class UserAdminAction extends ActionSupport {
    //省略属性以及 setter 和 getter 方法
    //用户登录
    public String loginUser() throws Exception
    {
            return "login";
    }
    //用户注册
    public String registUser() throws Exception
    {
        return "regist";
    }
    //实现用户删除的业务逻辑
    public String deleteUser() throws Exception
    {
        return "delete";
    }
    public void validate()
    {
        //省略公共输入校验代码
    }
    public void validateRegistUser()
    {
        //用户注册的输入校验代码
    }
    public void validateLoginUser()
    {
        //用户登录的输入校验代码
    }
```

```
    public void validateDeleteUser()
    {
        //删除用户的输入校验代码
    }
}
```

以上述代码中的 validateLoginUser() 为例,该方法只对 loginUser() 方法进行输入校验,并不校验其他业务逻辑,而 validate() 方法则是对所有的方法进行输入校验,因此一般来说 validate() 方法用于处理公共输入校验代码。在 Action 调用不同的业务方法之前将首先执行相应的数据校验方法。

注意:

综合案例,对以 Struts 手动方式进行输入校验的工作步骤的总结如下。

第一步:类型转换器对请求参数执行类型转换,并把转换后的值赋给 Action 中的属性。

第二步:如果在执行类型转换的过程中出现异常,系统会将异常信息保存到 ActionContext,conversionError 拦截器将异常信息封装到 fieldErrors 中,然后执行第三步。如果类型转换没有出现异常,则直接进入第三步。

第三步:系统通过反射技术调用 Action 中的 validateXxx() 方法,Xxx 为处理业务逻辑的方法名。

第四步:调用 Action 中的 validate() 方法。

第五步:经过上面 4 步,如果系统中的 fieldErrors 存在错误信息(即存放错误信息的集合的 size 大于 0),系统自动将请求转发至名称为 INPUT 的视图。如果系统中的 fieldErrors 没有任何错误信息,系统将执行 Action 中的业务逻辑处理方法。

10.6.2 使用 Struts2 的校验框架校验

使用手动方式进行输入校验虽然可以实现,但是对于大型应用而言,其缺陷十分明显:该方式的编码工作量很大,后期维护量也非常大,而且由于校验逻辑均在服务器端执行,浪费了服务器的大量资源。为此,Struts2 框架提供了 Validation 校验框架,利用该框架可以使输入数据校验变得非常简单。

Struts2 的 Validation 校验框架与 Struts1.x 提供的 Validation 框架类似,也是通过 XML 文件进行配置的。Struts2 提供了一些常用的校验功能并进行了封装,以校验器的形式呈现给用户。当需要实现校验功能时,只需要在 XML 配置文件中进行简单配置即可。表 10.9 给出了常用的 Struts2 校验器。

表 10.9　Struts2 提供的常见校验器

校 验 器	功　　能	报 错 条 件
required	检查字段是否为空	字段为空
requiredstring	检查字段是否为字符串且是否为空	字段为非字符串或字段为空
int	检查字段是否为整数且是否在[min,max]区间内	字段为非整数或超出指定范围
double	检查字段是否为 double 类型且是否在[min,max]区间内	字段为非 double 或超出指定范围

续表

校 验 器	功 能	报 错 条 件
date	检查字段是否为日期格式且是否在[min,max]区间内	字段为非日期格式或超出范围
expression	对指定的 OGNL 表达式求值	OGNL 表达式为 false
email	检查字段是否为 Email 格式	字段非 Email 格式
fieldexpression	对指定的 OGNL 表达式求值	OGNL 表达式为 false
stringlength	检查字符串长度是否在指定范围内	字符串长度超出指定范围
regex	检查字段是否匹配指定的正则表达式	字符串不匹配指定的正则表达式

下面是一个基本的 Validation 框架配置文件。

```xml
<!DOCTYPE validators PUBLIC "-//OpenSymphony Group//XWork Validator1.0.2//EN"
    "http://www.opensymphony.com/xwork/xwork-validator-1.0.2.dtd">
<!-- 配置校验器 -->
<validators>
  <!-- 配置输入域 bar 的数据校验 -->
  <field name="bar">
      <!-- required 类型的校验器 -->
      <field-validator type="required">
          <message>You must enter a value for bar.</message>
      </field-validator>
      <!-- int 类型的校验器,要求最小值为 6、最大值为 10 -->
      <field-validator type="int">
          <param name="min">6</param>
          <param name="max">10</param>
          <message>bar must be between ${min} and ${max}, current value is ${bar}.
          </message>
      </field-validator>
  </field>
  <!-- 配置输入域 bar2 的数据校验 -->
  <field name="bar2">
      <!-- regex 类型的校验器,格式为"x,y"且 x、y 的取值范围为 0~9 -->
      <field-validator type="regex">
          <param name="expression">[0-9],[0-9]</param>
          <message>The value of bar2 must be in the format "x, y", where x and y are between 0
          and 9</message>
      </field-validator>
  </field>
<!-- 配置输入域 date 的数据校验 -->
<field name="date">
    <!-- date 类型的校验器,取值范围为 2015-12-1 至 2015-12-31 -->
    <field-validator type="date">
        <param name="min">12/1/2015</param>
        <param name="max">12/31/2015</param>
        <message>The date must be between 12-1-2015 and 12-31-2015.</message>
    </field-validator>
</field>
```

```
<validator type = "expression">
    <param name = "expression">foo lt bar</param>
    <message>Foo must be greater than Bar. Foo = ${foo}, Bar = ${bar}.</message>
</validator>
</validators>
```

在检验规则配置文件中配置校验器有两种方式，即使用<validator>元素或者<field>元素。其中，<validator>元素内主要声明校验器，其属性 type 的值为校验器的名称；<field>元素内的 name 属性指定输入域的名称，而<field-validator>元素引入要使用的校验器，其属性 name 指明校验器的类型。<param>元素用于指定要进行校验的字段。<message>元素用于指定校验失败时提示的信息。

在 Struts2 中，该 XML 格式的校验规则配置文件的命名也有规定，需要按照以下格式命名：

```
ActionClassName-validation.xml
```

或者：

```
ActionClassName-ActionName-validation.xml
```

这两个 Struts 校验文件必须和校验的 Action 类放在同一个包下。当校验规则配置文件的取名为 ActionClassName-validation.xml 时，将对 Action 类名为"ActionClassName"的类中的所有处理方法实施输入验证。如果只对该 Action 类中的某个方法实施验证，那么校验规则配置文件的命名应为 ActionClassName-ActionName-validation.xml，其中 ActionClassName 为 Action 类名称，ActionName 是 struts.xml 文件中为 Action 配置的名称。例如在实际应用中常有以下配置。

```
<action name = "user_*" class = "henu.action.UserAdminAction" method = "{1}">
    <result name = "success">/WEB-INF/page/message.jsp</result>
    <result name = "input">/WEB-INF/page/addUser.jsp</result>
</action>
```

在 UserAdminAction 类中有以下两个处理方法。

```
public String add() throws Exception{
    ⋮
}
public String update() throws Exception{
    ⋮
}
```

若仅对 add()方法实施验证，校验配置文件的命名为 UserAdminAction-user_add-validation.xml；若仅对 update()方法实施验证，校验文件的命名为 UserAdminAction-user_update-validation.xml。

注意：

若为某个Action类同时提供了多个校验文件，Struts按照以下顺序寻找校验文件。

（1）ActionClassName-validation.xml；

（2）ActionClassName-ActionName-validation.xml。

当Struts2框架寻找到第一个校验文件时还会继续搜索后面的校验文件，当搜索到所有校验文件时将把校验文件中的所有校验规则汇总，然后全部应用于相关方法的校验。当Action继承了另一个Action时，父类Action的校验文件会先被搜索到，然后把父类Action和该Action的校验文件规则汇总，并全部应用于相关方法的校验。如果两个校验文件中指定的校验规则冲突，则只使用后面文件中的校验规则。

动手实践 10-4

将前面用户注册的例子使用Struts2的validation校验框架实现输入校验。和用JavaScript脚本实现输入校验相比，二者有什么区别？

10.7 Struts2 国际化

国际化是任何一个商业化软件都需要面对的问题，Struts框架一直以来对国际化的支持都非常好。程序国际化的主要思想是在涉及程序界面及信息输出时不要在页面中直接输出信息，而是使用"键/值"，其中"键"代表要输出的字符串标识，"值"代表对应"键"在不同语言环境中的真实语言文字（字符串）。该"键/值"在不同的语言环境中对应不同的字符串，这些"键/值"被定义在相应的国际化资源文件中。这样，当程序运行在不同的语言环境中时加载对应的国际化资源文件，从这些文件中取得相应的"键/值"对应的字符串并输出到页面中。

在第8章中已经介绍Java国际化的相关类，例如Local、ResourceBundle等类。Struts2还提供了一个实现国际化的内置拦截器I18nInterceptor，用于处理Locale的相关信息。在Struts2框架中处理国际化的运行原理如下。

首先取得程序运行的当前系统环境，例如区域/语言信息等，并保存至Locale对象中。

然后ResourceBundle根据Locale对象中的信息自动搜索对应的国际化资源文件并显示。

最后，当某个Action被执行时，I18nInterceptor将先于该Action执行，并检验Locale信息，如果Session中存在Locale信息，则将其设置为Action的本地化信息，否则将本机默认的本地化信息设置为Action的本地化信息，并寻找对应的国际化资源。

具体而言，实现国际化的一般步骤如下。

第一步：准备国际化资源文件；

第二步：在输出页面、Action甚至验证信息中调用国际化资源文件。

10.7.1 国际化资源文件浅析

1．国际化资源文件的命名规范

国际化资源文件的命名有一定的格式，它以".properties"为扩展名，主文件名一般采用以下方式：
- 文件名前缀.properties；
- 文件名前缀_语言类别.properties；
- 文件名前缀_语言类别_国别.properties。

其中，语言类别和国别编码由ISO定义了专门的规范ISO-639，表10.10列出了部分国家和语言的编码。

表10.10 ISO-639常用语言编码

语　　言	语言编码	国家编码
汉语（Chinese）	zh	CN
英语（English）	en	US
法语（French）	fr	FR
德语（German）	de	DE
日语（Japanese）	ja	JP
韩语（Korean）	ko	KR

假设项目中默认的国际化资源文件名为resource.properties，那么对应的汉语资源文件名为resource_zh_CN.properties，英语资源文件名为resource_en_US.properties，其他语言按此格式命名。

2．国际化资源文件的内容格式

在第8章中已经介绍了国际化资源文件，其格式如下：

```
key = value
```

例如定义用户登录时的用户名，键名为login.name，键值为name。

```
login.name = name
```

可以看到国际化资源文件是由若干"键/值"对组成的文件，在文件中也可以使用注释，"#"为单行注释符号。一般来说，每个"键/值"对单独占一行。在资源文件中应避免键名冲突，一般通过使用"."扩展键名，解决键名冲突，例如"login.name"可以理解为登录页面中的用户名。"键/值"对中的"值"根据不同的语言赋予不同语言对应的字符串。

注意：

若国际化资源文件中定义了一个"键/值"对，则在项目的其他语言的资源文件中都应该为该键定义相应语言的"键/值"对。

3．国际化资源文件的作用域

Struts2框架为不同的国际化资源文件定义不同的作用范围。根据国际化资源文件的作用划分为3种范围，即全局范围、包范围和Action范围。作用范围不同，国际化资源文件的保存位置也不同。

(1) 全局范围：若将国际化资源文件保到项目的src文件夹下，那么该文件将作用于整个项目,该国际化资源文件的作用范围就是全局范围。全局范围的国际化资源文件还需要在 struts.xml 文件中配置以下常量。

```
<constant name = "struts.custom.i18n.resources" value = "国际化资源文件名"/>
```

其中,value 属性值为国际化资源文件名的前缀,注意切勿把语言类别和国别包含进去。

(2) 包范围:国际化资源文件保存至对应包的根目录下,且文件名前缀必须为"package",例如"package_zh_CN.properties""package_ja_JP.properties"等。该国际化资源文件可以被此包内的所有 Action 使用。

(3) Action 范围:国际化资源文件保存在对应 Action 类文件的同级目录下,且文件名前缀必须与 Action 类名一致。假设 Action 类的名称为 UserAdminAction,那么对应的 Action 范围的汉语资源文件为"UserAdminAction_zh_CN.properties"。

此外,若项目中含有多个作用域范围不同的国际化资源文件,那么它们的优先级也有区别,具体的优先级如图 10.14 所示。

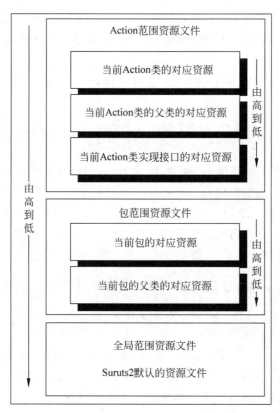

图 10.14 国际化资源文件的加载优先级

10.7.2 页面的国际化

在 Struts2 中,页面的国际化主要包括两个部分,即 Struts 标签和输出信息的国际化,下面介绍这两种元素如何调用国际化资源文件。

Struts 标签在国际化时,可使用标签的 key 属性调用国际化资源文件对应的"键/值"。

```
<s:textfield name = "username" key = "login.name"/>
```

在上述代码中,在<s:textfield>标签中使用了 key 属性,key 属性的值对应国际化资源文件中的键名。在 Struts2 标签中调用国际化信息时需要注意以下两点:
(1) 必须确保调用国际化资源文件的标签具有 key 属性;
(2) 标签及表单的 theme 属性不能设置为"simple",否则 key 属性对国际化信息的调用将失效。

如果在页面中直接输出国际化资源文件中的某个键对应的值,则需要使用<s:text>标签。

```
<s:text name = "login.message"/>
```

在上述代码中,在<s:text>标签中使用了 name 属性,name 属性的值对应国际化资源文件中的键名。当该标签所在的页面被请求时,<s:text>标签将会输出其 name 属性值所对应的国际化资源文件中的键/值,如果该键/值不存在,则直接输出该标签的 name 属性值。

此外,用户还可以使用 getText()方法显示国际化信息,例如同样格式化 textfield 标签。

```
<s:textfield name = "username" label = "%{getText('login.name')}"/>
```

在上述代码中使用了标签的 label 属性,而%{getText('login.name')}用来实现国际化,其中 getText()方法的参数值代表键名。

注意:

如果要在 JSP 页面中访问国际化资源文件,还可以使用<s:i18n>标签直接从某个特定的资源文件中获取数据。

```
<s:i18n name = "messageResource">
    <s:text name = "welcome"/>
</s:i18n>
```

其中,<s:i18n>标签的 name 属性指定国际化资源的路径和文件名称,messageResource 为项目的根目录下国际化资源文件的主文件名。<s:text>标签用于输出国际化信息,其中 name 属性代表国际化资源文件中的键名。

10.7.3 Action 的国际化

当一个 Action 跳转到一个页面时,就可以在该页获取该 Action 的国际化资源文件。这里以用户登录为例,如果登录成功或失败,应该在页面中给用户提示信息,这些提示信息直接在 Action 中以字符串的硬编码形式出现。当国际化时,需要将这些提示信息在国际化资源文件中定义成"键/值"对,然后在 Action 中使用 getText()方法取出"键"对应的字符串。

在 Action 中获取国际化资源文件中的键/值的方法如下：

```
getText("login.tips.success");
```

其中，getText()方法的参数是国际化资源文件中的键名。

注意：

getText()方法是 ActionSupport 类中的方法，任何 Action 只要继承了 ActionSupport 类就自动拥有了该方法。

10.7.4 验证信息的国际化

前面已经介绍了数据输入验证，那么验证信息的国际化也是非常必要的，实现验证信息的国际化方法是在 Struts2 项目中修改 Xxx-validation.xml 文件。这里以验证用户登录为例进行介绍，负责登录的 LoginAction 类对应的校验文件为 LoginAction-validation.xml，该文件修改后的代码如下：

```xml
<validators>
    <field name="username">
        <field-validator type="requiredstring">
            <message key="login.error.username">not null</message>
        </field-validator>
    </field>
    <field name="password">
        <field-validator type="requiredstring">
            <message key="login.error.password">not null</message>
        </field-validator>
    </field>
</validators>
```

对验证信息进行国际化需要在<message>元素中使用 key 属性，指定 key 属性值为国际化资源文件中相应的键名即可。

下面以用户登录为例进行介绍，给出一个支持英文和中文的国际化及数据验证功能的实现方法。

1. 配置国际化资源文件

第一步：定义英文资源文件 resource_en_US.properties。

```
#Title
login.title = USER LOGIN
#Label
login.name = Username
login.password = Password
login.submit = Submit
```

```
#Tips
login.tips.success = Welcome to login!
login.tips.failed = Login failed
#Validation Messages
login.error.name = Username cannot be null.login.error.password = Password cannot be null.
```

第二步：创建汉语资源文件 resource_zh_CN.properties。若开发环境不支持中文编码转换为 Unicode 编码，则需要使用 JDK 中的 native2ascii 工具对中文编码进行转换，转化后的结果如下。

```
#Title
login.title = \u7528\u6237\u767b\u5f55
#Label
login.name = \u7528\u6237\u540d
login.password = \u5bc6\u7801
login.submit = \u63d0\u4ea4
#Tips
login.tips.success = \u767b\u5f55\u6210\u529f!
login.tips.failed = \u767b\u5f55\u5931\u8d25.
#Validation Messages
login.error.name = \u7528\u6237\u540d\u4e0d\u80fd\u4e3a\u7a7a.
login.error.password = \u5bc6\u7801\u4e0d\u80fd\u4e3a\u7a7a.
```

在国际化资源文件创建完毕后，此处假设采用全局加载方式，那么将上述资源文件保存至项目的 src 文件夹。

第三步：在 struts.xml 文件中配置 struts.custom.i18n.resources 常量。

```
<constant name="struts.custom.i18n.resources" value="resource"/>
```

至此，国际化资源文件配置完毕，下面将在页面、Action 以及数据验证信息中调用资源文件的内容。

2．设计用户页面

下面给出支持国际化登录页面 login.jsp 的主要代码。

login.jsp

```
<body>
<h1 align="center"><s:text name="login.title"/></h1>
<s:form action="LoginAction" namespace="/user" method="post">
<s:textfield name="username" key="login.name"></s:textfield>
<s:password name="password" key="login.password"></s:password>
<s:submit value="%{getText('login.submit')}"></s:submit>
</s:form></body>
```

在上述代码中，Struts2 的标签通过设定 key 属性以及 getText() 方法调用国际化资源文件。若要在 JSP 页面中直接访问资源文件的键，可以使用 Struts 的 <s:text> 标签实现。

该页面在英文、简体中文的语言环境下运行的结果如图 10.15 和图 10.16 所示。

图 10.15　国际化——用户登录英文界面

图 10.16　国际化——用户登录中文界面

3. 设计 Action，并为 Action 添加国际化支持

LoginAction.java

```java
public class LoginAction extends ActionSupport {
    private String username;
    private String password;
    private String message;
    //此处省略 setter 和 getter 方法
    ……
    public String execute()
    {
        //假设用户名为 admin、密码为 pwd 时为合法用户
        if("admin".equals(username) && "pwd".equals(password)){
            //在 Action 中可以使用 getText()方法直接访问资源文件的键
            message = getText("login.tips.success");
            //返回 SUCCESS 逻辑视图
            return SUCCESS;
        }
        else{
            message = getText("login.tips.failed");
            //返回 INPUT 逻辑视图
            return INPUT;
        }
    }
}
```

若在 Action 中访问资源文件，同样是使用 getText(String key)方法，例如本例中使用 getText()方法访问 login.tips.success 和 login.tips.failed 等键。

最后在 struts.xml 文件中配置 LoginAction，具体配置如下：

```xml
<action name="LoginAction" class="henu.action.LoginAction">
    <result name="SUCCESS">/WEB-INF/page/tips.jsp</result>
    <result name="INPUT">../login.jsp</result>
</action>
```

当结果为"SUCCESS"时，将请求转发至 hello.jsp。hello.jsp 页面仅显示 message 变量的值，具体代码和运行结果此处不再给出。

4. 数据验证信息的国际化

在与 LoginAction 相同的目录下建立 Validation 校验框架的配置文件 LoginAction-validation.xml，具体代码如下。

LoginAction-validation.xml

```xml
<?xml version="1.0" encoding="UTF-8"?>
<!DOCTYPE validators PUBLIC "-//OpenSymphony Group//XWork Validator 1.0.2//EN"
    "http://www.opensymphony.com/xwork/xwork-validator-1.0.2.dtd">
<!-- 配置校验器 -->
<validators>
    <field name="username">
        <field-validator type="requiredstring">
            <message key="login.error.name">not null</message>
        </field-validator>
    </field>
    <field name="password">
        <field-validator type="requiredstring">
            <message key="login.error.password">not null</message>
        </field-validator>
    </field>
</validators>
```

然后运行程序，如果数据未通过验证，则验证信息的国际化结果如图 10.17 所示。

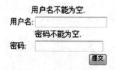

图 10.17 数据验证信息提示

10.8 Struts2 类型转换

在 Web 应用程序中，所有页面与后台控制器（例如 Action、Servlet 等）之间传递的数据都是以 String 类型表示的。而在实际的计算过程中，可能要用到各种数据类型，若程序无法自动转换，需要开发人员手动完成数据类型的转换。这里给出几种字符串与其他数据类型转换的实现方式，如表 10.11 所示。

表 10.11 常见类型转换的实现方式

类型转换	方法	示例
纯数值型字符串→数值	使用包装类的 parseXxx() 方法	double d = Double.parseDouble("1.68");
数值→字符串	使用 String 类的 valueOf() 方法	String s = String.valueOf(1.68);

续表

类型转换	方法	示例
字节类型数组→字符串	使用 String 类的构造方法	byte[] b={66,97,99,111,65}; String s = new String(b);
字符串→字节数组	使用 String 类的 getBytes()方法	String s ="Hello"; byte[] b = s.getBytes();

类型转换是 Web 应用程序中经常使用的功能，例如从 Web 前端获取的数据传递到 Web 后端进行的类型转换，Web 前、后端对数据的校验等。下面介绍如何在 Struts2 框架中处理类型转换。

10.8.1 Struts2 内置的类型转换器

实际上，Struts2 框架也内置了类型转换器，表 10.12 列出了 Struts2 的类型转换器支持自动处理 String 类型与其他类型转换的数据类型。

表 10.12 Struts2 类型转换器支持自动转换为 String 类型的数据类型

数据类型	说明
Boolean/boolean	支持字符串和布尔值之间的转换
Character/char	支持字符串和字符之间的转换
Long/long	支持字符串和长整型之间的转换
Float/float	支持字符串和单精度浮点数值之间的转换
Double/double	支持字符串和双精度浮点数值之间的转换
Date	支持字符串和日期类型之间的转换，其中日期格式应按照用户所在区域的短格式
数组	在默认情况下，数组元素都是字符串
集合	在默认情况下，假定集合元素类型为 String，并创建一个新的 ArrayList 封装所有的字符串

注意：

Struts2 内置的类型转换器仅支持页面与 Action 之间相互传递的数据进行类型转换，对于其他场合的类型转换是不支持的。

为了验证 Struts2 的类型转换器，请看下面的例子。

第一步：首先设计用户页面 defaultConverter.jsp 及消息显示页面 tips.jsp。

defaultConverter.jsp

```
<s:form action = "TypeConverter" namespace = "/user" method = "post">
    <s:textfield name = "userName" label = "用户名"/>
    <s:textfield name = "age" label = "年龄"/>
    <s:textfield name = "registDate" label = "注册日期"/>
    <s:submit value = "提交"/>
</s:form>
```

运行结果如图 10.18 所示。

第二步：设计 Action 类 TypeConverterAction.java，具体代码如下。

图 10.18　defaultConverter.jsp 的运行结果

TypeConverterAction.java

```java
public class TypeConverterAction extends ActionSupport {
    private String userName;
    private int age;
    private Date registDate;
    //用于显示消息
    private String message;
    //以下省略属性的 setter 和 getter
     :
    public String execute()
    {
        //设置 message 属性,最终显示到 message.jsp
        message = "用户名:" + this.userName + "<br>年龄:"
            + this.age + "<br>注册日期:" + this.registDate;
        return SUCCESS;
    }
}
```

第三步：配置 Action。

```
<package name="ch10" namespace="/user" extends="struts-default">
    <action name="TypeConverter" class="henu.action.TypeConverterAction">
        <result>../WEB-INF/page/tips.jsp</result>
    </action>
</package>
```

至此本程序设计完毕,在图 10.19 所示的页面中输入对应的内容,运行结果如图 10.24 所示。

图 10.19　运行结果

从本例可以发现,当从 defaultConverter.jsp 页面输入用户名(String 类型)、年龄(int 类型)和注册日期(Date 类型)时,在该页面中对应输入区域数据后,这些数据传递给后端的 Action,之后 Struts2 自动调用内置的类型转换器(依赖拦截器实现)将这些字符串类型的数据转换为 Action 类中声明的类型,即对应转换为 String 类型、int 类型和 Date 类型。

假设在输入"注册日期"这一信息时输入的内容不是"2015-12-22",而是"20151222",那么结果又将怎样呢?由于"20151222"并不符合 Date 类型的短格式要求,故此时 Struts2 调用类型转换器进行类型转换就会出现异常,最终导致程序无法正常运行。那么如何解决此类问题?我们可以采用自定义类型转换器的方法解决此类问题。

10.8.2 自定义类型转换器

在 Struts2 框架中实现自定义类型转换器的方式有两种,即继承 DefaultTypeConverter 类和继承 StrutsTypeConverter 类。下面结合上面的例子分别用这两种方式自定义一个实现"yyyyMMdd"格式字符串与 Date 类型相互转换的类型转换器。

1. 继承 DefaultTypeConverter 类方式

DefaultTypeConverter 类位于 ognl 包中,设计自定义类型转换器最主要的工作就是对该类的 convertValue() 方法进行重写。下面是自定义类型转换器的代码。
DateTypeConverter.java

```java
public class DateTypeConverter extends DefaultTypeConverter {
    public Object convertValue(Map context, Object value, Class toType) {
        SimpleDateFormat dateFormat = new SimpleDateFormat("yyyyMMdd");
        try {
            if(toType == Date.class){                //当字符串向 Date 类型转换时
                String[] params = (String[]) value;
                return dateFormat.parse(params[0]);
            }else if(toType == String.class){        //当 Date 转换成字符串时
                Date date = (Date) value;
                return dateFormat.format(date);
            }
        } catch (ParseException e) {}
        return null;
    }
}
```

上述代码中最核心的部分就是 convertValue() 方法,它主要实现自定义类型相互转换的功能。该方法有下面 3 个参数。

- context:该参数为类型转换的上下文,即 Action 的上下文;
- value:该参数为转换的目标数据,可能是 String 类型,也可能是需要转换的目标数据类型;
- toType:该参数为转换的目标类型。例如当 toType 为 Date 类型时,DateTypeConverter 对象将把 String 类型转换为 Date 类型,否则相反。

2. 继承 StrutsTypeConverter 类方式

StrutsTypeConverter 类位于 org.apache.struts2.util 包中,是 DefaultTypeConverter 类的子类,通过继承该类也可以自定义类型转换器,下面将上面的代码利用继承

StrutsTypeConverter 类的方式实现。

DateTypeConverterStruts.java

```java
public class DateTypeConverterStruts extends StrutsTypeConverter {
    /**
     * 重写 convertFromString()方法,将 String 类型转换为 Date 类型
     */
    @Override
    public Object convertFromString(Map context, String[] value, Class toClass) {
        SimpleDateFormat dateFormat = new SimpleDateFormat("yyyyMMdd");
        Date date = new Date();
        try {
            date = dateFormat.parse(value[0]);
            return date;
        } catch (ParseException e) {
            e.printStackTrace();
        }
        return null;
    }
    /**
     * 重写 convertToString()方法,将 Date 类型转换为 String 类型
     */
    @Override
    public String convertToString(Map context, Object object) {
        SimpleDateFormat dateFormat = new SimpleDateFormat("yyyyMMdd");
        Date date = (Date) object;
        return dateFormat.format(date);
    }
}
```

上述代码的结构要比前一种清晰。在使用 DefaultTypeConverter 类实现类型转换器时每次都要手动进行逻辑判断,从而进行类型转换,这种方式的可读性较差,因此在继承 StrutsTypeConverter 类方式中提供了两个方法,即 convertFromString()和 convertToString()方法,前者实现由字符串类型转换为其他类型,如本例中由特定字符串转换为 Date 类型;后者实现由其他类型转换为字符串类型。

在创建了类型转换器之后,自定义类型转换器还不能工作,还需要进行相关的配置,可以把类型转换器配置为局部类型转换器和全局类型转换器。二者的区别在于局部类型转换器仅对个别 Action 的个别属性有效,即为某个 Action 配置了自定义类型转换器,那么当该 Action 遇到对应类型转换时发挥作用,而对于其他 Action,自定义类型转换器并不会进行类型转换,它仅对个别 Action 有效;全局类型转换器对整个应用的所有 Action 均有效。

10.8.3 配置自定义类型转换器

1. 配置局部类型转换器

局部类型转换器仅对指定 Action 的指定属性有效,对其他 Action 及其属性无效。局部类型转换器的配置步骤如下:

第一步：在 Action 类包下创建文件名称格式为"ActionClassName-conversion.properties"的资源文件。其中，ActionClassName 是 Action 的类名，"-conversion.properties"是后缀。例如 TypeConverterAction 类的配置文件应命名为 TypeConverterAction-conversion.properties。由于 TypeConverterAction.java 位于 henu.action 包中，故配置文件应放在 henu.action 的目录下。

第二步：配置文件中的内容格式。

> 属性名称 = 类型转换器的全类名

这里以 TypeConverterAction 类为例，TypeConverterAction-conversion.properties 配置文件的内容如下：

> registDate = henu.converter.DateTypeConverter

上述两步工作完成以后，将为 TypeConverterAction 配置一个自定义类型转换器 DateTypeConverter，实现"yyyyMMdd"格式的字符串与 Date 类型相互转换的功能。

2. 配置全局类型转换器

由于局部类型转换器仅能为单一的 Action 的指定属性进行类型转换，当有多个 Action 类同时需要对同一个类型的属性进行类型转换时，使用局部类型转换器将需要创建多个局部类型转换器配置文件，工作量非常大，此时可以考虑配置全局类型转换器，配置全局类型转换器的步骤如下。

第一步：在与 struts.xml 配置文件同一目录下放置一个名称为"xwork-conversion.properties"的文件。

第二步：配置 xwork-conversion.properties 文件中的内容格式。

> 待转换的类型 = 类型转换器的全类名

对于本例而言，xwork-conversion.properties 文件中的内容如下：

> java.util.Date = henu.converter.DateTypeConverter

至此，全局类型转换器配置文件将对 Web 应用中的所有 Action 有效。

10.9 Struts2 其他常见功能的实现

10.9.1 访问 Servlet API

在 Struts2 框架中，由于 Action 和 Servlet 实现了零耦合，所以在 Action 中不能直接使用 Servlet API。但是在实际编程中，使用 Servlet API 是不可或缺的，例如在 Action 中访问 request 或者 session 对象。下面介绍几种在 Action 中访问 Servlet API 的方法。

1. IoC 方式

所谓 IoC 方式，即 Inversion of Control，其自身并不创建对象，仅描述创建它们的方式。以 IoC 方式访问 Servlet API 的实现方法是让 Action 分别实现 SessionAware、ServletRequestAware 和 ServletResponseAware 这 3 个接口，然后在 Action 类中实现这些接口的抽象方法 getServletResponse()。下面是一个使用 IoC 方式在 Action 中访问 Servlet API 的 Action 类。

第一步：设计 Action，并在 Action 中利用 IoC 方式访问 Servlet API。
IoCAction.java

```java
public class IoCAction extends ActionSupport implements ServletRequestAware, SessionAware, ServletResponseAware{
    private String message;
    private HttpServletRequest request;
    private HttpServletResponse response;
    @Override
    public void setServletResponse(HttpServletResponse response) {
        this.response = response;
    }
    @Override
    public void setSession(Map<String, Object> arg0) {}
    @Override
    public void setServletRequest(HttpServletRequest request) {
        this.request = request;
    }
    public String getMessage() {
        return message;
    }
    public void setMessage(String message) {
        this.message = message;
    }
    public String execute()
    {
        request.setAttribute("req", "IOC REQUEST");
        //获取 Session 对象
        HttpSession session = request.getSession();
        session.setAttribute("ses", "IOC SESSION");
        StringBuffer s = new StringBuffer();
        s.append("Response Buffer Size:");
        s.append(response.getBufferSize());
        s.append("<br/> Session ID:");
        s.append(session.getId());
        s.append("<br/> Encoding:" + response.getCharacterEncoding());
        message = s.toString();
        return SUCCESS;
    }
}
```

第二步：配置 Action。

在 struts.xml 文件中配置 IoCAction，具体代码如下。

```
<!-- 配置 IoCAction -->
<action name = "IoC" class = "henu.action.IoCAction">
    <result>../WEB-INF/page/ioc.jsp</result>
</action>
```

第三步：设计显示结果页面。

由第二步可知，IoCAction 运行后其物理结果页面为 result.jsp，该页面的核心代码如下。

result.jsp

```
<body>
Request: ${requestScope.req}<br/>
Session: ${sessionScope.ses}<br/>
${message}</body>
```

第四步：运行 Action。

直接运行 IoCAction，运行结果如图 10.20 所示。

图 10.20　IoCAction 的运行结果

2. 非 IoC 方式

IoC 方式需要借助 Web 服务器实现，通过在 Action 中声明 request、response、session 等类型的属性，然后使用对应的 setter 方法为这些属性依赖注入。而非 IoC 方式主要通过 Struts2 中的 com.opensymphony.xwork2.ActionContext 类直接实现，与 IoC 方式相比，使用非 IoC 方式更加简洁、方便。

非 IoC 方式有两种方法可以在 Action 中访问 Servlet API，一种方法是使用 org.apache.strus2.ServletActionContext 获取 session、request、response 等对象，具体如下。

```
HttpServletRequest request = ServletActionContext.getRequest();
HttpServletResponse response = ServletActionContext.getResponse();
HttpSession session = request.getSession();
```

另一种方法是使用 com.opensymphony.xwork2.ActionContext 类，使用 ActionContext 的类方法 getContext() 获取 request、session 和 application 等对象。

```
ActionContext act = ActionContext.getContext();
//等价于 request.setAttribute("req", "RequestScopeValue");
act.put("req", "RequestScopeValue");
//等价于 session.setAttribute("ses","SessionScopeValue");
act.getSession().put("ses", "SessionScopeValue");
//等价于 application.setAttribute("app","ApplicationScopeValue");
    act.getApplication().put("app", "ApplicationScopeValue");
```

下面的 NonIoCAction 是一个完整的用非 IoC 方法实现 Servlet API 访问的例子。
NonIoCAction.java

```
public class NonIoCAction extends ActionSupport {
    public String execute()
    {
        //非 IoC 方式:获取 response、request、session、application 对象
        //(1)使用 ActionContext 方式
        ActionContext act = ActionContext.getContext();
        //等价于 act.getContext().put("request", "RequestScopeValue");
        act.put("request", "RequestScopeValue");
        //等价于 session.setAttribute("session","SessionScopeValue");
        act.getSession().put("session", "SessionScopeValue");
        //等价于 application.setAttribute("application",
        //"ApplicationScopeValue");
        act.getApplication().put("application",
            "ApplicationScopeValue");
         //(2)使用 ServletActionContext 方式
        HttpServletResponse response =
            ServletActionContext.getResponse();
        //response.addCookie(arg0)
        HttpServletRequest request = ServletActionContext.getRequest();
        request.setAttribute("req",
            "ServletActionContext.getRequest()");
        HttpSession session = request.getSession();
        session.setAttribute("ses", "request.getSession()");
        ServletActionContext.getContext().getApplication().put("app",
            "ServletActionContext.getContext().getApplication()");
        return SUCCESS;
    }
}
```

本例的配置方式和 IoCAction 基本一样,请读者自行配置并运行,此处不再给出具体的配置和运行结果。

10.9.2 防止重复提交

表单中的数据被重复提交是 Web 应用开发人员经常遇到的问题之一,如果该问题不能得到有效的解决,将导致数据库中出现大量重复的数据。使用 Struts2 提供的＜s:token /＞标签可以防止重复提交,具体步骤如下。

第一步：在表单中加入<s:token />。

token.jsp

```
<s:form action="TokenAction" method="post" namespace="/user">
  <s:textfield name="username" label="用户"/>
  <s:token/>
  <s:submit value="提交"/>
</s:form>
```

第二步：设计和配置 Action。

TokenAction 非常简单，仅声明了 username 和 message 属性，然后是对应的 setter 和 getter 方法以及返回值为 SUCCESS 的 execute()方法，此处不再给出。在 struts.xml 文件中配置表单中涉及的 Action。

```
<action name="token" class="henu.action.TokenAction">
    <interceptor-ref name="defaultStack" />
    <interceptor-ref name="token" />
    <!-- 表单重复提交时跳转到 hasToken.jsp -->
    <result name="invalid.token">../WEB-INF/page/hasToken.jsp</result>
     <!-- 表单提交成功后跳转到 success.jsp -->
    <result>../WEB-INF/page/success.jsp</result>
</action>
```

在以上配置中加入了 token 拦截器和 invalid.token 结果，因为 token 拦截器在会话的 token 与请求的 token 不一致时将会直接返回到 invalid.token 指定的结果视图。从这个配置中可以看到，Struts2 是依赖 token 拦截器实现防止重复提交的。

10.9.3 上传与下载

Struts2 框架也提供了上传的组件，例如 commons-fileupload-x.x.x.jar、commons-io-x.x.x.jar。另外，Struts2 还提供了一个实现文件上传的拦截器 fileUpload，该拦截器由于在 defaultStack 拦截器栈中，无须进行额外配置，将自动加载。

1. 上传

1）上传单个文件

若要实现单个文件的上传功能需要以下 3 个步骤。

第一步：在项目的 WEB-INF/lib 目录下添加上传文件的组件 commons-fileupload-x.x.x.jar、commons-io-x.x.x.jar(本书以 Struts2.3 为例，这两个 JAR 文件可以在 Struts2 安装发布包的 lib 目录下找到)。

第二步：设计文件上传的 JSP 页面，特别要注意把表单的 enctype 属性设置为 "multipart/form-data"。下面是一个实现文件上传的 JSP 页面 singleUpload.jsp 的主要代码片段。

singleUpload.jsp

```
<s:form action="user/singleUpload" method="post" enctype="multipart/form-data">
    <s:file name="upload" />
    <s:submit value="上传" />
</s:form>
```

第三步：编写 Action 类，并实现文件上传的业务逻辑。下面在项目中新建一个 Action 类 SingleUploadAction，具体如下。

SingleUploadAction.java

```java
public class SingleUploadAction extends ActionSupport {
    private File upload;
    private String uploadFileName;
    private String uploadContentType;
    public File getUpload() {
        return upload;
    }
    public void setUpload(File upload) {
        this.upload = upload;
    }
    public String getUploadFileName() {
        return uploadFileName;
    }
    public void setUploadFileName(String uploadFileName) {
        this.uploadFileName = uploadFileName;
    }
    public String getUploadContentType() {
        return uploadContentType;
    }
    public void setUploadContentType(String uploadContentType) {
        this.uploadContentType = uploadContentType;
    }
    public String execute() throws Exception
    {
        ActionContext act = ActionContext.getContext();
        //将上传的文件保存至项目的 WebContent 目录下的 upload 文件夹中
        String realpath = ServletActionContext.getServletContext().getRealPath("/upload");
        if(upload!=null)
        {
            File saveDir = new File(realpath);
            if(!saveDir.exists())
                saveDir.mkdirs();
            //创建保存的文件
            File saveFile = new File(saveDir,uploadFileName);
            //使用 commons-io 组件的 FileUtils 上传文件
            try {
                FileUtils.copyFile(upload,saveFile);
```

```
                } catch (IOException e) {
                    e.printStackTrace();
                }
            }
            act.put("message", "上传成功!");
            return SUCCESS;
        }
    }
```

在该 Action 中声明了 3 个属性，即 upload、uploadFileName 和 uploadContentType，分别用来获取上传的文件、上传文件的名称和上传文件的类型，它们必须和表单中对应的输入域名称相同，如本例的 JSP 页面中只使用了一个文件输入域 upload，它和 Action 类中的 upload 匹配。至于上传文件则非常简单，直接使用 commons-io 包中的 FileUtils 工具类的 copyFile() 方法实现文件上传。

第四步：在 struts.xml 文件中配置 SingleUploadAction。

```
<!-- 配置单文件上传 Action -->
<action name="singleUpload" class="henu.action.SingleUploadAction">
    <result>../WEB-INF/page/tips.jsp</result>
</action>
```

第五步：运行 singleUpload.jsp 页面。

在图 10.21 所示的页面中选择要上传的文件，上传成功之后，将在项目虚拟目录的 upload 子目录下得到上传文件的副本，并给出"上传成功!"的提示。

图 10.21 singleUpload.jsp 的运行结果

2) 上传多个文件

对于多文件同时上传，其思路与单文件上传一样，只需要把 Action 类中的属性声明为相应的数组类型即可，具体实现步骤如下。

第一步：设计多文件上传页面。

multiUpload.jsp

```
<script type="text/javascript" src="js/jquery-2.1.4.js"></script>
<script type="text/javascript">
    $(document).ready(function(e) {
        $("#button").click(function(e) {
            var comp = "<input type='file' name='upload' /><br/>";
            $("#files").append(comp);
        });
    });
```

```
</script>
　⋮
<body>
<input type="button" id="button" value="继续添加"/>
<form enctype="multipart/form-data" method="post"
        action="user/multiUpload.action">
    <span id="files">
    <input type="file" name="upload" /><br/>
    </span>
    <input type="submit" value="上传"/>
</form>
</body>
```

运行该页面,结果如图10.22所示。

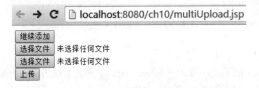

图10.22　multiUpload.jsp的运行结果

第二步：设计Action类。

MultiUploadAction.java

```java
public class MultiUploadAction extends ActionSupport {
    //定义为数组类型的属性
    private File[] upload;
    private String[] uploadFileName;
    public File[] getUpload() {
        return upload;
    }
    public void setUpload(File[] upload) {
        this.upload = upload;
    }
    public String[] getUploadFileName() {
        return uploadFileName;
    }
    public void setUploadFileName(String[] uploadFileName) {
        this.uploadFileName = uploadFileName;
    }
    public String execute() {
        //获取文件上传的路径为"/upload"
        String path = ServletActionContext.getServletContext().getRealPath("/upload");
        ActionContext act = ActionContext.getContext();
        if (upload != null) {
            File saveDir = new File(path);
            //如果upload目录不存在,则创建该目录
            if (!saveDir.exists()) {
```

```java
                saveDir.mkdirs();
            }
            for (int i = 0; i < uploadFileName.length; i++) {
                File saveFile = new File(saveDir, uploadFileName[i]);
                try {
                    FileUtils.copyFile(upload[i], saveFile);
                } catch (Exception e) {
                    e.printStackTrace();
                }
            }
            act.put("message", "多文件上传成功!");
        }
        return SUCCESS;
    }
}
```

第三步：在 struts.xml 中配置 Action。

```xml
<!-- 配置 MultiUploadAction -->
<action name = "multiUpload" class = "henu.action.MultiUploadAction">
    <result>../WEB-INF/page/tips.jsp</result>
</action>
```

此外还可以在 struts.xml 配置文件中定义 struts.multipart.maxSize 常量，限制文件上传的最大字节数，至此多文件上传实现。

2. 下载

实现文件下载需要设计一个 Action 类，在该 Action 类中提供一个返回 InputStream 流的方法，该输入流代表被下载文件的入口，使用此方法给被下载的数据提供输入流，表示从该流读取下载的文件，然后再写到浏览器端供下载，该方法的具体实现代码如下。

```java
public InputStream getInputStream() throws Exception {
    return new ByteArrayInputStream("Struts2 文件下载".getBytes());
}
```

在此方法中使用了一个字节数组输入流 ByteArrayInputStream 从字符串转换成的字节数组（作为数据源）进行读取，完整的文件下载 Action 如下。
DownloadAction.java

```java
public class DownloadAction extends ActionSupport {
    //用户请求的文件名
    private String fileName;
    //下载资源的路径(在 Struts 配置文件中设置)
    private String inputPath;
    public void setInputPath(String inputPath) {
        this.inputPath = inputPath;
```

```java
    }
    public String getInputPath() {
        return inputPath;
    }
    public void setFileName(String fileName) {
        this.fileName = fileName;
    }
    public String getFileName() {
        return fileName;
    }
    public String downloadFile() throws Exception {
        ServletContext context = ServletActionContext.getServletContext();
        String downloadDir = context.getRealPath("/upload");
        String downloadFile = context.getRealPath(inputPath);
        //防止用户请求不安全的资源
        if(!downloadFile.startsWith(downloadDir)) {
            return null;
        }
        return "download_success";
    }
    /*
     * 获取输入流资源
     */
    public InputStream getInputStream() throws Exception {
        String path = inputPath + File.separatorChar +
            new String(fileName.getBytes("ISO-8859-1"), "UTF-8");
        return ServletActionContext.getServletContext().getResourceAsStream(path);
    }
    /*
     * 获取下载时文件默认的文件名
     */
    public String getDownloadFileName() {
        String downloadFileName = fileName;
        try {
            downloadFileName = URLEncoder.encode(downloadFileName, "ISO-8859-1");
        } catch (UnsupportedEncodingException e) {
            e.getMessage();
            e.printStackTrace();
        }
        return downloadFileName;
    }
}
```

然后为该 Action 进行配置，具体如下。

```
<!-- 配置 DownloadAction -->
<action name="download_*_*" class="henu.action.{1}" method="{2}">
    <param name="inputPath">/upload</param>
    <!-- 将 result type 设置为 stream -->
```

```xml
<result name="download_success" type="stream">
    <!-- MIME 类型 -->
    <param name="contentType">application/octet-stream</param>
    <!-- inputName 的值与 action 获取输入流资源的方法名相对应(在 action 中定义
getInputStream 方法,并且返回类型为 InputStream) -->
    <param name="inputName">inputStream</param>
    <!-- 设置带附件的文件动态获取文件名(在 action 中定义 getDownloadFileName 方法) -->
    <param name="contentDisposition">
        attachment;filename="${downloadFileName}"
    </param>
    <!-- 设置缓冲大小 -->
    <param name="bufferSize">2048</param>
</result>
</action>
```

此处配置 FileDownloadAction 特殊的地方在于<result>元素的 type 属性值是一个流(stream)。在配置 stream 类型的结果视图时,因为无须指定实际显示的物理视图,所以不用指定 location 属性,只要指定 inputName 属性即可。inputName 属性指向被下载文件的来源,对应 Action 类中的某个属性,类型为 InputStream。下面列出了和下载有关的一些参数列表。

- contentType:内容类型,和 MIME 标准规定的类型一致,例如 text/plain 代表纯文本,application/pdf 表示 PDF 文件,image/jpeg 代表 JPG 图片。
- inputName:下载文件的来源流,对应 Action 类中某个类型为 InputStream 的属性名,并且取值为 inputStream 的属性需要编写 getInputStream()方法。
- contentDisposition:文件下载的处理方式,包括内联(inline)和附件(attachment)两种方式,而附件方式会弹出文件保存对话框,否则浏览器会尝试直接显示文件。当取值为"attachment;filename="struts2.txt""时,表示文件下载时保存的名字为 struts2.txt。如果直接写成"filename="struts2.txt"",那么默认情况下代表内联方式,浏览器将尝试自动打开下载的文件,等价于"inline;filename="struts2.txt""。
- bufferSize:下载缓冲区的大小。

此处,<param>元素的 name 属性值为 contentType 和 contentDisposition,分别对应 HTTP 响应中的 Content-Type 头和 Content-disposition 头。

最后创建一个下载页面 download.jsp,假设下载的文件名为 data.rar,则该页面的源代码如下。

```html
<a href="user/download_DownloadAction_downloadFile.action?fileName=data.rar">
data.rar</a>
```

动手实践 10-5

请读者创建一个基于 Struts2 的文件上传与下载程序,分析与使用 jspSmartUpload 组件实现上传与下载哪种方式更易于实现。

本章小结

Struts2 是一个非常流行的基于 MVC 的 Java Web 开发框架，Struts2 在 Struts1 的基础上很大程度上借鉴了 WebWork 框架技术。在 Struts2 中，Action 是一个非常重要的概念，它负责实现业务逻辑，用户自定义 Action 类时一般需要实现 ActionSupport 接口。Result 代表 Action 处理之后的逻辑视图，Result 有多种类型，例如 dispatcher、plaintext、redirectAction、stream 等，默认为 dispatcher。一个 Action 可以对应多个 Result，当然如果多个 Action 有相同的 Result，那么还可以把该 Result 定义为全局的 Result。无论是定义 Action，还是 package、Result、constant，甚至拦截器，这些配置信息都需要定义在 struts.xml 文件中。

Struts2 的值栈是一个存放对象的堆栈，对象以 Map 形式存储在该堆栈中，并且这个堆栈中对象属性的数值可以通过 OGNL 表达式访问。OGNL 表达式的功能非常强大，在 Struts2 应用程序中使用 OGNL 可以很方便地访问值栈中的数据。

Struts2 的标签可以分为 UI 标签和非 UI 标签，借助于 Struts2 的标签可以方便地表示和控制数据输出。在 Struts2 中统一了标签的前缀，使用"s"作为 Struts2 标签的前缀。

拦截器是一个实现特定功能的类，它以一种可插拔的方便的"过滤器"被定义在某个 Action 执行之前或者执行之后执行，从而完成一些特定的功能。自定义拦截器有两种实现方法，即实现 Interceptor 接口和继承 AbstractInterceptor 类。

自定义类型转换器也有两种实现方式，即继承 DefaultTypeConverter 类和继承 StrutsTypeConverter 类。

Struts2 提供了两种输入校检模式，即手动方式和使用框架自动校验方式。手动方式需要重写 Action 类的 validation() 方法；使用框架自动校验方式需要编写校验规则配置文件，该文件以"*-validation.xml"命名，其中"*"为对应 Action 的名称，在该文件中配置校验器使用＜validator＞元素和＜field＞元素。

Struts2 的国际化资源文件以".properties"结尾，命名方式为"文件名前缀.properties""文件名前缀_语言类型.properties"或"文件名前缀_语言类型_国家代码.properties"。

本章还介绍了 Struts 的文件上传与下载、重复提交等功能。

第11章 Hibernate框架

本章要点：
- ORM 概述；
- Hibernate 框架快速入门；
- 理解 Hibernate 核心类；
- Hibernate 查询；
- Hibernate 映射；
- Hibernate 过滤。

前面介绍了使用 JDBC 技术连接并访问数据库的方法，在 JDBC 中使用 Statement 等对象执行 SQL 语句。众所周知，SQL 是一种结构化查询语言，通过 SQL 语句可以操纵关系型数据库。那么使用一种面向对象的程序设计语言（例如 Java）开发项目，在访问数据库时又需要使用非面向对象的技术（SQL）操作数据库，最终导致并不是以纯粹的面向对象方式分析与设计项目。对象关系映射模型（Object/Ralation Mapping，ORM）的出现解决了这一问题，其中 Hibernate 是具有代表性的一个 ORM 框架技术。

11.1 ORM 概述

11.1.1 认识 ORM

ORM 是一种持久化框架，旨在解决面向对象的程序设计语言与关系型数据库不匹配的问题。简单地说，ORM 通过使用描述对象和数据库之间映射的元数据将应用程序中的对象自动持久化到关系型数据库中，本质上是将数据从一种形式转换成另外一种形式。ORM 的特点就是帮助开发人员完成面向对象的程序设计语言到关系型数据库的映射，从而实现在项目中既保持以一种完全面向对象的思想设计与开发应用程序和持久化数据库，又能利用关系型数据库的技术优势。

注意：
可以这样理解 ORM，它像是应用程序与数据库之间的一座"桥梁"，它把关系型数据库封装成面向对象的模型，帮助开发人员在程序中以一种面向对象的思想持久化数据，而不用考虑数据在数据库中的存取问题。

图 11.1 给出了 ORM 工具在应用程序与数据库之间的作用与地位。可以看出，ORM

将应用程序中需要持久化的对象通过与关系型数据库中相应的表映射,从而以面向对象的方式对数据库进行操作。持久化类(Persisent Object Java Object,POJO 类)与数据表之间主要利用映射关系实现应用程序对数据库的操作,图 11.2 给出了持久化类与数据表之间的映射关系。例如,在应用程序中对持久化类 Person 实例化(即创建 Person 实例)、更新 Person 实例的属性、删除 Person 实例时 ORM 会自动将这些操作转换成数据表的操作。

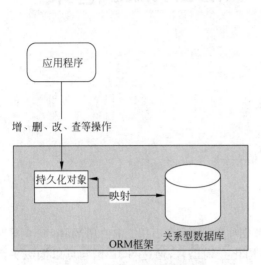

图 11.1　ORM 的作用

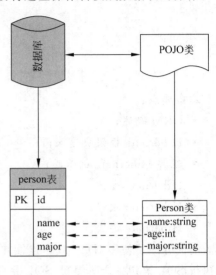

图 11.2　映射关系

数据表的每一行记录相当于应用程序中的一个实例对象。当应用程序对某个实例对象进行操作时也就意味着对数据表中对应的某行记录进行操作;当应用程序对某个实例对象的指定属性进行修改时也就是对数据表中对应的某行记录的指定列进行操作。正是基于这种映射方式,ORM 实现了持久化对象模型与关系模型之间的转换。

11.1.2　主流 ORM 框架介绍

当前支持 ORM 框架的工具非常多,下面简要介绍几种优秀的 ORM 工具。
- Hibernate:JBoss 的一个 ORM 工具,同时也是当前主流的开源 ORM 框架。Hibernate 对 JDBC 进行了轻量级的封装,将 Java 中对象与对象的关系映射成关系型数据库中数据表与数据表之间的关系。
- mybatis:原名叫 iBATIS,它是由 Clinton Begin 在 2001 年发起的开放源代码项目,曾是 Apache 的一个开源项目,在 2010 年这个项目由 Apache 迁移到 Google code,并且改名为 mybatis。相对于 Hibernate 而言,mybatis 只能算是一个半自动化的 ORM 框架,需要开发人员手写 SQL 语句。
- OJB:Apache 的一个开源项目,是 iBATIS 的一个后继 ORM 产品。OJB 使用基于 XML 的对象关系映射,OJB 能够完成从 Java 对象到关系数据库的透明存储。
- TopLink:一个 Oracle 公司的商业产品,TopLink 为在关系数据表中存储 Java 对象和 EJB 提供了高度灵活和高效的机制。TopLink 为开发人员提供极佳的性能和选择,可以与任何数据库、任何应用服务器、任何开发工具集和过程以及任何 Java EE

体系结构协同工作。

注意：

为什么要用 Hibernate 框架？究其原因在于以下几个方面。

（1）Hibernate 对 JDBC 访问数据库的代码做了封装，大大简化了数据访问层烦琐的重复性代码。

（2）Hibernate 是一个基于 JDBC 的主流持久化框架，也是一个优秀的 ORM 实现工具，它在很大程度上简化了 DAO 层的编码工作。

（3）Hibernate 使用 Java 反射机制体现透明性。

（4）Hibernate 是一个轻量级框架，性能较好。Hibernate 映射的灵活性很好，支持各种关系数据库，包括从一对一到多对多的各种复杂关系。

11.2 Hibernate 框架快速入门

11.2.1 Hibernate 的下载与安装

Hibernate 的官方站点为"http://www.hibernate.org"，读者可以在该网站下载 Hibernate 安装发布包和文档。目前 Hibernate 的最新版本为 5.0.7，考虑到稳定性，本书以 Hibernate 4.3 为基础介绍 Hibernate。Hibernate 包含以下主要子文件夹和文件。

- documentation：该文件夹中包含了 Hibernate 的 API 文档、帮助手册等文件。
- dist：该文件夹中包含了 Hibernate 所有的运行库文件资源包，包括应用 Hibernate 必须使用的类库文件等，用户可以根据实际需要添加相应的 JAR 文件。
- project：Hibernate 框架的源代码文件夹。

11.2.2 在 Eclipse 中配置 Hibernate 开发环境

如果要使用 Eclipse 开发 Hibernate 应用程序，首先要在 Eclipse 项目中配置 Hibernate。本节详细介绍如何在 Eclipse 项目中配置 Hibernate 开发环境，下面以 Eclipse 的 Web 项目为例具体介绍为该项目添加支持 Hibernate 框架的步骤（本例连接的数据库以 MySQL 为例说明）。

1. 为 Java Web 项目添加 Hibernate 类库文件

在 Eclipse 中创建一个动态 Web 项目并命名为"ch11"，然后从下载的 Hibernate 发行包中找到如图 11.3 所示的 JAR 文件，并复制到项目的 WEB-INF/lib 目录下。

注意：

图 11.3 所示的 JAR 文件是 Java Web 项目支持 Hibernate 框架最基本的 JAR 文件，可能与 Web 项目中的其他组件所需的 JAR 文件重复。在应用开发中，视项目的具体情况再增加其他 JAR 文件。

2. 添加 Hibernate 配置文件

假设项目连接的是 MySQL 数据库，数据库名称为"db_admin"、表名为"tb_person"。

图 11.3　Java Web 项目所需的 Hibernate 的相关 JAR 文件

在 Hibernate 中,这些连接数据库的有关信息需要定义在名称为 hibernate.cfg.xml 的文件中,并保存到项目的 src 根目录下。

hibernate.cfg.xml

```xml
<?xml version="1.0" encoding="UTF-8"?>
<!DOCTYPE hibernate-configuration PUBLIC
  "-//Hibernate/Hibernate Configuration DTD 3.0//EN"
  "http://hibernate.sourceforge.net/hibernate-configuration-3.0.dtd">
<hibernate-configuration>
  <session-factory>
    <!-- 定义数据库连接驱动 -->
    <property name="hibernate.connection.driver_class">
      com.mysql.jdbc.Driver</property>
    <!-- 定义数据库服务器地址 -->
    <property name="hibernate.connection.url">
      jdbc:mysql://localhost:3306/db_admin</property>
    <!-- 数据库用户名 -->
    <property name="hibernate.connection.username">root</property>
    <!-- 数据库用户对应的密码 -->
    <property name="hibernate.connection.password">password</property>
    <!-- 数据库对应的方言 -->
    <property name="hibernate.dialect">org.hibernate.dialect.MySQLDialect</property>
    <!-- 在操作数据库时是否打印 SQL 语句 -->
    <property name="hibernate.show_sql">true</property>
    <!-- 打开 hbm2ddl.auto 选项将自动生成数据库模式(schema)-直接加入数据库中 -->
    <property name="hbm2ddl.auto">update</property>
    <!-- 配置 ORM 映射文件 -->
    <mapping resource="henu/po/Person.hbm.xml"></mapping>
  </session-factory>
</hibernate-configuration>
```

Hibernate 配置文件用于配置数据库连接和 Hibernate 运行时所需要的各种属性(例如数据库驱动名称、数据库地址、用户名、密码、数据库方言等),该文件以 XML 文档或 Java 属性文档(properties)的形式存在于应用程序的 CLASSPATH 中(一般保存到项目的 src 根目录下),默认文件名使用 hibernate.cfg.xml,Hibernate 初始化时会自动在 CLASSPATH

中寻找该文件并读取配置信息。

注意：

在 Hibernate 配置文件中还使用了＜mapping＞元素，用来加载指定的映射文件路径及名称，如本例加载的映射文件为"henu/po/Person.hbm.xml"。

3. 创建持久化类

持久化类（POJO）与数据表对应，在应用程序中操纵数据库的行为实际上转换为对持久化类的操作。此处以 tb_person 表为例进行介绍，为该表对应创建一个持久化类 Person。

Person.java

```java
package henu.po;
import java.io.Serializable;
public class Person implements Serializable {
    //声明属性,对应于表中的列名
    private String name;
    private int age;
    private String major;
    private int id;
    //name 属性的 setter 和 getter
    public String getName() {
        return name;
    }
    public void setName(String name) {
        this.name = name;
    }
    //省略其他属性的 setter 和 getter
    ⋮
}
```

可以看到，Person 类就是一个 JavaBean。在创建持久化类时用户应注意以下事项：

（1）持久化类和类中的方法不能用 final 修饰。

（2）创建的持久化类建议实现 Serializable 序列化接口。

（3）为持久化类创建一个标识属性 id，该属性映射数据表的主键字段。

（4）类的各属性为 private 类型，并为类的各属性提供 public 类型的访问器（setter 和 getter 方法）。

4. 定义 ORM 映射文件

ORM 映射文件用于指定持久化类与数据表之间的映射关系。Hibernate 的映射文件采用 XML 文档格式，映射文件保存至 CLASSPATH 指定的路径下。下面是 Person 类与数据表 tb_person 的映射文件 Person.hbm.xml。

Person.hbm.xml

```xml
<?xml version = "1.0" encoding = 'UTF - 8'?>
<!DOCTYPE hibernate - mapping PUBLIC
```

```xml
"-//Hibernate/Hibernate Mapping DTD 3.0//EN"
"http://hibernate.sourceforge.net/hibernate-mapping-3.0.dtd">
<hibernate-mapping package="henu.po">
    <!-- class 元素定义持久化类的具体包路径、关联的数据库及表名称 -->
    <class name="Person" table="tb_person">
        <!-- id 元素定义表的主键,对应持久化类中的属性名称、数据类型 -->
        <id name="id" column="id" type="integer">
            <generator class="native"/>
        </id>
        <!-- property 元素定义持久化类的其他属性与表中列名之间的对照关系及数据类
        型等 -->
        <property name="name" column="name" type="string"/>
        <property name="age" column="age" type="integer"/>
        <property name="major" column="major" type="string"/>
    </class>
</hibernate-mapping>
```

上述映射文件的根元素为<hibernate-mapping>,在根元素中使用 package 属性指定 PO 类所在的包。<class>元素指定 PO 类映射的数据表名称;<id>元素指定数据表主键对应的 PO 类属性名称及其主键生成策略;<property>元素指定数据表的其他字段与 PO 类属性的对应关系及其数据类型。

若将该映射文件保存至 src 目录的 henu/po 目录下(即和 Person 类在同一目录)。那么在 Hibernate 配置文件中使用<mapping>元素定义映射文件的路径与名称。

注意:

尽管在一个映射文件中可以配置多个持久化类,但在一般情况下推荐一个持久化类单独对应一个映射文件,并且将映射文件保存至 src 的某个目录下,以便于管理文件。

经过上述配置,本项目的 Hibernate 环境已经基本搭建完毕,并且建立了一个映射文件 Person.hbm.xml 将 Person 类与数据库的 tb_person 表关联了起来。为了测试 Hibernate 环境搭建的成功与否,下面编写一个测试类进行测试。

TestPerson.java

```java
public class TestPerson {
    public static void main(String[] args) {
        //加载 Hibernate 配置文件 hibernate.cfg.xml
        Configuration cfg = new Configuration().configure();
        //创建 ServiceRegsitry 对象
        ServiceRegistry serviceRegistry = new StandardServiceRegistryBuilder()
                .applySettings(cfg.getProperties()).build();
        //创建会话工厂
        SessionFactory sessionFactory = cfg.buildSessionFactory(serviceRegistry);
        //创建 Session 对象
        Session session = sessionFactory.openSession();
        session.beginTransaction();
        //实例化一个 Person 对象
        Person tom = new Person();
        tom.setName("张三");
```

```
        tom.setAge(19);
        tom.setMajor("软件工程");
        //持久化 Person 对象
        session.save(tom);
        session.getTransaction().commit();
    }
}
```

成功运行该程序之后,将在 tb_person 表中添加一条记录,说明 Hibernate 环境已经成功搭建。

动手实践 11-1

请读者动手在 Eclipse 中创建一个支持 Hibernate 框架能力的项目,并尝试编写一个 Java 类访问数据表。

11.2.3 理解配置文件 hibernate.cfg.xml

JDBC 提供了 Connection 等对象用于在应用程序与数据库之间建立连接。Hibernate 对 JDBC 进行了封装,一般来讲,Hibernate 关于数据库的信息保存在配置文件 hibernate.cfg.xml 中。

hibernate.cfg.xml 是一个 XML 文档,根元素为＜hibernate-configuration＞,在根元素下仅有一个子元素,即＜session-factory＞,在＜session-factory＞元素下面定义了若干个＜property＞元素和＜mapping＞元素。其中,＜property＞元素定义连接数据库的相关信息;＜property＞元素有 name 属性,用于指定属性的名称,常用的 name 属性如下。

- hibernate.connection.driver_class:指定连接数据库的驱动工具类,如 MySQL 为 "com.mysql.jdbc.Driver"。
- hibernate.connection.url:指定连接数据库的 URL,如连接本地 MySQL 的 test 数据库,其 URL 为"jdbc:mysql://localhost:3306/test"。
- hibernate.connection.password:指定连接数据库的密码。
- hibernate.connection.username:指定连接数据库的用户名。
- hibernate.dialect:指定连接数据库的方言。

注意:

所谓数据库方言,是指特定数据库使用的 SQL 格式。尽管不同数据库所使用的 SQL 语句大体上一致,但局部也有区别。Hibernate 需要整合不同的数据库,对于不同的数据库 SQL 语句来说,都要转换为 Hibernate 能够"理解"的 SQL 语句,因此在配置文件中指定数据库的方言,以便 Hibernate 转换。下面是一些常见的数据库方言。

(1) MySQL:org.hibernate.dialect.MySQLDialec;
(2) SQL Server:org.hibernate.dialect.SQLServerDialect;
(3) Oracle:org.hibernate.dialect.OracleDialect;
(4) DB2:org.hibernate.dialect.DB2Dialect。

上述 5 个属性是 Hibernate 的必选属性,除了这些必选属性之外,Hibernate 还提供了支持数据库连接池、缓存、事务等有关属性。

- hibernate.show_sql：设置是否在控制台输出 Hibernate 向数据库发送的 SQL 语句，其值为布尔类型，在开发阶段建议设置该属性值为 true，以便监控 SQL 的执行情况。

<property>元素的语法格式如下。

```
<property name = "属性名称">属性值</property>
<!-- 例如定义 hibernate.show_sql -->
<property name = "hibernate.show_sql">true</property>
```

- hibernate.hbm2ddl.auto：设置 Hibernate 是否可以自动生成数据库 DDL 模式，取值可以是 update、create、create-drop 和 validate。如果是 create-drop，当 SessionFactory 创建时创建数据库，该对象销毁时同时删除数据库，推荐取值为 update。

Hiberante 也支持连接池技术，除了自带的连接池以外，同时支持 C3P0 等第三方数据库连接池技术。例如使用 hibernate.connection.pool_size 指定自带连接池的最大连接数为 20。

```
<property name = "hibernate.connection.pool_size">20</property>
```

Hibernate 的属性众多，限于篇幅，这里不再一一介绍，感兴趣的读者可以查阅 Hibernate 的用户手册。

hibernate.cfg.xml 文件中的<mapping>元素用来定义 PO 类的映射文件，该元素的 resource 属性用来指定项目中映射文件的位置和名称。其语法格式如下：

```
<mapping resource = "*.hbm.xml"></mapping>
<!-- 绑定 henu.po 包下的 Person.hbm.xml -->
<mapping resource = "henu/po/Person.hbm.xml"></mapping>
```

在使用 resource 属性指定映射文件时一定要注意路径，该路径为映射文件与 hibernate.cfg.xml 的相对路径。Configuration 类的 configure() 方法负责读取<mapping>元素中配置的映射文件。

hibernate.cfg.xml 一般放置在项目的 src 目录下，应用程序发布之后该文件位于 WEB-INF/classes 目录下。

注意：

在 Hibernate 框架中还可以使用 hibernate.properties 代替 hibernate.cfg.xml 文件，hibernate.properties 是 Hibernate 早期版本中使用的一种配置文件格式。hibernate.properties 采用"键＝值"对的形式配置连接数据库的信息，例如定义 hibernate.show_sql 和用户属性。

```
hibernate.show_sql = true
hibernate.connection.username = root
```

由于 XML 文件已经成为当前主流的配置文件格式，所以推荐读者使用 hibernate.cfg.

xml 作为配置数据库的主要方式。

动手实践 11-2

尝试在 Eclipse 的 Web 项目中新建一个 Hibernate 的配置文件，并在该文件中配置连接数据库的信息，例如用户名、密码、数据库地址、数据库方言、数据库 JDBC 驱动等。

11.2.4 初步认识 Hibernate 映射文件

Hibernate 使用 XML 格式的映射文件将程序中的持久化类与数据表关联起来，映射文件以"hbm.xml"作为文件扩展名。一般来讲，一个持久化类与一张数据表对应建立一个映射文件。下面介绍持久化类与数据表之间的映射关系。

在 Hibernate 框架中，数据表字段和持久化类的属性进行映射时必须遵循一定的规则，否则将导致程序产生异常。表 11.1 列出了数据表字段数据类型与 Java 数据类型之间的映射关系，在定义映射文件时必须按照表 11.1 列出的数据对照关系进行映射。

表 11.1　数据类型映射对照表

数据表字段数据类型	Java 数据类型	Hibernate 映射数据类型
INT	java.lang.Integer	integer
TINYINT	java.lang.Byte	byte
SMALLINT	java.lang.Short	short
BIGINT	java.lang.long	long
FLOAT	java.lang.Float	float
DOUBLE	java.lang.Double	double
NUMERIC	java.lang.BigDecimal	big_decimal
CHAR	java.lang.Character	character
CLOB	java.lang.String	text
VARCHAR	java.lang.String	string
BIT	java.lang.Boolean	Boolean
DATE	java.lang.Date/java.sql.Date/java.lang.Calendar	date/calendar_date
TIME	java.util.Date/java.sql.Time	time
TIMESTAMP	java.util.Date/java.sql.Timestamp	timestamp
BOLB	byte[]	binary

在映射文件中以＜hibernate-mapping＞元素作为文档的根元素，根元素中包含了＜class＞子元素。其中＜class＞元素用来配置程序中的持久化类与数据表之间的映射关系，其语法格式如下：

```
<class name="持久化类完整名称" table="数据表名称" catalog="数据库名称">
<!-- 例如 com.henu.domain.Person 类与表'test'.'person'映射 -->
<class name="com.henu.domain.Person" table="person" catalog="test">
```

其中 name 属性用于指定程序中的持久化类，table 属性用于指定数据表名，catalog 属性用于指定数据库名称。除了上面 3 个属性以外，＜class＞元素还有 lazy、abstract、dynamic-update、dynamic-insert、batch-size 等属性。

在<class>元素下还可以嵌套子元素,具体参见表 11.2。

表 11.2 <class>元素下的子元素

元素名称	描 述
<id>	定义数据表的标识元素(主键)。其中,name 属性值指定持久化类标识属性名;type 属性值指定该标识属性的数据类型。另外,<id>元素还内嵌了<column>、<generator>等元素。<column>元素指定对应数据表的列名称,主键生成器<generator>元素负责生成数据表记录的主键
<property>	使用该元素映射持久化类与数据表之间的普通属性。其中,name 属性指定持久化类的属性名,一般 name 属性值与数据表的列名相同;若不同,可以使用 column 属性指定对应的数据表列名。此外,该元素还有 type、lazy、not-null、length、unique 等属性
<set>、<map>、<list>以及<array>元素	这些元素用于映射持久化类中的集合类型属性,其中<set>元素用于映射持久化类的 Set 类型属性,<map>元素用于映射持久化类的 Map 类型属性,<list>元素用于映射持久化类的 List 类型属性,<array>元素用于映射持久化类的数组类型元素

注意:

<generator>元素的 class 属性值可以为 increment、identity、sequence、hilo、seqhilo、uuid、native、assigned、select 和 foreign 等。

(1) increment:若数据表主键为 int 类型,并且没有其他进程向该表中插入数据,此时可以使用该值。

(2) identity:目前 SQL Server、MySQL 等数据库都支持自增类型的主键,若数据表主键为 int、long 等自增类型,可以使用该值。

(3) sequence:若数据库支持 sequence 类型的主键,可以选用该值。

(4) hilo:使用一个高/低位算法高效地生成 long、int 等类型的主键,给定一个表和字段作为高位值的来源,使用 hilo 生成的主键在数据库中是唯一的。

(5) uuid:使用一个 128 位的 UUID 算法生成字符串类型的标识符。

(6) native:根据底层数据库的能力选择 identity、sequence、hilo 中的一个。

(7) assigned:手动为数据表主键赋值,相当于不指定<generator>元素时所采用的默认策略。

(8) foreign:直接使用另一个关联对象的主键(即本持久化类不能生成主键),只在基于主键的一对一映射中使用。

11.2.5 深入理解持久化类 POJO

由于 Hibernate 是一个彻底的 ORM 框架工具,在 Hibernate 应用程序中,开发人员只需要管理对象的状态就可以改变数据在数据库中的状态。相对于 JDBC,开发人员使用 SQL 语句管理记录,Hibernate 则采用完全面向对象的方式操纵数据库。对于 Hibernate 应用,在开发人员的思维中应只有对象和属性,而不应有数据表、字段等概念。

Hibernate 采用低入侵式设计,对持久化类几乎没有任何要求,一般认为持久化类就是一个普通的 JavaBean(POJO),因此在设计持久化类时要使其满足 JavaBean 规范。

注意：

在设计持久化类时，持久化类的属性名称尽量与数据表中的列名保持一致，属性的个数与数据表的列数一致。

持久化对象可以处于瞬时状态（transient state）、持久化状态（persistent state）或脱管（detached state）状态。

- 瞬时状态：一个持久化对象被创建（用 new 运算符创建），但尚未被 Hibernate Session 对象关联，此时认为该对象处于瞬态。瞬态对象不会被保存至数据库中，也不会被赋予持久化标识（Identifier），只有在被 Hibernate Session 关联之后才能将该对象转换为持久化状态。如果处于瞬态的对象失去地址引用，它将被 JVM 销毁。
- 持久化状态：处于该状态的持久化对象是一个通过 Hibernate Session 对象关联被保存的对象，或者从数据库中加载的对象，此时持久化对象拥有一个标识符，作为区别其他对象的标识。
- 脱管状态：当与持久化状态对象关联的 Hibernate Session 关闭后，该对象就变成了脱管状态。对脱管状态的对象的引用依然有效，可以继续使用。当脱管状态的对象再次与某个 Hibernate Session 关联后，脱管状态的对象将转变化持久化状态，脱管期间进行的修改将被持久化到数据库中。

11.2.6 Hibernate 的工作过程

前面的示例已经介绍了 Hibernate 对 JDBC 进行的封装，并且提供了 Configuration、SessionFactory、Session 和 Transaction 等对象。Hibernate 的工作过程相对简单，如图 11.4 所示，其工作步骤如下。

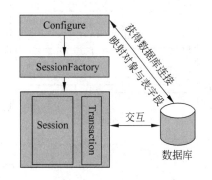

图 11.4 Hibernate 应用程序的工作过程

第一步：读取并解析配置文件 hibernate.cfg.xml，主要由 Configuration 类的 configure() 方法负责实现。

第二步：读取并解析映射文件 *.hbm.xml，通过 Configuration 类的 buildSessionFactory() 方法实现，同时该方法将返回一个会话工厂 SessionFactory。

第三步：打开会话 Session，由 SessionFactory 的 openSession() 方法实现。

第四步：创建事务管理对象 Transaction，Transaction 对象由 Session 对象的 beginTransaction() 方法创建。

第五步：对数据库进行操作。对数据库的操作主要依赖 Session 类的一些方法实现，例如 load() 方法、delete() 方法、save() 方法等，实现对数据库的增、删、改、查操作。

第六步：提交事务。完成对数据库的操作之后应该提交事务，完成数据在数据库中的持久化。

第七步：关闭 Session 和 SessionFactory 对象。完成上述操作之后可以关闭 Session 和 SessionFactory 对象，以释放内存空间。

11.3 Hibernate 核心 API

Hibernate 提供了一套完备的 ORM 工具类,并且封装了 JDBC,还提供了多种处理事务的方式。

11.3.1 认识 Hibernate 的框架结构

图 11.5 给出了 Hibenate 应用程序和 Hibernate 框架的结构。可以看到在 Hibernate 应用程序中,应用程序通过 Hibernate 框架管理(保存、修改、删除等)持久化对象,而 Hibernate 框架通过 hibernate.cfg.xml 或 hibernate.properties 配置文件中的信息与数据库建立连接,通过 XML 映射文件使 Hibernate 持久化对象与数据表之间建立映射关系。Hibernate 框架由 Session、SessionFactory、Transaction、TransactionFactory 和 ConnectionProvider 等对象组成,完成 Hibernate 的一系列功能。

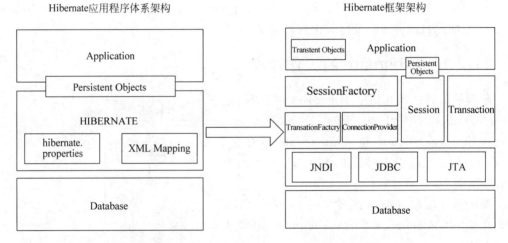

图 11.5 Hibernate 应用程序与 Hibernate 框架结构

11.3.2 SessionFactory

SessionFactory 接口用来创建 Session 对象。SessionFactory 是线程安全的,可以同时被多个线程并发调用,因此在实际应用中对于一个数据库整个生命周期只创建一个该对象的实例即可。自 Hibernate 4.0 之后,SessionFactory 对象的创建方法与之前的版本有所不同。下面是用 Hibernate 4.3 创建 SessionFactory 对象的代码。

```
//读取 hibernate.cfg.xml 配置信息
Configurationcfg = new Configuration().configure();
//创建 ServiceRegistry 对象
ServiceRegistryserviceRegistry = new StandardServiceRegistryBuilder()
        .applySettings(cfg.getProperties()).build();
//通过 buildSessionFactory()创建 SessionFactory 对象
```

```
SessionFactorysessionFactory =
        cfg.buildSessionFactory(serviceRegistry);
```

表 11.3 给出了 SessionFactory 的主要方法。

表 11.3　SessionFactory 的主要方法

方　　法	说　　明
void close()	销毁 SessionFactory 对象,释放其占用的资源
Session getCurrentSession()	获取当前的 Session 对象
Session openSession()	打开一个 Session 对象
boolean isClosed()	判断 SessionFactory 对象是否已经关闭

在 SessionFactory 中一般使用 openSession()方法打开一个 Session 对象,使用 close()方法关闭 SessionFactory 对象。openSession()方法还进行了重载,若该方法没有参数,表明将打开一个配置文件中指定数据库的 Session 对象。

在实际应用中往往定义一个公共类,用于创建和管理 Hibernate 的 SessionFactory 对象,具体代码如下。

HibernateUtil.java

```java
import org.hibernate.SessionFactory;
import org.hibernate.boot.registry.StandardServiceRegistry;
import org.hibernate.boot.registry.StandardServiceRegistryBuilder;
import org.hibernate.cfg.Configuration;
public class HibernateUtil {
    private static final SessionFactory sessionFactory = buildSessionFactory();
    private static SessionFactory buildSessionFactory() {
        try {
            Configuration cfg = new Configuration().configure();
            StandardServiceRegistry serviceRegistry = new
                StandardServiceRegistryBuilder()
                .applySettings(cfg.getProperties()).build();
            return cfg.buildSessionFactory(serviceRegistry);
        } catch (Throwable ex) {
            System.err.println("会话工厂初始化失败:" + ex);
            throw new ExceptionInInitializerError(ex);
        }
    }
    public static SessionFactory getSessionFactory() {
        return sessionFactory;
    }
}
```

11.3.3　Session

org.hibernate.Session 接口是 Hibernate 的核心 API 之一,它提供了操作数据库的各种方法,例如 save()、delete()、load()等方法;同时 Session 对象也可以创建 Query、Criteria

和 Filter 等对象。Session 是非线程安全的，因此每执行一次数据库事务都应创建一个 Session 对象。Session 对象的创建方法如下：

```
//由 SessionFactory 的实例 sessionFactory 打开一个会话
Session session = sessionFactory.openSession();
```

Session 接口的主要方法如表 11.4 所示。

表 11.4 Session 接口的主要方法

方　　法	说　　明
Transaction beginTransaction()	返回一个相关的事务对象，并且创建一个工作单元
void concelQuery()	取消正在执行的查询
void clear()	清除当前的 Session 对象
Criteria createCriteria(Class p)	根据给定的实体对象创建一个 Criteria 实例
Query createFilter(Object collection, String queryString)	根据给定的过滤字符串和集合对象创建一个新的 Query 对象
Query createQuery(String queryString)	根据给定的 HQL 语句创建一个新的 Query 对象
SQLQuery createSQLQuery(String sql)	根据给定的 SQL 语句创建一个新的 SQLQuery 对象
void delete(Object obj)	从数据表中删除指定的记录
void disableFilter(String filterName)	禁用指定名称的 Filter 对象
Filter enableFilter(String filterName)	开启当前 Session 对象中指定名称的 Filter 对象，默认 Filter 关闭
void evict(Object obj)	从 Session 缓存中删除指定的对象
void flush()	强制清空缓冲区
Object get(Object obj, Serializable id)	根据给定的实体类和标识符获取该持久化对象，否则返回 null
Query getNamedQuery(String name)	获取一个 Query 对象，该 Query 对象为在映射文件中定义的名称为 name 的命名 SQL 语句查询对象
Object load(Object obj, Serializable id)	根据给定的实体类和标识符获取该持久化对象（该持久化对象必须存在）
Serializabelsave(Object obj)	持久化指定的对象，若首次持久化该对象，则为该对象指定标识符
void saveOrUpdate(Object obj)	保存或更新指定的对象
void update(Object obj)	通过比较根据 load() 方法加载的数据与当前的数据来更新数据表中的数据

注意：

Session 中的 load() 方法和 get() 方法均可以根据指定的实体类和标识符从数据库中读取记录，并返回与之对应的实体对象，其区别如下：

（1）如果未查询到符合条件的记录，get() 方法返回 null，而 load() 方法抛出类型为 ObjectNotFoundException 的异常。

（2）load() 方法可以返回实体的代理类实例，而 get() 方法永远直接返回实体类。

（3）load() 方法可以充分利用内部缓存和二级缓存中的现有数据，而 get() 方法仅仅在内部缓存中进行数据查找，如没有发现对应数据，将越过二级缓存直接调用 SQL 完成数据读取。

11.3.4 Configuration

Configuration 类位于 org.hibernate.cfg 包中，Configuration 类通常用于初始化 Hibernate，通过 buildSessionFactory() 方法创建 SessionFactory 对象。创建 Configuration 对象的方法如下：

```
//实例化一个 Configuration 对象 cfg
Configuration cfg = new Configuration();
//加载 hibernate.cfg.xml 配置文件
cfg.configure();
```

Configuration 对象通过 configure() 方法读取 Hibernate 的配置文件 hibernate.cfg.xml，注意 configure() 方法默认到 src 的根目录下查找 hibernate.cfg.xml 文件。此外，Configuration 类还提供了一些其他方法，具体见表 11.5。

表 11.5　Configuration 类的主要方法

方　　法	说　　明
Configuration addProperties(Properties p)	添加 Properties 类型的 Hibernate 配置信息
Configuration addResource(String s)	添加 String 类型的 Hibernate 配置信息
Configuration setProperty(Properties p)	设置一个全新的 Hibernate 配置信息
Configuration addClass(Class c)	添加指定类的映射文件
Configuration addFile(String xmlFile)	添加一个 XML 格式的映射文件
Configuration addURL(URL url)	从 url 中读取一个映射文件
Configuration configure()	从应用程序的 hibernate.cfg.xml 配置文件中读取配置信息
SessfionFactory buildSessionFactory()	创建一个 SessionFactory 对象

11.3.5 Transaction

Transaction(事务)是数据库工作中的基本逻辑单位，可以用于确保数据库能够被正确修改，保证数据的完整性，避免数据只修改了一部分而导致数据不完整，或者在修改时受到用户干扰。作为开发人员，有必要了解事务的运行机制并合理利用，以确保数据库保存正确、完整的数据。

首先了解事务的两个基本概念。数据库向用户提供保存当前程序状态的方法，称为事务提交(commit)；在事务执行过程中，使数据库忽略当前的状态并回到前面保存的状态的方法称为事务回滚(rollback)。

事务具备原子性(Atomicity)、一致性(Consistency)、隔离性(Isolation)和持久性(Durability)4 个属性，简称 ACID。下面对这 4 个特性分别进行说明。

- 原子性：将事务中所做的操作捆绑成一个原子单元，即对于事务所进行的数据修改等操作要么全部执行，要么全部不执行。
- 一致性：事务在完成时必须使所有的数据保持一致的状态，而且在相关数据中所有规则必须应用于事务的修改,以保持所有数据的完整性。事务结束时,所有的内部数据结构都应该是正确的。
- 隔离性:由并发事务所做的修改必须与任何其他事务所做的修改相隔离。在事务查看数据时,数据所处的状态要么是被另一并发事务修改之前的状态,要么是被另一并发事务修改之后的状态,即事务不会查看由另一个并发事务正在修改的数据,这种隔离方式也叫可串行性。
- 持久性:事务完成之后,它对系统的影响是永久的,即使出现系统故障也是如此。

Hibernate 对 JDBC 进行了轻量级的封装,它本身在设计时并不具备事务处理功能。Hibernate 将底层的 JDBCTransaction 或 JTATransaction 进行了封装,然后在外面套上 Transaction 和 Session 的外壳,其实是通过委托底层的 JDBC 或 JTA 来实现事务的处理功能的。如果要在 Hibernate 中使用事务,可以在它的配置文件中指定使用 JDBCTransaction 或者 JTATransaction。在默认情况下,Hibernate 使用的是 JDBCTransaction。具体而言,Hibernate 中的 Transaction 是一个接口,位于 org.hibernate 包中,而 org.hibernate.transaction.JDBCTransaction 类是对 Transaction 接口进行了具体实现。Transaction 接口支持数据库事务的所有操作,例如提供了 commit()方法和 rollback()方法等。

在 JDBC 提交模式中,如果数据库连接是自动提交模式,那么在每一条 SQL 语句执行后事务都将被自动提交,提交后如果还有任务,那么一个新的事务又开始了。而 Hibernate 在 Session 的控制下,在取得数据库连接后立刻取消自动提交模式,即 Hibernate 在执行 Session 对象的 beginTransaction()方法后自动调用 JDBC 层的 setAutoCommit(false)方法设置自动提交模式为 false。使用 JDBC 事务是进行事务管理最简单的实现方式,Hibernate 对 JDBC 事务的封装也很简单。

注意:

在使用 Hibernate 对数据表的记录进行插入、删除和更新操作前必须开启事务,在操作结束后提交事务。由于对数据表的查询并不涉及数据完整性,因此执行查询操作时不用开启和提交事务。

11.4 Hibernate 查询

使用 Session 的相关方法可以对数据库进行添加、删除、更新、查找单个记录等操作。那么如何像 SQL 语句那样查询多个记录呢,本节将介绍 Hibernate 的 3 种查询方式,即 HQL、QBC 和原生态 SQL。

11.4.1 Hibernate 查询相关的 API

在介绍 Hibernate 查询之前首先对 Hibernate 的一些与查询相关的 API 做简要说明。

1. Query 接口

Query 接口经常用于 HQL 查询方式,用来执行 HQL 语句。表 11.6 列出了 Query 接口的一些常用方法。

表 11.6　Query 接口的常用方法

方　　法	说　　明
int executeUpdate()	执行一个更新或删除 HQL 语句
String getQueryString()	返回查询语句字符串
Iterator iterate()	以 Iterator 形式返回查询结果
List list()	以 List 形式返回查询结果
Query setXxx(int position, xxx value)	为动态绑定参数赋值,position 为参数的位置,xxx 为参数的数据类型
Query setXxx(String param, xxx value)	为动态绑定参数赋值,param 为参数的名称,xxx 为参数的数据类型
Query setFirstResult(int firstResult)	设置提取的第一行记录
Query setMaxResults(int maxResult)	设置每次返回的最多记录行数
Query setParameter(int position, Object obj)	为命名 SQL 语句中指定位置的动态参数赋值
Object uniqueResult()	返回查询结果的唯一记录,如无查询结果则返回 null

2. Criteria 接口

Criteria 接口用于 QBC 查询方式,该接口在 org.hibernate 包中。由 Session 接口的 createCriteria()方法创建一个 Criteria 对象。表 11.7 列出了 Criteria 接口的常见方法。

表 11.7　Criteria 接口的常见方法

方　　法	说　　明
Criteria add(Criterion criterion)	向提取的结果添加一个限制条件
Criteria addOrder(Order order)	向结果集中添加一个排序条件
List list()	以 List 方式返回查询结果
Criteria setFirstResult(int firstResult)	设置提取的第一行记录
Criteria setMaxResults(int maxResult)	设置每次返回的最多记录行数
Object uniqueResult()	返回查询结果的唯一记录,如无查询结果则返回 null

下面的代码段是一个使用 Criteria 的例子,检索出所有以"T"开头的人员姓名并且年龄小于 20 的人员列表,且按年龄升序排列。

```
Criteria criteria = session.createCriteria(Person.class);
criteria.add(Restrictions.like("name", "T%"));
criteria.add(Restrictions.lt("age", new Integer(20)));
criteria.addOrder(Order.asc("age"));
List persons = criteria.list();
```

上述代码也可简化为以下形式:

```
List persons = session.createCriteria(Person.class)
.add( Restrictions.like("name", "T%") )
.add( Restrictions.lt( "age", new Integer(20) ) )
.addOrder( Order.asc("age") )
.list();
```

3. Restrictions 类

在上面的代码中已经用到了 Restrictions 类，不难看出 Restrictions 类主要为 Criteria 设置属性的过滤条件。表 11.8 提供了 Restrictions 类的常用方法。

表 11.8　Restrictions 类的常用方法

方　　法	说　　明
staticCriterion between(String propertyName, Object lo, Object hi)	相当于 SQL 语句中的"between"
public static SimpleExpression eq(String propertyName, Object value)	相当于 SQL 语句中的"="
public static SimpleExpression ne(String propertyName, Object value)	相当于 SQL 语句中的"<>"
public static SimpleExpression like(String propertyName, Object value)	相当于 SQL 语句中的"LIKE"
public static SimpleExpression gt(String propertyName, Object value)	相当于 SQL 语句中的">"
public static SimpleExpression lt(String propertyName, Object value)	相当于 SQL 语句中的"<"
public static SimpleExpression le(String propertyName, Object value)	相当于 SQL 语句中的"<="
public static SimpleExpression ge(String propertyName, Object value)	相当于 SQL 语句中的">="
public static Criterion in(String propertyName, Collection values)	相当于 SQL 语句中的"in"
public static LogicalExpression and(Criterion lhs, Criterion rhs)	相当于 SQL 语句中的"and"
public static LogicalExpression or(Criterion lhs, Criterion rhs)	相当于 SQL 语句中的"or"
public static Criterion not(Criterion expression)	相当于 SQL 语句中的"!"

11.4.2　HQL 查询

Hibernate Query Language 简称 HQL，它是 Hibernate 中最常用的一种面向对象的查询语言。尽管从结构上看 HQL 与 SQL 很相似，但是 HQL 被设计为完全面向对象的查询语言，它可以理解继承、多态和关联之类的概念。下面我们先看一个 SQL 语句：

```
String sql = "select p.name, p.age, p.major from person as p where p.name
like '%Tom%'" order by p.name asc;
```

那么使用 HQL 表达同样的功能，其代码如下：

```
String hql = "select p.name, p.age, p.major from henu.po.Person as p where
p.name like '%Tom%'" order by p.name asc;
```

对比上述语句可以看出，HQL 和 SQL 具有以下相同点：

- 支持条件查询；
- 支持连接查询；
- 支持分页查询；
- 支持分组查询（having 和 group by）；
- 支持内置函数和自定义函数查询（sum()、min()、max()）；
- 支持子查询，即嵌入式查询；
- 支持动态绑定参数查询；
- 不区分大小写。

二者的区别在于在 SQL 语句中 from 子句后跟的是表名,而在 HQL 语句中 from 子句后跟的是持久化类名,例如 henu.po.Person 类。在默认情况下,可以省略持久化类的包名。

注意：

除了 Java 类与属性的名称以外,HQL 对大小写并不敏感,所以 SeLeCT 与 sELEct 以及 SELECT 是相同的,但是 henu.po.Person 并不等价于 henu.po.person,并且 Person.major 也不等价于 Person.MAJOR。因为 Person 代表的是类名,major 则是 Person 类的属性,在 Java 语言中标识符是严格区分大小写的。

在 Hibernate 中使用 Session 接口的 createQuery() 方法执行一个 HQL 语句,例如:

```
String hql = "from Person as p where p.age > 20";
Session session = HibernateUtil.getSessionFactory().openSession();
Queryquery = session.createQuery(hql);
//查询结果存储在 list 对象中,元素类型为 Person 类型
List<Person> list = query.list();
for(Person person:list){
    System.out.println("ID:" + person.getId() + "\tNAME:" +
      person.getName() + "\tAGE:" + person.getAge() + "\tMAJOR:" +
    person.getMajor());
}
```

HQL 在功能上最为强大的地方就是全方位支持各种各样的查询操作,下面以操作 Person 对象为例列举一些 HQL 查询的主要应用。

1. 支持属性查询

在 HQL 中,默认查询实体的所有属性可以省略 select 语句,若仅查询指定属性,select 语句是不能省略的。如果 select 子句返回多个属性,则返回结果封装到 List<Object[]> 集合中,集合中的每个数组表示一条记录,例如下面的代码。

```
//只检索 Person 类中的 name 和 major 属性
String hql = "select p.name,p.major from Person p"
Queryquery = session.createQuery(hql);
List<Object[]> result = query.list();
for(Object[] obj:result)
{
    System.out.println("NAME:" + obj[0] + "\tMAJOR:" + obj[1]);
}
```

2. 支持条件查询

在 SQL 语句中使用 where 语句限定查询条件,在 HQL 中自然也不例外。

```
String hql = "select p.name, p.major from      Person as p where p.age > 20"
List<Object[]> list = session.createQuery(hql).list();
```

3. 支持动态设置查询参数

在 HQL 中使用条件查询时,有时查询需要动态指定查询参数,HQL 也支持动态设置查询参数。

```
String hql = "from Person as p where p.name = ?"
Query query = session.createQuery(hql);
//为 HQL 语句中的参数赋值
query.setString(1, "Tom");
List list = query.list();
```

通过上面的代码可以看到,在 HQL 语句中使用问号(?)作为占位符,然后使用 Query 接口的 setXxx()方法为参数赋值,其中 setXxx()方法的第一个参数为占位符在 HQL 语句中出现的位置(序号从 1 开始),其数据类型为 int 类型;第二个参数为该查询参数具体的数值。

除了将问号作为占位符以外,还可以指定具体的动态参数名称作为占位符,其语法格式为":参数名称"。上面的代码可改写为以下形式:

```
String hql = "from Person as p where p.name = :pname"
Query query = session.createQuery(hql);
//为 HQL 语句中的参数赋值
query.setString("pname","Tom");
List<Person> list = query.list();
```

在上述代码中动态参数名称为":pname",为参数赋值仍然用 Query 接口的 setXxx()方法,只不过此时 setXxx()方法的第一个参数的数据类型为字符串类型,其值应为 HQL 语句中的字符串占位符。

注意:

对于 Query 接口的 setXxx()方法,"Xxx"应为何值取决于动态参数的数据类型,若动态参数为 double 类型,则应该使用 setDouble()方法为动态参数赋值。

4. 子查询

HQL 语言也可以进行子查询。子查询必须使用()括起来,例如:

```
//查询所有年龄大于平均年龄的人员的姓名、专业和年龄信息
select p.name,p.major,p.age from Person as p
where p.age >
(select avg(p.age) from Person);
```

5. 支持聚集函数

HQL 查询同样支持聚集函数,可以对实体的属性进行相关计算并返回计算结果。

```
//查询平均年龄、最大年龄和最小年龄
select avg(p.age), max(p.age), min(p.age) from Person as p
```

HQL 支持的聚集函数有 avg()、sum()、min()、max()、count() 等。此外，还可以在 select 子句中使用数学操作符（例如"+"）、连接以及 distinct、all 等关键字。

6. 支持分页查询

第 8 章中已经介绍了基本的分页技术，Hibernate 也支持分页查询，通过 Query 接口的 setMaxResults() 方法和 setFirstResult() 方法来实现，具体如下：

```
String hql = "from Person as p order by p.name asc"
Query query = session.createQuery(hql);
//设置本页记录检索的开始位置
query.setFirstResult(11);
//设置本页显示的最大记录数
query.setMaxResults(10);
List list = query.list();
```

7. HQL 新增功能

HQL 除了拥有强大的查询功能以外，还提供了对 update、delete、insert 等数据操作语言的支持。不同于执行查询语句使用 Query 接口的 list() 方法获取查询结果，执行 update、delete 和 insert 语句需要使用 Query 接口的 executeUpdate() 方法执行 HQL 语句，并返回 int 类型的执行结果，表示受影响的实体个数。下面的代码是对在 HQL 中执行 update、delete 和 insert 语句的示例。

```
//update 语句示例
Session session = sessionFactory.openSession();
Transaction tx = session.beginTransaction();
String hqlUpdate = "update Person p set p.name = :newName where p.name = :oldName";
int updatedEntities = session.createQuery( hqlUpdate )
.setString( "newName", newName )
.setString( "oldName", oldName )
.executeUpdate();
tx.commit();
session.close();

//delete 语句示例
Session session = sessionFactory.openSession();
Transaction tx = session.beginTransaction();
String hqlDelete = "delete Person p where p.name = :oldName";
int deletedEntities = session.createQuery( hqlDelete )
.setString( "oldName", oldName )
.executeUpdate();
tx.commit();
```

```
session.close();

//insert 语句示例
Session session = sessionFactory.openSession();
Transaction tx = session.beginTransaction();
//从 Person 中检索出年龄大于 20 的记录,并将其姓名、专业插入到 Account 中
String hqlInsert = "insert into Account (name, major) select p.name, p.major"
    + "from Person p where p.age > 20";
int createdEntities = session.createQuery( hqlInsert ).executeUpdate();
tx.commit();
session.close();
```

8. 其他功能

除了上述功能以外,HQL 还支持以下查询。
- 分组查询:使用 having 子句、order by 子句和 group by 子句。
- 子查询:在 where 条件语句中使用子查询。
- 多态查询:HQL 语句能够理解多态查询,即 HQL 语句中的 from 后跟持久化类名,不仅可以查询出该持久化类的全部实例,还可以查询出该类的子类的全部实例。

11.4.3 QBC 查询

QBC 即 Query By Criteria,是 Hibernate 通过 Criteria 接口进行数据检索的一种实现方式。QBC 查询方式具有直观、可扩展的条件查询等特点,使用 QBC 方式的具体步骤如下。

第一步:使用 Session 对象创建一个 Criteria 实例,代码如下。

```
Criteria criteria = session.createCriteria(Person.class);
```

上面的代码使用 Session 对象的 createCriteria()方法创建了一个查询 Person 实体的 Criteria 实例 criteria。

第二步:设置查询的条件。使用 Criteria 对象的 add()方法为 Criteria 实例添加查询条件。例如查询所有年龄大于 20 的 Person 对象,代码如下。

```
criteria.add(Restrictions.gt("age",new Integer(20));
List list = criteria.list();
```

在上述代码中使用了 Restrictions 类的 gt()方法设置大于条件,相当于 SQL 语句中的 "where age > 20"。

至此,使用 QBC 执行查询完毕。请读者再看一个复杂的 QBC 查询语句。

```
Session session = sessionFactory.openSession();
Transaction tx = session.beginTransaction();
List cats = session.createCriteria(Person.class)
    .add( Restrictions.like("name", "Me%") )
```

```
.add( Restrictions.or(
Restrictions.eq( "age", new Integer(0) ),
Restrictions.isNull("age"))).list();
tx.commit();
session.close();
```

上述 QBC 执行的查询条件转换为 SQL 语句为"SELECT * FROM tb_person WHERE (name LIKE "Me%") AND (age=0 OR age =null)"。

11.4.4 原生态 SQL 查询

HQL 和 QBC 是 Hibernate 的两种主要查询方式，Hibernate 在执行时将把 HQL 或者 QBC 转换为 SQL 语句。另外，Hibernate 还支持原生态的 SQL 语句（Native SQL），在 Hibernate 中使用原生态 SQL 语句可通过以下两种途径实现。

1. 使用 SQLQuery 接口

对原生态 SQL 查询执行的控制是通过 SQLQuery 接口进行的，SQLQuery 为 Query 的一个子接口，通过 Session 对象的 createSQLQuery()方法获取该对象。

```
//Hibernate 执行 SQL
String sql = "select * from tb_person where name = ?";
//创建 SQLQuery 实例
SQLQuery query = session.createSQLQuery(sql);
//映射 PO 类
query.addEntity(Person.class);
//为动态参数赋值
query.setString(0, "李明");
List<Person> list = query.list();
for(Person person:list)
{
    System.out.println(person);
}
```

上述代码使用 addEntity()方法将持久化类与数据表关联起来，表示执行该 SQL 语句之后返回的实体类型为 Person 类型。

2. 命名 SQL 语句

命名 SQL 语句（Named SQL）是在持久化类的映射文件中使用<sql-query>元素命名一个 SQL 语句，然后通过 Session 对象的 getNamedQuery()方法创建一个 Query 对象，并可以使用 Query 对象的 getParameter()方法为命名 SQL 的动态参数赋值。执行命名 SQL 语句需要以下步骤。

第一步：在持久化类的映射文件中定义命名 SQL 语句。下面仍以 Person 类的映射文件 Person.hbm.xml 为例介绍。

```xml
<hibernate-mapping>
    <!-- class元素定义持久化类的具体包路径、关联的数据库及表名称 -->
    <class name="henu.po.Person" table="tb_person" catalog="test">
    <!-- 省略其他配置代码 -->
    </class>
    <!-- 配置命名SQL语句 -->
    <sql-query name="findPersonbyName">
    <![CDATA[
    select * from tb_person p where p.name like :name
    ]]>
    <return alias="p" class="henu.po.Person" />
    </sql-query>
</hibernate-mapping>
```

上述代码使用＜return＞元素将持久化类 Person 与数据表 tb_person 关联起来，其属性 alias 的值为数据表的别名；属性 class 的值是持久化类的完整包路径名称。上述配置实际上是使用＜sql-query＞元素定义了一个名称为"findPersonbyName"的原生态 SQL 语句。

第二步：执行命名 SQL 语句。在映射文件中定义命名 SQL 语句之后，就可以使用以下代码执行命名 SQL 语句了。

```java
//命名式SQL查询
Query query = session.getNamedQuery("findPersonbyName");
query.setParameter("name","Melon");
List<Person> list = query.list();
for(Person person:list)
{
    System.out.println(person);
}
```

在上述代码中，getNamedQuery()方法的参数为映射文件中＜sql-query＞元素的 name 属性值，setParameter()方法用于给 SQL 语句中的动态参数赋值。

动手实践 11-3

将 SQL 语句"SELECT COUNT(student_id) FROM course WHERE course_name="Java EE""分别用 HQL、QBC 和原生态 SQL 语句的形式实现，并执行相应的语句。

11.5 Hibernate 映射

在实际应用中，数据库中不可能只有一张表。我们知道，关系型数据库的最大优势在于实体与实体之间存在着一种关系，这种关系可以是一对一的关系，或者一对多的关系，甚至是多对多的关系。那么，数据库中表（实体）之间的这些关系如何在 Hibernate 的映射文件中进行配置将是本节关注的重点。

11.5.1 深入研究 Hibernate 映射文件

11.2.5 节中已经介绍了 Hibernate 配置文件的结构，以及主键和基本数据类型属性的映射方法，当持久化类中属性的数据类型为集合类型时应该如何配置映射关系？下面介绍 List、Set、Map 以及数组等集合类型属性的配置方法。

Hibernate 要求在持久化类中声明集合属性时必须声明为接口类型，即 List、Set、Map 等类型，不能声明具体的实现类，例如 ArrayList、HashSet、HashMap 等类型。这是由于应用程序持久化某个对象时 Hibernate 会自动将这些接口类型的属性转换为 Hibernate 自己定义的集合类型，即 Hibernate 本身也实现了 List、Set、Map 等接口。在 Hibernate 的映射文件中使用以下元素映射对应的持久化类中的集合属性。

- <list>元素：映射持久化类中 List 类型的集合属性；
- <array>元素：映射持久化类中数组类型的集合属性；
- <set>元素：映射持久化类中 Set 类型的集合属性；
- <map>元素：映射持久化类中 Map 类型的集合属性。

注意：

一般来讲，集合属性的值都需要保存到另一个数据表中，所以保存集合属性的数据表必须包含一个外键，用于参照集合属性所在的持久化类对应的数据表中的主键。

1. 映射 List 类型属性

现有人员表(person)和学校表(school)两张数据表，它们的表结构如图 11.6 和图 11.7 所示。

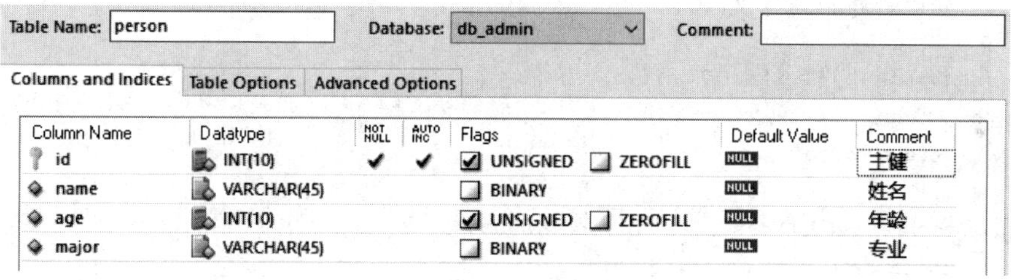

图 11.6 人员表结构

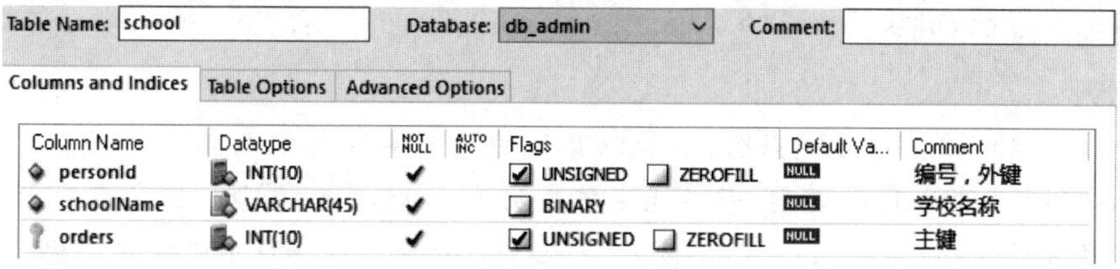

图 11.7 学校表结构

在学校表中，personId 是外键，参照人员表中的主键 id。那么为了在 Hibernate 中实现这种关系，需要在设计人员表的持久化类时声明一个集合类型的属性。
Persons.java

```java
import java.util.*;
public class Persons {
```

```java
        //主键属性
        private int id;
        //基本类型属性,对应表中的列
        private String name;
        private int age;
        private String major;
        /* List 类型的集合属性,该属性对应另外一个"一对多关系"中多的一方数据表,即本例对应
         school 表 */
        private List<String> schools = new ArrayList<String>();   //(*)
        /**
         * 无参构造方法
         */
        public Persons() {
        }
        /**
         * 初始化全部属性的构造方法
         */
        public Persons(int id, String name, int age, String major, List<String> schools) {
            super();
            this.id = id;
            this.name = name;
            this.age = age;
            this.major = major;
            this.schools = schools;
        }
        //school 属性的 setter 和 getter
        public List<String> getSchools() {
            return schools;
        }
        public void setSchools(List<String> schools) {
            this.schools = schools;
        }
        //此外省略其他属性的 setter 和 getter
        ⋮
```

注意:

集合属性只能以接口方式声明,不能以具体的集合实现类方式声明,例如 Person 类中的 schools 属性声明为 List 类型,而不能直接声明为 ArrayList 类型。但在实例化时必须用集合实现类方式,例如 schools 属性实例化为 ArrayList 类型(接口不能被实例化)。

可以看到持久化类 Person 中增加了 List 类型的 courses 属性,在 Hibernate 的映射文件中使用<list>元素映射持久化类中的 List 集合属性,对应的映射文件如下。
henu/domain/persons.hbm.xml

```xml
<?xml version="1.0" encoding="UTF-8"?>
<!DOCTYPE hibernate-mapping PUBLIC
    "-//Hibernate/Hibernate Mapping DTD 3.0//EN"
    "http://hibernate.sourceforge.net/hibernate-mapping-3.0.dtd">
```

```xml
<hibernate-mapping>
    <class name="henu.domain.Persons" table="person" catalog="db_admin">
        <!-- id元素定义表的主键对应持久化类中的属性名称、数据类型 -->
        <id name="id" type="java.lang.Integer">
            <!-- column元素定义表的主键 -->
            <column name="id" />
            <!-- generator定义表的主键生成方式,这里采用native方式 -->
            <generator class="native"></generator>
        </id>
        <!-- property元素定义持久化类的其他属性与表中列名之间的对照关系及数据类型等 -->
        <property name="name" type="java.lang.String">
            <column name="name" length="20" not-null="true" />
        </property>
        <property name="age" type="java.lang.Integer">
            <column name="age" />
        </property>
        <property name="major" type="java.lang.String">
            <column name="major" length="45" />
        </property>
        <!-- 映射List集合属性 -->
        <list name="schools" table="school">
            <!-- 映射集合属性对应数据表的外键 -->
            <key column="personId" not-null="true" />
            <!-- 映射集合属性对应数据表的索引 -->
            <list-index column="orders" />
            <!-- 映射集合属性对应数据表的其他数据列 -->
            <element type="java.lang.String" column="schoolName" />
        </list>
    </class>
</hibernate-mapping>
```

在上述配置中,对于 List 属性的配置主要由 <list> 元素实现。<list> 属性需要指定一个 name 属性,用于表明映射持久化类集合属性的名称,即在本例中对应 Persons 类中的 schools 属性;table 属性用于指定属性对应数据表的名称,在本例中将创建一个 school 表存储 Persons 实例中的 schools 属性值。表 11.9 给出了 <list> 元素具有的属性。

表 11.9 <list> 元素的属性

属性名称	说明
name	持久化类中集合属性的名称,必选
table	集合属性对应的数据表的名称,可选
schema	集合属性对应的数据表所在数据库的名称,用于覆盖在根元素中定义的 schema 属性,可选
lazy	设置是否启动延迟加载,其值可为 true、extra 或 false,默认为 true,可选
inverse	指定该集合属性作为双向关联关系的另一端,其值可为 true、false,可选
order-by	设置数据表对集合元素的排序方式,其值的格式为"列名 asc|desc",可选
sort	指定集合的排序顺序,其可以为自然排序或者给定一个用来比较的类,可选
where	指定任意的 SQL where 条件,该条件将在重新载入或者删除这个集合时使用,可选
batch-size	指定通过延迟加载取得集合实例的批处理块的大小,默认为 1,可选

续表

属性名称	说明
access	Hibernate 取得集合属性值时使用的策略,可选
mutable	默认为 true,若值为 false,表明集合中的元素不会改变
cascade	让操作级联到子实体,默认为 none,可选

<list>元素可以嵌套一些子元素,这些子元素用于指定集合属性对应数据表的数据列。例如,<key>元素用于指定集合属性对应数据表 school 的外键 personId,且该列不允许为空;<list-index>元素用于指定集合属性对应数据表 school 的索引列,此处为 orders;<element>用于指定集合属性对应数据表的其他数据列,此处定义了一个数据列 schoolName。

在持久化类并将该类的映射文件编写完毕之后,设计以下测试类检验上述编码和配置是否正确。

TestList.java

```java
public class TestList {
    public static void main(String args[])
    {
        Session session = HibernateUtil.currentSession();
        Transaction tx = session.beginTransaction();
        Persons megan = new Persons();
        megan.setName("Megan");
        megan.setAge(19);
        megan.setMajor("Computer Science");
        //实例化一个 List 集合对象
        List<String> school = new ArrayList<String>();
        school.add("中学");
        school.add("大学");
        //为持久化对象的 List 属性赋值
        megan.setSchools(school);
        //持久化 Person 实例
        session.save(megan);
        tx.commit();
        HibernateUtil.closeSession();
    }
}
```

运行上述程序之后,将会在人员表中插入一条记录,同时与此记录相关联的学校表也会增加两条记录,如图 11.8 所示。注意 personId 是主键且为自增类型,该字段的值无实际参考意义。对于同一个持久化对象而言,它所包含的集合元素的索引是不会重复的,如本例中的 orders 列。

注意:

即使数据库中不存在 school 表,上述程序运行之后也会在指定数据库中创建一个 school 表,并且指定主键及索引等,无须为 school 表创建映射文件,因此读者不必再另行创建与集合属性对应的数据表。

personId	schoolName	orders
9	中学	0
9	大学	1

图 11.8 学校表的执行结果

2. 映射数组类型属性

映射数组类型属性与映射 List 类型属性很相似,只需要在映射文件中将配置数组的元素改为<array>即可。下面仍以持久化类 Persons 为例进行说明。

将 Persons 类中的 schools 属性的集合类型改为数组类型,即把 Persons.java 加注"(*)"的这一行改为以下代码。

```
private String[ ] schools;
```

对 schools 属性对应的 getter 和 setter 以及构造方法也进行相应的修改。对于数组类型的元素 schools,在映射文件中进行以下配置。

```
<hibernate - mapping>
    <class name = "henu.domain.Persons" table = "person" catalog = "db_admin">
        <!-- 此处省略其他属性及主键配置 -->
        ⋮
        <!-- 映射数组集合属性 -->
        <array name = "schools" table = "school">
            <!-- 映射集合属性对应数据表的外键 -->
            <key column = "personId" not - null = "true" />
            <!-- 映射集合属性对应数据表的索引 -->
            <list - index column = "orders" />
            <!-- 映射集合属性对应数据表的其他数据列 -->
            <element type = "java.lang.String" column = "schoolName" />
        </array>
    </class>
</hibernate - mapping>
```

从上述配置可以看到,数组类型属性与 List 类型属性配置基本相同,此处不再给出运行结果,有兴趣的读者可以自行编写一个测试类,并查看运行结果。

3. 映射 Map 类型属性

Map 集合属性需要使用<map>元素进行映射,由于 Map 类型实际上是一组"键/值"对。在配置 Map 类型的属性时还需要使用<map-key>元素映射 Map 中的"键"。一般来讲,Hibernate 将把外键和 Map 中的"键"作为属性对应数据表的联合主键。下面仍以持久化类 Persons 为例进行说明,把程序 Persons.java 中加注"(*)"的行替换为以下代码。

```
private Map<Integer,String> schools = new HashMap<Integer,String>();
```

然后更改 schools 属性对应的 setter 和 getter 以及构造方法。以下是映射文件的部分代码。

```xml
<hibernate-mapping>
    <class name="henu.domain.Persons" table="person" catalog="db_admin">
        <!-- 此处省略其他属性及主键配置 -->
        ...
        <!-- 映射 Map 类型的属性 -->
        <map name="schools" table="school">
            <!-- 映射集合属性对应数据表的外键 -->
            <key column="personId" not-null="true" />
            <!-- 映射集合属性对应数据表的索引 -->
            <map-key column="orders" type="java.lang.Integer" />
            <!-- 映射集合属性对应数据表的其他数据列 -->
            <element type="java.lang.String" column="schoolName" />
        </map>
    </class>
</hibernate-mapping>
```

可以看到,在上面的映射文件中使用<map-key>元素定义 Map 类型属性的"键",而不再使用前面介绍的<list-index>元素。读者也可以编写一个测试类持久化一个 Persons 实例,运行结果与前面介绍的 List 和数组类型属性一致。

4. 映射 Set 类型属性

Set 类型与 List 类型的不同之处在于 Set 中的元素是无序的、不可重复的集合,而 List 是有序的、可重复的集合,因此在映射文件中不必使用<list-index>元素映射集合元素的索引。下面仍以 Persons 类为例进行说明,更改 Persons.java 中加注"(*)"的这一行代码为以下形式。

```java
private Set<String> schools = new HashSet<String>();
```

并更改对应的 setter 和 getter 以及构造方法,然后在映射文件中对 courses 属性做以下配置。

```xml
<!-- 映射 Set 类型的属性 -->
<set name="schools" table="school">
    <!-- 映射集合属性对应数据表的外键 -->
    <key column="personId" not-null="true" />
    <!-- 映射集合属性对应数据表的其他数据列 -->
    <element type="java.lang.String" column="schoolName" />
</set>
```

由于测试类比较简单,此处不再给出。一旦持久化一个 Persons 实例,就会创建一个 school 表,如图 11.9 所示。可以看到,school 表仅有两列,分别为 personId 和 schoolName。

personId	schoolName
10	中学
10	大学

图 11.9 Set 类型属性的运行结果

11.5.2 了解 Hibernate 的关联关系

关系型数据库最大的优势在于实体与实体之间通过某种关系关联在一起,使数据与数据之间存在一种联系,而不再是独立的孤岛。

在关系型数据库中实体之间存在 3 种关系,即一对一、一对多(多对一)和多对多。本节将介绍如何在 Hibernate 的映射文件中配置这几种关系。

1. 单向与双向

单向关联指仅在一个实体类中定义另一个实体类的属性。简单来讲,就是通过实体 A 能查询到实体 B,但反过来通过实体 B 不能查询到实体 A。单向主要用在实体不需要关联查询对方的时候,例如学校和学生,在查询学校时一般不需要把所有关联的学生都查询出来,这样将导致 Hibernate 的性能很低,也没有实际价值。此时可以设置为单向,学生关联学校,通过学生可以查询到学校,反之则不行,这样简化了维护关系,提高了性能。

双向关联可以在两个实体中直接关联对方,例如学生和教师,处理成双向关联,可以在查询学生时也可以查询出教师是谁,在查询教师的同时也可以查询出这个教师有哪些学生。

2. 一对多、多对一关联关系的配置

一对多或者多对一的关联关系指的是同一种关联关系,例如在一个数据库中有两张表,即用户表(tb_users)和新闻表(tb_news)。用户和新闻是一对多的关系,即一个用户可以发布多条新闻,但是一条新闻只能由一个用户发布。即新闻表依赖于用户表,我们把用户表称为主表,把新闻表称为从表,把它们之间的关系如图 11.10 所示。

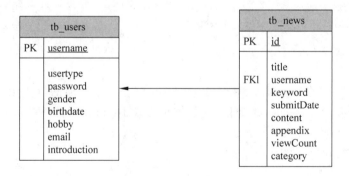

图 11.10 用户表与新闻表的关系

1) 单向一对多关联关系的配置

配置单向一对多关联关系相对比较简单,只需要在"多"的一方使用<many-to-one>元素配置多对一的关联关系即可,下面以图 11.10 中的两个表为例进行说明,具体步骤如下。

第一步:定义 User 类和 News 类,代码如下。
User.java

```
package henu.domain;
import java.io.Serializable;
```

```java
public class User implements Serializable{
    private String username;
    private String password;
    private String gender;
    private String email;
    private String hobby;
    private String introduction;
    private String birthdate;
    private String usertype;
    //此处省略属性的 setter 和 getter
    ⋮
}
```

News.java

```java
package henu.domain;
import java.io.Serializable;
public class News implements Serializable {
    private int id;
    private String title;
    //username 是 tb_news 表的外键,此处应声明为关联 tb_users 表对应的 PO 类
    private User user;
    private String keyword;
    private String date;
    private String content;
    private String appendix;
    private String type;
    private int view;
    //此处省略其他属性的 setter 和 getter
    ⋮
}
```

可以看到在"一"的一方对应的持久化类 User 就是一个普通的持久化类；而"多"的一方对应的持久化类 News 有一些变化，主要体现在表 tb_news 的外键"username"在 News 类中声明属性时声明为了 User 类型，这一点需要注意。

第二步：编写映射文件。

henu/domain/User.hbm.xml

```xml
<hibernate-mapping>
    <class name = "henu.domain.User" table = "tb_users" catalog = "db_admin" lazy = "false">
        <id name = "username" type = "java.lang.String">
            <column name = "username" length = "20" />
            <generator class = "assigned"></generator>
        </id>
        <property name = "password" type = "java.lang.String">
            <column name = "password" length = "20" not-null = "true" />
        </property>
```

```xml
        <!-- 此处省略其他属性的配置 -->
    </class>
</hibernate-mapping>
```

henu/domain/News.hbm.xml

```xml
<hibernate-mapping>
    <class name="henu.domain.News" table="tb_news" catalog="db_admin" lazy="false">
        <id name="id" type="java.lang.Integer">
            <column name="id" />
            <generator class="native"></generator>
        </id>
        <property name="title" type="java.lang.String">
            <column name="title" length="100" not-null="true"/>
        </property>
        <!-- 此处省略其他属性的配置 -->
        <!-- 配置单向一对多关联关系 -->
        <many-to-one name="tb_user" class="henu.domain.User" fetch="select">
            <column name="username" not-null="true" />
        </many-to-one>
    </class>
</hibernate-mapping>
```

在上述代码中,"一"的一方 User 类的映射文件 User.hbm.xml 与单表的映射文件一致；与单表映射不同的地方在于"多"的一方 News 类的映射文件 Student.hbm.xml 增加了 \<many-to-one\> 元素。该元素的 name 属性用于指定"多"的一方持久化类中关联"一"的一方对应的属性名称,column 属性指定数据表的外键,class 属性指定关联数据表对应的持久化类,not-null 属性指定数据表中的该列是否允许为空。

第三步：持久化类和映射文件定义完毕之后,需要在 Hibernate 的配置文件 hibernate.cfg.xml 中使用\<mapping\>元素把上述映射文件追加到配置文件中,具体代码如下。

```xml
<session-factory>
    ...
    <mapping resource="henu/domain/User.hbm.xml"></mapping>
    <mapping resource="henu/domain/News.hbm.xml"></mapping>
</session-factory>
```

第四步：编写测试类验证上述配置是否正确。

TestOne2many.java

```java
public class TestOne2Many {
    public static void main(String[] args) {
        Session session = HibernateUtil.currentSession();
        Transaction tx = session.beginTransaction();
        //第一次运行时需要首先保存一个 User 对象
        User user = new User();
        user.setUsername("zhangsan");
```

```java
            user.setBirthdate("1999-01-01");
            user.setEmail("zhangsan@sina.com");
            user.setGender("男");
            user.setPassword("123");
            user.setUsertype("普通用户");
            user.setIntroduction("无");
            user.setHobby("阅读");
            session.save(user);
            //保存一个News对象
            News news = new News();
            news.setTitle("Hibernate one-to-many mapping sample");
            news.setAppendix("");
            news.setDate("2016-01-27");
            news.setKeyword("hibernate");
            news.setView(0);
            //加载username为zhangsan的教师
            User usr = (User)session.load(User.class, "zhangsan");
            news.setUser(usr);
            session.save(news);
            tx.commit();
            session.close();
    }
}
```

由于必须首先保存一个 User 对象,否则无法保存 News 对象。因此需要测试类首先保存一个 User 对象,然后才持久化一个 Student 对象(因此持久化 Student 对象时必须加载一个 Teacher 对象)。

注意:

单向一对多关联关系实际上是在持久化类中将"一"的一方(例如 User)定义为"多"的一方(例如 News)的一个属性,在"多"的一方对应的映射文件中使用<many-to-one>元素配置。

2) 双向一对多关联关系的配置

在双向一对多关联关系中,在定义持久化类时需要在"多"的一方定义对应"一"的一方的属性,例如在 News 类中声明一个 User 类型的属性来代替外键;而在"一"的一方定义一个集合类型(如 Set 类型)的属性,例如在 User 类中声明一个 Set 类型的属性,表示该用户所发布的新闻集合。由此可见,相比单向一对多的关联关系,News 类没有做任何改变,这里不再给出;而在 User 类中增加了一个 Set 类型的属性(假设该属性的名称为 news)以及该属性对应的 getter 和 setter。

User.java

```java
package henu.po;
public class User implements Serializable{
    private String username;
    private String password;
    private String gender;
```

```
        private String email;
        private String hobby;
        private String introduction;
        private String birthdate;
        private String usertype;
        /* 在配置双向一对多的关系映射时,需要在 PO 类"一"的一方额外增加一个 Set 类型的属性(多
的一方 PO 类)*/
        private Set<News> news;
        //省略 setter 和 getter
```

由于持久化类 User 发生了改变,该类对应的映射文件需要做修改,需要使用<set>元素及其子元素<one-to-many>配置一对多的关联关系,配置代码如下。

henu/po/User.hbm.xml

```
<hibernate-mapping>
    <class name="henu.po.User" table="tb_users" catalog="db_admin">
        <!-- 此处省略主键和常规属性的配置 -->
        ⋮
        <set name="news" inverse="true" cascade="save-update">
            <key column="username" not-null="true"/>
            <one-to-many class="henu.po.News"/>
        </set>
    </class>
</hibernate-mapping>
```

在上述配置中,<set>元素的 name 属性表示持久化类 User 中的集合类型属性的名称,即 news,cascade 属性值 save-update 表示级联保存和更新。<key>元素的 column 属性值指定 tb_news 表的外键名称。<one-to-many>元素的 class 属性指定关联的持久化类名称。

至此,双向一对多的关联关系配置完毕,读者可自行编写一个测试类对本例进行测试。

注意:

与单向一对多关联关系相比,双向一对多关联关系在配置时增加了以下信息。

(1) 在"一"的一方对应的持久化类中需要多声明一个 Set 类型的集合属性以及该属性对应的 setter 和 getter,用于表示多的一方实体信息。

(2) 在"一"的一方对应的映射文件中使用<set>元素及其子元素<one-to-many>定义相关信息。

3. 一对一关联关系的配置

一对一关系也是非常常见的一种关系,例如每个公民对应一个身份证号,一个身份证号只能对应一个公民。一对一关联关系的映射有两种实现方式,即外键关联和主键关联。外键关联就是一个表的外键与另一个表的主键进行关联,而主键关联是通过两个表的主键进行关联,也就是说两个表具有相同的主键。下面以"公民-身份证"的关系为例简要介绍它们的具体配置方法。

1) 基于外键关联的配置

基于外键关联的单向一对一关联和单向一对多关联几乎是一样的，区别在于单向一对一关联中的外键字段具有唯一性约束。图 11.11 给出了公民表(tb_people)和护照表(tb_passport)之间的关系。

图 11.11　基于外键的公民与护照关联关系

从图 11.11 可以看出，tb_passport 表有一个外键 pid 参照 tb_people 表中的主键 pid。由于表结构比较简单，限于篇幅，这里仅给出从表 tb_passport 的 PO 类及其映射文件。主表 tb_people 的 PO 类和映射文件与单向一对多的主表配置相似，此处不再给出。

Passport.java

```java
public class Passport implements Serializable{
    private int id;
    private People people;
    private int expire;     //省略 settters 和 getters 方法
```

henu/po/Passport.hbm.xml

```xml
<hibernate-mapping>
<class name="henu.po.Passport" table="tb_passport" catalog="db_admin">
<id name="id" column="id" type="java.lang.Long">
<generator class="native"/>
</id>
<!-- 省略其他属性的配置 -->
<many-to-one name="people" column="pid" class="henu.po.People" unique="true" not-null="true"/>
</class>
</hibernate-mapping>
```

在上述代码中使用了＜many-to-one＞元素配置外键关联关系，column 属性用于指定外键的名称，unique 属性为 true 表示外键生成一个唯一约束。

2) 基于主键关联的配置

基于主键关联的单向一对一关联通常使用一个特定的 id 生成器，如图 11.12 所示，id 既是 citizen 表，又是 card 表的主键，同时还是 card 的外键。

图 11.12　基于主键的公民与护照关联关系

下面是持久化类 People 对应的映射文件的配置代码。

henu/po/People.hbm.xml

```xml
<hibernate-mapping>
    <class name="henu.po.People" table="tb_people" catalog="db_admin" lazy="false">
        <id name="id" type="java.lang.Integer">
            <column name="id"/>
            <generator class="assigned"></generator>
        </id>
        <property name="age" type="java.lang.Integer">
            <column name="age"/>
        </property>
        <property name="name" type="java.lang.String">
            <column name="name" length="45"/>
        </property>
        <one-to-one name="passport" cascade="all"/>
    </class>
</hibernate-mapping>
```

下面是持久化类 Passport 对应的映射文件的配置代码。

henu/po/Passport.hbm.xml

```xml
<hibernate-mapping>
    <class name="henu.po.Passport" table="tb_passport" catalog="db_admin" lazy="false">
        <id name="id" type="java.lang.Integer">
            <column name="id"/>
            <generator class="foreign">
                <param name="property">people</param>
            </generator>
        </id>
        <one-to-one name="people" constrained="true"></one-to-one>
        <property name="expire" type="java.lang.Integer">
            <column name="expire"/>
        </property>
    </class>
</hibernate-mapping>
```

需要说明的是，在上述代码中<id>元素中的子元素<generator>设置主键的生成方式，此处为 foreign 表示使用外键生成机制，即 tb_passport 表与 tb_people 表共享一个主键。当<one-to-one>元素的 constrained 属性值为 true 时，表示 tb_passport 的主键同时作为外键参照 tb_people 的主键。

4．多对多关联关系的配置

多对多关联关系也是经常遇见的一种关系，多对多关联关系分为单向多对多关联和双向多对多关联，这里仅介绍应用较为广泛的双向多对多关联关系。本节以学生选课为例进行介绍。学生选课是一个典型的多对多关联关系，一个学生可以选修多门课程，一门课程也可以被多个学生选修，如图 11.13 所示。

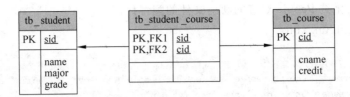

图 11.13 学生与选课关联关系

可以看到,在表 tb_student_course 中 sid 和 cid 作为联合主键,并分别参照表 tb_student 和表 tb_course。在 Hibernate 中配置多对多的关联关系的具体步骤如下。

第一步:在"多"的两端对应的持久化类中都声明一个 Set 类型的集合属性。例如在 Student 类和 Course 类中声明如下。

Student.java

```java
package henu.po;
public class Student implements Serializable{
    private String sid;
    private String name;
    private String major;
    private String grade;
    //该学生所选的课程
    private Set<Course> course;
    //此处省略属性的 setter 和 getter
    ⋮
}
```

Course.java

```java
package henu.po;
public class Course implements Serializable{
    private String cid;
    private String cname;
    private int credit;
    //声明一个 set 类型的变量,代表选修该课程的学生
    private Set<Student> student;
    //此处省略属性的 setter 和 getter
    ⋮
}
```

第二步:配置持久化类对应的映射文件。由于两个持久化类都包含 Set 类型的属性,因此均需要使用<set>元素。

henu/po/Student.hbm.xml

```xml
<hibernate-mapping>
    <class name="henu.po.Student" table="tb_student" catalog="db_admin" lazy="false">
        <id name="sid" type="java.lang.String">
```

```xml
            <column name = "sid"/>
            <generator class = "assigned"></generator>
        </id>
        <property name = "name" type = "java.lang.String">
            <column name = "name" length = "45"/>
        </property>
        <property name = "major" type = "java.lang.String">
            <column name = "major" length = "45"/>
        </property>
        <property name = "grade" type = "java.lang.String">
            <column name = "grade" length = "45"/>
        </property>
        <set name = "course" table = "tb_student_course" lazy = "true" cascade = "save-update">
            <key column = "sid"/>
            <many-to-many class = "henu.po.Course" column = "cid"/>
        </set>
    </class>
</hibernate-mapping>
```

在上述配置中，<set>元素的 name 属性指定 Student 类中 Set 类型集合属性的名称，即 courses；table 属性指定学生与课程关联表的名称，即 tb_student_course 表；lazy 属性指定是否延迟加载；cascade 属性指定级联方式，此处为 save-update 级联方式；<key>元素的 column 属性指定外键名称；<many-to-many>元素的 class 属性指定关联的持久化类名称，column 属性指定参照表 tb_course 的外键名称。

henu/po/Course.hbm.xml

```xml
<hibernate-mapping>
    <class name = "henu.po.Course" table = "tb_course" catalog = "db_admin" lazy = "false">
        <id name = "cid" type = "java.lang.String">
            <column name = "cid"/>
            <generator class = "assigned"></generator>
        </id>
        <property name = "cname" type = "java.lang.String">
            <column name = "cname" length = "45"/>
        </property>
        <property name = "credit" type = "java.lang.Integer">
            <column name = "credit"/>
        </property>
        <set name = "student" table = "tb_student_course" lazy = "true" cascade = "save-update">
            <key column = "cid"/>
            <many-to-many class = "henu.po.Student" column = "sid"/>
        </set>
    </class>
</hibernate-mapping>
```

从上面两个配置文件可以看到，它们的配置非常相似，只不过是对应元素的属性值发生了改变。

第三步：在 Hibernate 配置文件 hibernate.cfg.xml 中使用＜mapping＞元素加载上述映射文件，代码如下。

```xml
<session-factory>
    ...
    <mapping resource="henu/po/Student.hbm.xml"></mapping>
    <mapping resource="henu/po/Course.hbm.xml"></mapping>
</session-factory>
```

第四步：编写测试类，检验上述配置是否正确。下面是一个实现多对多关联关系的完整测试程序。

TestMany2Many.java

```java
public class TestMany2Many {
    public static void main(String[] args) {
        Student s1 = new Student("20150001","田丽","软件工程","2015");
        Student s2 = new Student("20150002","李明","计算机科学与技术","2015");
        Student s3 = new Student("20150003","张杰","网络工程","2014");
        Course c1 = new Course("0001","JavaEE",6);
        Course c2 = new Course("0002","Java",3);
        Set<Course> course = new HashSet<Course>();
        course.add(c1);
        course.add(c2);
        s3.setCourse(course);
        Session session = HibernateUtil.currentSession();
        Transaction tx = session.beginTransaction();
        session.save(s3);
        tx.commit();
    }
}
```

11.6　Hibernate 过滤

　　Hibernate 提供了数据过滤功能，前面介绍了 HQL 和 QBC 等数据查询方式，本节介绍另外一种数据过滤的实现方式，即 Hibernate 过滤器（Hibernate Filter）。在进行一对多查询时，可以从"一"的一方查询得到"多"的一方的 Set 结果集，通常该结果集可能是一个或多个值，利用 Hibernate 过滤器可以过滤掉这些结果集中不需要的值。

　　Hibernate 过滤器是全局有效的、具有名字、可以带参数的过滤器，对于某个特定的 Hibernate Session 对象，开发人员可以选择是否启用（或禁用）某个过滤器。

　　Hibernate Filter 是 org.hibernate 包中的一个接口，表 11.10 列出 Filter 接口的主要方法。

表 11.10　Filter 接口的主要方法

方　　法	说　　明
FilterDefinition getFilterDefinition()	获取过滤器的定义信息，包括默认条件等附加信息
String getName()	返回过滤器的名称
Filter setParameter(String name, Object value)	为过滤器参数赋值
Filter setParameterList(String name, Collection values)	为过滤器参数赋一个数值列表
void validate()	校验过滤器的状态

以 Teacher 类为例介绍为 Hibernate 应用设置过滤器的具体步骤。

第一步：在映射文件中定义过滤器。在 Teacher 类的映射文件中为＜hibernate-mapping＞元素定义一个子元素＜filter-def＞，具体如下。

```xml
<hibernate-mapping>
    <class name="henu.po.Teacher" table="tb_teacher" catalog="db_admin">
        <!-- 此处省略主键和常规属性的配置 -->
        ...
        <set name="students" cascade="save-update">
            <key column="teacher_id" />
            <one-to-many class="henu.po.Student" />
        </set>
    </class>
    <!-- 定义一个名称为 filterByName 的过滤器 -->
    <filter-def name="filterByName">
    <!-- 定义一个参数名称为 teacherName、数据类型为 String 的过滤器参数 -->
        <filter-param name="teacherName" type="java.lang.String" />
    </filter-def>
</hibernate-mapping>
```

可以看到，在上述配置中使用了＜filter-def＞元素，其 name 属性定义过滤器的名称；该元素下还嵌套了一个子元素＜filter-param＞，该元素也有一个 name 属性，用来指定过滤器参数的名称，而 type 属性指定过滤器参数的类型。

第二步：在映射文件中加载过滤器。在＜class＞元素中的＜set＞子元素体内使用＜filter＞元素加载前面定义的过滤器，具体代码如下。

```xml
<set name="students" cascade="save-update">
    <key column="teacher_id" />
    <one-to-many class="henu.domain.Student" />
    <!-- 加载过滤器，并设置过滤条件 -->
    <filter name="filterByName"
        condition="teacher_name like :teacherName" />
</set>
```

在上述配置中，在映射文件的＜set＞元素内使用了＜filter＞子元素加载第一步中定义的过滤器，＜filter＞元素的 name 属性指定加载过滤器的名称，condition 属性指定过滤条件。

第三步：过滤查询。在默认情况下，Hibernate 过滤器是关闭的，在使用时需要调用 Session 对象的 enableFilter()方法显式开启指定名称的过滤器，代码如下。

```
//开启名称为 filterByName 的过滤器
Filter filter = session.enableFilter("filterByName");
//为过滤器参数 teacherName 赋值
filter.setParameter("teacherName", "%Me%");
```

开启过滤器之后就可以使用 Filter 接口的 setParameter()方法为过滤器参数赋值了，例如上面的代码中为参数 teachername 赋值"%Me%"，该值相当于为过滤查询生成一个 where 查询条件值。

至此，Hibernate 过滤设置完毕，一旦开启了 Hibernate 过滤，再用 Hibernate 查询，只能是对过滤之后的结果进行查询，否则必须先调用 Session 对象的 disableFilter()方法禁用过滤器。

注意：

Hibernate 的 Session 接口也提供了 createFilter()方法设置过滤器，功能与 Filter 相同，实现代码如下。

```
List list = session.createFilter(teacher.getStudents(),
"where this.student_id > 10");
```

需要注意的是，createFilter()方法的第一个参数必须是持久化状态的对象，例如 teacher.getStudents()返回的是一个 Set 类型的学生对象集合，第二个参数为查询条件。

本章小结

本章首先介绍了 ORM 的概念，即 ORM 是一个将关系型数据库映射为面向对象机制的映射模型，帮助开发人员在程序中以一种面向对象的思想持久化数据，而 Hibernate 是典型的 ORM 框架。

然后本章以 Hibernate 4.3 为例介绍了在 Eclipse 开发环境下配置 Hibernate 应用程序的方法，接着介绍了 Hibernate 的配置文件 hibernate.cfg.xml 和映射文件，它们都是 XML 格式的文档，需要保存在项目的环境变量目录下。

Hibernate 对数据库的操作经过 ORM 映射模型的转换实际上成了 Hibernate 应用程序对持久化类（POJO）的操作。Hibernate 提供了一系列的 API 实现对持久化类的增、删、改、查等操作。Hibernate 还提供了 HQL、QBC 和原生态 SQL 语句查询方式，以实现对数据库的查询操作。

最后，本章还介绍了 Hibernate 的过滤器，Hibernate 过滤器是全局有效的、具有名字、可以带参数的过滤器。对于某个特定的 Hibernate Session 对象，开发人员可以选择是否启用或禁用某个过滤器。

第12章 Spring框架技术

本章要点：
- Spring 框架基础；
- Spring 核心机制——IoC；
- AOP；
- Spring 与 Java EE 持久化数据访问；
- Spring 与 Struts、Hibernate 集成。

Spring 是为了解决使用 EJB 的复杂性而创建的一个开源框架。Spring 最初来自于 Rod Johnson 所著的一本很有影响力的书籍《Expert One-on-One J2EE Design and Development》，在这本书中，Rod Johnson 展示了一个初步的开发框架——interface21 框架。后来，Rod Johnson 在 interface21 开发包的基础上做了进一步的修改和扩充，使其成为一个更加全面、高效、快捷的开发框架——Spring。Spring 1.0 版在 2004 年 3 月 24 日发布。

Spring 的核心是一个轻量级的 IoC 容器，基于此核心容器所建立的应用程序可以达到程序元件的松散耦合。Spring 还提供了包括声明式事务管理、RMI 或者 Web Services 远程访问业务逻辑以及支持多种持久化数据库的解决方案。另外，Spring 还有一个全功能的 MVC 框架，并能透明地把 AOP 集成到软件中。

12.1 Spring 框架基础

12.1.1 Spring 核心架构

Spring 框架主要由 6 个模块组成，这些模块实现的功能不同，在实际应用中用户可以根据开发需要选择合适的模块，其架构图如图 12.1 所示。

1. 核心容器（Core Container）模块

核心容器模块包括 Core、Context（上下文）、Beans 和表达式语言 4 个封装包。核心容器模块是框架的最基础的部分，主要提供了 Spring IoC 容器，包含 Spring 框架基本的核心工具类。Spring 的其他组件都要使用到该包里的类，该模块是 Spring 其他组件的基础。

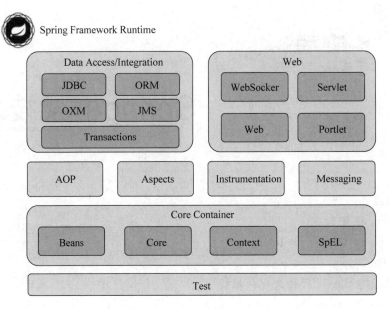

图 12.1　Spring 框架的 5 个模块

2．数据访问/集成模块

Spring 的数据访问支持 JDBC、ORM、OXM、JMS、事务等技术，提供了 JDBC 的抽象层，可以理解成集成 JDBC 的封装包，能够避免 JDBC 烦琐、冗长的代码，同时还提供了声明式事务管理特性。

ORM 封装包提供了常用的"对象/关系"映射 API 的集成层，其中包括 JPA、JDO、Hibernate 和 MyBatis 等。利用 ORM 封装包可以混合使用所有 Spring 提供的特性进行"对象/关系"映射，例如声明式事务管理。

3．Web 模块

Web 模块包括 Web、Web-Servlet、Web-Struts 和 Web-Portlet 4 个封装包。Web 封装包提供了 Web 应用开发使用 Spring 框架时所需要的核心类，包括 Struts 与 JSF 集成类、文件上传的支持类、自动载入 WebApplicationContext 特性的类、Filter 类和大量工具辅助类。

4．AOP 和 Instrumentation 模块

AOP 封装包提供了在应用程序中使用 Spring 的 AOP 特性时所需要的类以及使用基于 AOP 的 Spring 特性，例如声明式事务管理（Declarative Transaction Management）。Instrumentation 封装包提供了 Spring 对服务器的代理接口。

5．Messaging 模块

该模块是 Spring 4 新增加的模块，它包含了 spring-messaging，对 Spring 集成项目 Message、MessageChannel 和 MessageHandler 进行了重要的抽象，它是基于消息发送应用的基础。

6. 测试模块

测试模块是对 JUnit 等测试框架的简单封装。

Spring 的 IoC 和 AOP 两大核心功能可以大大降低应用系统的耦合性、简化开发流程。Spring 框架技术可以在不同层次上起作用，例如 IoC 管理普通的 POJO 对象、AOP 增强了系统服务和其他组件（事务、MVC、JDBC、ORM 和远程调用等）。Spring 的一大特点就是基于接口编程，它是非侵入式的服务。用户端绑定接口使用 Java EE 服务，而非直接绑定服务，而且应用也可以使用不同的服务（Hibernate、MyBatis 等）。我们可以根据自己的需要使用 Spring 的一部分服务，而不必使用完整的 Spring 系列项目。

12.1.2　下载和配置 Spring 开发环境

Spring 官方网站（http://projects.spring.io/spring-framework）提供了 Spring 各版本的发布包及相关的文档和示例，本章以 spring-framework-4.2.4 版本为例进行介绍，从官方网站下载解压后的目录结构如图 12.2 所示。

- libs：该目录是已经编译打包好的发布 JAR，不同的 JAR 包提供不同的功能，开发人员根据自己的需要选择不同的 JAR 包。Spring 框架的各个组件部分是相互独立的，用户可以根据需要选择 JAR 文件使项目支持相应的功能。

图 12.2　spring-framework-4.2.4 的文件目录

注意：

在 Spring 4 中提供了很多 JAR 包，用户可根据项目需要添加相应的 JAR 包。若仅是在 Java Web 项目中实现最基本的依赖注入，所需的 Spring JAR 包为 spring-beans-x.x.jar、spring-context-x.x.jar、spring-core-x.x.jar、spring-expression-x.x.jar、spring-web-x.x.jar、commons-logging-x.x.jar。

其中，commons-logging-x.x.jar 即日志处理包，它是 Spring 依赖的 JAR 文件，该文件本身并不在 Spring 安装发布包中，需要另外单独下载，下载网址为"http://commons.apache.org/proper/commons-logging/download_logging.cgi"。

- docs：该目录下包含了 Spring 的一些相关文档，包括 Spring API 文档、Spring reference 开发指南。
- schema：该文件存放 Spring 各个项目模块有关 XML Schema 的模板信息。

在 Eclipse 中开发 Spring 应用程序时需要将上述 JAR 文件添加到 WEB-INF/lib 目录下，并且在 src 目录下创建一个 Spring 的 Bean 配置文件，配置文件的名称默认为 applicationContext.xml，该文件的基本结构如下：

```
<beans xmlns = "http://www.springframework.org/schema/beans"
    xmlns:xsi = "http://www.w3.org/2001/XMLSchema-instance"
    xsi:schemaLocation = "http://www.springframework.org/schema/beans
http://www.springframework.org/schema/beans/spring-beans.xsd">
<!-- 此处配置 Bean -->
</beans>
```

12.2　Spring 核心机制——IoC

IoC(Inverse of Control)通常被称为控制反转，它是一种设计模式。IoC 的思想是反转资源获取的方向，传统的资源查找方式要求组件向容器发起请求查找资源，作为回应，容器适时返回资源。在应用了 IoC 之后，则是容器主动地将资源推送给它所管理的组件，组件所要做的仅是选择一种合适的方式来接受资源，这种行为也称为查找的被动形式。也有人把控制反转这种设计模式更直观地称为 DI(Dependency Injection，依赖注入)，意思是由框架或容器将被调用类注入给调用对象，以此来解除调用对象和被调用类之间的依赖关系。这种模式主要关注组件的依赖性、配置及组件的生命周期。IoC/DI 是 Spring 的核心机制，它使 Java EE 应用中的各组件不需要以硬编码方式贴合在一起。

12.2.1　理解 IoC

在一个应用程序中，依赖就是有联系，有地方使用到某个类就是有依赖于该类，一个系统不可能完全避免依赖。在应用程序中依赖关系越少，耦合关系就越低，系统就越稳定，所以我们要减少依赖。Robert Martin 提出了面向对象设计原则——依赖倒置原则。

- 上层模块不应该依赖于下层模块，它们共同依赖于一个抽象。
- 抽象不能依赖于具体对象，具体对象依赖于抽象。

下面通过一个实例说明如何避免依赖。本例的目标是在动物园(Zoo 类)中引入某个动物(创建某个对象，例如猫、狗、鸟等)，并输出猫(Cat 类)、狗(Dog 类)、鸟(Bird 类)这 3 种动物的信息，而这 3 种动物都实现了 Animal 接口。Animal 接口及其 Cat 类、Dog 类、Bird 类的具体代码如下。

Animal.java

```java
package henu.bean;
public interface Animal {
    public void info();
}
```

Dog.java

```java
package henu.bean;
public class Dog implements Animal {
    @Override
    public void info() {
        System.out.println("this is a black dog");
    }
}
```

Cat.java

```java
package henu.bean;
public class Cat implements Animal {
```

```java
    @Override
    public void info() {
        System.out.println("this is a white cat");
    }
}
```

Bird.java

```java
package henu.bean;
public class Bird implements Animal {
    @Override
    public void info() {
        System.out.println("this is a pink bird");
    }
}
```

现在要创建 Zoo 类，该类中有一个 animal 属性和 add 方法，add 方法用于输出 animal 的相关信息。

Zoo.java

```java
package henu.bean;
public class Zoo {
    private Animal animal;
    public Animal getAnimal() {
        return animal;
    }
    public void setAnimal(Animal animal) {
        this.animal = animal;
    }
    public void add(){
        System.out.println("the animal is in the zoo and");
        animal.info();
    }
}
```

创建测试类 AnimalTest，在此类中输出动物信息。

AnimalTest.java

```java
public class AnimalTest {
    public static void main(String[] args){
        Animal animal = new Dog();      //如果输出猫的信息，则实例化一个 Cat 对象
        Zoo zoo = new Zoo();
        zoo.setAnimal(animal);
        zoo.add();
    }
}
```

运行结果:

```
the animal is in the zoo and
this is a black dog
```

在此例中,需要输出哪种动物的信息只需要修改 AnimalTest 类中的第三行代码即可。其实还有一种更灵活的方式,在代码中不再实例化对象,而把对象的实例化交给 Spring 的 IoC 容器来创建和管理。例如使用 Spring 的 IoC 容器创建一个 Bird 对象,步骤如下。

第一步:在 Spring 的 Bean 配置文件中配置一个 Bird 类。

applicationContext.xml

```xml
<beans>
    <bean id="bird" class="henu.bean.Bird"/>
</beans>
```

第二步:使用 Spring 的 BeanFactory 对象读取配置文件。

为了能通过配置文件实例化对象,需要从配置文件中读取 bean 的 id 和 class,通过 bean 的 id 找到对应的 class 及其实例。如果能够将 XML 文件中所有 bean 元素的 id 以及 class 属性对应的类的实例都装入到一个 Map 容器中,那么需要用到哪个类的实例,就通过 id 属性的值来获取。为了实现此功能,Spring 提供了 BeanFactory 接口和实现了该接口的 ClassPathXmlApplicationContext 类。

IoCTest.java

```java
public class IoCTest {
    //声明 BeanFactory 对象
    private static BeanFactory beanFactory;
    public static void main(String[] args) {
        Zoo zoo = new Zoo();
        //加载配置文件并创建 BeanFactory 对象
        beanFactory = new ClassPathXmlApplicationContext("applicationContext.xml");
        //读取配置文件中的 id 为 bird 的 Bean
        Animal bird = (Animal)beanFactory.getBean("bird");
        zoo.setAnimal(bird);
        zoo.add();
    }
}
```

运行结果:

```
the animal is in the zoo and
this is a pink bird
```

如果要实例化其他动物,只需要在配置文件中修改 Bean 的配置信息即可,由此可见使用 Spring IoC 极大地降低了类与类之间的耦合。

12.2.2 使用 Spring 的 IoC

1. Spring 容器

Spring 容器有两个核心接口,即 BeanFactory 和 ApplicationContext,其中 ApplicationContext 是 BeanFactory 的子接口,它们代表了 Spring 容器,Spring 容器是产生 Bean 的工厂,用于管理容器中的 Bean。Bean 是 Spring 管理的基本单位,在 Spring 的 Java EE 应用中所有的组件都是 Bean。Bean 可以是服务层对象、数据访问对象 DAO、表示层对象(如 Action)、工厂类(如 Hibernate)的 SessionFactory 工厂对象等。

Spring 容器负责创建 Bean 实例,所以 Spring 容器需要知道每个 Bean 的实现类。Java 程序负责实现面向接口编程,无须关心 Bean 实例的实现。但 Spring 容器必须精确地知道每个 Bean 的实现类,因此在 Spring 的配置文件中必须配置 Bean 的实现类,而不应配置 Bean 的抽象类或者接口。

1) BeanFactory 接口

BeanFactory 是 Spring 容器最基本的接口,BeanFactory 接口的主要方法如表 12.1 所示。

表 12.1 BeanFactory 接口的主要方法

方 法	说 明
public boolean containsBean(String name)	判断 Spring 容器是否包含 id 为 name 的 Bean 定义
public Object getBean(String name)	返回容器中 id 为 name 的 Bean
public Object getBean(String name,Class type)	返回容器中 id 为 name 并且类型为 type 的 Bean
public Class getType(String name)	返回容器中 id 为 name 的 Bean 的类型

调用者使用 getBean()方法即可获得指定 Bean 的引用,无须关心 Bean 的实例化过程,即 Bean 实例的创建过程完全透明。BeanFactory 有很多实现类,通常使用 org. springframework.beans.factory.xml.XmlBeanFactory 类,但对于大部分 Java Web 应用而言推荐使用 ApplicationContext。

2) ApplicationContext 接口

如果应用程序中有多个属性配置文件,则应该采用 BeanFactory 的子接口 ApplicationContext 来创建 BeanFactory 的实例,ApplicationContext 通常采用以下两个实现类实例化。

- FileSystemXmlApplicationContext:以指定路径的 XML 配置文件创建 ApplicationContext。
- ClassPathXmlApplicationContext:以 CLASSPATH 路径下的 XML 配置文件创建 ApplicationContext。

注意:

若 Spring 的配置文件保存在项目的环境变量的某个目录下,推荐使用 ClassPathXmlApplicationContext 读取该配置文件;如果配置文件保存在应用服务器的某个固定的目录下,推荐使用 FileSystemXmlApplication 读取该配置文件。

2. 应用 Spring 的 IoC

1) 了解配置文件的结构

对于 Spring 的 XML 格式的配置文件，在配置文件的开始需要引入 Spring 的语义约束，即下面代码中的粗体部分。在 Spring 的安装发布包的 schema 目录中可以找到相应的 XML Schema 语义约束文件，这些文件以 .xsd 结尾。前面已经提到，Spring 配置文件的名称并不固定，可以任意命名，默认名称为 applicationContext.xml。配置文件保存在项目的 CLASSPATH 路径下，即项目的 src 根目录下。配置文件中的＜beans＞元素是根元素，在＜beans＞元素下可以嵌套 0 个或多个＜bean＞子元素，＜bean＞元素是配置 Bean 的核心元素，＜bean＞元素通常有两个属性，即 id 和 class。

- id：指定该 Bean 的唯一标识，程序通过 id 属性访问该 Bean 实例。
- class：指定 Bean 的具体实现类，Spring 容器使用 XML 解析器读取该属性值，并使用反射来创建实现类的实例。在默认情况下，Spring 会将配置文件中的所有 Bean 实例化。

2) 使用 BeanFactory 和 ApplicationContext 读取配置文件

在使用 Spring 的 BeanFactory 和 ApplicationContext 读取 Spring 的配置文件时，只要导入相应的包即可，详见下面的代码。

```
ApplicationContext applicationContext = new
        ClassPathXmlApplicationContext("applicationContext.xml");
Animal animal = (Animal)applicationContext.getBean("bird");
```

如果要创建不同的 Animal 子对象，只需要修改 Spring 配置文件的＜bean＞元素的 class 属性值即可。

注意：

在程序中使用 new 运算符创建对象，其依赖关系是在编程时期建立的；而 Spring IoC 方式则是在运行时期由 Spring 的 BeanFactory 从 Spring 配置文件读取依赖关系并动态实例化，或者说依赖关系动态地由 BeanFactory 读取 Spring 配置文件注入进来——这就是所谓的 DI。

12.2.3 Spring 中的 Bean

Bean 是 Spring 容器初始化、装配和管理的对象，要想使用 Spring 容器管理 Bean，必须掌握描述 Bean 对象的元数据。下面对 Spring 配置文件中的＜bean＞元素的配置做一下详细说明。

1. Bean 的基本配置

- ＜bean＞元素用于配置一个 Bean，其属性主要有 id、class、name、singleton、autowire、scope、init-method、destroy-method、abstract、parent 等。各属性的具体含义参见表 12.2。

表 12.2 <bean>元素的属性

属 性 名 称	说　　　　明
id	Bean 在 BeanFactory 中的唯一标识。通过 id，BeanFactory 可以获取相应的 Bean
class	Bean 对应的具体类名
name	等同于 id，但在命名上 name 可以使用"♯""%"等特殊字符，相当于为 Bean 指定别名
singleton	指定 Bean 是否采用单例模式，默认为 true
autowire	指定 Bean 的属性装配方式，其值可以是 no、byName、byType、Constructor、autodetect
scope	指定该 Bean 的作用域
init-method	指定该 Bean 的初始化方法
detroy-method	指定该 Bean 的销毁方法
abstract	指定该 Bean 是否为抽象的，若为抽象的，则 Spring 不能为它创建实例
parent	指定该 Bean 的父类标识或别名，即父类的 id 或 name 属性值

- <property>元素：通过 setter 方法为对象属性注入值。该元素是<bean>元素的子元素，它的属性主要有 name、value、ref。其中，name 用于指定属性的名称；value 指定 Bean 的属性值，BeanFactory 会使用属性值为属性匹配；ref 指定属性依赖于 BeanFactory 中的其他 Bean。
- <value>元素：<property>元素的子元素，用于指定 Bean 的属性值，可以是简单属性，也可以是类。如果是后者，则会创建一个 Bean 对象的实例。
- <ref>元素：表明该属性的值对应于其他 Bean 对象的值。
- <constructor-arg>元素：当用构造方法注入时，使用该元素指定构造方法的参数。其中，属性 index 指定参数的序号；type 指定参数的类型；ref 指定参数为其他 Bean 对象的值；value 指定参数的值。

下面是一个使用上述有关元素配置 Bean 的例子。

```xml
<!-- 定义关于 Student 类的 Bean,其别名为 stu 或者 s,作用域为 prototype -->
<bean id = "student" class = "henu.bean.Student" name = "stu;s"
scope = "prototype">
    <!-- 为 Student 的 name 属性赋值 -->
    <property name = "name">
        <!-- 使用 value 元素为该属性赋值 -->
        <value>Melon</value>
    </property>
    <!-- 为 Student 的 age 属性赋值,直接采用 property 元素的 value 属性为类的属性赋值 -->
    <property name = "age" value = "2" />
    <!-- 为 List 类型的 course 属性赋值 -->
    <property name = "course">
        <list>
            <value>Java EE 开发技术</value>
            <value>面向对象程序设计</value>
        </list>
    </property>
</bean>
```

2. 容器中 Bean 的作用域

Spring 还可以为 Bean 指定某种作用域，Spring 提供了下面 5 种作用域。

- singleton：单例模式，在 Spring 的容器中，如果 Bean 的作用域为 singleton，则在整个生命周期中只创建一个实例。在默认情况下，Spring 容器中的 Bean 都为单例模式。
- prototype：原型模式，每次通过 getBean 方法获取的 Bean 都是一个新产生的 Bean 对象。
- request：对于每次 HTTP 请求，使用 request 定义的 Bean 都会产生一个新实例。
- session：对于每次 HTTP 会话，使用 session 定义的 Bean 都会产生一个新实例。
- global session：每个全局的 HTTP 会话对应于一个 Bean 实例。

若 Spring 容器的 Bean 采用的都是 singleton 模式，Spring 容器会负责跟踪和维护 Bean 实例。如果 Bean 的作用域声明为 prototype，那么 Spring 会通过 new 运算符创建 Bean 实例，而且一旦创建成功，容器将不再跟踪、维护 Bean 实例。

3. Bean 的生命周期

在 Spring 中，BeanFactory 或 ApplicationContext 管理的 Bean 的 Singleton 属性值默认为 true，也就是说每一个 Bean 的别名只能维持一个实例，而不是每次都产生一个新的对象，即为单例模式。如果想每次从 BeanFactory 或 ApplicationContext 指定别名并取得 Bean 时都产生一个新的实例，只需要设定<bean>元素的 singleton 属性为 false 即可。

如果是用 BeanFactory 来生成、管理 Bean，一个 Bean 从创建到销毁将经历以下几个执行阶段。

第一步：Bean 的建立。
容器寻找 Bean 的定义信息并将其实例化。

第二步：属性注入。
使用依赖注入，Spring 按照配置文件中 Bean 的定义信息配置 Bean 的所有属性。

第三步：调用 BeanNameAware 的 setBeanName()方法。
如果 Bean 类有实现 org.springframework.beans.BeanNameAware 接口，BeanFactory 调用 Bean 的 setBeanName()方法传递 Bean 的 ID。

第四步：调用 BeanFactoryAware 的 setBeanFactory()方法。
如果 Bean 类有实现 org.springframework.beans.factory.BeanFactoryAware 接口，BeanFactory 调用 setBeanFactory()方法传入工厂自身。

第五步：调用 BeanPostProcessors 的 ProcessBeforeInitialization()方法。
如果有 org.springframework.beans.factory.config.BeanPostProcessors 和 Bean 关联，那么其 postProcessBeforeInitialization()方法将被调用。

第六步：调用 InitializingBean 的 afterPropertiesSet()方法。
如果 Bean 类已实现 org.springframework.beans.factory.InitializingBean 接口，则执行它的 afterPropertiesSet()方法。

第七步：执行配置文件中定义的 init-method 属性。

若在配置文件中对<bean>元素配置了"init-method"属性并设定了初始化方法名称,如果有以上设置,则执行到这个阶段就会执行 initBean()方法。

第八步:调用 BeanPostProcessors 的 ProcessaAfterInitialization()方法。

如果有任何的 BeanPostProcessors 实例与 Bean 实例关联,则执行 BeanPostProcessors 实例的 ProcessaAfterInitialization()方法。

此时,Bean 已经可以被应用系统使用,并且将保留在 BeanFactory 中直到它不再被使用。通常有两种方法可以将其从 BeanFactory 中删掉。

1)用 DisposableBean 的 destroy()方法

在容器关闭时,如果 Bean 类有实现 org.springframework.beans.factory.DisposableBean 接口,则执行它的 destroy()方法。

2)在配置文件中定义<bean>元素的 destroy-method 属性

在容器关闭时,可以在配置文件中定义<bean>元素时使用"destroy-method"属性设定方法名称。如果有以上设定,则进行至这个阶段时就会执行 destroy()方法,如果是使用 ApplicationContext 来生成并管理 Bean 则稍有不同,使用 ApplicationContext 来生成及管理 Bean 实例,在执行 BeanFactoryAware 的 setBeanFactory()方法后,若 Bean 类有实现 org.springframework.context.ApplicationContextAware 接口,则执行其 setApplicationContext()方法,然后再执行 BeanPostProcessors 的 ProcessBeforeInitialization()方法及之后的流程。

下面是一个对上述流程实现的具体例子,实现步骤如下。

第一步:创建 Bean。

Account.java

```java
package henu.bean;
public class Account {
    public void init(){
        System.out.println("初始化了一个账号");
    }
    public void destroy(){
        System.out.println("注销了一个账号");
    }
}
```

第二步:在 Spring 配置文件中配置关于 Account 类的 Bean。

```xml
<!-- 使用 init-method 属性和 detroy-method 属性配置 Bean 初始化和注销的方法 -->
<bean id="account" class="henu.bean.Account" autowire="byName" init-method="init" destroy-method="destroy"/>
```

第三步:编写测试类测试上述配置和 Bean 的运行过程。

AccountTest.java

```java
ApplicationContext ac = new ClassPathXmlApplicationContext("applicationContext.xml");
Account account = (Account)ac.getBean("account");
((AbstractApplicationContext) ac).destroy();
```

运行结果：如图 12.3 所示。

```
二月 13, 2016 10:41:07 上午 org.springframework.beans.factory.xml.XmlBeanDefinitionReader loadBeanDefinitions
信息: Loading XML bean definitions from class path resource [applicationContext.xml]
初始化了一个账号
二月 13, 2016 10:41:08 上午 org.springframework.context.support.ClassPathXmlApplicationContext doClose
信息: Closing org.springframework.context.support.ClassPathXmlApplicationContext@5ce65a89: startup date [Sat
注销了一个账号
```

图 12.3　AccountTest 的运行结果

从运行结果来看，Bean（即 Account 对象）由 Spring 的 IoC 容器读取 applicationContext.xml 文件中关于 Account 的配置信息之后创建该 Bean，并为该 Bean 的属性赋值（如果配置）。由于配置 Bean 时使用了 init-method 和 destroy-method 属性，IoC 容器将调用这两个属性指定的方法执行，结果如图 12.3 所示。

12.2.4　Spring 依赖注入

1. 依赖注入

依赖注入可以通过几种方式实现，即通过构造方法的参数、工厂方法的参数，或由构造方法或者工厂方法创建的对象设置属性，因此容器的工作就是在创建 Bean 时注入这些依赖关系。相对于由 Bean 自己来控制其实例化、直接在构造方法中指定依赖关系或者类似服务定位器模式这 3 种自主控制依赖关系注入的方式来说，控制从根本上发生了倒转，这也正是控制反转名字的由来。

Spring 提供了 3 种依赖注入的方式，即 Setter（设值）注入、Constructor（构造方法）注入和工厂方法注入，其中最常用的是 Setter（设值）注入，工厂方法注入最不常用，在这里仅介绍设值注入和构造方法注入两种方式。

1) Setter（设值）注入

通过调用无参数构造函数或无参数 static 工厂方法实例化 Bean 之后，调用该 Bean 的 setter 方法，即可实现基于 setter 的依赖注入。

第一步：创建使用 setter 注入的 Bean。
Hello.java

```java
package henu.bean;
public class Hello {
    private String name;
    //使用 setter 方法为 name 属性赋值
    public void setName(String name) {
        this.name = name;
    }
    public void sayHello()
    {
        System.out.println("Hello, " + name);
    }
}
```

第二步：修改 Spring 配置文件 applicationContext.xml，添加关于 Hello 的 Bean 配置

信息。可以看到,为 Hello 在配置文件中进行了配置,该 Bean 的 id 为"hello",并且为 name 属性注入值"Megan"。

```xml
<bean id="hello" class="henu.bean.Hello">
    <property name="name" value="Megan"></property>
</bean>
```

第三步:编写测试类测试上述配置。

```java
ApplicationContext ac = new ClassPathXmlApplicationContext("applicationContext.xml");
Hello hello = (Hello)ac.getBean("hello");
hello.sayHello();
```

在使用 Setter 注入方式时必须为 Bean 的相应属性提供 setter 方法,否则无法使用 Setter 注入方式。使用 Setter 注入方式理解起来比较简单,而且应用最为广泛。

注意:

在 Bean 配置文件中,可以发现设值注入时使用 name 来指定注入哪个属性。name 的命名依据变量名称。

首字母不区分大小写,其他部分与变量名称相同。

注入的属性类型可以是 String、int、double、float 等,当属性是 String 或 int 时,可以根据变量的类型自动转换。

若注入的是一个 bean,则直接使用 ref 链接到另一个 bean 即可。

2) Constructor(构造方法)注入

基于构造方法的依赖注入是通过调用带参数的构造方法为该类的属性初始化,其中构造方法的每个参数代表一个依赖。下面是一个演示用构造方法进行注入依赖的例子。

第一步:创建使用构造方法为属性初始化的 Bean 类。

HelloConstructor.java

```java
package henu.bean;
public class HelloConstructor {
    private Hello hello;
    private int number;
    //定义构造方法,并为 name 属性赋值
    public HelloConstructor(Hello hello, int number) {
        super();
        this.hello = hello;
        this.number = number;
    }
    public Hello getHello(){
        return this.hello;
    }
    public void print(){
        System.out.println("number:" + number);
    }
}
```

第二步：修改 Spring 配置文件，添加关于 HelloConstructor 的 Bean 配置。如果构造方法有多个参数，并为多个参数注入值，有以下两种配置方法。

- 按类型：即按照参数的数据类型为不同类型的参数注入值。例如为含有 Hello 和 int 类型的两个构造方法参数注入值。

```xml
<bean id="constructor" class="henu.bean.HelloConstructor">
    <constructor-arg type="henu.bean.Hello" ref="hello"/>
    <constructor-arg type="int" value="6"/>
</bean>
```

- 按索引：即按照构造方法中的参数索引位置为参数注入值，注意索引从 0 开始。

```xml
<!-- 使用构造方法注入值 -->
<bean id="constructor" class="henu.bean.HelloConstructor">
    <constructor-arg index="0" ref="hello"/>
    <constructor-arg index="1" value="6"/>
</bean>
```

第三步：编写测试类进行测试。

```java
ApplicationContext ac = new ClassPathXmlApplicationContext("applicationContext.xml");
HelloConstructor hc = (HelloConstructor)ac.getBean("constructor");
hc.getHello().sayHello();
hc.print();
```

在 Constructor 注入方式中，Bean 无须为属性提供 setter 方法，但是必须提供含有属性作为参数的构造方法。在该注入方式中，Spring 容器通过构造方法创建 Bean 实例的同时也借助构造方法为属性注入了值。

注意：

Spring 中<bean>元素的 id 与 name 属性的区别如下。

一般来说，在一个 XmlBeanFactory 中定义一个 Bean 时可以采用<bean id="XX" class="XX">的样式，或者采用<bean name="XX" class="XX">的样式，二者的区别在于 id 的命名格式必须符合 XML ID 属性的命名规范，例如不能以数字开头等；而 name 属性无此限制。在定义一个 Bean 时也可以同时为该 Bean 配置 id 和 name 属性，name 属性相当于为该 Bean 取的别名，也可以为该 Bean 指定多个别名，别名之间使用逗号或分号隔开。

2. Bean 属性值注入的配置

前面介绍了使用 Setter 注入方式为 Bean 的属性注入值。Bean 的属性不仅可以是基本数据类型，例如 int、byte、String 等，也可以是集合类型，例如 List、Set、Map 等集合类型。不同数据类型的 Bean 属性值的注入在 Spring 配置文件中的配置方法不同，下面具体介绍基本类型属性和集合属性的 Setter 注入配置方法。

1）基本数据类型属性值的注入

为 Bean 的基本数据类型属性注入值，同样可以在配置文件中初始化 Bean 的简单属性，请看下面的例子。

第一步：这里仍然以前面介绍的 Bird 类作为父类，创建一个含有基本类型的 Woodpecker 类。

Woodpecker.java

```java
package henu.bean;
public class Woodpecker extends Bird {
    private String birdName;
    private int birdId;
    public String getBirdName() {
        return birdName;
    }
    public void setBirdName(String birdName) {
        this.birdName = birdName;
    }
    public int getBirdId() {
        return birdId;
    }
    public void setBirdId(int birdId) {
        this.birdId = birdId;
    }
    @Override
    public void info() {
        System.out.println("这是一只啄木鸟!");
        System.out.println("名字: " + birdName);
        System.out.println("ID: " + birdId);
    }
}
```

Woodpecker 类继承于 Bird 类，并且声明了 String 和 int 两个基本类型的属性 birdName 和 birdId。

第二步：修改 Spring 配置文件，在配置文件中定义 Woodpecker 的基本类型的属性。

```xml
<bean id="woodpecker" class="henu.bean.Woodpecker">
    <!-- 为 Woodpecker 的 birdName 注入值"啄木鸟" -->
    <property name="birdName" value="啄木鸟"/>
    <!-- 为 Woodpecker 的 birdId 注入值"007" -->
    <property name="birdId" value="007"/>
    <!-- 或者采用下面的方式为基本类型的属性注入值 -->
    <!--
    <property name="birdName">
        <value>啄木鸟</value>
    </property>
    <property name="birdId">
        <value>007</value>
    </property>
    -->
</bean>
```

2)集合注入

如果 Bean 的属性类型为集合类型,例如 List、Set、Map、Properties 或数组等,若通过配置文件初始化集合类型的属性值,那么可以使用相应的<list>、<set>、<map>、<props>和<array>等元素来完成。

注意:

有时也可以使用<list>元素代替<array>元素为数组类型的属性注入值。此外,如果要把某个对象属性的值明确地设置为 null,可以在 Spring 配置文件中使用<null>元素来指定,例如为 Bean 的 field 属性注入值 null。

```xml
<property name = "field">
    <null/>
</property>
```

在下面的 CollectionObj 类中声明了 List、Set、Map、Properties 和数组等类型的属性,具体如下。

CollectionObj.java

```java
package henu.bean;
import java.util.*;
public class CollectionObj {
    //声明 java.util.Properties 类型的属性 fieldProp
    private Properties fieldProp;
    //声明 java.util.List 类型的属性 fieldList
    private List fieldList;
    //声明 java.util.Set 类型的属性 fieldSet
    private Set fieldSet;
    //声明 java.util.Map 类型的属性 fieldMap
    private Map fieldMap;
    //声明数组类型的属性 fieldArray
    private String[] fieldArray;
    //省略各属性的 setter 和 getter 方法
    … …
}
```

那么为 CollectionObj 各属性注入值的配置具体如下。

```xml
<bean id = "collection" class = "henu.bean.CollectionObj">
    <!-- 为 CollectionObj 类中的 fieldProp 属性通过 setter 方法初始化 -->
    <!-- fieldProp 属性为 Properties(java.util.Properties)类型 -->
    <property name = "fieldProp">
        <props>
            <prop key = "administrator">administrator@example.org</prop>
            <prop key = "support">support@example.org</prop>
            <prop key = "development">development@example.org</prop>
        </props>
    </property>
```

```xml
<!-- 调用setFieldList()方法对fieldList属性初始化,fieldList属性为List(java.util.List)类型 -->
<property name="fieldList">
    <list>
        <value>List One</value>
        <value>List Two</value>
    </list>
</property>
<!-- 调用setFieldMap()方法对fieldMap属性初始化,fieldMap属性为Map(java.util.Map)类型 -->
<property name="fieldMap">
    <map>
        <entry key="k1" value="Value One" />
        <entry key="k2" value="Value Two" />
    </map>
</property>
<!-- 调用setFieldSet()方法对fieldSet属性初始化,fieldSet属性为Set(java.util.Set)类型 -->
<property name="fieldSet">
    <set>
        <value>Set One</value>
        <value>Set Two</value>
    </set>
</property>
<!-- 调用setFieldArray()方法对fieldArray属性初始化,fieldArray属性为数组类型 -->
<property name="fieldArray">
    <array>
        <value>Array One</value>
        <value>Array Two</value>
    </array>
</property>
</bean>
```

3. 自动装配(autowire)

Spring 容器可以自动装配相互依赖的 Bean 之间的关联关系,因此我们可以让 Spring 通过检查 BeanFactory 的内容自动指定 Bean 的依赖者。autowire 有 6 种类型,即 byName、byType、constructor、autodetect、no 和 default。

1) byName

根据属性名自动装配。此选项将检查容器并根据名字检查与属性完全一致的 Bean,将其与属性自动装配。

2) byType

如果容器中存在一个与指定属性类型相同的 Bean,那么将与该属性自动装配;如果存在多个该类型的 Bean,那么抛出异常,并指出不能使用 byType 方式进行自动装配;如果没有找到相匹配的 Bean,则什么事情都不发生,也可以通过设置"dependency-check="object""让Spring 抛出异常。

3) constructor

与 byType 方式相似，不同之处在于它应用于构造方法的参数。如果在容器中没有找到与构造方法参数类型一致的 Bean，那么将抛出异常。

4) no

不使用自动装配，必须手动指定依赖，这是默认设置。由于显式指定依赖可以使配置更加灵活、清晰，所以对于较大的部署配置推荐使用该设置。

5) autodetect

通过 Bean 类的自省机制来决定是使用 constructor 方式还是使用 byType 方式进行自动装配。

6) default

装配类型由父元素＜beans＞的 default-autowire 属性值决定。

下面的例子通过设置 autowire 属性值为 byName 来动态配置 Bean 对象的属性值。

第一步：创建 Bean 类。

AutowireByName.java

```java
package henu.bean;
public class AutowireByName {
    private Animal woodpeckers;
    public Animal getWoodpecker() {
        return woodpeckers;
    }
    //通过 setter 方法传入 animal 的实例
    public void setWoodpecker(Animal woodpecker) {
        this.woodpeckers = woodpecker;
    }
    public void add(){
        System.out.println("the animal is in the zoo and");
        woodpeckers.info();
    }
}
```

第二步：在 Spring 配置文件中配置两个 Woodpecker 的 Bean，但 name 不同。此外，再配置 AutowireByName 的配置，并设置＜bean＞元素的 autowire 属性值为 byName，具体如下。

```xml
<!-- 为 WoodPecker 配置 Bean -->
<bean name = "woodpeckers" class = "henu.bean.Woodpecker">
    <property name = "birdName" value = "啄木鸟"/>
    <property name = "birdId" value = "7" />
</bean>
<!-- 为 WoodPecker 配置 Bean -->
<bean name = "swallows" class = "henu.bean.Woodpecker">
    <property name = "birdName" value = "海燕"/>
    <property name = "birdId" value = "9" />
</bean>
```

```xml
<!-- 配置AutowireByName类,并设置autowire属性为byName,它将根据属性的名称自动匹配配置文件中已定义的Bean -->
<bean id="byname" class="com.henu.app.AutowireByName" autowire="byName"/>
```

第三步:编写测试类进行测试。

```java
ApplicationContext ac = new ClassPathXmlApplicationContext("applicationContext.xml");
AutowireByName byname = (AutowireByName)ac.getBean("byname");
byname.add();
```

运行结果:

```
the animal is in the zoo and
这是一只啄木鸟!
名字:啄木鸟
ID: 7
```

从Spring配置文件中可以看到配置了Woodpecker类的两个Bean,但二者的<bean>元素的name属性值不同,其中一个为woodpeckers,另外一个为swallows。定义AutowireByName这个Bean的<bean>元素的autowire属性值为byName,也就是将name为woodpeckers的Bean注入给AutowireByName的woodpeckers属性。

当然也可以为autowire设置其他值,请读者自行验证,限于篇幅,此处不再一一给出。

另外,如果容器中所有的Bean都采用相同的装配方式,那么就可以在<beans>元素标签中使用default-autowire属性,它称为全局自动装配策略。default-autowire的属性值可以是byName、byType、constructor、default、no,默认为no。下面是一个将default-autowire属配置为byName的例子。

```xml
<?xml version="1.0" encoding="UTF-8"?>
<beans xmlns="http://www.springframework.org/schema/beans"
    xmlns:xsi="http://www.w3.org/2001/XMLSchema-instance"
    xsi:schemaLocation="http://www.springframework.org/schema/beans
http://www.springframework.org/schema/beans/spring-beans.xsd" default-autowire="byName">
```

12.2.5 基于注解的IoC

自Spring 2.5开始,允许使用注解(Annotation)来代替XML格式的配置文件,从而简化Spring应用开发,特别是极大地缩减了Spring配置文件的代码配置量。Spring使用注解将一些Java类注册成Spring Bean,然后Spring通过指定的路径来搜索Java类,从而找到需要的Bean。Spirng提供了@Repository、@Component、@Service和@Controller几个注解标注Spring Bean。另外,Spring提供了@Resource将Bean注入到相应的值中。

注意:

@Component、@Repository、@Service和@Controller的功能并没有严格的区分,通常使用@Component标注一个普通的Spring Bean。当然也可以使用@Repository、

@Service、@Controller 来标注这些 Bean 类,在 Spring 后续版本中,@Repository 、@Service、@Controller 可能会携带更多的语义。

1. 使用@Resource 配置依赖 Bean 类

@Resource 是来源于 Java EE 规范的一个注解,Spring 直接借鉴了该注解,它位于 javax.annotation 包下,@Resource 可以修饰 setter 方法和字段等,通过@Resource 可以为目标注入依赖的 Bean。下面的例子编写了一个使用@Resource 注解的 Bean,在此例中@Resource 修饰 setter 方法。

ResourceAnnotation.java

```java
package henu.app;
import javax.annotation.Resource;
public class ResourceAnnotation {
    private Animal animal;
    public Animal getAnimal() {
        return animal;
    }
    /* 如果@Resource 没有显式指定所注入的 bean,默认使用 setXxx 方法中的 xxx bean。例如此
    处使用的是 setAnimal 方法,则默认要注入的 bean 的名字为 animal */
    @Resource
    public void setAnimal(Animal animal) {
        this.animal = animal;
    }
    public void add(){
        System.out.println("the animal is in the zoo and");
        animal.info();
    }
}
```

配置 Spring 的配置文件,引入 context 命名空间,并加入<context:annotation-config/>元素,见粗体部分。

```xml
<?xml version = "1.0" encoding = "UTF-8"?>
<beans xmlns = "http://www.springframework.org/schema/beans"
       xmlns:xsi = "http://www.w3.org/2001/XMLSchema-instance"
       xmlns:context = "http://www.springframework.org/schema/context"
       xsi:schemaLocation = "http://www.springframework.org/schema/beans
       http://www.springframework.org/schema/beans/spring-beans-4.0.xsd
       http://www.springframework.org/schema/context
       http://www.springframework.org/schema/context/spring-context-4.0.xsd">
    <context:annotation-config/>
    <!-- 为 WoodPecker 配置 Bean -->
    <bean name = "animal" class = "com.henu.app.Woodpecker">
        <property name = "birdName" value = "啄木鸟"/>
        <property name = "birdId" value = "7"/>
    </bean>
    <bean name = "swallow" class = "com.henu.app.Woodpecker">
```

```
            <property name="birdName" value="海燕"/>
            <property name="birdId" value="9"/>
    </bean>
    <!-- 配置 ResourceAnnotation -->
    <bean id="resource" class="com.henu.app.ResourceAnnotation"/>
</beans>
```

下面设计一个测试类,测试该程序及其配置是否正确。
ResourceAnnotationTest.java

```
ResourceAnnotation resource;
ApplicationContext ac = new
    ClassPathXmlApplicationContext("applicationContext.xml");
resource = (ResourceAnnotation)aac.getBean("resource");
resource.add();
```

@Resource 标签默认按照属性名称来查找 Bean,例如本例将查找<bean>的 name 属性值为 animal 的 Bean。如果未找到该名称的 Bean,则按照类型查找,输出结果如下:

```
the animal is in the zoo and
这是一只啄木鸟!
名字:啄木鸟
ID: 7
```

当然也可以显式指定 Bean 的名称,例如将 ResourceAnnotation 类中的@Resource 更改为@Resource(name="swallow")。那么它将把<bean>元素的 name 属性值为"swallow"的 Bean 注入给 ResourceAnnotation 对象的 animal 属性,并且输出结果如下:

```
the animal is in the zoo and
这是一只啄木鸟!
名字:海燕
ID: 9
```

2. 使用@Component 标注 Bean 类

用户也可以使用@Component 标注 Bean 类。需要注意的是,在使用@Component 时需要导入 org.springframework.stereotype 包。下面仍以 Woodpecker 类为例进行介绍,具体步骤如下。

第一步:修改 Woodpecker 类,在类的声明语句之前加注@Component 语句。
Woodpecker.java(修改前面的代码)

```
import org.springframework.stereotype.Component;
//使用@Component 标注 Woodpecker 类为 Bean 类,不再通过 XML 配置文件产生 Bean 类
@Component        //@Component("Woodpecker")指定名称
```

```
public class Woodpecker extends Bird {
    //省略其他代码
    ：
}
```

可以看到，上述代码与前面介绍的 Woodpecker 类相比仅是导入了 Component 类，并在 Woodpecker 类的定义前面使用@Component 注解，其他的完全相同。

第二步：使用 Bean 定义一个 ComponentAnnotation 类，并在该类中声明一个 Animal 类型的属性 animal，然后为 setAnimal()方法添加@Resource 标注，具体如下。
ComponentAnnotation.java

```
package henu.app;
import javax.annotation.Resource;
public class ComponentAnnotation {
    private Animal animal;
    public Animal getAnimal() {
        return animal;
    }
    //为 setAnmial()方法添加@Resource 注解
    @Resource       //@Resource(name = "Woodpecker")指定名称
    public void setAnimal(Animal animal) {
        this.animal = animal;
    }
    public void add(){
        System.out.println("the animal is in the zoo and");
        animal.info();
    }
}
```

第三步：修改 Spring 的配置文件。

在 Spring 配置文件的＜beans＞元素下添加＜context:component-scan base-package="henu.app"/＞子元素，见粗体部分。Spring 将根据该设置扫描 henu.app 包及其子包中的所有类，将带有@Component 标注的 Woodpecker 类注册为 Bean 类。

```xml
<?xml version="1.0" encoding="UTF-8"?>
<beans xmlns="http://www.springframework.org/schema/beans"
    xmlns:xsi="http://www.w3.org/2001/XMLSchema-instance"
    xmlns:context="http://www.springframework.org/schema/context"
    xsi:schemaLocation="http://www.springframework.org/schema/beans
    http://www.springframework.org/schema/beans/spring-beans-4.0.xsd
        http://www.springframework.org/schema/context
    http://www.springframework.org/schema/context/spring-context-4.0.xsd">
    <context:annotation-config/>
    <!--扫描 henu.app 包及其子包-->
    <context:component-scan base-package="henu.app"/>
    <!-- 配置 ComponentAnnotation -->
    <bean id="component" class="henu.app.ComponentAnnotation"/>
</beans>
```

第四步：编写测试类进行测试。

```
ComponentAnnotation comp;
ApplicationContext aac = new
    ClassPathXmlApplicationContext("applicationContext.xml");
comp = (ComponentAnnotation)aac.getBean("component");
comp.add();
```

运行结果：

```
the animal is in the zoo and
这是一只啄木鸟！
名字：啄木鸟
ID: 7
```

3. 使用@Autowired 自动为 Bean 属性注入值

Spring 使用@Autowired 注解可实现自动装配。自动装配的依据是首先按名称来匹配 Bean，如果找不到则按类型匹配。当然也可以通过@Qualifier 注解显式声明 Bean 的标识，@Qualifier 可用于修饰字段。下面仍以 Woodpecker 类为例进行介绍，具体设置如下。

第一步：修改 Woodpecker 类，使用@Autowired 注解标注 setter 方法，使用@Qualifier 注解标注 setter 方法中的形参。

Woodpecker2.java

```java
package henu.app;
import org.springframework.beans.factory.annotation.*;
public class Woodpecker2 extends Bird {
    private Animal animal;
    public Animal getAnimal() {
        return animal;
    }
    @Autowired
    public void setAnimal(Animal animal) {
        this.animal = animal;
    }
    public void add(){
        System.out.println("the animal is in the zoo and");
        animal.info();
    }
}
```

在本例中，使用@autowired 注解修饰 setAnimal()方法，这也就意味着 Spring 将自动为 animal 属性注入值，注入值的原则是先按 Bean 的名称匹配，若未找到，再按 Bean 数据类型匹配。注意，在使用@Autowired 和@Qualifier 注解时需要导入 org.springframework.beans.factory.annotation 包。

第二步：修改 Spring 配置文件。

```xml
<!-- 为 WoodPecker 配置 Bean -->
<bean name = "animal" class = "henu.app.Woodpecker">
    <property name = "birdName" value = "啄木鸟"/>
    <property name = "birdId" value = "7"/>
</bean>
<bean name = "swallow" class = "henu.app.Woodpecker">
    <property name = "birdName" value = "海燕"/>
    <property name = "birdId" value = "9"/>
</bean>
<!-- 配置 Woodpeacker2 -->
<bean id = "woodpecker2" class = "henu.app.Woodpecker2"/>
```

在上述配置中定义了名称分别为 animal 和 swallow 的 Woodpecker 对象，定义这两个对象主要是为了在 Woodpecker2 对象中使用 @Qualifier 注解显式指定为其注入值的 Bean。在上述配置中最后又定义了一个 Woodpecker2 对象的 Bean。

第三步：编写测试类测试上述配置。

```java
Woodpecker2 woodpecker;
ApplicationContext aac = new
    ClassPathXmlApplicationContext("applicationContext.xml");
woodpecker = (Woodpecker2)aac.getBean("woodpecker2");
woodpecker.add();
```

运行结果：

```
the animal is in the zoo and
这是一只啄木鸟!
名字：啄木鸟
ID: 7
```

如果 @Autowired 注解未指定名称为属性注入值，则自动按照 Bean 的名称去查找相应的 Bean（例如本例中，Spring 将自动查找名称为 anmial 的 Bean）；如果仍找不到，则按照类型去匹配 Bean。当然也可以用 @Qualifier 注解显式指定为属性注入值的 Bean 名称，例如修改上例中的 setAnmial() 方法为以下形式：

```java
@Autowired
public void setAnimal(@Qualifier("swallow") Animal animal) {
    this.animal = animal;
}
```

那么 Spring 将显式地将配置文件中名称为 swallow 的 Bean 强制注入给 Woodpecker2 的 animal 属性，运行结果如下：

```
the animal is in the zoo and
这是一只啄木鸟!
```

名字:海燕
ID: 9

4. 使用@PostConstruct 和@PreDestroy 定制 Bean 生命周期

@PostConstruct 和@PreDestroy 注解用于定制 Bean 的生命周期行为,其功能类似于<bean>元素的 init-method 和 destroy-method 属性。对于@PostConstruct 和@PreDestroy 修饰方法,@PostConstruct 修饰方法在 Bean 的依赖关系注入之后执行,@PreDestroy 方法在 Bean 销毁之前执行,举例说明如下。

第一步:编写一个 Bean,并使用@PostConstruct 和@PreDestroy 等注解。LifecycleAnnotation.java

```java
package henu.app;
import javax.annotation.PostConstruct;
import javax.annotation.PreDestroy;
import javax.annotation.Resource;
import org.springframework.beans.factory.annotation.Autowired;
import org.springframework.beans.factory.annotation.Qualifier;
@Resource
public class LifecycleAnnotation {
    private Animal animal;
    public Animal getAnimal() {
        return animal;
    }
    @PostConstruct
    public void init(){
        System.out.println("init zoo");
    }
    @PreDestroy
    public void destroy(){
        System.out.println("destroy zoo");
    }
    @Autowired
    public void setAnimal(@Qualifier("swallow")Animal animal) {
        this.animal = animal;
    }
    public void add(){
        System.out.println("the animal is in the zoo and");
        animal.info();
    }
}
```

第二步:在 Spring 配置文件中配置 Bean,具体配置如下。

```
<bean id="lifecycle" class="henu.app.LifecycleAnnotation" />
```

第三步：编写测试类测试上述 Bean 是否能够正常运行。
LifecycleAnnotationTest.java

```
LifecycleAnnotation lifecycle;
ApplicationContext aac = new
    ClassPathXmlApplicationContext("applicationContext.xml");
lifecycle = (LifecycleAnnotation)aac.getBean("lifecycle");
lifecycle.add();
```

运行结果：

```
init zoo
the animal is in the zoo and
这是一只啄木鸟！
名字：海燕
ID：9
destroy zoo
```

结合本节上面的 Spring 配置文件中的有关 Bean 配置，对于上述运行结果，请读者自行分析，此处不再具体介绍。

动手实践 12-1

定义一个账户类，该类含有账号、户名、开户日期和余额等属性，使用 Setter 注入方式为账户 Bean 进行配置，那么使用 Constructor 注入方式将如何实现？请读者思考两种实现方式的区别。

如果使用@Autowired 自动为 Bean 属性注入值，又将怎样实现呢？请读者动手实践。

12.3 AOP

12.3.1 什么是 AOP

1. 理解 AOP

AOP(Aspect Oriented Programming)称为面向切面编程，也有资料翻译为面向方面编程。早在 1990 年就出现了 AOP 的概念，研究人员对面向对象思想的局限性进行了分析，并提出了一种新的编程思想，随着研究的不断深入，AOP 逐渐发展成一套完整的编程思想，各种应用 AOP 的技术也应运而生，主要包括以下几个。

- AspectJ：它是 AOP 技术在 Java 语言中的最早应用，很多其他 AOP 框架都借鉴了 AspectJ 的一些思想。
- JBoss AOP：JBoss 4.0 引入了 AOP 框架。
- Spring AOP：Spring 通过 IoC 容器来实现 AOP，它不仅提供了一个独立的 API，也集成了 Spring 事务管理、日志等功能。

注意：
面向对象编程将整个应用系统分解为由层次结构组成的对象，它所关注的方向是纵向；而面向方面编程则是将整体分解成方面（Aspect），关注的方向为横向。

下面通过例子来讲解 AOP 的含义。

假设要为多个业务逻辑添加日志处理功能，如图 12.4 所示。传统的 OOP 方式是直接将日志处理代码添加到各个方法中。那么，如果我们某天需要修改日志处理代码，则需要修改这 4 个业务逻辑的有关日志处理的代码；随着应用规模不断扩大，业务逻辑的规模也不断增大，传统的 OOP 方式给程序的维护和升级带来了灾难性的后果。

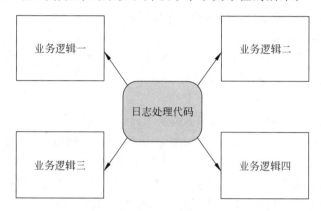

图 12.4　传统 OOP 方式为多个业务逻辑添加日志处理功能

可以考虑将日志处理代码写成一个独立模块，然后在各个方法中调用该模块，这将大大降低软件维护的复杂度。如果日志处理逻辑需要修改，直接修改日志处理模块即可。但是如果再向各个方法中增加业务逻辑，仍然要对各个方法进行一一修改。那么 AOP 的思想是定义新的业务逻辑（例如日志处理），不用在各个业务逻辑中直接调用该业务逻辑，而是交由系统帮助我们自动调用它，这种解决方案就是 AOP。用户可以通过 AOP 来处理一些具有横切性质的系统级服务，例如事务管理、安全检查、缓存、日志记录等，图 12.5 给出了 AOP 方式为多个业务逻辑添加日志处理功能的思想。

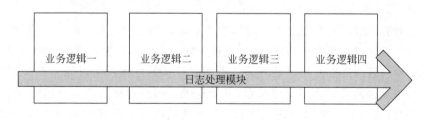

图 12.5　AOP 方式为多个业务逻辑添加日志处理功能

注意：
AOP 的主要编程对象是切面（aspect），切面模块化并且横切关注点。在应用 AOP 编程时仍然需要定义公共功能，但可以明确地定义这个功能在哪里，以什么方式应用，并且不必修改受影响的类，这样一来横切关注点就被模块化到特殊的对象（切面）里。AOP 的好处主要体现在以下两个方面。

（1）每个切面模块位于一个位置，代码不分散，便于维护和升级。
（2）业务模块更简洁，只包含核心业务代码。

2．AOP 基本概念

AOP 的工作方式是把一些通用的功能从业务逻辑中分离出来，在需要的地方加入这些功能模块。在 AOP 中有很多术语，用户要掌握 AOP，首先必须熟悉并理解这些术语。

1）切面（Aspect）

切面是一个关注点的模块化，例如日志管理就是一个应用中常见的切面。在企业级的应用开发中，首先要分析抽象出通用的功能模块，即"切面"。

2）连接点（Joinpoint）

连接点即程序执行过程中的特定的点。Spring 框架只支持方法作为连接点，例如在特定方法调用前、方法调用后或者发生异常时。

3）通知（Advice）

通知是切面的具体实现。通知将切面的某个特定的连接点执行动作，Spring 中执行的动作往往就是调用某类的具体方法。例如在应用的用户登录时进行日志管理（一个切面），具体是在用户登录的方法执行后（连接点）执行写日志（通知）的功能。其中，日志管理是很多功能模块中通知的功能，为一个切面；而具体是在用户登录成功之后执行日志，那么用户登录成功后这个点就是连接点；实现保存日志功能的类就是通知。

4）切入点（Pointcut）

切入点是连接点的集合，通知和一个切入点表达式关联，并在满足这个切入点的连接点上运行。

5）目标对象（Target Object）

被一个或多个切面所通知（Advise）的对象称为目标对象，目标对象的某些连接点上将调用 Advice。

6）织入（Weaving）

把切面连接到其他应用程序之上，创建一个被通知的对象的过程称为织入。Spring 框架是在运行时完成织入的。

这些通用的功能属于应用中的一个层次，也就是应用运行过程中的关注点，被称为切面（Aspect），关注点可以横切多个对象，所以也称为横切关注点。加入这些功能的地方称为连接点（Joinpoint），这些连接点可以是方法的调用或异常的抛出。有时需要在多个地方插入相同的功能，也就是需要插入多个连接点，多个连接点的集合称为切入点（Pointcut）。连接点所在的对象称为目标对象（Target Object）。对新增功能的处理逻辑称为通知（Advice）。根据新增功能执行时与连接点的关系，通知可以分为以下不同的类型。

- Around 通知：在连接点的前后分别执行相同的处理；
- Before 通知：在连接点前执行需要加入的功能；
- After 通知：在连接点后执行需要加入的功能；
- Throws 通知：在抛出异常时执行需要加入的功能。

将通用业务逻辑加入到程序代码中的过程就是织入，对于静态 AOP 来说，织入是在编译时完成的，是在编译过程中增加一个步骤。动态 AOP 则是在程序运行时动态织入的。

AOP 的各概念之间的关系如图 12.6 所示。

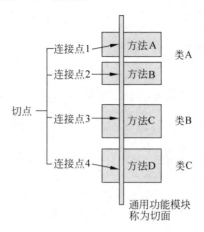

图 12.6 AOP 基本概念之间的关系

AOP 可以分为两种类型，即静态 AOP 和动态 AOP。静态 AOP，例如 AspectJ，通用业务逻辑是在编译时加入到程序中的，如果要修改横切业务逻辑，需要修改代码重新编译。动态 AOP，例如 Spring AOP，横切业务逻辑是在运行时动态加入到程序中的，如果修改横切业务逻辑，用户无须重新编译代码，这两种 AOP 互相补充，在程序中一起使用时功能更加强大，当然用户也可以根据需求选择其中一种。

12.3.2 AOP 的实现原理

目前，比较流行的 AOP 实现技术有 AspectJ、Spring 框架、JBoss 4 等。这些 AOP 技术的实现策略分为静态 Proxy 实现模式、动态 Proxy 实现模式和 CGLIB（Code Generation Libary）实现模式。动态 Proxy 实现模式和 CGLIB 实现模式都属于动态 AOP 实现模式，作用基本相同，只不过二者针对的对象不同，动态 Proxy 通过代理接口实现，而 CGLIB 可以使用代理类实现。这里主要介绍使用动态 Proxy 来模拟 Spring AOP 的工作原理。

下面通过为 Woodpecker 类添加业务逻辑来演示动态代理的实现过程。本章已介绍 Animal 是一个接口，而 Bird 类实现了 Animal 接口，Woodpecker 类则是 Bird 类的子类。

第一步：建立代理类。代理类需要实现 java.lang.reflect.InvocationHandler 接口，其主要业务逻辑应放在该接口的 invoke()方法中。

LogHandler.java

```java
public class LogHandler implements InvocationHandler {
    private Object obj;
    public Object getObj() {
        return obj;
    }
    public void setObj(Object obj) {
        this.obj = obj;
    }
    //横切关注点
```

```java
    public void beforeMethod(){
        System.out.println("进入动物园之前");
    }
    public void afterMethod(){
        System.out.println("进入动物园之后");
    }
    /*切入点,对所有对象的方法进行调用,在实例化 Woodpecker 对象前后调用关注点*/
    @Override
    public Object invoke(Object proxy, Method method, Object[] args) throws Throwable {
        beforeMethod();
        method.invoke(obj, args);
        afterMethod();
        return null;
    }
}
```

可以看到,代理类 LogHandler 实现了 java.lang.reflect.InvocationHandler 接口,并且对该接口的 invoke() 方法进行了具体实现。在 invoke() 方法中首先调用了自身的 beforeMethod() 方法,即前置通知,然后执行目标对象本体,最后执行 afterMethod() 方法。

第二步：在 Spring 配置文件中对 LogHandler 等类配置 Bean。

```xml
<!-- 配置 LogHandler -->
<bean id="logHandler" class="henu.aop.LogHandler" />
```

第三步：测试类核心代码。

```java
ApplicationContext ac = new ClassPathXmlApplicationContext("applicationContext.xml");
/*从 applicationContext.xml 文件中创建 id 为 woodpecker 的 Woodpecker 的 Bean 对象*/
Animal animal = (Woodpecker)ac.getBean("woodpecker");
/*从 applicationContext.xml 文件中创建 id 为 logHandler 的 LogHandler 的 Bean 对象*/
LogHandler logHandler = (LogHandler)ac.getBean("logHandler");
logHandler.setObj(animal);
//动态生成 Animal 对象
Animal animalProxy = (Animal) Proxy.newProxyInstance(animal.getClass().getClassLoader(),
    new Class[]{Animal.class}, logHandler);
animalProxy.info();
```

运行结果：

```
进入动物园之前
这是一只啄木鸟!
名字：啄木鸟
ID: 7
进入动物园之后
```

由本例可以看到,通过代理类可以在运行时创建指定接口的代理对象(例如 Animal 对象),并由此代理对象完成相关业务逻辑流程,例如在实例化 Animal 之前调用

beforeMethod()方法,在实例化 Animal 完毕之后调用 afterMethod()方法。

在 Spring 2.0 以上版本中,Spring AOP 的配置支持基于 AspectJ 的注解配置和基于 XML 配置文件的配置方法。

12.3.3 基于注解的 AOP 配置

Spring AOP 和 AspectJ 进行了很好的集成,AspectJ 运行使用注解(Annotation)定义切面、切入点和增强处理,Spring 框架可识别并根据这些 Annotation 来生成 AOP 代理。

基于注解的 AOP 配置方式更加简洁,大大减少了 Spring 配置文件的配置内容,不过基于注解的 AOP 配置方式需要引入第三方 JAR 包,例如 aopalliance.jar、aspectjweaver.jar 和 cglib-nodep.jar 等,如图 12.7 所示;并且为了启用 Spring 对@AspectJ 切面注解的支持,需要在 Spring 配置文件中引入 AOP Schema 添加到<beans>根元素,下面是一个基于注解的 AOP 配置的基本模板。

```xml
<?xml version="1.0" encoding="UTF-8"?>
<beans xmlns="http://www.springframework.org/schema/beans"
  xmlns:xsi="http://www.w3.org/2001/XMLSchema-instance"
  xmlns:aop="http://www.springframework.org/schema/aop"
  xmlns:context="http://www.springframework.org/schema/context"
    xsi:schemaLocation="http://www.springframework.org/schema/beans
    http://www.springframework.org/schema/beans/spring-beans.xsd
    http://www.springframework.org/schema/aop
    http://www.springframework.org/schema/aop/spring-aop-4.0.xsd
    http://www.springframework.org/schema/context
    http://www.springframework.org/schema/context/spring-context-4.0.xsd">
  <!-- 启动@AspectJ 支持 -->
  <aop:aspectj-autoproxy />
</beans>
```

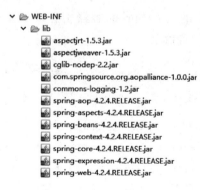

图 12.7 基于注解的 Spring AOP 配置所需的 JAR 包

在上述 Spring 的配置文件中使用了<aop:aspect-autoproxy/>元素,该元素声明自动为 Spring 容器中的那些配置@aspectJ 切面的 Bean 创建代理,织入切面。

下面演示基于注解方式 Spring AOP 的配置与实现。这里仍以 LogHandler 类为例,将 LogHandler 定义为切面类,并且该类必须是 Spring 容器管理的 Bean,具体步骤如下。

第一步：创建切面类。

假设在前面 LogHandler 类的基础上加以修改，设计一个基于注解的切面类 LogHandlerAnnotation，使用@Aspect 注解将该类注册为切面类，然后通过@Before 注解定义横向关切点以前置方式织入到程序代码中。

LogHandlerAnnotation.java

```java
package henu.aop;
import org.aspectj.lang.annotation.AfterReturning;
import org.aspectj.lang.annotation.Aspect;
import org.aspectj.lang.annotation.Before;
import org.springframework.stereotype.Component;
@Component
//使用@Aspect 标注此类为切面类
@Aspect
public class LogHandlerAnnotation {
    /* 使用@Before 标注 beforeMethod()方法将在执行 Woodpecker 类的 info()方法之前执行 */
    @Before("execution(public void henu.bean.Woodpecker.info())")
    public void beforeMethod() {
        System.out.println("进入动物园之前");
    }
    @AfterReturning("execution(public void henu.bean.Woodpecker.info())")
    public void afterMethod() {
        System.out.println("进入动物园之后");
    }
}
```

LogHandlerAnnotation 是一个切面类，后面将使用该切面类织入目标对象。在该类中使用@Component 注解对该类进行了配置，相当于基于 XML 方式使用＜bean＞元素在 Spring 文件中进行配置。自 Spring 2.5 引入了组件自动扫描机制，将在类路径下寻找标注了上述注解的类，并把这些类纳入到 Spring 容器中管理。要使用自动扫描机制，需要在 Spring 配置文件中增加以下配置信息：

```
<context:component-scan base-package="@Component 标注类所在的包">
</context:component-scan>
```

base-package 属性的值是自动扫描的包，如 LogHandlerAnnotation 类在 henu.aop 包，则在本例中 base-package="henu.aop"。component-scan 标签默认自动扫描指定路径下的包（含所有子包），将带有@Component、@Repository、@Service、@Controller 标签的类自动注册到 Spring 容器。

注意：

Spring 提供的关于 Bean 配置的 4 个注解为@Component、@Repository、@Service 和@Controller。这 4 个注解在功能上是等效的，但是从注释类的命名上很容易看出@Repository、@Service、@Controller 这 3 个注释分别和持久层、业务层、控制层（Web 层）相对应。虽然目前这 3 个注解和@Component 相比没有什么新意，但 Spring 将在以后的版本中为它们添加特殊的功能。所以,如果 Web 应用程序采用了经典的三层分层结构,最好在持久层、业务层和控制层分别采用上述注解对分层中的类进行注释。

- @Service 用于标注业务层组件。
- @Controller 用于标注控制层组件(例如 Struts 中的 action)。
- @Repository 用于标注数据访问组件,即 DAO 组件。
- @Component 泛指组件,当组件不好归类的时候可以使用这个注解进行标注。

在该类中@Before 用到了织入点语法,即 execution 表达式。下面对 execution 表达式的语法格式做一下说明。

(1) 织入到所有方法:

```
execution(public * *(..))
```

其中,星号(*)为通配符,第一个星号代表方法的返回值类型为任意类型,第二个星号代表方法的名称为任意名称。

(2) 织入到所有的 setter 方法中:

```
execution( * set*(..))
```

(3) 织入到 com.xyz.service 包中 AccountService 类的任意方法:

```
execution( * com.xyz.service.AccountService.*(..))
```

(4) 织入到 com.xyz.service 包下的所有类中的任意方法:

```
execution( * com.xyz.service.*.*(..))
```

在 Spring 中,将业务逻辑加入到切面类中的方式称为通知(Advice),通知的类型见表 12.3。

表 12.3 AOP 通知的类型及注解名称

注 解 名 称	含 义
@Before	在连接点前织入
@AfterReturning	在执行完 return 后织入
@AfterThrowing	抛出异常时,在执行完 throw 后织入
@After(finally)	抛出异常时,在执行完 finally 后织入
@Around	在连接点前后分别织入,相当于 Before 和 AfterReturning

可以看到,在 Spring 执行业务逻辑时通知是以类的方法作为连接点的。那么,具体到 LogHandlerAnnotation 类中的@Before("execution(public void henu.bean.Woodpecker.info())"),表示在执行目标对象 henu.bean.Woodpecker 类的 info()方法之前执行该切面类的 beforeMethod()方法。

由于目标对象 Animal 及其 Woodpecker 类在前面已经介绍,此处不再赘述。

第二步：本例完整的 Spring 的配置信息如下。

```xml
<beans xmlns = "http://www.springframework.org/schema/beans"
    xmlns:xsi = "http://www.w3.org/2001/XMLSchema-instance"
xmlns:aop = "http://www.springframework.org/schema/aop"
    xmlns:context = "http://www.springframework.org/schema/context"
    xsi:schemaLocation = "http://www.springframework.org/schema/beans
http://www.springframework.org/schema/beans/spring-beans.xsd
    http://www.springframework.org/schema/aop
http://www.springframework.org/schema/aop/spring-aop-4.0.xsd
    http://www.springframework.org/schema/context
http://www.springframework.org/schema/context/spring-context-4.0.xsd">
        <!-- 启动@AspectJ 支持 -->
        <aop:aspectj-autoproxy />
        <!-- 自动扫描切面类所在的包 henu.aop -->
        <context:component-scan base-package = "henu.aop" />
        <bean id = "woodpecker" class = "henu.bean.Woodpecker">
            <!-- 为 Woodpecker 的 birdName 注入值"啄木鸟" -->
            <property name = "birdName" value = "啄木鸟" />
            <!-- 为 Woodpecker 的 birdId 注入值"007" -->
            <property name = "birdId" value = "007" />
        </bean>
        <bean id = "zoo" class = "henu.bean.Zoo">
            <property name = "animal" ref = "woodpecker"></property>
        </bean>
</beans>
```

第三步：编写测试类，下面是测试类的核心代码。

```
ApplicationContext ac;
ac new ClassPathXmlApplicationContext("applicationContext.xml");
Zoo zoo = (Zoo) ac.getBean("zoo");
zoo.add();
```

从前面介绍 Zoo 类中可以看到，add()方法调用了 info()方法，那么一旦调用了业务类 Woodpecker 的 info()方法，就会在 info()方法执行之前触发执行切面类的 beforeMethod() 方法，在 info()方法执行结束之后又触发执行切面类的 afterMethod()方法。

运行结果：

```
the animal is in the zoo and
进入动物园之前
这是一只啄木鸟!
名字：啄木鸟
ID: 7
进入动物园之后
```

至于其他织入类型，请读者依据上述介绍和 Spring 联机文件自行完成。

12.3.4 基于 XML 的 AOP 配置

XML 格式的 Spring AOP 配置文件不需要在切面类中使用注解标记,但需要在 Spring 配置文件中使用 XML 元素进行相应的定义。下面仍以实现日志功能的切面类 LogHandler 为例介绍基于 XML 方式的 Spring AOP 配置。

第一步:定义切面类 LogHandlerXML,功能与前面的 LogHandlerAnnotation 一致。LogHandlerXML.java

```java
package henu.aop;
public class LogHandlerXML {
    public void beforeMethod() {
        System.out.println("进入动物园之前");
    }

    public void afterMethod() {
        System.out.println("进入动物园之后");
    }
}
```

同样,目标对象 Animal 和 Woodpecker 等类请参考本章前面的代码,此处不再给出。

第二步:在 Spring 配置文件中配置该切面类,这是本小节的重点。

```xml
<!-- 省略 Spring AOP Schema 及 Woodpecker、Zoo 等 Bean 的配置 -->
⋮
<!-- 把切面类作为一个 Bean 进行配置 -->
<bean id="logHandler" class="henu.aop.LogHandlerXML" />
<!-- 基于 XML 方式实现 Spring AOP 配置 -->
<aop:config>
    <!-- 定义切面的切入点,以方法为基本单位,当调用 info()方法时执行 -->
    <aop:pointcut expression="execution(public void henu.bean.Woodpecker.info())" id="AnimalPointcut" />
    <!-- 定义切面,即 logHandler 为切面 -->
    <aop:aspect id="LogAspect" ref="logHandler">
        <!-- 前置通知调用的方法 -->
        <aop:before method="beforeMethod" pointcut-ref="AnimalPointcut" />
        <!-- 后置通知调用的方法 -->
        <aop:after-returning method="afterMethod"
            pointcut-ref="AnimalPointcut" />
    </aop:aspect>
</aop:config>
```

上述配置文件中出现的<aop:config>、<aop:pointcut>、<aop:aspect>等元素的具体含义及作用如下。

- <aop:config>:基于 AOP 命名空间的 Spring AOP 的主元素。
- <aop:pointcut>:<aop:config>的子元素,用于配置一个切入点,主要有

expression 和 id 两个属性，expression 用于设置切入点表达式，id 用于声明切入点 id。

- <aop:aspect>：<aop:config>的子元素，用于配置一个切面，主要有 id 和 ref 两个属性，分别为定义切面的 id 和参考的切面类。
- <aop:before>：<aop:aspect>的子元素，用于声明一个前置通知，主要有 method 和 pointcut-ref 属性，method 指定通知对应的方法，pointcut-ref 指定参考的切入点，当然 pointcut-ref 可以用 pointcut 来替换，直接在此处声明切入点，上述代码可修改为如下。

```xml
<bean id="logHandler" class="henu.aop.LogHandlerXML"/>
    <aop:config>
        <aop:aspect id="LogAspect" ref="logHandler">
            <aop:before method="beforeMethod" pointcut="execution
                (public void henu.bean.Woodpecker.info())" />
            <aop:after-returning method="afterMethod" pointcut=
                "execution(public void henu.bean.Woodpecker.info())"/>
        </aop:aspect>
    </aop:config>
</bean>
```

程序的测试类及其运行结果与注解方式一致，此处不再给出。

12.4 Spring 与 Java EE 持久化数据访问

12.4.1 Spring 支持 DAO 模式

DAO 组件是整个 Java EE 应用的持久层访问的重要组件，DAO 模式的主要内容为应用中所有对数据库的访问都通过 DAO 组件完成，DAO 组件封装了对数据库的增、删、改、查等操作。

Spring 提供了统一的方式支持 DAO 组件和持久化数据访问技术，例如 JDBC、JPA、Hibernate 等。用户不仅可以方便地在不同技术之间切换，也可以省去异常捕获、资源、事务管理等大量的编码。Spring 提供的统一方式支持 DAO 模式和持久化数据访问技术，主要通过一致的 DAO 组件支持和一致的异常处理机制体现。

1. 一致的 DAO 组件支持

为了能以一致方式使用数据库访问技术，例如 JDBC、Hibernate、TopLink、OJB、JPA 等，Spring 提供了 3 个工具类（或接口）来支持 DAO 组件的实现，即 xxxTemplate、xxxDaoSupport、xxxCallback。

xxxTemplate 称为模板类，它将一些固定化的流程以模板的形式提供给开发者以简化开发流程。Spring 框架提供了对应各持久化技术的模板类，具体如表 12.4 所示。

表 12.4　Spring 提供持久化技术模板类

持久化技术	对应模板类
JDBC	org.springframework.jdbc.core.JdbcTemplate
HibernateX（X 代表版本号）	org.springframework.orm.hibernate.HibernateTemplate

应用模板类必须定义模板对象并为其提供数据资源，Spring 框架将各种模板类所需的资源进行封装，并以抽象类形式给出，在应用时只需要继承特定的类并完成逻辑代码的编写即可。应用模板对应各持久化技术的抽象类如表 12.5 所示。

表 12.5　各持久化技术对应的抽象类

持久化技术	对应支持类
JDBC	org.springframework.jdbc.core.JdbcDaoSupport
HibernateX（X 代表版本号）	org.springframework.orm.hibernateX.HibernateDaoSupport

2．一致的异常处理机制

Spring 还提供了统一的异常处理机制。Spring DAO 组件将具体处理 DAO 技术出现的异常，例如 HibernateException、SQLException，Spring 转换成以 DataAccessException 为根的异常处理体系。与此同时，由于以 DataAccessException 为根的异常处理体系中的异常类只针对具体 DAO 技术的异常进行包裹，不会丢失任何异常信息，因此使用 DataAccessException 很安全。

12.4.2　Spring 的声明式事务管理

Spring 框架提供了一致的事务处理模板，无论在应用中采取何种持久化技术都可以应用 Spring 框架对事务进行管理。Spring 事务管理是通过 PlatformTransactionManager 接口体现的，PlatformTransactionManager 接口没有和任何具体的事务策略捆绑，针对不同的持久化技术，该接口有多个不同的实现类，即不同的事务管理器，如图 12.8 所示。事务管理器并没有提供具体的实现过程，而是对其他持久化技术提供的事务处理实现进行了封装。

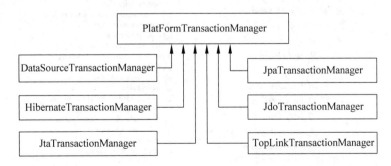

图 12.8　PlatformTransactionManager 不同的实现类

Spring 提供了两种事务管理方式，即编程式事务管理和声明式事务管理。编程式事务管理比较灵活，但是代码量大，存在的重复代码比较多；声明式事务管理比编程式事务管理更灵活，它通过AOP实现，无须与具体的事务逻辑耦合。若要对应用代码影响最少，声明式事务管理是最好的选择，因为它与非侵入性的轻量级容器的观念是一致的，这里只介绍声明式事务管理。

声明式事务管理有两种实现方式，即基于XML方式和基于注解方式，这里以使用JDBC技术为例介绍这两种声明式事务管理方法。

1. 基于注解的声明式事务管理

声明式事务管理建立在AOP之上。其本质是对方法前后进行拦截，然后在目标方法开始之前创建或者加入一个事务，在执行完目标方法之后根据执行情况提交或者回滚事务。声明式事务最大的优点就是不需要通过编程的方式管理事务，无须在业务逻辑代码中掺杂事务管理的代码，只需在配置文件中做相关的事务规则声明（或通过基于@Transactional注解的方式）便可将事务规则应用到业务逻辑中。

显然声明式事务管理优于编程式事务管理，这正是Spring倡导的非侵入式的开发方式。声明式事务管理使业务代码不受污染，一个普通的POJO对象，只要加上注解就可以获得完全的事务支持。和编程式事务相比，声明式事务唯一不足的地方是其最细粒度只能作用到方法级别，无法像编程式事务那样可以作用到代码块级别。但是即便有这样的需求，也存在很多变通的方法，例如可以将需要进行事务管理的代码块独立为方法等。

声明式事务管理也有两种常用的方式，一种是基于tx和aop名字空间的xml配置文件，另一种就是基于@Transactional注解。显然基于注解的方式更简单易用、更清爽。使用基于注解的声明式事务管理的配置的实现步骤如下。

第一步：搭建开发环境。

事务管理由于需要和数据库交互，因此需要把数据库驱动程序、Spring事务管理与JDBC相关的JAR包（如spring-tx.jar、spring-jdbc.jar等）、DBCP相关的JAR包（如commons-dbcp.jar、commons-pool.jar）添加到项目中，程序的目录结构与JAR包如图12.9所示。

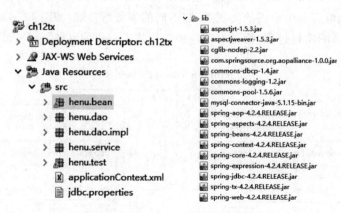

图12.9　程序目标结构与JAR包

注意，本例使用MySQL数据库和DBCP数据库连接方式，如果使用C3P0其他数据库连接方式，则还需要添加C3P0的相关JAR包。

第二步：配置数据源。

假设数据库连接的相关信息定义在 jdbc.properties 文件中，jdbc.properties 文件也保存在 CLASSPATH 路径下（如 src 根目录下），该文件的具体内容如下。

jdbc.properties

```
jdbc.driverClassName = com.mysql.jdbc.Driver
jdbc.url = jdbc:mysql://localhost:3306/db_admin
jdbc.username = root
jdbc.password = root
```

数据源连接方式使用 DBCP 方式（也可以是 C3P0 等其他方式），那么在 Spring 配置文件中配置数据源的代码如下。

```
<bean id = "jdbc"
class = "org.springframework.beans.factory.config.PropertyPlaceholderConfigurer">
    <property name = "locations" value = "classpath:jdbc.properties" />
</bean>
<!-- 定义名称为 dataSource 的数据源信息 -->
<bean id = "dataSource" destroy - method = "close"
    class = "org.apache.commons.dbcp.BasicDataSource">
    <property name = "driverClassName" value = "${jdbc.driverClassName}" />
    <property name = "url" value = "${jdbc.url}" />
    <property name = "username" value = "${jdbc.username}" />
    <property name = "password" value = "${jdbc.password}" />
</bean>
```

在上述配置信息中定义了一个 id 为 jdbc 的 Bean 对象，用于加载环境变量下的数据库配置文件 jdbc.properties；另外还定义了一个 id 为 dataSource 的 Bean 对象，用于定义数据源信息。dataSource 由 org.apache.commons.dbcp.BasicDataSource 类具体实现。

第三步：配置事务管理器。

在 Spring 配置文件中配置事务管理器，具体代码如下。

```
<context:component - scan base - package = "henu" />
<bean id = "txManager"
class = "org.springframework.jdbc.datasource.DataSourceTransactionManager">
    <property name = "dataSource" ref = "dataSource" />
</bean>
<!-- 使用 Transaction 注解方式管理事务 -->
<tx:annotation - driven transaction - manager = "txManager" />
```

由于在配置事务过程中使用了<tx>元素，所以需要在<beans>元素中引入 tx 命名空间，加粗字体为引入语句。

```
<?xml version = "1.0" encoding = "UTF - 8"?>
<beans xmlns = "http://www.springframework.org/schema/beans"
    xmlns:xsi = "http://www.w3.org/2001/XMLSchema - instance"
```

```xml
    xmlns:aop = "http://www.springframework.org/schema/aop"
    xmlns:context = "http://www.springframework.org/schema/context"
    xmlns:tx = "http://www.springframework.org/schema/tx"
    xsi:schemaLocation = "http://www.springframework.org/schema/beans"
http://www.springframework.org/schema/beans/spring-beans.xsd
    http://www.springframework.org/schema/aop
http://www.springframework.org/schema/aop/spring-aop-4.0.xsd
    http://www.springframework.org/schema/context
http://www.springframework.org/schema/context/spring-context-4.0.xsd
    http://www.springframework.org/schema/tx
http://www.springframework.org/schema/tx/spring-tx-4.0.xsd">
</beans>
```

第四步：定义 JavaBean User、UserDao 接口，UserDao 接口是各具体数据库连接的抽象。

```java
package henu.dao;
public interface UserDao {
    //此方法将用户 user 添加到数据库中
    public void saveUser(User user);
}
```

User 类在前面的章节已经多次用到，此处不再重复给出，具体可参考 11.5.2 节的 User 类。

第五步：定义接口 UserDao 的实现类 UserDaoImpl。

UserDaoImpl 类实现 UserDao 接口，在 UserDaoImpl 类中使用 JdbcTemplate 类实现对数据表的增、删、改、查等操作，由于 JdbcTemplate 对数据库的操作进行了良好的封装，所以这里采用 JdbcTemplate，而不是传统的使用 DataSource 对数据库进行操作，主程序代码如下。

UserDaoImpl.java

```java
package henu.dao.impl;
import javax.annotation.Resource;
import javax.sql.DataSource;
import org.springframework.jdbc.core.JdbcTemplate;
import org.springframework.stereotype.Component;
import henu.bean.User;
import henu.dao.UserDao;
//使用注解方法配置 UserDaoImpl 为 Spring Bean,Bean 名称为 userDao
@Component("userDao")
public class UserDaoImpl implements UserDao {
    private JdbcTemplate jdbcTemplate;
    //使用@Resource 注解激活一个命名资源(dataSource)的依赖注入
    @Resource(name = "dataSource")
    public void setDataSource(DataSource dataSource){
        this.jdbcTemplate = new JdbcTemplate(dataSource);
```

```
        }
        /* saveUser()方法将数据存入到数据库中,当然也可以定义对数据进行更新、删除、查询操作
的方法 */
        @Override
        public void saveUser(User user) {
            String sql = "insert into tb_users(fd_username, "
            + "fd_password,fd_usertype,fd_email, fd_birthdate, "
            + "fd_gender,fd_hobby,fd_introduction ) , "
            + "values(?,?,?,?,?,?,?,?)";
            //使用 update()方法执行 SQL 语句
            jdbcTemplate.update(sql,new Object[]{user.getUsername(),
        user.getPassword(),user.getUsertype(),user.getEmail(),
        user.getBirthdate(),user.getGender(),user.getHobby(),
        user.getIntroduction()}});
        }
}
```

第六步:实现业务逻辑类。

控制层使用的是 UserService 类,具体代码如下。

UserService.java

```
package henu.service;
import javax.annotation.Resource;
import org.springframework.stereotype.Component;
import org.springframework.transaction.annotation.Transactional;
import henu.bean.User;
import henu.dao.UserDao;
//使用@Component 注解配置 Spring Bean,名称为 userService
@Component("userService")
public class UserService {
    private UserDao userDao;
    public UserDao getUserDao() {
        return userDao;
    }
    //使用@Resource 注解一个域
    @Resource(name = "userDao")
    public void setUserDao(UserDao userDao) {
        this.userDao = userDao;
    }
    @Transactional
    public void add(User user) {
        userDao.saveUser(user);
    }
}
```

第七步:编写测试类进行测试。

UserTest.java

```
User user = new User();
user.setUsername("Melon");
user.setBirthdate("2009-12-16");
```

```
user.setEmail("zhangjun@henu.edu.cn");
user.setHobby("reading");
user.setIntroduction("introuction");
user.setGender("男");
user.setPassword("123456");
user.setUsertype("管理员");
UserService userService;
ApplicationContext aac = new ClassPathXmlApplicationContext("applicationContext.xml");
userService = (UserService) aac.getBean("userService");
//将 user 存入数据库
userService.add(user);
```

读者可以查看数据表验证程序是否执行成功，此处不再给出运行结果。

2. 基于 XML 的声明式事务管理

第一步：配置数据源。

假设数据库连接的相关信息与上例相同，仍定义在 jdbc.properties 文件中，那么在 Spring 配置文件中配置数据源的代码如下。

```xml
<bean class="org.springframework.beans.factory.config.PropertyPlaceholderConfigurer">
    <property name="locations" value="classpath:jdbc.properties"/>
</bean>
<bean id="dataSource" destroy-method="close"
      class="org.apache.commons.dbcp.BasicDataSource">
    <property name="driverClassName" value="${jdbc.driverClassName}"/>
    <property name="url" value="${jdbc.url}"/>
    <property name="username" value="${jdbc.username}"/>
    <property name="password" value="${jdbc.password}"/>
</bean>
```

第二步：配置事务管理器，并为事务管理器的配置数据源注入上述 dataSource。

```xml
<bean id="txManager" class="org.springframework.jdbc.datasource.DataSourceTransactionManager">
    <property name="dataSource" ref="dataSource"/>
</bean>
```

第三步：配置事务增强处理 Bean，为其指定事务管理器。

```xml
<tx:advice id="txAdvice" transaction-manager="txManager">
  <tx:attributes>
    <!-- getUser 方法是 read-Only 的 -->
    <tx:method name="getUser" read-only="true"/>
    <!-- 所有以 add 开头的方法采用默认的事务传播行为 -->
    <tx:method name="add*" propagation="REQUIRED"/>
  </tx:attributes>
</tx:advice>
```

第四步：配置自动事务代理。

```
<aop:config>
    <!--配置一个切入点,henu.service包以及子包下的所有方法都执行-->
    <aop:pointcut expression =
        "execution(public * henu.service..*.*(..))" id = "bussinessService"/>
    <!--指定在bussinessService切入点应用txAdvice增强处理-->
    <aop:advisor pointcut-ref = "bussinessService" advice-ref = "txAdvice"/>
</aop:config>
```

第五步：测试。在上例的第五步中将 UserService 类的 add 方法中的 @Transactional 去掉,然后测试,其结果与使用注解方式是相同的。

12.4.3 事务的传播属性

在事务的配置中,<tx:advice>的子元素<tx:method>用于对事务的属性进行配置,<tx:method>元素的主要属性如表 12.6 所示。

表 12.6 事务的属性

属性	必须	默认值	描述
name	是	无	与事务属性关联的方法名,通配符可以用来指定一批关联到相同事务属性的方法,例如 add*、delete* 等
propagation	否	REQUIRED	事务传播行为
isolation	否	DEFAULT	事务隔离级别
timeout	否	-1	事务超时的时间(以秒为单位)
read-only	否	false	事务是否只读
rollback-for	否	无	将被触发进行回滚的 Exception,多个以逗号分隔,例如 com.henu.MyException、com.henu.MyRuntimeExcption
no-rollback-for	否	无	不被触发进行回滚的 Exception,以逗号分开,例如 com.henu.MyException、com.henu.MyRuntimeExcption

其中,事务的传播行为和事务的隔离级别称为事务的传播属性。

1. 事务的传播行为

事务的传播行为主要控制事务的产生方式,通常如果一个事务上下文已经存在,那么在事务中执行的代码会在当前事务中运行,也可以通过选项设置该事务性方法的执行方式。

可以通过设置事务的 propagation 属性来设置事务的传播行为,表 12.7 列出了 propagation 属性的取值范围。

表 12.7 事务的传播属性

propagation 属性值	描述
REQUIRED	支持当前事务,如果没有当前事务,则创建一个事务,该属性最常用
REQUIRES_NEW	创建一个新事务,如果当前事务存在,则挂起当前事务
SUPPORTS	支持当前事务,如果没有当前事务,则以非事务方式执行

续表

propagation 属性值	描述
NOT_SUPPORTED	以非事务方式操作,如果存在当前事务,则把当前事务挂起
MANDATORY	支持当前事务,如果没有当前事务,则抛出异常
NEVER	以非事务方式执行,如果存在当前事务,则抛出异常
NESTED	如果存在当前事务,则记录当前事务的回滚保存点,然后执行本事务,如果没有当前事务,则按 REQUIRED 属性执行。这个事务可以拥有多个回滚保存点,内部事务的回滚不会对外部事务造成影响,但是外部事务的回滚影响内部事务

2. 事务的隔离级别

事务的隔离级别定义了事务与事务之间的隔离程度,它通过 isolation 属性设置,在对数据库的操作中经常会出现脏读、不可重复读和幻读等现象。

如果一个事务对数据库的数据进行了修改,但是还没有提交到数据库,这时另一个事务使用这个未提交的数据,就称为脏读。

一个事务需要多次使用同一数据,在此事务还没有结束时另一个事务也使用并修改了该数据,则第一个事务多次读到的数据就存在不一致的现象,这就是不可重复读。

幻读是指一个事务读到另一个事务已提交的插入数据。假如第一个事务是对全部数据进行修改,同时另一个事务对数据库进行插入操作,那么当第一个事务修改了所有的数据之后发现还有数据没有被修改(新插入的数据),就像发生了幻觉一样。

控制上述问题的发生可以通过配置事务的隔离级别来实现。事务的隔离级别与数据库的并发性是矛盾的,隔离级别越高,数据库的并发性越差。Spring 提供了 5 种事务隔离级别,详见表 12.8。

表 12.8 事务的隔离级别

级别名称	说明
DEFAULT	使用数据库默认的隔离级别
READ_UNCOMMITTED	最低的隔离级别,会出现脏读、不可重复读和幻读现象
READ_COMMITTED	可能会出现不可重复读和幻读现象
REPEATABLE_READ	可能出现幻读现象
SERIALIZABLE	事务顺序执行

其中,SERIALIZABLE 的级别最高,READ_UNCOMMITTED 的级别最低,一般数据库默认隔离级别为 READ_COMMITTED,MySQL 的默认隔离级别为 REPEATABLE_READ。

12.5 Spring 与 Struts2、Hibernate 集成

12.5.1 Spring 集成 Struts2

Struts2 框架对其他框架具有很好的支持,在 Struts2 的项目中引入 Srping 框架,只需

要引入 Struts2 针对 Spring 发布的 struts2-spring-plugin.jar 即可。Spring 与 Struts2 框架集成开发的步骤如下。

第一步：在 Eclipse 中创建 Web 项目并配置 Struts2 开发环境，添加 Struts2 的基本 JAR 包支持，并在项目的 src 目录下创建 Struts2 的配置文件 struts.xml。

第二步：在 Web 项目中添加 Struts2 支持 Spring 的 JAR 文件 struts2-spring-plugin.jar（该 JAR 文件在 Struts2 的安装发布包中）。

第三步：在 Web 项目中添加 Spring 的基本 JAR 文件支持，此步的相关操作可参见本章的 12.1.1 节，或者将上述 JAR 文件直接复制到项目的 WEB-INF/lib 目录下。

第四步：在 Web 项目的 WEB-INF 目录下添加 Spring 的配置文件 applicationContext.xml，该文件的基本格式可参见本章的 12.2.2 节。

第五步：配置 Spring 的监听器，需要在 web.xml 配置文件的 <web-app> 元素下添加以下代码。

```
<listener>
  <listener-class>org.springframework.web.context.ContextLoaderListener
  </listener-class>
</listener>
```

至此，Spring 框架与 Struts2 框架的整合完毕。基于此项目，用户即可开发基于 Struts2 与 Spring 框架的 Web 应用程序。

注意：

在 Struts2 的 Spring 插件 JAR 文件 struts2-spring-plugin.jar 中有一个配置文件 struts-plugin.xml。在该配置文件进行了如下定义。

```
<bean type="com.opensymphony.xwork2.ObjectFactory" name="spring" class="org.apache.struts2.spring.StrutsSpringObjectFactory" />
<constant name="struts.objectFactory" value="spring" />
```

在上述代码中定义了一个名为"spring"的 Bean，又配置了一个名为 struts.objectFactory 的常量，通过该常量将 Struts2SpringObjectFactory 注册到 Struts2 容器中，并默认使用 spring 指定的容器代替 Struts2 的默认容器。

另外需要注意的是，Struts2 涉及的配置文件有 struts-default.xml（该文件存放在 struts2-core.jar 文件中）、struts-plugin.xml 和 struts.xml，它们加载配置文件的先后次序是 struts-default.xml→struts-plugin.xml→struts.xml。

12.5.2　Spring 集成 Hibernate

Spring 提供了对很多 ORM 框架的支持能力，例如 Hibernate、iBATIS 等。Spring 在整合这些 ORM 框架时主要负责事务管理、安全等方面，而 ORM 框架专注于持久化工作。

目前，大多数 Java Web 应用不会直接采用 JDBC 方式进行持久层访问，而是使用 ORM 框架。具体到 Spring 框架整合 Hibernate 框架而言，Spring 对 Hibernate 提供了很好的支持，主要体现在以下方面。

- 对 Hibernate 基础设施的很好支持：Hibernate 的基础设施主要包括数据源的配置和 SessionFactory。Spring 提供了 FactoryBean 支持 Hibernate 的这两个基础设施。
- 对 Hibernate 事务的整合支持：Hibernate 框架提供了一套完整的事务管理方案，而 Spring 通过 HibernateTransactionManager 事务管理器对 Hibernate 的事务间接地进行管理。
- 对 Hibernate 异常的良好支持：Spring 能够将 Hibernate 在运行时刻所抛出的异常进行转换，将 Hibernate 专有异常转换为 Spring DAO 异常。Spring DAO 异常都继承自 DataAccessException，而 DataAccessException 都是 RuntimeException。

在 Java Web 项目中整合 Spring 框架和 Hibernate 框架的过程具体如下。

第一步：在 Eclipse 中创建 Java Web 项目，并添加 Spring 框架的基本 JAR 包支持。

第二步：在项目的 src 目录下创建 Spring 配置文件 applcationContext.xml。

第三步：在项目中添加 Hibernate 相应的 JAR 包支持。

第四步：添加连接数据库的 JDBC 驱动，如果需要数据库连接池，则还要添加数据库连接池的相关 JAR 包。

第五步：在项目的 WEB-INF/lib 目录下添加 Spring 支持 Hibernate DAO、事务相关的 JAR 文件——org.springframework.orm.jar。

第六步：在 Spring 配置文件中配置 Hibernate 的 SessionFactory。在第 11 章中我们介绍了使用 hibernate.cfg.xml 配置数据源和 SessionFactory 的相关信息，在 Spring 整合 Hibernate 的应用项目中，数据源和 SessionFactory 等 Hibernate 基础设施可交由 Spring 管理。这也就意味着在 Spring 整合 Hibernate 的项目中无须再创建 hibernate.cfg.xml 文件，因为该文件的内容已经配置在 Spring 配置文件中，即 applicationContext.xml 中。在 applicationContext.xml 文件中配置数据源和 SessionFactory 的具体代码如下。

```xml
<bean id="dataSource" destroy-method="close"
    class="org.apache.commons.dbcp.BasicDataSource">
    <property name="driverClassName" value="com.mysql.jdbc.Driver"/>
    <property name="url" value="jdbc:mysql://localhost:3306/db_admin"/>
    <property name="username" value="root"/>
    <property name="password" value="root"/>
</bean>
<!-- 配置sessionFactory -->
<bean id="sessionFactory" class="org.springframework.orm.hibernate4.annotation.AnnotationSessionFactoryBean">
    <!-- 注入dataSource -->
    <property name="dataSource" ref="dataSource"/>
    <!-- 在这里列出哪些是注解了的实体类 -->
    <property name="annotatedClasses">
        <list>
            <value>henu.model.User</value>
        </list>
    </property>
    <!-- 定义数据库的相关属性,例如采用哪种方言 -->
```

```
<property name = "hibernateProperties">
  <props>
    <prop key = hibernate.dialect = org.hibernate.dialect.MySQLDialect>
  </props>
</property>
</bean>
```

通过上述配置可知 Spring 通过 IoC 容器对 SessionFactory 进行管理。

1. 使用 HibernateTemplate

Spring 提供了对 DAO 组件的支持，如果使用 HibernateTemplate 进行数据库持久化访问，它只需要一个 sessionFactory 对象，然后就可以使用 HibernateTemplate 提供的相关方法对数据库进行增、删、改、查操作。HibernateTemplate 的常用方法如表 12.9 所示。

表 12.9　HibernateTemplate 类的常用方法

方　　法	说　　明
delete(Object)	删除特定的持久化对象
deleteAll(Collection)	删除全部的持久化对象
find(String)	根据查询字符串返回实例集合
save(Object)	保持新的持久化对象
saveOrUpdate(Object)	根据持久化对象的具体情况选择保持或更新
update(Object)	更新持久化对象到数据库

下面通过一个具体实例来演示如何使用 HibernateTemplate 进行数据库操作。

第一步：在上面的 applicationContext.xml 文件中加入对 HibernateTemplate 的配置，并注入 sessionFactory 实例。

applicationContext.xml

```
<bean id = "hibernateTemplate"
 class = "org.springframework.orm.hibernate3.HibernateTemplate">
    <property name = "sessionFactory" ref = "sessionFactory"/>
  </bean>
</beans>
```

第二步：定义接口 UserDao，UserDao 接口是各具体数据库连接的抽象。

UserDao.java

```
package henu.dao;
import henu.model.User;
public interface UserDao {
    //此方法将用户 user 添加到数据库中
    public void saveUser(User user);
}
```

第三步：定义接口的实现类 UserDaoImpl，UserDaoImpl 类实现了 UserDao 接口，在

UserDaoImpl 类中通过 HibernateTemplate 实现添加用户的功能，主程序代码如下。
UserDaoImpl.java

```java
package henu.impl;
import javax.annotation.Resource;
import org.springframework.orm.hibernate3.HibernateTemplate;
import org.springframework.stereotype.Component;
import com.henu.dao.UserDao;
import com.henu.model.User;
@Component("userDaoImpl")
public class UserDaoImpl implements UserDao {
    private HibernateTemplate hibernateTemplate = null;
    public HibernateTemplate getHibernateTemplate() {
        return hibernateTemplate;
    }
    //注入 hibernateTemplate 对象
    @Resource
    public void setHibernateTemplate(HibernateTemplate hibernateTemplate) {
        this.hibernateTemplate = hibernateTemplate;
    }
    @Override
    public void saveUser(User u) {
        hibernateTemplate.save(u);
    }
}
```

第四步：实现业务逻辑类。
UserService.java

```java
package com.henu.service;
import javax.annotation.Resource;
import org.springframework.stereotype.Component;
import com.henu.dao.UserDao;
import com.henu.model.User;
@Component("userService")
public class UserService {
    private UserDao userDao;
    public UserDao getUserDao() {
        return userDao;
    }
    @Resource(name = "userDaoImpl")
    public void setUserDao(UserDao userDao) {
        this.userDao = userDao;
    }
    public void add(User user) {
        userDao.userSave(user);
    }
}
```

第五步：编写测试代码进行测试。

```
    UserService userService;
    User user = new User();
    user.setUsername("Megan");
    ApplicationContext aac =
    new ClassPathXmlApplicationContext("applicationContext.xml");
    userService = (UserService)aac.getBean("userService");
    userService.add(user);
    }
}
```

2．使用声明式事务管理

Spring 对 Hibernate 事务的管理同样分为声明式事务管理、编程式事务管理及标注式事务管理，在此只介绍声明式事务管理。对于 Hibernate 而言，需要借助于 HibernateTransactionManager 事务管理器，并且为 SessionFactory 注入值。实际上，在 Spring 提供的所有事务管理器中都是对底层事务对象的封装，它自身并没有实现底层事务的管理，而是通过 HibernateTransactionManager 事务管理器间接地对 Hibernate 事务进行管理。

同样，Spring 提供了基于注解和 XML 的声明式事务管理方式。

1）基于注解的声明式事务管理

下面通过一个实例来演示基于注解的配置文件的声明式事务管理，该例的主要功能是向数据库 mydb 的 user 表和 user_log 表中插入数据。

第一步：配置数据源，并在配置文件中加入＜tx：annotation-driven transaction-manager＝"txManager"/＞语句，具体代码如下。

```
<bean class = "org.springframework.beans.factory.config.PropertyPlaceholderConfigurer">
    <property name = "locations" value = "classpath:jdbc.properties"/>
</bean>
<bean id = "dataSource" destroy-method = "close"
    class = "org.apache.commons.dbcp.BasicDataSource">
    <property name = "driverClassName" value = "${jdbc.driverClassName}"/>
    <property name = "url" value = "${jdbc.url}"/>
    <property name = "username" value = "${jdbc.username}"/>
    <property name = "password" value = "${jdbc.password}"/>
</bean>
<bean id = "sessionFactory" class = "org.springframework.orm.hibernate3.annotation.AnnotationSessionFactoryBean">
    <property name = "dataSource" ref = "dataSource"/>
    <property name = "annotatedClasses">
    <!--设置实体类-->
        <list>
            <value>henu.model.User</value>
            <value>henu.model.UserLog</value>
```

```xml
            </list>
        </property>
    <property name = "hibernateProperties">
        <!-- 定义数据库方言 -->
        <value>
            hibernate.dialect = org.hibernate.dialect.MySQLDialect
        </value>
    </property>
    </bean>
    <tx:annotation-driven transaction-manager = "txManager"/>
</beans>
```

第二步：配置 Hibernate 事务管理器，注入 sessionFactory。

```xml
<bean id = "txManager"
class = "org.springframework.orm.hibernate3.HibernateTransactionManager">
    <property name = "sessionFactory" ref = "sessionFactory" />
</bean>
```

第三步：配置增强处理 Bean。

```xml
<aop:config>
    <aop:pointcut expression = "execution(public * henu.service..*.*(..))" id = "bussinessService"/>
    <aop:advisor pointcut-ref = "bussinessService" advice-ref = "txAdvice"/>
</aop:config>
<tx:advice id = "txAdvice" transaction-manager = "txManager">
    <tx:attributes>
        <tx:method name = "getUser" read-only = "true"/>
        <tx:method name = "add*" propagation = "REQUIRED"/>
    </tx:attributes>
</tx:advice>
```

通过上述配置 henu.service 及子包下面的所有方法都位于同一个事务中，并且 getUser 方法为只读事务，以 add 开头的所有方法默认处于同一个事务中，如果当前事务不存在，则创建一个新的事务。当在某个方法中进行数据库的多个操作时，如果一个操作失败，那么相关操作就会回滚。

第四步：定义实体类 User 和 UserLog，代码如下。
User.java

```java
package henu.model;
@Component("user")
//标注为实体类
@Entity
public class User {
    private int id;
    private String name;
    public void setId(int id) {
```

```java
        this.id = id;
    }
    //设置此字段自动生成值
    @Id
    @GeneratedValue
    public int getId() {
        return id;
    }
    public void setName(String name) {
        this.name = name;
    }
    public String getName() {
        return name;
    }
}
```

UserLog.java

```java
package henu.model;
import javax.persistence.Entity;
import javax.persistence.GeneratedValue;
import javax.persistence.Id;
import javax.persistence.Table;
@Entity
@Table(name = "user_log")
public class UserLog {
    private int id;
    private String msg;
    public void setId(int id) {
        this.id = id;
    }
    @Id
    @GeneratedValue
    public int getId() {
        return id;
    }
    public void setMsg(String msg) {
        this.msg = msg;
    }
    public String getMsg() {
        return msg;
    }
}
```

第五步：定义接口 UserDao 和 LogDao。

UserDao.java

```java
package henu.dao;
public interface UserDao {
    public void userSave(User u);
}
```

LogDao. java

```java
package henu.dao;
public interface LogDao {
    public void logSave(UserLog log);
}
```

第六步：定义 UserDao 接口的实现类 UserDaoImpl，定义 LogDao 接口的实现类 LogDaoImpl。

UserDaoImpl. java

```java
package henu.dao.impl;
@Component("userDao")
public class UserDaoImpl implements UserDao {
    private SessionFactory sessionFactory;
    @Override
    public void userSave(User u) {
        Session s = sessionFactory.getCurrentSession();
        s.save(u);
    }
    @Resource
    public void setSessionFactory(SessionFactory sessionFactory) {
        this.sessionFactory = sessionFactory;
    }
    public SessionFactory getSessionFactory() {
        return sessionFactory;
    }
}
```

LogDaoImpl. java

```java
package henu.dao.impl;
@Component("logDao")
public class LogDaoImpl implements LogDao{
    private SessionFactory sessionFactory;
    @Resource
    public void setSessionFactory(SessionFactory sessionFactory) {
        this.sessionFactory = sessionFactory;
    }
    public SessionFactory getSessionFactory() {
        return sessionFactory;
    }
    @Override
    public void logSave(UserLog userLog) {
        userLog.setMsg("done");
        Session s = sessionFactory.getCurrentSession();
        s.save(userLog);
    }
}
```

第七步：定义业务逻辑 UserService。

```java
package henu.service;

@Component("userService")
public class UserService {
    private UserDao userDao;
    private LogDao logDao;
    public UserDao getUserDao() {
        return userDao;
    }
    @Resource(name = "userDao")
    public void setUserDao(UserDao userDao) {
        this.userDao = userDao;
    }
    @Transactional
    public void add(User user) {
        userDao.userSave(user);
        UserLog userLog = new UserLog();
        logDao.logSave(userLog);
    }
    @Resource(name = "logDao")
    public void setLogDao(LogDao logDao) {
        this.logDao = logDao;
    }
    public LogDao getLogDao() {
        return logDao;
    }
}
```

第八步：测试。

```java
UserService userService;
User user = new User();
user.setName("zhanglan");
ApplicationContext aac =
    new ClassPathXmlApplicationContext("beans.xml");
userService = (UserService)aac.getBean("userService");
userService.add(user);
```

2）基于 XML 的声明式事务管理

第一步：配置数据源。

```xml
<bean class = "org.springframework.beans.factory.config.PropertyPlaceholderConfigurer">
    <property name = "locations" value = "classpath:jdbc.properties"/>
</bean>
<bean id = "dataSource" destroy-method = "close"
      class = "org.apache.commons.dbcp.BasicDataSource">
    <property name = "driverClassName" value = "${jdbc.driverClassName}"/>
```

```xml
        <property name = "url" value = "${jdbc.url}"/>
        <property name = "username" value = "${jdbc.username}"/>
        <property name = "password" value = "${jdbc.password}"/>
</bean>
<bean id = "sessionFactory" class = "org.springframework.orm.hibernate4.annotation.AnnotationSessionFactoryBean">
    <property name = "dataSource" ref = "dataSource"/>
    <property name = "annotatedClasses">
        <list>
            <value>henu.model.User</value>
            <value>henu.model.UserLog</value>
        </list>
    </property>
    <property name = "hibernateProperties">
        <value>       hibernate.dialect = org.hibernate.dialect.MySQLDialect
        </value>
    </property>
</bean>
<bean id = "txManager" class = "org.springframework.orm.hibernate4.HibernateTransactionManager">
    <property name = "sessionFactory" ref = "sessionFactory"/>
</bean>
<aop:config>
    <aop:pointcut expression = "execution(public * henu.service..*.*(..))" id = "bussinessService"/>
    <aop:advisor pointcut-ref = "bussinessService" advice-ref = "txAdvice"/>
</aop:config>
<tx:advice id = "txAdvice" transaction-manager = "txManager">
    <tx:attributes>
        <tx:method name = "getUser" read-only = "true"/>
        <tx:method name = "add*" propagation = "REQUIRED"/>
    </tx:attributes>
</tx:advice>
</beans>
```

第二步：添加实体类 User、UserLog，DAO 接口 User、UserLog 及其实现类 LogImpl 和 MySqlImpl，与上例相同。

第三步：添加业务逻辑 UserService。

UserService.java

```java
package henu.service;
@Component("userService")
public class UserService {
    private UserDao userDao;
    public UserDao getUserDao() {
        return userDao;
    }
    @Resource(name = "userDao")
```

```
    public void setUserDao(UserDao userDao) {
        this.userDao = userDao;
    }
    @Transactional
    public void add(User user) {
        userDao.userSave(user);
    }
}
```

第四步:测试,测试代码与上例相同,请读者自行完成。

本章小结

　　本章首先介绍了 Spring 框架的起源、优势以及几大模块,并且详细地介绍了各个模块的主要功能,然后介绍在 Eclipse 环境中如何搭建 Spring 框架。接着深入介绍 Spring 的第一个核心机制——IoC,包括它的原理和使用方法,同时介绍了 Spring 容器的 Bean,并介绍了 Bean 依赖的配置和生命周期。

　　本章还介绍了 Spring 的另外一个核心机制——AOP,介绍了 AOP 的工作原理和面向切面编程的含义,详细地介绍了基于 XML 和基于注解方式来管理切面、连接点等内容。在本章的后半部分主要介绍了 Spring 的持久化数据访问技术和 Spring 的声明式事务管理,最后介绍了 Spring 与 Struts2、Hibernate 框架的整合方案。

参 考 文 献

[1] http://www.oracle.com/technetwork/java/index.html.
[2] http://tomcat.apache.org.
[3] http://www.mysql.com.
[4] http://struts.apache.org.
[5] http://www.hibernage.org.
[6] http://www.spring.io.
[7] http://www.jfree.org.
[8] http://commons.apache.org.
[9] http://www.eclipse.org.
[10] http://www.w3.org.
[11] http://www.junit.org.
[12] http://logging.apache.org/log4j.
[13] http://incubator.apache.org/ognl/.
[14] http://www.slf4j.org.
[15] 梁胜彬.Java程序设计实例教程.北京:清华大学出版社,2011.
[16] Erich Gamma,等.设计模式——可复用面向对象软件的基础(双语版).北京:机械工业出版社,2007.
[17] 耿祥义,张跃平.Java设计模式.北京:清华大学出版社,2009.
[18] 唐振明.JavaEE主流开源框架.北京:电子工业出版社,2012.
[19] Eric J. Braude. 软件设计——从程序设计到体系结构.李仁发,等译.北京:电子工业出版社,2007.

教学资源支持

敬爱的教师：

感谢您一直以来对清华版计算机教材的支持和爱护。为了配合本课程的教学需要，本教材配有配套的电子教案（素材），有需求的教师请到清华大学出版社主页（http://www.tup.com.cn）上查询和下载，也可以拨打电话或发送电子邮件咨询。

如果您在使用本教材的过程中遇到了什么问题，或者有相关教材出版计划，也请您发邮件告诉我们，以便我们更好地为您服务。

我们的联系方式：

地　　址：北京海淀区双清路学研大厦A座707

邮　　编：100084

电　　话：010-62770175-4604

课件下载：http://www.tup.com.cn

电子邮件：weijj@tup.tsinghua.edu.cn

教师交流QQ群：136490705

教师服务微信：itbook8

教师服务QQ：883604

（申请加入时，请写明您的学校名称和姓名）

用微信扫一扫右边的二维码，即可关注计算机教材公众号。

扫一扫
课件下载、样书申请
教材推荐、技术交流